"十三五"国家重点图书出版规划项目
国际环境治理实用技术译丛

科学和决策

——风险评估的提升

美国国家环境保护局风险分析方法改进委员会
美国环境研究和毒理学委员会   著
美国地球和生命研究部
美国国家科学院国家研究委员会

毕军　刘苗苗　杨建勋　黄蕾　张海波 / 译

U0252223

中国环境出版集团·北京

图书在版编目（CIP）数据

科学和决策：风险评估的提升/美国国家环境保护局风险分析方法改进委员会等著；毕军等译. — 北京：中国环境出版集团，2020.11
（国际环境治理实用技术译丛）
书名原文：Science and Decisions：Advancing Risk Assessment
ISBN 978-7-5111-4514-7

Ⅰ．①科… Ⅱ．①美…②毕… Ⅲ．①环境管理—风险评价—研究—美国②环境决策—研究—美国 Ⅳ．①X820.4②X-017.12

中国版本图书馆 CIP 数据核字（2020）第 246022 号

著作权登记号：01-2019-0818

This is a translation of *Science and Decisions：Advancing Risk Assessment*，National Research Council；Division on Earth and Life Studies；Board on Environmental Studies and Toxicology；Committee on Improving Risk Analysis Approaches Used by the U.S. EPA © 2009 National Academy of Sciences. First published in English by the National Academies Press. All rights reserved.

出 版 人	武德凯
责任编辑	钱冬昀
责任校对	任　丽
封面设计	彭　杉

出版发行	**中国环境出版集团**
	（100062　北京市东城区广渠门内大街 16 号）
	网　　　址：http://www.cesp.com.cn
	电子邮箱：bjgl@cesp.com.cn
	联系电话：010-67112765（编辑管理部）
	发行热线：010-67125803，010-67113405（传真）
印　　刷	北京建宏印刷有限公司
经　　销	各地新华书店
版　　次	2020 年 11 月第 1 版
印　　次	2020 年 11 月第 1 次印刷
开　　本	787×1092　1/16
印　　张	31.25
字　　数	481 千字
定　　价	125.00 元

中国环境出版集团郑重承诺：
中国环境出版集团合作的印刷单位、材料单位均具有中国环境标志产品认证

美国国家科学院：
国家科学、工程和医学顾问

美国国家科学院是一个私人的、非营利性的自治组织，由从事科学和工程研究的知名学者组成，致力于促进科学技术进步并为大众服务。1863 年美国国会授予美国国家科学院的特评状，授权其在科学技术问题上为联邦政府提供咨询。现任美国国家科学院院长为 Ralph J. Cicerone 博士。

美国国家工程院于 1964 年根据美国国家科学院的章程成立，是由杰出工程师组成的平行组织。其在管理和成员遴选方面是独立的，并与美国国家科学院共同承担为联邦政府提供咨询的责任。美国国家工程院还会赞助满足国家需求的工程项目，鼓励教育和研究，表彰工程师的卓越成就。现任美国国家工程院院长为 Charles M. Vest 博士。

美国国家医学院成立于 1970 年，由美国国家科学院组织成立，旨在确保合适专业的杰出人士为审查与公共健康有关的政策事宜提供服务。根据国会特评状赋予国家科学院的责任，该机构负责担任联邦政府的顾问，主动识别医疗、研究和教育领域的问题。现任美国国家医学院院长为 Harvey V. Fineberg 博士。

美国国家研究委员会成立于 1916 年，由美国国家科学院组织成立，旨在促进科学界和技术界的联合，推动知识进步，并为联邦政府提供咨询。委员会按照美国国家科学院确定的一般政策运作，已成为美国国家科学院和美国国家工程院的主要业务机构，为政府、公众、科学界和工程界提供服务。该委员会由美国国家科学院、美国国家工程院和美国国家医学院联合管理。现任理事会主席和副主席分别为 Ralph J. Cicerone 和 Charles M. Vest 博士。

美国国家环境保护局风险分析方法改进委员会

成员

Thomas A. Burke（主席）	约翰霍普金斯大学彭博公共卫生学院，巴尔的摩，马里兰州
A. John Bailer	迈阿密大学，牛津，俄亥俄州
John M. Balbus	美国环境保护协会，华盛顿特区
Joshua T. Cohen	塔夫茨医疗中心，波士顿，马萨诸塞州
Adam M. Finkel	新泽西医科和牙科大学，皮斯卡塔韦，新泽西州
Gary Ginsberg	康涅狄格州公共卫生部，哈特福德，康涅狄格州
Bruce K. Hope	俄勒冈州环境质量部，波特兰，俄勒冈州
Jonathan I. Levy	哈佛公共卫生学院，波士顿，马萨诸塞州
Thomas E. McKone	加州大学伯克利分校，伯克利，加利福尼亚州
Gregory M. Paoli	国际风险科学联合会，渥太华，加拿大
Charles Poole	北卡罗来纳大学公共卫生学院，小教堂山，北卡罗来纳州
Joseph V. Rodricks	ENVIRON 国际公司，阿灵顿，弗吉尼亚州
Bailus Walker，Jr.	霍华德大学医学中心，华盛顿特区
Terry F. Yosie	世界环境中心，华盛顿特区
Lauren Zeise	加利福尼亚州环境保护局，奥克兰，加利福尼亚州

工作人员

Eileen N. Abt	项目主任
Jennifer Saunders	项目副主任（截至 2007 年 12 月）
Norman Grossblatt	高级编辑
Ruth Crossgrove	高级编辑
Mirsada Karalic-Loncarevic	技术信息中心负责人
Radiah A. Rose	编辑项目负责人
Morgan R. Motto	高级项目助理（截至 2008 年 2 月）
Panola Golson	高级项目助理

支持单位
美国国家环境保护局

环境研究和毒理学委员会[①]

成员

Jonathan M. Samet（主席）	南加州大学，洛杉矶
Ramón Alvarez	环境保护协会，奥斯汀，得克萨斯州
John M. Balbus	环境保护协会，华盛顿特区
Dallas Burtraw	未来资源，华盛顿特区
James S. Bus	陶氏化学公司，米德兰，密歇根州
Ruth DeFries	哥伦比亚大学，纽约，纽约州
Costel D. Denson	特拉华大学，纽瓦克
E. Donald Elliott	Willkie，Farr & Gallagher 有限公司，华盛顿特区
Mary R. English	田纳西大学，诺克斯维尔
J. Paul Gilman	Covanta 能源公司，费尔菲尔德，新泽西州
Judith A. Graham（退休）	匹兹堡，北卡罗来纳州
William M. Lewis，Jr.	科罗拉多大学，博尔德，科罗拉多州
Judith L. Meyer	佐治亚大学，雅典
Dennis D. Murphy	内华达大学，雷诺，内华达州
Danny D. Reible	得克萨斯大学，奥斯汀，得克萨斯州
Joseph V. Rodricks	ENVIRON 国际公司，阿灵顿，弗吉尼亚州
Armistead G. Russell	佐治亚理工学院，亚特兰大
Robert F. Sawyer	加州大学伯克利分校，伯克利
Kimberly M. Thompson	哈佛公共卫生学院，波士顿，马萨诸塞州
Mark J. Utell	罗切斯特大学医学中心，罗切斯特，纽约州

[①] 本书的研究由环境研究和毒理学委员会规划、监督和支持。

环境研究和毒理学委员会的其他报告

邻苯二甲酸盐累积风险评估：未来的任务（2008）

臭氧空气污染控制所降低的死亡风险和经济效益评估（2008）

国家职业安全与健康研究所（NIOSH）呼吸疾病研究（2008）

评估美国国家环境保护局的研究效率（2008）

克拉马斯河流域水文、生态、鱼类研究（2008）

毒理学技术在毒理学预测和风险评估中的应用（2007）

环境监管决策模型（2007）

21 世纪毒性测试：愿景和策略（2007）

超级基金大型场地泥沙疏浚：有效性评估（2007）

风能项目的环境影响（2007）

对管理和预算办公室拟定的风险评估公报的科学审查（2007）

三氯乙烯的人体健康风险评估：关键科学问题（2006）

空气污染固定源的新来源审查（2006）

环境化学物质的人体生物监测（2006）

二噁英及相关化合物的健康风险：对 EPA 重新评估的审查（2006）

饮用水中的氟化物：EPA 标准的科学回顾（2006）

州和联邦政府的移动源排放标准（2006）

超级基金和大型矿场——Coeur d'Alene 河流域的教训（2005）

高氯酸盐摄入的健康影响（2005）

美国的空气质量管理（2004）

普拉特河的濒危物种（2004）

缅因州的大西洋鲑鱼（2004）

克拉马斯河流域的濒危鱼类（2004）

阿拉斯加北坡油气开采的累积环境影响（2003）

评估拟议空气污染规章的公众健康效益（2002）

生物固定用于土地治理：推进标准和实践（2002）

机舱环境及其对乘客和机组人员的健康影响（2002）

饮用水中的砷：2001 年更新（2001）

车辆排放监督和维护项目的评估（2001）

根据《清洁水法》补偿湿地损失（2001）

多氯联苯污染沉积物的风险管理策略（2001）

特定空气化学物质的急性暴露等级指南（7 卷，2000—2008）

甲基汞的毒理学效应（2000）

美国国家环境保护局科学研究强化（2000）

毒理学和风险评估的科学前沿发展（2000）

国家生态指标（2000）

垃圾焚烧和公众健康（2000）

环境中的激素活性剂（1999）

空气颗粒物的研究重点（四卷，1998—2004）

国家研究委员会毒理学委员会：第一个 50 年（1997）

人类饮食中的致癌物和抗癌物（1996）

上游：西北太平洋的鲑鱼和社会（1996）

科学与《濒危物种法》（1995）

湿地：特征和边界（1995）

生物标记物（5 卷，1989—1995）

风险评估中的科学和判断（1994）

婴幼儿饮食中的农药（1993）

海豚和金枪鱼业（1992）

科学与国家公园（1992）

空气污染物的人体暴露评估（1991）

城市和区域空气污染中的臭氧问题再思考（1991）

海龟的衰落（1990）

序　言

　　风险评估已经成为向风险管理者和公众提供保护公众健康和环境的不同政策方案的主要公共政策工具，在为美国国家环境保护局（EPA）及其他联邦和州政府机构评估公众健康问题、提供监管和技术决策信息、为研究和基金项目设置优先级与制定成本—效益分析方法等方面发挥重大作用。

　　然而，风险评估正处于发展的关键时刻。尽管该领域取得了一定的进展，但仍面临一些重大的挑战，包括复杂风险评估周期过长，有些可能要几十年才能完成；数据的缺失导致的风险评估中的重大不确定性；以及市场中未评估的化学物质和新兴制剂巨大的评估需求缺口等。为了应对这些挑战，EPA 要求美国国家科学院提供建议，以改进其风险分析方法。

　　本报告中，EPA 风险分析方法改进委员会对现行的风险分析概念和实践进行了科学技术审查，并为 EPA 短期（2～5 年）和长期（10～20 年）可以实现的目标提出了实际改进建议。委员会侧重于人体健康风险评估，也考虑了其结论和建议对生态风险评估的参考意义。

　　按照国家研究委员会报告审查委员会所批准的程序，本报告已由具备不同观点和技术专长的人士审核草案。该独立审核的目的在于提供坦率的、批判性的评论，使机构发布的报告尽可能可靠，并保证报告符合标准，即客观、有据可依，并对研究经费负责。为了保护审议流程的完整性，审查意见和稿件草案保密。我们谨感谢以下各方在本报告的审阅工作中付出的努力：LWB 环境服务公司，Lawrence W. Barnthouse；加州大学伯克利分校，Roger G. Bea；华盛顿大学，Allison C. Cullen；科罗拉多州立大学，William H. Farland；Convanta 能源公司，J. Paul Gilman；匹兹堡大学，Bernard D. Goldstein；约翰霍普金斯大学，Lynn R. Goldman；克拉克大学，Dale B. Hattis；美国化学理事会（退休），

Carol J. Henry；渥太华大学，Daniel Krewski；加州大学伯克利分校，Amy D. Kyle；国家环境健康科学研究所，Ronald L. Melnick；密歇根大学医学院，Gilbert S. Omenn；哈佛公共卫生学院，Louise Ryan；南加州大学，Detlof von Winterfeldt。

虽然上面所列的评审人提出了许多建设性的意见和建议，但我们并没有要求他们赞同本报告结论或建议，在报告公布之前他们也未曾看到最终版本。报告的审查由得克萨斯州乔治敦市的审查协调员 William Glaze 和 Sigma Xi 的审查监督员 John Ahearne 共同监督完成。上述人员由国家研究委员会任命，负责确保报告根据机构的程序进行独立审查，并确保仔细考虑所有审查意见。报告最终的解释权归委员会和机构所有。

委员会十分感谢以下各方的意见：麻省理工学院，Nicholas Ashford；EPA，Robert Brenner，Michael Callahan，George Gray，Jim Jones，Tina Levine，Robert Kavlock，Al McGartland，Peter Preuss，Michael Shapiro，Glenn Suter 和 Harold Zenick；北卡罗来纳大学，Douglas Crawford- Brown；ENVIRON 国际公司，Kenny Crump；欧盟驻美国代表团，Robert Donkers；科罗拉多州立大学，William Farland；五凤国际，James A. Fava；国际生命科学基金会，Penny Fenner- Crisp；克拉克大学，Dale Hattis；加州大学伯克利分校，Amy D. Kyle；乔治华盛顿大学，Rebecca Parkin；国家环境健康科学研究所，Chris Portier；Gradient 公司，Lorenz Rhomberg；自然资源保护委员会，Jennifer Sass；通用电气公司，Jay Silkworth；疾病控制与预防中心，Thomas Sinks。

委员会感谢未来资源的 Roger Cooke 和 EPA 的 Dorothy Patton（已退休）在本研究审议初期提供的帮助，同时感谢国家研究委员会成员在报告编写方面提供的协助，他们是：项目主任，Eileen Abt；环境研究和毒理学委员会主任，James Reisa；项目副主任，Jennifer Saunders；高级编辑，Norman Grossblatt 和 Ruth Crossgrove；技术信息中心负责人，Mirsada Karalic- Loncarevic；编辑项目负责人，Radiah Rose；高级项目助理，Morgan Motto 和 Panola Golson。

在此特别感谢委员会成员在本报告编写过程中付出的努力！

Thomas Burke，主席
美国国家环境保护局风险分析方法改进委员会

缩　写

ARARs	适用或相关和适当的要求
ATSDR	有毒物质与疾病登记处
BMD	基准剂量
CARE	重建环境的社区行动
CASAC	清洁空气科学咨询委员会
CBRP	基于社区的参与性研究
CERCLA	《综合环境响应、赔偿和责任法》
CTE	集中趋势暴露
DBP	邻苯二甲酸二丁酯
DBPs	消毒副产物
EPA	美国国家环境保护局
EPHT	环境公共卫生跟踪项目
FIFRA	《联邦杀虫剂、杀菌剂与杀鼠剂法》
FQPA	《食品质量保护法》
GAO	政府问责办公室
GIS	地理信息系统
HAPs	有害空气污染物
HI	危险指数
IARC	国际癌症研究机构
IPCS	国际化学品安全项目
IRIS	综合风险信息系统

LNT	线性、无阈值
MACT	最大可实现控制技术
MCL	污染物最高浓度
MCLG	污染物最高浓度目标
MeCl$_2$	二氯甲烷
MEI	最大暴露个体
MOA	行为模式
MOE	暴露率
MTD	最大耐受剂量
NAAQS	国家环境空气质量标准
NCEA	国家环境评估中心
NEJAC	国家环境司法咨询委员会
NER	国家暴露登记处
NHANES	国家健康和营养调查
NOAEL	未观察到损害作用的剂量
NPL	国家优先级清单
NRC	国家研究委员会
NTP	美国国家毒理学项目组
OAR	空气和辐射办公室
OP	有机磷酸盐
OPPTS	预防、农药及有毒物质办公室
OSWER	固体废物与应急响应办公室
OW	水务办公室

PBPK	生理性药代动力学
PD	药效动力学
PDF	概率密度函数
PK	药代动力学
POD	分离点
PPDG	农药项目对话小组
RAGS	超级基金风险评估指南
Red Book	《联邦政府中的风险评估：过程管理》
RfC	参考浓度
RfD	参考剂量
RI/FS	补救调查和可行性研究
RME	合理最大暴露量
ROD	决策记录
RR	相对风险
RRM	相对风险模型
SDWA	《安全饮用水法》
SEP	社会经济地位
TCA	1,1,1-三氯乙烷
TCE	三氯乙烯
TSCA	《有毒物质控制法》
UF	不确定系数
VOI	信息价值
WHO	世界卫生组织
WOE	证据权重

目　录

摘　要

生活的每个方面几乎都涉及风险，如何应对风险很大程度上取决于我们对它的认知程度。风险评估已经被运用于帮助我们理解与解决各种各样的危害，也有助于美国国家环境保护局（EPA）、其他联邦和州政府机构、行业和学术界以及其他团体评估公众健康和环境问题。风险评估作为重要的公共政策工具，覆盖从保护空气到确保食品、药品和消费品如玩具的安全的方方面面，它能够为监管与技术决策提供信息，确定研究需求的优先级，并开发出考虑监管政策成本和效益的方法。

然而，风险评估正处于发展的关键时期，其可信度正遭受质疑（Silbergeld 1993；Montague 2004；Michaels 2008）[①]。风险评估提供了具有国家和全球影响力的法规所依赖的主要的科学依据，因此常常受到大量的科学、政治层面和来自公众的密切关注。风险评估的科学研究越来越复杂；改进的分析技术方法产生了更多的数据，同时也引出了如何解决多种化学暴露、多种风险和人群易感性等问题。此外，风险评估正在逐步扩展以解决更为广泛的环境问题，如生命周期分析、成本效益问题以及风险-风险之间的权衡等。

监管的风险评估过程陷入了僵局，对一些化学物质的主要风险评估需要花费 10 余年时间。以与癌症相关的三氯乙烯为例，评估自 20 世纪 80 年代开展以来，已经历了多次独立审查，预计到 2010 年后才能最终完成。甲醛和二噁英的评估也具有类似的时间

[①] Silbergeld, E.K. 1993. Risk assessment: The perspective and experience of U.S. environmentalists. Environ. Health Perspect. 101(2):100-104;　Montague, P. 2004. Reducing the harms associated with risk assessment. Environ. Impact Assess. Rev. 24:733-748; Michaels, D. 2008. Doubt Is Their Product: How Industry's Assault on Science Threatens Your Health. New York: Oxford University Press.

线。EPA 正在努力满足对危害和剂量-反应信息的需求，但是由于缺乏资金和训练有素的工作人员等资源，EPA 面临巨大挑战。

基于风险评估的决策制定也陷入了僵局。科学数据固有的不确定性会导致多种解释，从而使决策制定陷入僵局。在风险评估与社会问题日益紧密相连的时候，包括社会团体、环境组织、企业和消费者在内的利益相关者常常会脱离风险评估流程。现有科学数据与决策者之间的信息需求的割裂，阻碍了风险评估作为决策制定工具的使用。

新兴的科学进步为风险评估的改进带来了巨大的希望。正如国家研究委员会在《21世纪毒性测试：愿景和策略》（2007）中所说，新的毒性试验方法正在开发之中，该方法将会更快速、更经济，并与人类接触更加直接相关。然而，兑现这一承诺至少需要 10年之久。

为应对当前的挑战，EPA 要求国家研究委员会进行一项关于改进风险分析方法的独立研究，这是国家研究委员会对 EPA 风险评估审查的系列研究之一。具体来说，由国家研究委员会选定的委员负责确定 EPA 在短期（2～5 年）和长期（10～20 年）内能够做出的实际改进。委员会主要关注人类健康风险评估，但也考虑了其结论和建议对生态风险评估的启示。委员会在 2006 年秋季至 2008 年冬季之间开展了该研究的数据收集工作，因此在这之后发表的材料并未纳入委员会评估的考虑当中。

委员会的评估

委员会在评估中重点关注两个要素：（1）改进支持风险评估的技术分析（在第 4～7章中讨论），（2）提高风险评估的效用（在第 3 章和第 8 章讨论）。改进技术分析需要开发和使用科学知识和信息，以推进更准确的风险表征。提高效用需要使风险评估与风险管理决策更相关，对其更有用。

关于技术分析的改进，委员会考虑了如何改进不确定性和差异性分析和剂量-反应评估等问题，以确保充分利用科学数据，并得出确实需要技术改进的结论。委员会认为，应该保留 EPA 对于风险评估的总体概念，这一概念基于国家研究委员会的《联邦政府中的风险评估：过程管理》（1983），也称为红皮书。风险评估的四步法（危害识别、剂量-反应评估、暴露评估和风险表征）已经被许多专家委员会成员、监管机构、公共卫生和其他机构采用。

在提高效用方面，委员会审议了诸如在风险评估开展之前如何识别和构建与风险有关的问题，以及如何确保一系列方案使风险评估与待解决问题最为相关等问题。

结论和建议

为了确保风险评估能更好地利用现有的科学技术，且与决策制定更为相关，需要对EPA 的风险评估程序进行简化改进。实施改进需要在 EPA 现有的实践基础上，制定长期的战略，包括加强机构内部的协调和沟通，培训和建立具有必备专业知识的团队，并要求 EPA、各政府部门和国会做出承诺保证执行该风险决策框架且提供必要的资金支持。

委员会建议对红皮书的模式进行重要的扩展，以更好地应对当今的挑战——风险评估应被视为一种评估各种风险管理方案相对优点的方法，而不是最终目的。风险评估应当继续探寻并准确描述各种研究的结果，不需要告诉人们其对人体健康和环境的威胁，只有在明确提出风险评估应当解决的风险管理问题后，才需要认真评估现有管理坏境问题的方案，这与生态风险评估的做法类似。当前风险评估方法的这种改变可能会增加其对决策的影响，因为它需要更多的前期规划确保与正在解决的具体问题相关，且还将揭示比传统情况更广泛的决策方案。

本报告技术建议中提出的第二个思维转变是，需要改进不确定性和差异性分析，并且采用统一的剂量-反应评估方法以评估致癌和非致癌终点风险。正如风险评估本身应当与其要回答的问题密切相关一样，支持它的技术分析也是如此。例如，对所有风险评估中固有不确定性和差异性的描述可能是复杂的，也可能相对简单；而描述的详细程度应当与为风险管理决策提供信息的需求一致。同样，无论是否要进行风险-风险之间的权衡或是为成本-效益分析提供信息，剂量-反应评估结果都应当与要解决的问题相关。确保风险评估的技术分析有科学作为支撑，且与待解决的问题相关，将有助于大大提高评估的价值、及时性和可信度。

委员会最重要的结论和建议摘要如下。委员会认为，执行其建议将有助于提高风险评估的可信度和有效性。

风险评估的设计

风险评估的"设计"即计划风险评估并确保其水平和复杂性与为决策提供信息的需求相一致的过程。委员会鼓励 EPA 更加关注风险评估形成阶段的设计，特别是 EPA 生态和累积风险评估指南中指出的规划、范围界定以及问题构建阶段（EPA 1998，2003）。[①]良好的设计包括在流程早期让风险管理者、风险评估者和各种利益相关者共同参与，以确定需要考虑的主要因素、决策环境、时间表和研究深度，确保评估中提出正确的问题。

越来越多地强调规划、范围界定以及问题构建使得风险评估更加有用，也更容易被决策者接受（EPA 2002，2003，2004）；[②]然而，由于规划、范围界定以及问题构建在各种 EPA 指导文件中并未涉及，因此其在风险评估中的纳入并不一致（EPA 2005a，b）。[③]规划和范围界定的一个重要因素是在合适的决策中定义一套明确的备选方案。应当通过

---

① EPA (U.S. Environmental Protection Agency). 1998. Guidelines for Ecological Risk Assessment. EPA/630/R-95/002F. Risk Assessment Forum, U.S. Environmental Protection Agency, Washington, DC; EPA (U.S. Environmental Protection Agency). 2003. Framework for Cumulative Risk Assessment. EPA/600/P-02/001F. National Center for Environmental Assessment, Risk Assessment Forum, U.S. Environmental Protection Agency, Washington, DC.

② EPA (U.S. Environmental Protection Agency). 2002. A Review of the Reference Dose and Reference Concentration Processes. EPA/630/P-02/002F. Risk Assessment Forum, U.S. Environmental Protection Agency, Washington, DC; EPA (U.S. Environmental Protection Agency). 2003. Framework for Cumulative Risk Assessment. EPA/600/P- 02/001F. National Center for Environmental Assessment, Risk Assessment Forum, U.S. Environmental Protection Agency, Washington, DC; EPA (U.S. Environmental Protection Agency). 2004. Risk Assessment Principles and Practices. Staff Paper. EPA/100/B-04/001. Office of the Science Advisor, U.S. Environmental Protection Agency, Washington, DC.

③ EPA (U.S. Environmental Protection Agency). 2005a. Guidelines for Carcinogen Risk Assessment. EPA/630/P-03/001F. Risk Assessment Forum, U.S. Environmental Protection Agency, Washington, DC; EPA (U.S. Environmental Protection Agency). 2005b. Supplemental Guidance for Assessing Susceptibility for Early-Life Exposures to Carcinogens. EPA/630/R-03/003F. Risk Assessment Forum, U.S. Environmental Protection Agency, Washington, DC.

决策者、利益相关者、风险评估者的前期参与强化这一流程，他们可以共同评估流程的设计能否解决已经识别的问题。

建议：需要更加关注风险评估早期阶段的设计。委员会建议 EPA 指导文件（EPA 1998，2003）中指出的规划、范围界定以及问题制定在 EPA 风险评估中正式化并实施。

不确定性和差异性

解决不确定性和差异性对风险评估过程至关重要。不确定性源于知识的缺乏，因此它能被表征和控制，但不能消除。不确定性可以通过更多或质量更好的数据来降低。差异性是人群的固有特征，因为人们在其暴露以及对暴露潜在有害影响的易感性方面存在显著差异。差异性不会减少，但是随着信息的改进，它能够得到更好的表征。

EPA 在处理暴露与剂量–反应评估中的不确定性的方法和指南之间存在显著差异。EPA 没有统一的方法来确定解决特定问题所需的复杂程度和不确定性分析程度。表征不确定性的详细程度是否合适仅仅取决于它为特定风险管理决策提供信息的适当程度。在风险评估的规划和范围界定阶段，确定不确定性分析的必要程度和性质十分重要。用不同方法处理各风险评估组成的不确定性会使总体不确定性的沟通交流变得更加困难，有时还可能会产生误导。

在许多 EPA 健康风险评估中，除铅、臭氧和硫氧化物等例外之外，人群易感性的差异性仍然没有得到足够或持续的关注。例如，尽管《2005 年 EPA 癌症风险评估指南》承认易感性取决于人生的不同阶段，但仍需要在实践中加大对易感性的关注，尤其需要关注由年龄、种族或社会经济地位等原因造成更大易感性的特殊群体。委员会鼓励 EPA 推进"在暴露评估和剂量–反应关系中更明确量化人群差异性"这一长期目标。体现推进这一目标成果的例子是 EPA 对三氯乙烯风险评估的草案（EPA 2001；NRC 2006），[1]其

---

[1] EPA (U.S. Environmental Protection Agency). 2001. Trichloroethylene Health Risk Assessment: Synthesis and Characterization. External Review Draft. EPA/600/P-01/002A. Office of Research and Development, Washington, DC. August 2001 [online]. Available: http://rais.ornl.gov/tox/TCEAUG2001.PDF [accessed Aug. 2, 2008]; NRC (National Research Council). 2006. Assessing the Human Risks of Trichloroethylene. Washington, DC: The National Academies Press.

中考虑了代谢、疾病和其他因素的差异如何造成人们响应暴露的差异。

建议：EPA 应当鼓励风险评估在所有的关键计算步骤（如暴露评估和剂量–反应评估）中表征和传达不确定性和差异性。需要对不确定性和差异性分析进行规划和管理，以反映对风险管理方案间比较评估的需求。短期内，EPA 应采取"分层"的方式来选择不确定性和差异性评估的详细程度，并在规划阶段就进行明确。为了方便风险评估中不确定性和差异性的表征和解释，EPA 应当制定指南来明确决策支持所需的不确定性和差异性分析的详细程度，提供明确的用于识别和解决不同来源不确定性和差异性的定义和方法。

默认值的选择和使用

不确定性存在于风险评估的所有阶段，在特定化学物质数据不可获得的情况下，EPA 通常需要依靠假设获取。1983 年"红皮书"建议制定从现有推论中选择合适假设的指南，将这些假设（现在称为默认值）用于机构的风险评估中，以确保风险评估过程的一致性，避免人为操纵现象。委员会肯定了 EPA 在检查与默认值相关科学数据方面的工作（EPA 1992，2004，2005a），[①]但是也指出需要做出改变以改进 EPA 对默认值的使用。由于人们对数据是否足以支撑默认假设或替代方法的长期争论，导致一些风险评估受到大量科学争议，迟迟未能完成。委员会认为，风险评估中需要推论的步骤仍然需要维持已有的默认假设，并且应该有明确的标准来判断在特定情况下数据是否足以直接使用或支撑默认假设下的推论。大多数情况下，EPA 并没有公布明确的、通用的指南来指导证明要使用特定数据而非默认值需要什么样水平的证据。同时还有一些应用于 EPA 风险评估实例的默认假设（缺失或隐含的默认假设）并没有被纳入其风险评估指南。例

---

① EPA (U.S. Environmental Protection Agency). 1992. Guidelines for Exposure Assessment. EPA/600/Z-92/001. Risk Assessment Forum, Office of Research and Development, U.S. Environmental Protection Agency, Washington, DC; EPA (U.S. Environmental Protection Agency). 2004. Risk Assessment Principles and Practices. Staff Paper. EPA/100/B-04/001. Office of the Science Advisor, U.S. Environmental Protection Agency, Washington, DC; EPA (U.S. Environmental Protection Agency). 2005a. Guidelines for Carcinogen Risk Assessment. EPA/630/P-03/001F. Risk Assessment Forum, U.S. Environmental Protection Agency, Washington, DC.

如，流行病学或毒理学研究中尚未充分核查的化学物质通常在风险评估中没有得到充分考虑，有的甚至都不予以考虑；风险表征中没有相关风险的描述，使得它们在决策中被忽视了。这种情况发生在超级基金场地和其他风险评估中，这些评估只列出了相对较少的在流行病学和毒理学数据推动下进行了暴露和风险评估的化学物质。

建议：EPA 应继续并扩大使用最优、最新的科学来支撑和修改默认值；应致力于编制有明确表述的默认值，取代隐藏假设；应制定明确的通用标准，规范使用替代假设取代默认值证明所需的证据水平。此外，EPA 还应制定用于每个特定默认值替代方案的具体标准。当 EPA 选择不用默认值时，应当将使用替代值的影响量化，包括二者会如何影响所考虑的风险管理方案的风险评估结果。EPA 需要更明确地阐明默认值的政策，并提出使用它和评估它对风险决策、环境保护和公共卫生影响的指南。

剂量-反应评估的统一方法

风险评估的一大挑战是采用一致的方法评估不同的化学物质，并充分考虑差异性和不确定性，提供对风险表征和风险管理及时、有效和最有用的信息。历史上，EPA 对致癌和非致癌效应的剂量-反应评估方法不同，有人批评这些方法没有提供最有用的结果。因此，非致癌效应一直没有得到重视，尤其是在成本-效益分析中。致癌和非致癌效应采用一致的风险评估方法在科学上是可行的，需要加以实施。

对于致癌效应，通常假定它没有剂量阈值，并且剂量-反应评估的重点是量化低剂量暴露的风险，评估给定暴露量的群体风险。对于非致癌效应，通常假定有剂量阈值（低剂量非线性），群体暴露在低于该剂量阈值下不会发生或几乎不可能发生效应；该剂量就是参考剂量（RfD）或参考浓度（RfC），可认为在该剂量下"可能没有明显有害影响的风险"（EPA 2002）。[1]

EPA 对非致癌和低剂量非线性致癌终点的处理中重要一步是它在协调致癌和非致癌的剂量-反应评估方法的整体策略；然而，委员会发现当前的方法在科学性和实际可

---

[1] EPA (U.S. Environmental Protection Agency). 2002. A Review of the Reference Dose and Reference Concentration Processes. EPA/630/P-02/002F. Risk Assessment Forum, U.S. Environmental Protection Agency, Washington, DC.

操作性上有局限。非致癌效应不一定具有阈值，或是在低剂量下呈非线性，并且致癌物质的致癌机制各不相同。本底暴露和潜在疾病进程会加剧人群本底风险，且可能会使人们关注的群体剂量呈线性。由于 RfD 和 RfC 是在可能的危害和安全之间提供明确的界限，而不是量化不同暴露程度的风险，其在风险-风险之间权衡、风险—效益比较以及风险管理决策中的使用受到局限。癌症风险评估除考虑生命早期易感性可能存在的差异外，通常不考虑致癌易感性方面的差异。

出于科学和风险管理的考虑，致癌和非致癌相统一的剂量-反应评估方法得到支持。因此，委员会建议采用包括正式、系统评估本底疾病进程和本底暴露、可能的易损群体、影响化学物质对人体剂量-反应关系的行为模式的统一剂量-反应模型。该方法将 RfD 或 RfC 重新定义为风险特定剂量，提供了特定可信度下预期高于或低于设定的可接受风险的人群百分比信息。风险特定剂量允许风险管理者就该人群百分比衡量替代的风险方案，还允许对不同风险管理方案进行定量的效益估算。例如，风险管理者可以考虑特定风险源的各种不同控制策略导致的不同暴露人群的风险以及与效益。委员会认可了 RfD 的广泛应用及其在公共卫生方面的效用；重新定义的 RfD 可以像原来的 RfD 一样用于帮助制定风险管理决策。

委员会推荐的统一剂量-反应方法的特点包括使用人类学、动物学、机械学和其他相关研究的一系列数据；表征风险概率；明确考虑致癌和非致癌终点的人体异质性（包括年龄、性别和健康状况）；（尽可能通过分布）表征致癌和非致癌终点的最重要的不确定性；评估本底暴露和易感性；尽可能使用概率分布而非不确定性因素；以及表征易感群体。

当对新化学物质进行评估或对旧的化学物质再评估时，需要开发和实施新的统一方法，包括开发测试案例以进行概念证明。

建议：委员会建议 EPA 实行在统一的剂量-反应评估框架下分阶段评估化学物质的方法，这一统一的框架包括对背景暴露和疾病过程、可能的易感群体和影响人体剂量-反应关系的行为模式的系统评估。应当重新定义 RfD 和 RfC，以考虑危害的可能性。在进行测试案例时，委员会建议采用灵活的方法，可以在统一的方法下应用不同的概念模型。

累积风险评估

EPA 越来越多地被要求处理广泛的公众健康和环境健康问题，其中涉及多重暴露、复杂混合物、具有脆弱群体的问题，以及利益相关者团体（如受环境暴露影响的群体）认为当前风险评估中通常未能充分考虑的问题。需要评估 EPA（EPA 2003）[①]定义的累积风险，即评估由多种制剂或压力源的总暴露造成的综合风险；总暴露包括通过所有渠道、途径和来源而导致的给定制药剂或压力源的暴露。该定义涉及化学的、生物的、辐射的、物理的和心理的压力源（Callahan and Sexton 2007）。[②]

委员会赞扬了 EPA 为详实风险评估中的定义并更贴近决策和利益相关者做出的努力。然而，在实践中，EPA 的风险评估通常无法做到其相关准则所支持和认为可能的那样。虽然已经在各种情况下都使用过累积风险评估，但几乎很少考虑非化学的压力源、易损性和本底风险因素。由于同时考虑了诸多因素的复杂性，需要简化的风险评估工具（如数据库、软件包和其他模型资源）用于筛查风险评估级别，使社区和利益相关方得以开展评估，从而增加利益相关方的参与。人体累积健康风险评估应当从解决类似问题的生态风险评估和社会流行病学中吸取更多见解。最近国家研究委员会关于邻苯二甲酸酯的报告，解决了与框架相关的问题，在该框架下，可以针对同时暴露于多种压力源的情况开展剂量–反应评估。

建议：EPA 应当借鉴包括来自生态风险评估和社会流行病学的方法将化学和非化学压力源之间的相互作用纳入评估中；加强生物监测、流行病学和调查数据在累积风险评估中的作用；制定指南和方法简化分析工具支持累积风险评估，促进利益相关方更多的参与。短期内，EPA 需要开发数据库和默认方法，以支持在特定人群数据缺失、没有考虑暴露模式、不清楚相关背景过程的情况下将关键的非化学压力源纳入累积风险评估。

---

① EPA (U.S. Environmental Protection Agency). 2003. Framework for Cumulative Risk Assessment. EPA/600/P- 02/001F. National Center for Environmental Assessment, Risk Assessment Forum, U.S. Environmental Protection Agency, Washington, DC.

② Callahan, M.A., K. Sexton. 2007. If 'cumulative risk assessment' is the answer, what is the question? Environ. Health Perspect. 115(5):799-806.

长远来看，EPA 应当支持关于化学和非化学压力源相互作用的研究计划，如流行病学调查和基于生理学的药代动力学模型等。

提高风险评估的效用

鉴于 EPA 当前所面临的问题和决策的复杂性，委员会努力设计了一个更连贯、更一致、更透明的流程，以提供与当前问题和决策相关的风险评估，足够全面以确保评估最佳的风险管理方案。为此，委员会提出了一个基于风险的决策框架（图 S-1）。该框架包含 3 个阶段：阶段Ⅰ，问题构建和范围界定，此阶段确定可用的风险管理方案；阶段Ⅱ，风险评估的规划和实施，此阶段运用风险评估工具确定现有情况和备选方案下的风险；阶段Ⅲ，风险管理，此阶段将风险和非风险信息进行整合以为方案选择提供信息。

该框架的核心是"红皮书"中确立的风险评估模式（阶段Ⅱ的第 2 步）（NRC 1983）。[1] 其与"红皮书"范式的不同之处主要在于第一步和最后一步。该框架从潜在的危险"信号"（如阳性生物测定或流行病学研究、可疑疾病的暴发或工业污染的发现）开始。在传统范式下的问题是，信号造成的不良健康（或生态）效应的可能性和后果是什么？相反，建议的框架隐藏的问题是，有什么方法可以减少已经识别出的危险或暴露，如何用风险评估来评价各种方案的优点？后一个问题重点关注的是旨在提供充分的公共卫生、环境保护以及确保良好的决策支持的风险管理方案（或干预措施）。在此框架下，所提出的问题源于早期细致规划的评估类型（包括风险、成本和技术可行性）以及评估备选方案相对优点所需的科学深度。[2]风险管理包括在对方案进行适当评估后对其进行选择。

---

[1] NRC (National Research Council). 1983. Risk Assessment in the Federal Government: Managing the Process. Washington, DC: National Academy Press.

[2] The committee notes that not all decisions require or are amenable to risk assessment and that in most cases one of the options explicitly considered is "no intervention."

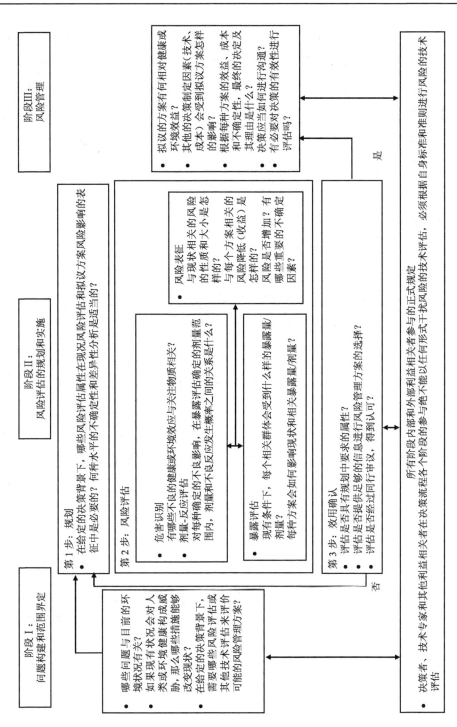

阶段Ⅲ:
风险管理

- 拟议的方案有何相对健康或环境效益或其他决策制定因素（技术、成本）会受到何种怎样的影响？
- 根据每种方案的效益、成本和不确定性，最终的决策应当如何进行沟通？其理由是什么？
- 决策应当对决策的有效性进行评估吗？有必要对决策的有效性进行评估吗？

是

阶段Ⅱ:
风险评估的规划和实施

在给定的决策背景下，哪些风险评估属性在现况风险评估和拟议方案风险影响的表征中是必要的？何种水平的不确定性和差异性分析才是适当的？

风险表征
- 与现状相关的性质和量级的怎样的？
- 与每个方案相关的风险怎样降低（收益）是怎样的？
- 风险是否增加？有哪些重要的不确定因素？

第2步: 风险评估

危害识别
- 有哪些不良的健康或环境效应与关注物质相关？

剂量-反应评估
- 对每种不良确定的剂量范围内，剂量和不良反应发生概率之间的关系是什么？

暴露评估
- 现有条件下，每个相关体会受到什么样的暴露量剂量？
- 每种方案会如何影响现状和相关暴露量剂量？

第3步: 效用确认
- 评估是否具有规划中要求的属性？
- 评估是否提供足够的信息进行风险管理方案的选择？
- 评估是否经过同行审议，得到认可？

阶段Ⅰ:
问题构建和范围界定

- 哪些问题与目前的环境状况有关？
- 如果现有状况会对人类或环境健康构成威胁，那么哪些措施能够改变现状？
- 在给定的决策背景下，需要哪些风险评估以及其他技术评估来评价可能的风险管理方案？

所有阶段内部和外部利益相关者参与的正式规定

- 决策者、技术专家和其他利益相关者在决策流程各个阶段都参与不能以任何形式干扰风险的技术评估，必须根据自身标准和准则进行风险的技术评估

图 S-1 风险评估效用最大化的风险决策框架

该框架以加强问题构建和范围界定作为开始（阶段Ⅰ），在此阶段确定了需要评估和区分的风险管理方案以及包括风险评估在内的技术分析类型。阶段Ⅱ由3个步骤组成：规划、风险评估和效用确认。规划（第1步）的目的是确保风险评估（包括不确定性和差异性分析）的水平和复杂程度与决策目标一致。风险评估（第2步）之后，第3步评价风险评估是否恰当，是否能够对风险管理方案进行区分。如果认为评估不充分，则需要回到规划阶段（阶段Ⅱ，第1步）。否则，将进行阶段Ⅲ（风险管理）：评估拟议风险管理方案的相对健康或环境效益以达成决策。

框架系统地识别了风险评估者在决策的最初阶段应当评估的问题和方案。它扩大了评估的影响范围，不仅仅包括个体效应（如癌症、呼吸道问题和个体物种），还包含了更广泛的健康状况和生态系统保护的问题。它为利益相关者参与所有过程提供了正式的流程，但也有时间限制以确保决策的制定。它通过使不确定性和选择更加透明化的方式增进了各级决策者对风险评估优势和局限性的了解。

委员会注意到流程受到政治干扰的问题，因此框架保持了"红皮书"中阐述的风险评估和风险管理之间的概念区分。用于评估风险管理方案的风险评估必须不受风险管理者偏好的不当干扰。

重点关注早期细致的规划和问题构建以及管理问题方案，框架的实施可以提高决策风险评估的效用。尽管框架的某些内容短期之内可以实现，但是其全面实施需要大量的过渡期。EPA应当分阶段开展一系列运用框架的应用示范计划，以确定框架与机构风险管理者需求的匹配程度、框架的应用对风险管理结论的影响，以及框架在确保风险管理者和政策制定者不会对风险评估的科学实施产生不利影响方面的有效性。

建议：为了使风险评估对风险管理决策发挥最大的作用，委员会建议 EPA 采用基于风险的决策框架（图 S-1）。该框架将"红皮书"的风险评估范式嵌入了流程，此流程包括了最初问题的构建和范围界定、风险管理方案的确定、运用风险评估进行方案的区分等。

利益相关方的参与

许多利益相关方认为目前开发和应用的风险评估流程缺乏可信度和透明度，一部分原因是未能让利益相关方作为主动参与者而非被动接受者在适当的时间点参与风险评估和决策流程。之前国家研究委员会和其他风险评估报告（如 NRC 1996；PCCRARM 1997）[①]以及委员会收到的意见（Callahan 2007；Kyle 2007）[②]都印证了这一问题。

委员会认同需要更多的利益相关者参与，以确保流程更加透明、基于风险的决策制定能够更加高效可信。利益相关方参与需要成为基于风险的决策制定框架的一部分，从问题制定和范围界定开始就需要有他们的参与。

虽然 EPA 大量的项目和指导文件都和利益相关方参与相关，但是重要的是他们要遵守指南，尤其是在社区参与往往都不充分的累积风险评估的背景下。

建议：EPA 应当建立利益相关方参与基于风险的决策框架的正式程序，同时设置时间限制以确保决策能满足时间安排，并设置激励措施使包括受影响社区和利益受损人员在内的利益相关方均衡参与。

能力建设

改进风险评估实践和实施基于风险的决策框架需要长期的计划和承诺来建立必要的信息、技能、培训和其他资源能力以改善公众健康和环境决策。委员会建议对 EPA 风险评估工作（如实施基于风险的决策框架、强调将问题构建和范围界定作为风险评估的独立阶段，以及更多利益相关方参与）和风险评估技术（如致癌和非致癌剂量–反应评估的统一、定量不确定性分析的关注以及累积风险评估方法的开发）进行大量修改。

[①] NRC (National Research Council). 1996. Understanding Risk: Informing Decisions in a Democratic Society. Washington, DC: National Academy Press; PCCRARM (Presidential/Congressional Commission on Risk Assessment and Risk Management). 1997. Framework for Environmental Health Risk Management - Final Report, Vol. 1.

[②] Callahan, M.A. 2007. Improving Risk Assessment: A Regional Perspective. Presentation at the Third Meeting of Improving Risk Analysis Approaches Used by EPA, February 26, 2007, Washington, DC; Kyle, A. 2007. Community Needs for Assessment of Environmental Problems. Presentation at the Fourth Meeting of Improving Risk Analysis Approaches Used by EPA, April 17, 2007, Washington, DC.

这些建议相当于机构风险评估和决策中的"变革文化"转型。

EPA 目前的制度结构和资源可能对建议的执行构成挑战，推动其执行需要在领导力、跨项目协调以及必要专业知识培训方面做出承诺。只有领导者决定扭转预算编制、人员编制和培训的下降趋势并将制定高质量的基于风险的决策作为机构目标时，才可能全面执行此建议。

建议：EPA 应该对其与风险相关的机构和流程进行高级别的战略性审查，确保其具备实施委员会关于提升风险评估执行和效用的建议并满足21世纪环境挑战的机构能力。EPA 应制定能力建设计划，包括实施委员会建议的预算估计，其中应包含过渡以及有效实施基于风险的决策框架的预算。

结束语

全球影响力正与风险管理的财政和政治利益相结合，给 EPA 的风险评估人员带来了前所未有的压力。但是，风险评估对于机构保护公众健康和环境的使命而言，仍然至关重要。提升风险评估的科学地位、效用和公信力需要开展大量的工作。委员会的建议重点是设计风险评估程序，以确保它们尽可能准确地利用当今科学和技术，并有效处理适当的风险管理方案以便为基于风险的决策提供更多信息。委员会希望建议和基于风险决策的拟议框架能够为 EPA 未来的风险评价提供模板，能够加强未来风险管理决策的科学依据、可信度和有效性。

第1章

绪　论

为了响应 EPA 国家环境评估中心（NCEA）的要求，国家研究委员会成立了 EPA 风险分析方法改进委员会。委员会负责制定建议，如果这些建议得到实施的话，能够帮助机构开展符合当前和不断变化的科学认知且与机构风险管理任务相关的风险评估[①]。建议既重点关注短期目标，也考虑长期目标。

通过国家科学院和其他专业机构一系列加强风险评估的技术内容和效用及确保其科学完整性的重要工作，风险评估对 EPA 使命（事实上也是许多其他联邦机构及其州下属机构的使命）的重要性得以证明。EPA 试图对来自各项工作的建议做出回应，使得以风险评估为基础的科学和使用风险评估的决策情境都日益复杂。正如本报告后面内容所述，委员会认为风险评估目前正处于关键时期，其价值和意义受到越来越多的质疑（Silbergeld 1993；Montague 2004）。尽管如此，委员会坚决认为风险评估仍是衡量改善人类健康和环境的许多潜在可选干预措施相对效益的最可行的方法，并认为它的缺失或使用不当会造成决策的严重缺陷。委员会认为，落实本报告提出的建议将大大提高风险评估的强制力和实用性，是最合适的发展之路。

---

① EPA 对委员会提出要求时运用了"风险分析"一词。后者通常与风险评估同义，但是有时运用更广。委员会将使用风险评估描述得到风险表征的过程。正如 NRC（2007a）的定义，风险也可以是危险、概率、后果或后果的可能性和严重程度的结合。

1.1 背景

自 1983 年国家研究委员会《联邦政府中的风险评估：过程管理》（也称为"红皮书"）报告发布以来，EPA 投入大量精力编制风险评估导则、建立机构内部和机构之间的科学政策小组、改进机构风险评估的同行审议标准，以推进风险评估。"红皮书"委员会展示了风险评估如何填补研究结果与其在风险管理中的应用之间的空白。他们建立了系统开展风险评估过程的框架，并且沿用至今。"红皮书"也揭示了编制所谓的参考指南（见下文）的必要性，它能确保风险评估流程和流程产物的科学完整性。

各种密切相关的风险评估框架形式已经得到国际组织和消费品安全委员会、美国核管理委员会、美国食品药品监督管理局、美国职业安全和健康管理局、美国农业部、美国国防部和美国能源部等其他联邦机构的广泛应用。科技政策办公室（OSTP）（50 Fed. Reg. 10371［1985］）采用了"红皮书"致癌物质分析的框架，并为机构制定 NRC 所建议的指导方针提供了依据。

"红皮书"出版后，EPA 加强了风险评估活动。EPA 在出版物《风险评估和管理：决策框架》（EPA 1984）中通过了"红皮书"。现在的风险评估论坛成立于 1984 年，并于 1993 年增设了科学政策委员会（见附录 C，列出了风险评估活动的时间表），这是"红皮书"和 EPA 推进风险评估落实的依据（Goldman 2003）。William Ruckelshaus 在他第二次任职美国国家环境保护局局长（1983—1985 年）期间，以"红皮书"作为任期主题的基础：加强风险评估，将其作为为决策提供信息的手段。EPA 最初着重于人体健康风险评估，代表有《致癌物质风险评估指南》（EPA 1986）和《未完成的事业：环境问题的比较评估》（EPA 1987），后者将环境风险的大小和 EPA 用来解决此环境风险的分配资源进行了比较。该机构的科学咨询委员会在另一份重要报告《降低风险：确定环境保护优先事项和战略》（EPA SAB 1990）中评估了后者。EPA 还于 1992 年参与了一个会议，该会议评估了在若干备选方案中确定国家优先事项的风险模型，其中备选方案整合了解决方案、环境公平和其他因素等信息（Finkel 和 Golding，1994）。

20 世纪 90 年代,"红皮书"中阐述的四步法被用于生态风险评估,处理主要关注点并非人体健康的风险评估(EPA 2004)。生态风险评估通过勾画"规划和问题构建"的需求来解决评估生态系统、化学混合物和累积风险技术上的挑战,为复杂的风险问题开创了新的方法。在规划步骤中,风险管理者与风险评估者和其他相关方就管理目标确定、管理方案选择、风险评估的范围以及风险评估的复杂程度等方面进行协商。在问题构建的阶段,风险评估者将风险管理者提出的要求转换为可实施的风险评估方案(EPA 1998;Suter 2007)。

国家研究委员会和其他专家组发布了《婴幼儿饮食中的农药》(NRC 1993)、《风险评估中的科学和判断》(NRC 1994)、《认识风险:民主社会中的风险决策信息》(NRC 1996)等报告,扩展了"红皮书"介绍的风险评估原则。1997 年,另一个专家组发表了报告《风险评估和风险管理总统/国会委员会》(PCCRARM 1997)。

EPA 最近还通过科学技术委员会《同行审议手册》(EPA 2000)和指南(EPA 2002)更新其技术文件同行审议的标准,以符合管理和预算办公室的《同行审议最终信息质量公告》(OMB 2004)。

1.2 挑战

随着风险评估在相对一致的框架下使用的推广,竞争压力促使机构提高风险评估的时效性和质量,EPA 的做法持续受到监督。很明显,包括二噁英、甲醛和三氯乙烯(GAO 2008)等化学物质的评估在内的许多风险表征需要 10~20 年的时间才能完成。风险评估的延期有许多原因,包括围绕科学的争议、数据不确定性、监管要求、政治优先事项和经济因素。在风险评估没有完成的情况下,国家和联邦机构仍要继续做出风险管理决策;但是并不清楚决策是否能够保护健康。如果这样的情况继续下去,风险评估的价值将会下降。

例如,三氯乙烯是地下水中最常见的有机污染物,它与癌症有关,但是没有完整的 EPA 毒性评估。自 20 世纪 80 年代以来,EPA 一直在开展相关的风险评估,并接受了包括 EPA 科学咨询委员会在内的多次独立审查。2006 年，国家研究委员会评估了关键问题。NRC（2006）敦促使用目前可获取的数据完成毒性评估，但是预计 2010 年之前该评估仍旧无法完成（GAO 2008）。另一个例子是甲醛，世界卫生组织将其归入人类已知的致癌物质，1997 年 EPA 开始对其进行评估，但是预计 2010 年之前无法完成评估（IARC 2006）。对甲醛更新毒性评估的缺乏影响了 EPA 的监管决策（GAO 2008）。[①]

近年来，一些联邦机构在联邦层面的风险政策中发挥了更正式的作用，并对 EPA 关于污染物的风险评估提出了担忧。一些机构也是污染清理任务的潜在责任单位，随着 EPA 最终审查的到来，他们也在努力地加大投入。其他机构及公共和私人利益相关方通常声称他们没有充分参与到 EPA 的流程中（如 Risk Policy Report 2005，2007）。

综合风险信息系统（IRIS）是化学毒性值的重要概略，其中一些毒性值是 EPA 新的环保政策首次实施的。然而，由于缺乏资金和延迟更新毒性值等局限，IRIS 受到了批评。EPA 目前正在寻求流程初期对化学物质审查方面更多的科学政策输入，以便确定关键问题并根据新的科学和政策信息对其做出调整。

由于基因组学和生物标志物等的进步，产生了更多不同的数据，使得风险评估所涉及的科学问题和风险评估所支持的决策越来越复杂，且这些现象越来越严重。本报告旨在协助 EPA 处理相应的挑战。

1.3 关于风险评估作用的传统和新兴观点

许多学科的众多公共卫生研究专家参与到关于环境中的制剂（无论是化学的、生物的、放射性的，还是物理的，也无论是自然来源还是由人类活动产生）如何危害人体健康以及在何种情况下它们会产生危害的知识构建工作中。随着这种知识从研究中产生，政府和许多其他公共卫生相关机构的决策者也开始考虑是否需要采取一些措施来保护公众健康；如果采取行动，是否一些措施比另外的措施能够产生更好的效果。许多指导

---

① GAO（2008）指出，由于 EPA 没有更新的癌症风险评估，空气和辐射办公室采用了替代估计的方法，对涉及胶合板和复合木材工业的设施建立了《有害空气污染物的国家排放标准》。

监管和公共卫生机构的法律中都可以发现对这些措施的社会支持，这种支持在研究了解生态系统威胁的研究团体与负责保护生态系统的群体之间的相互关系中表现得很明显。

很明显，研究结果很难直接用于决策。对相同现象的不同研究结果往往相互冲突，不确定性很大，所研究（能够研究）的健康和生态系统威胁情况通常与公众健康或生态保护的利益情况不相符，需要对研究结果进行解释。在与公众或生态系统健康相关的问题中，解释的过程就称为风险评估。风险评估被视为监管和相关类型决策的重要组成部分，其科学基础及其在决策中的作用是本报告的中心议题。

"红皮书"出版以来，大量的学术工作一直着眼于反对在实际应用中将风险评估视为待管理问题的唯一信息来源并提供管理方案的倾向。这种倾向在某种程度上存在，我们必须敦促抵制这一倾向。我们认为风险评估理应继续搜取信息、准确描述关于人体健康和环境的各种威胁，包括各种机构的研究结果能够或者不能够告诉我们的东西；此外，风险评估还应该与生态风险评估类似，只有在风险评估要解决的问题已经提出、对管理环境问题的备选方案仔细评估之后才可以这样做。在这种情况下，风险评估被视为评估各种风险管理方案（干预措施）相对较优的一种方法。

在这种决策背景下，风险评估是了解采取的措施能够实现或已经实现哪些公众健康和环境目标的重要工具。如本报告之后所述，强调尽早确定风险管理方案，通过风险评估寻求评估方案的最有用分析，这与"红皮书"中首次提出的风险评估—风险管理模式有所不同，因为在"红皮书"中提出的管理模式下无论风险评估出现何种结果，管理方案也不会受其驱动。新模式并没有改变"红皮书"中所规定的风险评估技术内容，如果采取适当的预防措施，风险管理人员就不会对风险评估流程造成不当的干扰（"红皮书"作者很关注的问题；见第 2 章）。但是，由于它需要让大家了解比传统情况更广泛的决策，因此很可能增加风险评估对最终决策的影响。我们认为，"红皮书"模式有必要并且值得延伸，使之更适应当今的挑战。本报告在第 3 章和第 8 章阐述了其完整的范围，其重点是提高风险评估的效用。

包括 EPA 在内的监管决策者不会通过列出一系列解决方案，然后进行各种必要的技术分析（风险评估、控制技术分析、资源成本分析等）得到最佳结果的常规方法来解决公众健康和环境问题。

EPA 和其他监管机构制定的各种法律似乎限制了，或者说在传统意义上限制了风险管理的备选方案。我们提出的更广泛的决策背景（在第 3 章和第 8 章讨论）建议重视其他正在使用或正在开发的工具［如生命周期分析（LCA）和可持续性评估］，这些工具针对与环境相关的更广泛的问题，比 EPA 和相关机构传统考虑的问题更广。例如，风险评估的科学性和 LCA 的广泛应用范围相结合可以扩大风险评估的影响力，提高其管理最紧急、影响最深远的人类和环境健康相关问题的效用。

无论是在广泛还是狭隘的决策背景下进行运用，风险评估由于上述提到的原因都至关重要。无论决策背景如何，风险评估的目标都是描述暴露于特定活动或制剂（化学的、生物的、放射性的或物理的）的情况下，特定类型的不良健康或生态效应发生的可能性，以及概率估计的不确定性和不同群体之间的差异性。为了在决策中充分发挥作用，风险评估需要考虑与现状相关的风险（即"不采取措施"方案下的危害概率），以及采取各种可能措施改变现状后仍然存在的风险。不确定性分析目标和用于每种分析的假设需要存在一些共性，以便比较不同的政策方案。在最广泛可行的风险管理背景下进行风险评估可以最大限度地揭示公众健康和环境的净效益。但这并不意味着在进行风险评估时其他方案不能出现；事实上，改进利益相关者参与可以使之成为可能。

实现这些成果需要运用 1983 年"红皮书"所规定的风险评估框架，该框架已被许多专家委员会、监管机构和公共卫生机构采用，委员会认为没有必要改变。该框架包括四个著名的分析步骤：危害识别、剂量-反应评估、暴露评估和风险表征，整合前三步的结果得到暴露评估所描述的特定情况下危害识别中不良影响的概率信息。前三步的不确定性结果也被整合到风险表征中。监管机构和公共卫生机构对许多其他类型的的人体健康或生态数据进行审查，但是只有包含上述所有四个步骤的才能称为风险评估。

虽然所有的风险评估包含四个步骤，但是重要的是要认识到风险评估可以在不同的技术细节层面上开展。在有足够丰富的数据库的情况下，可以开展高度量化的风险评估，有时还涉及概率模型和大量生物数据。在其他情况下，风险评估可能是半量化的。同样，对所有风险评估中固有的不确定性描述可能很复杂，也可能相对简单。由于风险评估在详细程度和复杂程度方面有所不同，所以在开展风险评估之前知晓其用途十分重要，这样才能根据现有问题设计和执行技术开展详略程度合适的风险评估。风险评估的设计是第 3 章的主题。

与各种风险管理方案预期的风险和风险变化相关的决策通常是由风险评估的可获得性提供信息。然而，实现精确、高度定量风险评估的目标受到科学认知和相关数据可获得性的限制，只有推进相关研究才能克服。保护公众健康和环境的决策不能等待科学知识的"完美"（在任何情况下都不可能实现的目标）；如果不能理解风险评估（哪怕是不完美的风险评估）会带来什么，无论最终决策如何，都不可能知道其公众健康或环境方面的价值。因此，在风险评估中以科学严谨的方法纳入可获得的最佳科学信息，并且以适用于决策者的方法获取和描述信息中的不确定性是十分重要的。此外，实效性目标与风险评估的准确性目标同样重要（有时更重要）。通过提高风险评估的质量和效用从而努力提升 EPA 监管决策是本研究的动力。

1.4 风险评估的技术阻碍

描述阻碍风险评估流程、限制其结果效用的障碍是必要的。应该牢记的是，风险评估的不足不应当归咎于缺乏相关科学数据和知识；这种缺乏反映出对研究的支持不足。但是，风险评估中更大的不足是对可获得的数据和知识的使用不充分。以下问题将在本报告中得到极大关注，因为它们反映了风险评估的可识别障碍及其重要的用途——为决策提供信息。

（1）风险评估的决策背景已事先确定了吗？了解风险评估运用的背景十分重要，这样才能考虑到解决问题的合适方案。似乎目前对于这一问题的监管考虑过于局限，甚至不能在一开始全面地考虑决策方案，这或许是因为隐含在法律中的局限性或认知的局限性。无论如何，风险评估的效用不太理想，这是因为在确定有价值的风险评估类型之前未能明确决策方案。

（2）风险评估怎样的详细程度是合适的？通过风险管理者、风险评估者、其他技术分析师和其他利益相关者之间必要的互动，在早期对问题和管理方案的描述可以促使风险分析的详细程度和科学完整性与决策需求相匹配，从而最大限度地提高流程的效率。

（3）选择默认值[①]的标准对完成风险评估是必要的吗？不使用默认值的标准是否明确并在机构准则中阐述？由于风险评估中需要进行各种推论，并且得出推论的理由并不一定完全建立在纯科学基础上，因此选择默认值涉及政策要素（见"红皮书"第2章的讨论）。所选择的推论，通常是默认值，会对风险评估结果产生重大影响。在特定情况下，当默认值可以用基于特定化学物质信息的推论替代时，其选择和判断标准通常是风险评估流程中最有争议的部分，有时还是造成其完成延期的重要原因。

（4）解决差异性问题时是否使用了最有效的科学信息和默认值？暴露于危险物质的生物响应差异是自然现象。关于差异性的科学知识非常有限，对于问题现有的风险评估方法在很大程度上依赖于不确定性因素和其他假设。考虑现有科学知识类型并将其用于改善差异性定量表征对改进风险评估具有重要作用。

（5）怎样描述和表达伴随所有风险评估的不确定性？这一问题没有得到充分解决导致了许多争议，阻碍了决策目标的实现。关键问题是决策者使用各种表达不确定性可用方法的相对效用。

（6）关于化学物质和其他制剂危险属性的信息在风险评估中是否得到足够重视？目前被评估的物质的毒性或致癌性通常是定性描述（证据权重评估），没有人群发生相关不良影响概率这一风险评估主题的量化描述。这一局限在风险评估中的重要性几乎没有得到讨论。

（7）目前用于处理通过阈值机制起作用的物质的方法（如制定毒性参考剂量）能否得出对决策最有用的信息？目前"明线"方法在某些公共卫生决策背景下具有重要意义，但在其他情况下明显缺乏效用。

（8）目前用于整合和衡量不同来源（如来自流行病学和实验研究）证据的方法能否确保主观影响最小化和透明度最大化？

[①] 委员会意识到目前 EPA 对使用默认值所用术语是"调用"而不是"背离"。EPA 目前对默认值的政策见第 6 章。

（9）对于健康效应或暴露可获得的信息很少的物质，有哪些合适的科学和政策方法应对，使得相对研究多的物质，这些物质造成的风险不会被忽视？

（10）应该采取哪些方法来确定解决社区范围和累积风险的广泛问题所必需的风险评估（可能涉及许多暴露源和路径）？假设在如此广泛的背景下有能力构建出合适的风险问题，风险信息怎样才能最好地为减轻公共健康和环境负担所需的决策服务？

1.5 风险分析的改进

基于上述问题，风险分析的改进可以在两个层面上进行考虑。首先，可以考虑改进风险评估用于决策的效用。其次，随着新的科学知识的发展，改进支撑一个或多个风险评估步骤的技术分析也具有可行性。委员会将他们的职责理解为这两种类型的改进。

可以通过多种方法实现效用的改进。如前所述，在风险评估开展之前，有机会改进确定及构建风险相关问题和干预措施方案的过程。在开展评估的过程中，也有类似的机会可以改进风险管理者、其他利益相关方和风险评估者之间的相互关系。还可以通过改进风险表征和不确定性表达的方式以确保决策者能充分了解，从而增强其效用。在某些情况下，毒性信息的概率表达（如风险和不确定性）是否能比毒性参考剂量和浓度等"明线"估计更好地为公众健康服务？呈现运用不同默认假设的方案结果并描述其科学优势和劣势的评估是否能够比主要依赖于预先设定默认假设的评估更好地为决策者提供服务？这些类型的问题都与提升用于决策的风险评估的效用有关。

改进风险评估每个步骤所涉及的技术分析通常是指：出于某些原因，构建和使用科学知识和信息使得风险表征更准确。由于通常没有任何经验来验证大多数风险表征的结果，因此很难评估"准确性"是否有所改善。但是，仍然有理由相信更加了解并正确运用基于毒性或其他类型不利健康效应产生的生物过程，能够增加对风险评估结果的信心。事实上，目前毒理学的大部分研究是为了获得这种认知，并且通过这种认知减少对默认值的依赖。此外，与特定不确定性因素相关的实证观测数据库的开发可通过提供因素的分布来代替不确定性因子的单个值。对风险评估信心的增加也可能源于流行病学和体外数据两方面人类数据开发和使用的增多（NRC 2007b）。

值得注意的是，虽然风险分析效用提升是大家所期待的，但是在特定风险评估背景下，并不总是需要或期望提高科学准确性。后者通常需要对重要研究进行投入，因此，着眼范围一定会局限于具有重大社会或经济意义的物质。基于默认值的风险评估将继续发挥重要作用，因为我们必须对大量的危险做出有效的决策，而资源不能支持证明所有默认值的有效性或探索具体的替代方案；并且由于经验的积累，许多默认值被视为对一般现象科学理解的升华（在特定情况下可能会有例外）。当然，随着新的科学理解的出现，已有默认值的特定替代方案可能会得到普遍支持，这会增加以此为基础的风险评估的信心。但是，对于许多物质和情况，基于默认值的风险评估仍是必要的。

报告其余章节中的大部分内容源于委员会对实现风险分析改进的这两种广泛方法的看法。

1.6　国家研究委员会理事会

根据 EPA 的研究要求，NRC 成立了 EPA 风险评估方法改进委员会。从生物统计学、剂量-反应建模、生态毒理学、环境运输和事故建模、环境健康、环境监管、流行病学、暴露评估、风险评估、毒理学和不确定性分析等专业挑选委员会成员。这些成员来自不同大学和其他机构，并无偿服务。委员会成员以个人身份作为专家，不代表任何组织。

委员会负责为 EPA 风险分析方法的改进制定科学和技术建议，包括为 EPA 提供近期（2～5 年）和长期（10～20 年）的实践改进措施。委员会主要侧重人体健康风险评估，但是参考了其研究结果和建议的实施对生态风险分析的启示。在审查 EPA 风险分析概念和做法时，委员会参考了 NRC 和其他机构之前的评估和持续的研究，以及涉及不同暴露途径和环境介质的风险分析。在评估中，委员会需要考虑与不确定性、差异性、建模和行为模式相关的一系列主题①（见附录 B 完整的任务说明）。

为了完成这一任务，委员会举行了 5 次公开会议，听取了 EPA 研究与发展办公室

---

① 关于药剂与细胞或组织之间的相互作用从解剖学上的变化到疾病状态可观测的关键事件或过程的描述。

及其政策方案和区域办公室官员、疾病预防控制中心官员、行业和环境组织代表、顾问和学术界的报告。

在处理这一问题时，委员会仔细考虑了报告者对风险评估的挑战和局限性所表达的担忧（Callahan 2007；Kyle 2007）。NCEA 主席 Peter Preuss 督促委员会考虑三个具体问题（Preuss 2006）：（1）目前可以对风险评估做出哪些改进？（2）从长远来看，可以对风险评估做出哪些改进？（3）需要考虑哪些替代的风险范式？虽然任务主要集中在 EPA 的风险评估，但是委员会希望这些建议对所有实践和使用的风险评估都产生影响。

1.7　报告的架构

本报告分为 9 章。第 2 章介绍了自 20 世纪 80 年代以来风险评估及其应用的演变。第 3 章讨论风险评估的设计，强调了规划和范围界定以及问题构建在过程中的作用。第 4 章考虑了风险评估的不确定性和差异性，解决了 EPA 方法和改进需求的问题。第 5 章提出了统一的非致癌和致癌剂量–反应建模方法，明确地将不确定性和差异性纳入过程中。第 6 章阐述了不确定性以及默认值选择和使用的重要问题。第 7 章讨论了风险评估中考虑更广泛因素的需求和方法，即累积风险评估，包括化学和非化学压力源、暴露群体的脆弱性以及措施对特殊群体利益相关者的影响。第 8 章提出了旨在提高风险评估效用的基于风险的决策框架。第 9 章介绍了委员会的结论、建议以及实施战略。

参考文献

[1] Callahan, M.A. 2007. Improving Risk Assessment: A Regional Perspective. Presentation at the Third Meeting of Improving Risk Analysis Approaches Used by EPA, February 26, 2007, Washington, D.C.

[2] EPA (U.S. Environmental Protection Agency). 1984. Risk Assessment and Risk Management: Framework for Decision Making. EPA 600/9-85-002. Office of the Administrator, U.S. Environmental Protection Agency, Washington, DC. December 1984.

[3]   EPA (U.S. Environmental Protection Agency). 1986. Guidelines for Carcinogen Risk Assessment. EPA/630/R-00/004. Risk Assessment Forum, U.S. Environmental Protection Agency, Washington, DC. September 1986 [online]. Available: http://www.epa.gov/ncea/raf/car2sab/guidelines_1986.pdf [accessed Jan. 7, 2007].

[4]   EPA (U.S. Environmental Protection Agency). 1987. Unfinished Business: A Comparative Assessment of Environmental Problems Overview Report. EPA 230287025a. Office of Policy, Planning and Evaluation, U.S. Environmental Protection Agency, Washington, DC. February 1987.

[5]   EPA (U.S. Environmental Protection Agency). 1998. Guidelines for Ecological Risk Assessment. EPA/630/R-95/002F. Risk Assessment Forum, U.S. Environmental Protection Agency, Washington, DC. April 1998 [online]. Available: http://oaspub.epa.gov/eims/eimscomm.getfile?p_download_id=36512 [accessed Feb. 9, 2007].

[6]   EPA (U.S. Environmental Protection Agency). 2000. Science Policy Peer Review Handbook, 2nd Ed. EPA 100-B-00-001. Office of Science Policy, Office of Research and Development, U.S. Environmental Protection Agency, Washington, DC. December 2000 [online]. Available: http://www.epa.gov/osa/spc/pdfs/prhandbk.pdf [accessed Feb. 9, 2007].

[7]   EPA (U.S. Environmental Protection Agency). 2002. Guidelines for Ensuring and Maximizing the Quality, Utility and Integrity of Information Disseminated by the Environmental Protection Agency. EPA/260R-02-008. Office of Environmental Information, U.S. Environmental Protection Agency, Washington, DC. October 2002 [online]. Available: http://www.epa.gov/QUALITY/informationguidelines/documents/EPA_InfoQualityGuidelines. pdf [accessed Feb. 9, 2007].

[8]   EPA (U.S. Environmental Protection Agency). 2004. Risk Assessment Principles and Practices: Staff Paper. EPA/100/B-04/001. Office of the Science Advisor, U.S. Environmental Protection Agency, Washington, DC. March 2004 [online]. Available: http://www.epa.gov/osa/pdfs/ratf-final.pdf [accessed Feb. 9, 2007].

[9]   EPA (U.S. Environmental Protection Agency). 2005. Guidelines for Carcinogen Risk Assessment. EPA/630/P-03/001F. Risk Assessment Forum, U.S. Environmental Protection Agency, Washington, DC.

March 2005 [online]. Available: http://cfpub.epa.gov/ncea/cfm/recordisplay.cfm?deid=116283 [accessed Feb. 7, 2007].

[10] EPA SAB (U.S. Environmental Protection Agency Science Advisory Board). 1990. Risk Assessment: Setting Priorities and Strategies for Environmental Protection. EPA/SAB-EC-90-021. U.S. Environmental Protection Agency Science Advisory Board, Washington, DC.

[11] Finkel, A.M. and D. Golding, eds. 1994. Worst Things First? The Debate Over Risk-Based National Environmental Priorities. Washington, DC: Resources for the Future Press.

[12] GAO (U.S. General Accountability Office). 2008. Chemical Assessments: Low Productivity and New Interagency Review Process Limit the Usefulness and Credibility of EPA's Integrated Risk Information System. GAO-08-440. U.S. General Accountability Office, Washington, DC. March 2008 [online]. Available: http://www.gao. gov/new.items/d08440.pdf [accessed June 11, 2008].

[13] Goldman, L.R. 2003. The Red Book: A reassessment of risk assessment. Hum. Ecol. Risk Assess. 9(5):1273-1281.

[14] IARC (International Agency for Research on Cancer). 2006. IARC Monographs on the Evaluation of Carcinogenic Risks to Humans. Volume 88. Formaldehyde, 2-Butoxyehtanol and 1-tert-Butoxypropan-2-ol. Lyon: International Agency for Research on Cancer Press.

[15] Kyle, A. 2007. Community Needs for Assessment of Environmental Problems. Presentation at the Fourth Meeting of Improving Risk Analysis Approaches Used by EPA, April 17, 2007, Washington, DC.

[16] Montague, P. 2004. Reducing the harms associated with risk assessment. Environ. Impact. Asses. Rev. 24:733-748.

[17] NRC (National Research Council). 1983. Risk Assessment in the Federal Government: Managing the Process. Washington, DC: National Academy Press.

[18] NRC (National Research Council). 1993. Pesticides in the Diets of Infants and Children. Washington, DC: National Academy Press.

[19] NRC (National Research Council). 1994. Science and Judgment in Risk Assessment. Washington, DC: National Academy Press.

[20] NRC (National Research Council). 1996. Understanding Risk: Informing Decisions in a Democratic Society. Washington, DC: National Academy Press.

[21] NRC (National Research Council). 2006. Assessing the Human Health Risks of Trichloroethylene: Key Scientific Issues. Washington, DC: National Academies Press.

[22] NRC (National Research Council). 2007a. Scientific Review of the Proposed Risk Assessment Bulletin from the Office of Management and Budget. Washington, DC: National Academies Press.

[23] NRC (National Research Council). 2007b. Toxicity Testing in the Twenty-First Century: A Vision and a Strategy. Washington, DC: National Academies Press.

[24] OMB (Office of Management and Budget). 2004. Final Information Quality Bulletin for Peer Review. December 15, 2004 [online]. Available: http://cio.energy.gov/documents/OMB_Final_Info_Quality_ Bulletin_for_peer_ bulletin(2).pdf [accessed Jan. 4, 2007].

[25] PCCRARM (Presidential/Congressional Commission on Risk Assessment and Risk Management). 1997. Framework for Environmental Health Management-Final Report, Vol. 1 [online]. Available: http://www.riskworld. com/nreports/1997/risk-rpt/pdf/EPAJAN.PDF [accessed Jan. 7, 2008].

[26] Preuss, P. 2006. Human Health Risk Assessment at EPA: Background, Current Practice, Future Directions. Presentation at the First Meeting of Improving Risk Analysis Approaches Used By the U.S. EPA, November 20, 2006, Washington, DC.

[27] Risk Policy Report. 2005. EPA Plan for Expanded Risk Reviews Draws Staff Criticism, DOD Backing. Inside EPA's Risk Policy Report 12(17):1, 8. May 3, 2005.

[28] Risk Policy Report. 2007. GAO Inquiry Prepares to Focus on EPA Delay of New Risk Review Plan. Inside EPA's Risk Policy Report 14(38):1, 6. September 18, 2007.

[29] Silbergeld, E.K. 1993. Risk assessment: The perspective and experience of U.S. environmentalists. Environ. Health Perspect. 101(2):100-104.

[30] Suter, G.W. 2007. Ecological Risk Assessment, 2nd Ed. Boca Raton, FL: CRC Press.

第 2 章

EPA 风险评估的演变和应用：当前实践与未来展望

2.1 概述

    EPA 风险评估的概念、原则和实践是许多不同因素的产物，机构的每个计划都是基于"法规、先例和利益相关方的独特融合"（EPA 2004a，p.14）。在法规方面，国会通过一系列环境法建立了基本规划，这些法律大多数是在 20 世纪 70 年代生效的，并授权了基于科学的监管方案以保护公众健康和环境。另一个要素是 EPA 实施这些法律的个案经验以及由此产生的补充性原则和实践。同样重要的是，咨询机构吸引了大学、私营机构、其他政府机构的科学家和其他环境专家为其修正和改进提供意见。最终的结果是，EPA 的风险评估是一个不断演变的过程，在此过程中始终有一个稳定的共同核心，但具有不同的形式。

    本章追溯了 EPA 风险评估的起源和发展，重点强调了现行的流程和程序，为后续章节中未来设想的改进奠定基础。本章首先描述了不同的法规要求以及由于其不同而导致的一系列相应的采用不同风险评估方法的机构计划；而后突出介绍了当前的概念和实践，概述了 EPA 关于过程管理的多方面制度安排，并识别了外部影响。记录显示，通常为响应新的法律或咨询机构关于通用原则或个人评估的建议，EPA 纳入新的科学信息和政策以不断更新流程。并不是所有外部建议都需要机构必须采取措施，但是很明

显一些建议的执行并不全面。本章的最后针对续章中一些实质性意见的实施提出了程序
建议。

2.2　法规和监管结构

国会制定的环境法规塑造了 EPA 的监管结构，反过来，它也会影响 EPA 风险评估
的实践和展望。法规赋予 EPA 管理多种形式的污染（如农药、固体废物和工业化学物
质）的权力，因为这些污染会影响环境的不同方面（如空气质量、水质、人体健康和野
生动植物）。EPA 风险评估实践的核心前提可以在四个主要项目办公室的相关法律中找
到，其中包括空气和辐射、水、固体废物和应急响应、预防、农药以及有毒物质。选出
的条款如下。

- 《清洁水法》要求"充分保护公众健康和环境，使其免受任何可以预料的不良影
  响"［CWA § 405（d）（2）（D）］。

- 《清洁空气法》要求在处理标准污染物时，指导机构制定标准需"反映最新的科
  学知识"，并根据这些标准颁布"国家一级环境空气质量标准……在足够的安全
  边界内保护公众健康"（CAA §§ 108，109）。

- 《有毒物质管理法》的主要目的是"确保这些化合物和混合物的（技术）创新和
  商业化不会对健康或环境造成不合理的危害风险"［TSCA § 2（b）（3）］。

- 根据《联邦杀虫剂、杀菌剂与杀鼠剂法》（FIFRA），注册（许可）农药的一个
  标准是"将执行其预期功能而不会对人体健康和环境造成不合理的不良影响"
  （FIFRA § 3）。

- 《超级基金国家应急项目》规定，"（应对有害物质排放的）标准和优先事项应根
  据对公众健康福祉或环境的相对风险而定"［CERCLA § 105（a）（8）（A）］。

风险评估一词在法规中并不常见，值得注意的是，这些法规是在 20 世纪 70 年代末
80 年代初，即风险分析作为综合性学科兴起之前制定的。相反，EPA 风险评估原则和
实践源于法律规定，这些法规需要有关"不良影响"（EPA 2004a，p. 14），"相对风险"

（p. 82），"不合理风险"（p. 14）和"当前科学知识"（p. 104）的信息，还需要关于保护人体健康和环境的监管决策。法规提供了各种评估法规中潜在污染物的风险潜力的科学分析的标准和程序。①,②

　　几个中等法规的存在解释了为什么 EPA 有多个风险评估项目。这种情况通常被批评为"炉灶"，它导致风险评估和监管的拖延和不一致。在 20 世纪 90 年代初，国会考虑到了这个问题，但没有通过立法将共同风险评估术语、概念和要求都纳入全面的风险评估法律。③相反，最近颁布的法律以精确的条款著称，通过规定特定法规必须包含的风险评估要素，放大和澄清了个别法规的立法目的。

- 1996 年《食品质量保护法》规定"在阈值效应情况下……适用于婴幼儿的农药化学残留物的安全保护范围应为一般要求十倍以上"[FFDCA § 408（b）（2）（C）]。
- 1996 年《安全饮用水法》的修订同样对风险评估和不确定性的表达做出明确规定："局长在提供给公众的文件中，应当根据本章节颁布的条例，将以下内容细化到可行的范围：

　　——涉及任何公众健康效应的每个群体

　　——特定群体的预期风险或主要风险评估

---

① 在机构不同的项目中，有时针对相同的污染物，不同的重点和术语会导致不同的风险评估方法。这可能会导致观测者理解混淆。例如，与四个空气污染主题相关的《清洁空气法》条款对基本上相同的法规使用了不同的术语：
- 《清洁空气法》与国家环境空气质量标准监管的污染物相关的条款旨在"在适当的安全边界内保护公众健康"（CAA § 109，重点增加）。
- 对于福利（环境）效应，该条款指导办公室"保护公众福利不受到任何已知或预期不良影响"（CAA § 109，重点增加）。
- 来自固定源（如工厂）的"有害"污染物标准是"提供足够的安全边界以保护公众健康或防止不良环境效应"（CAA § 112，重点增加）。
- 关于移动源（如汽车）的法规要求确保这些车辆不会"对公共健康、福利或安全造成不合理风险"[CAA § 202（a）（4），重点增加]。
② 一些法规需基于技术标准，例如，需要特定的控制技术或强制技术标准规定在给定时间内达到的排放限值。这些标准基于成本、工程可行性和相关技术考量。案例有《清洁空气法案》第 111 节（新来源审查）和第 202 节（移动源排放）。
③ 两党参赞联盟赞助了 Thompson-Levin（S981）的"监管改进法"，该法将管理和预算办公室（OMB）在审查机构规章方面的作用编纂成文；一些规定后来出现在 OMB 公报中（70 Fed. Reg. 2664 [2005]）。莫伊尼汉法案（S123）要求进行风险比较评估。

——每种风险适当的上限或下限估计"［SDWA§300g-1（b）（3）］。

类似的适用于个别项目的规定（上述例子分别出现在农药和饮用水的立法中）解释了风险评估实践和结果的一些变化。然而，虽然新的条款只适用于法规管理的程序，其他项目也采取了一些改变。

尽管法规语言、环境介质和污染物有所不同，但是主要法规的几个常见因素仍然影响着 EPA 监管结构与功能及其对风险评估的看法：

- 每个法规都强调保护人体健康和环境，这为 EPA 所谓的风险评估保守方法提供了基础。案例有 1971 年《清洁空气法》（CAA）修正案（§109）中通用的"适当的安全边界"，还有 1996 年《食品质量保护法》［FQPA；FFDCA§408（b）（2）（C）］中要求对婴幼儿的保护增加 10 倍的安全系数。正如最近所解释的，"按照使命，EPA 风险评估倾向于选择不会低估不确定性和差异性的方法以努力保护公众和环境健康"（EPA 2004a，p. 11）。

- 除了上文提到的（上页脚注②）和本章后面的内容（第 60 页）之外，与 EPA 保护人体健康和环境的主要标准相关的法律条款将科学分析视为监管决策的核心要素，要求收集和评估与正在进行监管审查的污染物有关的科学信息。法规通常详细说明规章记录中所需的信息、分析和正式文件的种类。

- 尽管法规的部分章节仅仅侧重于健康方面的考虑，[①]但是许多部分也从其他领域中识别信息进行分析，如经济分析、技术可行性和社会影响，用于制定监管决策。"科学界、监管机构和法院普遍认为，在做出与风险管理相关的决策时，考虑科学的同时也考虑其他因素十分重要"（EPA 2004a，p. 3）。

由此产生的决策，无论是否进行监管还是监管的性质和形式方面，都要在适当的情况下追求人体健康和环境保护，一部分基于科学分析，另一部分基于成本、社会价值、法律要求等信息的考量。作为所有新规定的倡导者，EPA 通常[②]有义务证明拟议的规章

---

① 最常引用的例子是 1970 年 CAA 第 109 章节；但值得注意的是，该法规明确考虑了国家实施计划中的成本、可行性和其他因素（§110）。这些考虑影响了遵守标准的时间。

② 农药的情况是特例。农药法规 FIFRA 要求制造商在注册和销售前提交数据显示"无害的合理确定性"，并且需要保持注册状态。

符合法规标准。这不是要求 EPA 按惯例在科学层面上证明"因果"，而是通过科学分析证明拟议规章符合涉及不良影响、不合理风险以及其他法定阈值的标准：

虽然监管机构对证明特定公司的产品或活动已经导致或将会导致某些人生病这一问题不存在技术压力，但他们在整合包含充足科学信息和分析，以便在"实质性证据"或行政诉讼司法审查的"任意性"测试情况下顺利通过方面有实际的压力。

EPA 管理的环境法规和一般行政法规要求对相关数据和分析进行文件编制和审查。关于农药的一些法规条款使机构能够对生产者和其他人施加数据要求，有利于收集风险评估数据（如 FIFRA § 3）；然而根据《有毒物质控制法》（TSCA；GAO 2005）和其他法规，机构施加数据要求的能力十分有限。

作为 EPA 许多法规的主要科学依据，风险评估受到科学、政治和公众的争议。在法规基础上，1983 年编制的"红皮书"引入了风险评估的原则、术语和惯例，这些已经成为该过程的支柱。该报告在一定程度上提出了协调法规不同条例的要求的共同框架，促成 20 世纪 80 年代和 90 年代的改变，并且持续影响当今的进程。

2.3　"红皮书"的关键作用

2.3.1　1983 年国家研究委员会报告

20 世纪 70 年代，EPA 与职业安全和健康管理局、食品药品监督管理局（FDA）和消费品安全委员会等其他具有相似职责的联邦机构的科学评估实践，都受到严格审查，因为这些实践得到的决策具有重大的社会意义。1981 年，国会（PL-96528）指出，FDA 支持国家研究委员会研究"将进行客观风险评估的科学功能与制定公共和社会政策决策监管程序和统一风险评估职能的可行性进行机构分离的优点"。国家研究委员会于 1981 年 10 月组织了公共卫生风险评估机构方法委员会，委员会的报告"红皮书"在 1983 年 3 月 1 日发表。国家研究委员会主席 Frank Press 在将报告呈交给 FDA 专员的信中写道：

国会规定了这项研究以加强其科学评估的可靠性和客观性，从而作为适用于联邦致癌物质和其他公共健康危险的监管政策的基础。开展风险评估的联邦机构往往很难清楚地呈现其监管决策令人信服的科学依据。例如，近年来，关于糖精、食品中的亚硝酸盐、家用隔热材料中的甲醛、石棉、空气污染物以及一系列其他物质的决策已经引起质疑。

报告建议在开展风险评估的组织安排方面不发生根本变化。相反，委员会认为，风险评估的基本问题是数据不完整，这是通过改变开展评估的组织安排所不能弥补的问题。委员会建议采取行动方案，在实际存在的约束限制下来改进这一进程。

正如 Press 的信中所述，委员会建议的"行动方案"重点关注从实验室和其他类型的研究得到的复杂和不确定的、甚至往往相互矛盾的科学信息如何用于制定监管和公共健康决策的过程。委员会对国会表述的科学评估应当"客观"，不受政策（和政治）的影响。由于所有的科学数据的评估都会有不确定性且科学知识是不完善的，因此面对同一组数据，不同的分析人员可能存在不同的解释。如果评估涉及化学毒性和其他危害人体健康的风险，解释的差异性可能更大。因此，委员会意识到风险评估很容易被操纵，以达到预期的风险管理（政策）后果。委员会的大部分工作是在避免科学评估和决策制度分离的不合理做法的同时，寻求减少这一潜在问题的方法。

1983 年的报告并不针对风险评估所涉及的技术分析。相反，它提供了连贯一致、普遍适用的风险评估的框架。在弥补根据普遍的科学知识和对人体健康造成特定威胁的各种信息设置的研究背景，与监管和公共卫生机构采取的各种降低这些威胁风险管理活动之间存在缺失，而该框架在弥补这一缺失方面十分必要。委员会的建议通过定义术语，阐明风险评估过程的（现在众所周知的）四个步骤的方式，使发展中的风险评估领域更加有序。委员会选择"风险表征"一词描述风险评估过程第四个也是最后一个步骤，其中包含前三个步骤的信息和分析的整合（图 2-1）。委员会表示，选用"风险表征"一词是为了表达风险管理者应充分考虑风险分析及其科学不确定性分析中定量和定性的要素。与化学毒性相关的风险必然涉及生物数据和不确定性，其中许多都不能量化表示。此外，为适用于风险分析的每个步骤的科学分析模式提供具体的技术指导已经超出了委员会的责任范围。

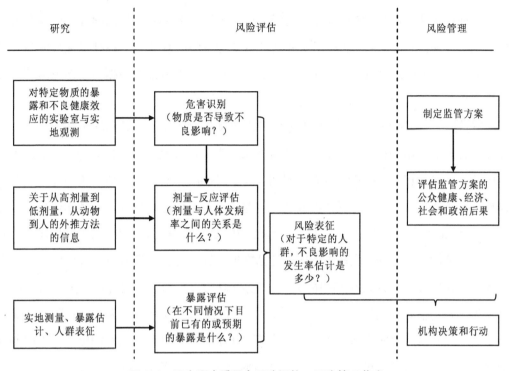

图 2-1　国家研究委员会风险评估—风险管理范式

来源：NRC 1983。

"红皮书"的第一个建议如下（NRC 1983，p. 7）：

我们建议监管机构采取行动，在风险评估和考虑风险管理替代方案之间建立和保持明确的概念区分；也就是说，风险评估中体现出的科学发现和政策判断应当与影响监管策略设计和选择的政治、经济、技术因素明确区分开。

这个关键建议有两方面特别值得注意。首先，委员会强调风险评估和风险管理的区别存在于概念上；也就是说，它指出了这两个活动的内容和目标在概念上是可区分的这一事实。"红皮书"没有地方要求将这两项活动分开。

其次，"政策判断体现在风险评估中"（据说与涉及风险管理的政策判断不一致）一词是委员会最重要的见解之一。特别是委员会意识到只有科学信息（数据和知识）补充了关于目前特定风险评估尚未记载的假设之后，才可能完成风险评估，不论这些假设有实质性证据还是一般性理论支撑。[①]这些假设最明显的例子涉及与化学毒性风险有关的极低剂量区域的剂量–反应曲线形状和高剂量动物实验中观测到的各种毒性反应与人体的相关性；与此相关的假设以及用于风险评估的许多其他方面的数据对于向风险管理者提供有用的、基于统一方法的风险表征而言是必要的。

　　"红皮书"委员会意识到，对于需要假设的风险评估任何步骤的给定分析，可能存在几种合理的科学假设。委员会运用"推断选项"一词来描述可能性矩阵。为了使联邦政府开展的风险评估具有顺序性和一致性，并尽可能减少对风险评估后果的逐个案例的操作，委员会建议制定具体的"推断指南"包含"对替代推断选项之间预期选择的明确声明"（NRC 1983，p. 4）（专栏 2-1）。因此，机构应采取措施以明确的指南描述用于开展风险评估的技术方法，这些指南应当包括在风险评估过程的所有分析部分中用于做出推断的假设的标准细则（在某些情况下，包括模型）。推断选项已经被称为默认选项，并且为风险评估选择的推断已被称为默认值。"红皮书"委员会认为，规定所有必要的默认值、编制和持续使用风险评估技术指南对于避免科学评估、政策制定和实施的制度分离、最小化风险评估过程之中不合适和有时不可见的政策影响而言是十分必要的。

专栏 2-1　机构范围[a]的风险评估指南

1986 年　《致癌物质风险评估指南》（EPA 1986a）

　　　　《可疑发育毒素健康评估指南》（51 Fed. Reg. 34028 ［1986］）

　　　　《致突变性风险评估指南》（EPA 1986b）

　　　　《暴露评估指南》（51 Fed. Reg. 34042 ［1986］）

　　　　《化学混合物健康评估指南》（EPA 1986c）

1991 年　《发育毒性风险评估》（修订和更新）（EPA 1991）

---

① 任何科学知识都有不确定性，且通常需要经验验证；当经验证据是支持性的，且没有发现相反证据时，就能建立文件，至少是能建立暂时性的文件。一系列相关的过去评估通常很好地支持完成风险评估所需的假设；然而，在任何具体情况下，经验性的验证给定的假设通常难以（即使存在可能性）支持当前所研究的物质。

1992 年 《暴露评估指南》（EPA 1992a）

1996 年 《生殖毒性风险评估指南》（EPA 1996a）

1998 年 《生态风险评估指南》（EPA 1998a）

《神经毒性风险评估指南》（EPA 1998b）

2000 年 《化学混合物健康风险评估补充指南》（EPA 2000a）

2005 年 《致癌物质风险评估指南和早期致癌物质暴露易感性评估补充指南》
（EPA 2005a，2005b）

这些指南符合"红皮书"的建议（NRC 1983，p.7），"构建与评估相关的科学和技术信息的解释""处理风险评估的所有要素，但是在特殊情况下，允许灵活地考虑特殊的科学证据"。

每个指南都由 EPA 实验室、中心、计划办公室和区域办公室的科学家组成的跨办公室团队经过多年的项目研究制定。指南草案在公开会议上进行同行评审，并在《联邦公报》上发表以供评论。总的来说，每个指南都遵循了 1983 年"红皮书"的范式，为每个分析领域运用和解释信息提供指南，包括默认值和假设的作用以及不确定性和风险表征的方法。一些指南还附上了专题的补充报告，例如"评估早期致癌物质暴露易感性"（EPA 2005b）和"蒙特卡洛分析指导原则"（EPA 1997a）。

[a] EPA 指南库包含许多其他指导性文件和政策，包括针对个别计划的指导性文件和政策（如表 C-1 和 D-1 以及参考文献）。

如本章后面所述，"红皮书"的一些批评引起了担忧，即委员会为避免"不适当的影响"而做出的值得称赞的努力很容易会被认为对风险管理者和其他利益相关者"毫无影响"。

"红皮书"建议的另一个特点与委员会目前的任务有关。因此，关于有用的风险评估指南的标准，作为建议第 6 条的部分陈述，内容如下（NRC 1983，p. 165）：

灵活性

委员会支持具有灵活性的指南。不允许任何变化的刚性指南可能不会考虑特定化学物质特有的相关科学信息，从而强制评估者使用不适于给定情况下的推断选项。此外，刚性指南可能会继续使用随着新科学的发展而变得过时的概念。由于这样的指南与政策决策中运用最佳科学判断的做法不符，无疑大部分科学界人士会反对这样的指南。

通过包含默认选项可以引入灵活性。在没有科学证据证明指定选项不正确的情况下，评估者通常会使用指定（默认）选项。因此，指南是要允许有别于一般情况的例外出现的，只要能够科学地证明这些例外都是合理的。科学审查小组和公众会按照上述程序审查这些证明。指南可以很好地突出发展相对较快的科学主题（如使用代谢数据进行种间比较）以及特定默认选项的例外可能出现的任何其他部分。他们还应当尝试提出用于评估例外是否合理的标准。

在整个报告中显而易见的是，对于证明特定情况背离一个或多个默认值的科学证据充分性的判断很难达成科学共识。

委员会当前的一个工作目标是确定 25 年来的科学研究和对风险评估开展的学术思考是否能够为提出更好地处理导致需要默认值的不确定性的方法提供新的见解。

2.3.2 国家研究委员会后期研究

NRC（1993a）主张将生态风险评估纳入 1983 年"红皮书"框架中。国家研究委员会的《风险评估中的科学和判断》（NRC 1994）和《认识风险：民主社会中的风险决策信息》（NRC 1996）都采用和推广了该风险评估框架和其四步法分析过程。事实上，该框架已经广泛用于风险评估的其他专业研究（见 PCCRARM 1997 及其中引用的参考文献），并在美国之外（欧盟和世界卫生组织）也得到广泛使用（图 2-2）。此外，随着时代的发展，监管和公共卫生机构不得不对微生物病原体造成的健康威胁（Parkin 2007）、过量的营养摄入（IOM 1997，1998，2003；WHO 2006）和其他环境压力源进行更大程度的一致性科学分析，他们发现"红皮书"框架既科学合理又十分有用。

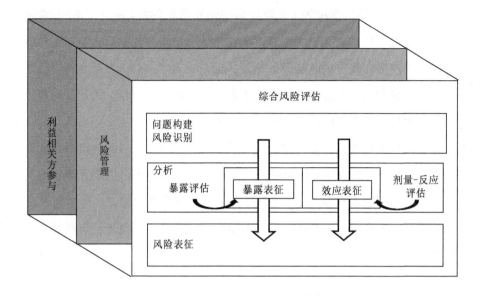

图 2-2 世界卫生组织健康和生态综合风险评估框架

（注：图 2-1 和图 2-2 展示了"红皮书"范式基本要素的不同演绎和演变重点）

来源：Suter et al. 2001。

关于风险评估过程的另一个主题在《认识风险：民主社会中的风险决策信息》一书中得到国家研究委员会的高度重视（NRC 1996，p. 6）：

形成风险表征的分析—审议过程应当包含对问题构建尽可能早且明确的关注；在早期明确利益相关方范围是必要的。分析—审议过程应当是相辅相成的。分析和审议是互补的，在整个风险表征过程中必须综合运用：审议构建分析框架，分析为审议提供信息，整个流程受益于分析和审议之间的反馈。

该建议与"红皮书"呼吁的评估和管理相"分离"以促进风险评估最高目标实现的做法有着细微的差别，其目标在于为公众健康和监管决策提供科学依据。只要"分析和审议"环节中风险管理者不会按照其政策倾向操纵风险评估后果的工作，而是努力确保评估（无论其结果如何）足以用于决策制定，那么"广泛的利益相关方"参与互动的过程就是必要的。

1994 年国家研究委员会报告《风险评估中的科学和判断》评估了 EPA 的风险评估实践，因为它们适用于 1990 年 CAA 修正案第 112 节规定来源的有害空气污染物。该报告没有改变"红皮书"规定的风险评估原则，而是审查了 EPA 的指南和实践，然后针对风险评估的实施和风险表征的呈现提出了各种技术改进的方法。因此，当前委员会的工作在许多方面与科学和判断委员会开展的工作类似。

对于默认选项的问题有许多考虑（见专栏 2-2）。事实上，1994 年国家研究委员会发现 EPA 现有的风险评估技术指南缺乏与默认值相关的证据，也缺乏特定情况下背离默认值的相关证据标准和科学规定。[①]委员会提出了一长串的建议，每个建议都针对风险评估数据需求、不确定性、差异性、暴露和风险结合以及模型开发等问题先开展了技术理解状态的讨论。

专栏 2-2　科学政策和默认值

《科学和判断》（NRC 1994）将默认值描述为"风险评估的科学政策组成要素"（p. 40），并指出"如果推断选项的选择不受指南的约束，那么书面评估本身应当明确说明在没有数据的情况下用于解释数据或支持结论的假设"（p.15）。该报告将"选择"视为科学政策的一个方面（p. 27）：

[1983 年"红皮书"] 委员会指出，在这种情况下选择特定的方法就涉及所谓的科学政策选择。科学政策选择与最终决策相关的政策选择不同……监管机构在进行风险评估时做出的科学政策选择对结果有重大影响。

这些原则是 EPA 在《风险表征手册》（EPA 2000b）呼吁的"透明度""全面披露"和"默认值与政策调用分别确定科学结论"的基础。EPA 最近的《员工文件》（EPA 2004a, p.12）涵盖并扩展了这些原则："风险评估过程中必须采用科学政策的立场和选择。"

---

① 1994 年报告的附录 N 包含默认值问题的两个观点，一个是委员会成员 Adam Finkel 的，另一个是成员 Roger McClellan 和 D. Warner North 的；他们的论文代表了委员会在脱离默认值系统中对于科学和政策考量适当平衡的一系列观点。

> 超级基金计划补充指南文件《标准的默认暴露因素》的编制是为了响应超级基金评估更加透明化、假设更一致的要求。指南指出当"缺乏特定场地的数据或选择参数意见不一致"时，会给定一系列可能使用的默认值（EPA 2004a，p.105）。

1994 年委员会的建议超出了风险评估的技术内容，包括流程、组织安排甚至风险交流等问题。当年的建议虽然对空气污染物风险，特别是有关暴露评估的技术问题的重视程度较高，但是大多数建议对风险评估相关的各类问题具有广泛的适用性。

在本报告附录 D 中，委员会从上述国家研究委员会的三个报告中选择了具有代表性的建议，并试图给出 EPA 如何回应这些建议的看法。可以看出，尽管对于接受和实施建议的记录有多有少且不完整，但是 EPA 投入了大量精力确保其指南符合国家研究委员会的许多建议（专栏 2-4 和专栏 2-5 以及第 6 章）。

在考虑国家研究委员会之前的研究和运用正在评估的新科学方法的研究的基础上，委员会需要审查 EPA 当前的"概念和实践"。如果过去 25 年来我们关于环境危险科学认知和风险评估实施研究的发展有需要修正的地方，那么当前委员会也需要修正"红皮书"中首次提出的基本概念。因此，在委员会进行技术评估时，"红皮书"风险评估框架及其基础概念是否足以应对理解和管理一系列在可预见的未来面临的健康和环境威胁问题这一点仍然需要我们保持敏感性。这些考虑也形成了其他关于思考风险评估的方法，包括 PCCRARM（1997）和 Krewski 等最近发表的出版物（2007）。

2.4　当前的概念和实践

EPA 对委员会的任务进行了说明（附录 B），其旨在寻求"对 EPA 当前的风险分析概念和实践的科学和技术的审查"。此外，EPA 还要求委员会在"考虑以往的评估"的基础上，制定 EPA 风险分析方法的"改进意见"。首先，委员会通过审查 1983 年以来国家研究委员会发布的主要报告完成了部分任务。此外，它还根据这些报告的主题和趋势审查了 EPA 的风险评估活动。以下讨论突出了 EPA 在许多领域取得的进展、不足以及委员会对进展性质和程度的不确定性的审查意见。

这些分析的主要来源是按照图 2-3 的时间顺序和附录 C 中的时间表排列的国家研究委员会报告和 EPA 文件。附录 D 中的实施表强调了国家研究委员会关于选定的风险评估主体的建议、EPA《员工文件》（EPA 2004a）、指南和其他 EPA 文件中记录的 EPA 对于建议的相关回复，并将其分开表述；还借鉴了国会要求的政府问责办公室（GAO）的研究（GAO 2005）。

2.4.1　EPA 实施国家研究委员会建议的进展

总的来说，如表 D-1 所示，国家研究委员会建议对各种风险评估问题和活动进行改进。多数建议提供了有关科学主题（如累积风险、毒性评估、作用模式和不确定性分析）的技术建议；而另一些建议则解决如同行审议、指南编制和风险评估和风险管理之间概念区分的原则等相关事宜。EPA 对建议的响应有以下几种方式：内部指南的备忘录和正式指南、手册、新计划和研究确定风险评估主题的常设委员会。

表 D-1 显示，一些建议已经推进了机构各办事处开展补充活动。例如，机构具有与累积风险和聚集暴露相关的通用和特定计划的指南（表 D-1）。[①]在科学政策理事会和风险评估论坛的主持下发布了机构范围指南，其中包含一份 1997 年的化学混合物指导备忘录和补充指南。个别办事处已经开展了独立的项目满足特定办公室的要求。案例包括：空气和辐射办公室的综合空气有毒物质战略（64 Fed. Reg. 38705 ［1991］）、TRIM 模型（EPA 2007a）和多途径暴露模式（EPA 2004b）；农药项目办公室（OPP）的共同毒性机制农药累积风险评估指南（EPA 2002a）；研究和发展办公室的人体健康研究战略的累积风险部分（EPA 2003a）。

---

① 国家研究委员会的建议本身并不需要对 EPA 涉及这些主题的活动负责。EPA 科学咨询委员会（SAB）和国际生命科学研究所（ILSI）风险科学机构也就这些问题提出了建议。例如，累积风险和聚集暴露活动的大量出现，反映了诸如 1996 年 FQPA 新法规要求和科学状况进步等因素的综合效应。

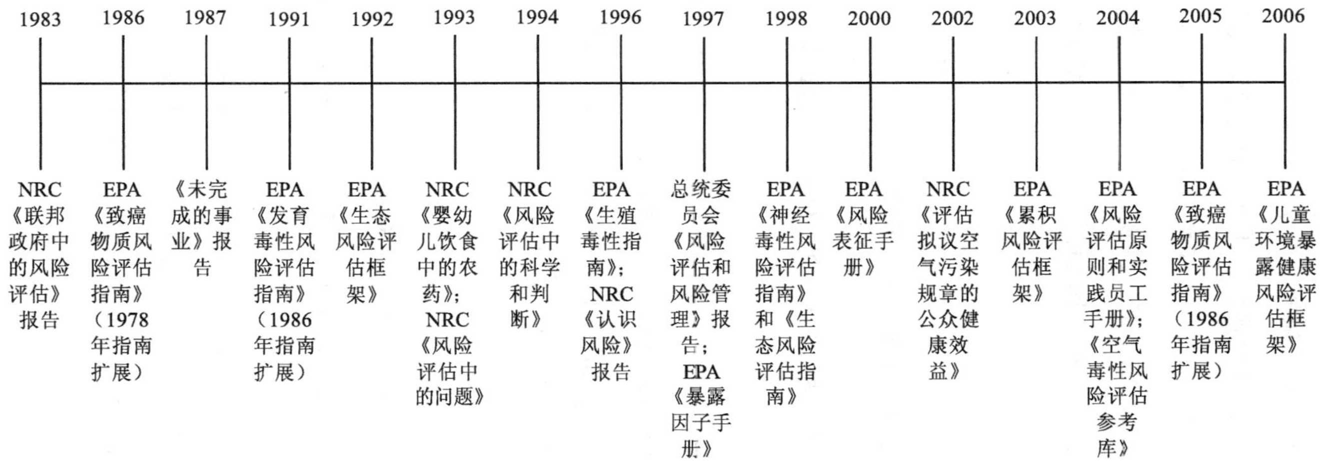

图 2-3　主要里程碑文件的时间表

注：这里列出的文件是表 C-1 和表 D-1 中主要的风险评估报告（见附录 C 和附录 D）

资料来源：NRC 1983, 1993a, 1993b, 1994, 1996, 2002; EPA 1986a, 1987a, 1991, 1992b, 1996a, 1997c, 1998a, 1998b, 2000b, 2003d, 2004a, 2004b, 2005a, 2006; PCCRARM 1997。

表 D-1 显示了国家研究委员会建议和 EPA 指导备忘录、正式指南和其他文件中长期强调的"风险表征"(专栏 2-3)。1994 年国家研究委员会将风险表征描述为涉及危害识别、剂量–反应和暴露分析中所得信息的整合,并"全面讨论与风险估计相关的不确定性"的活动(NRC 1994,p. 27)。包含一本相关手册(EPA 2000b)在内的机构风险表征指南在强调风险评估方法和结果解释"透明度"和"明确性"(尤其是明确数据和方法的优点和缺点)以及识别相关的不确定性方面与国家研究委员会的建议是一致的。

专栏 2-3　机构风险表征指南:注意不确定性

1992 年指导备忘录加强了 1983 年"红皮书"和 EPA 1986 年风险评估指南中阐述的原则,成为之后指导文件的先驱。

高度可靠的数据用于风险评估的许多方面。但是,科学不确定性是整个风险评估过程中必然存在的事实……科学家呼吁充分表征风险,不是质疑评估有效性,而是要充分告知其他人评估中的关键信息……即使风险表征详细描述了评估的局限性,对可靠结论和相关不确定性权衡的讨论是增强而非减少每个评估的整体可信度〔转载于 NRC 1994,附录 B,pp. 352-353〕。

《风险表征手册》(EPA 2000b)指导风险评估者在其他事件中"将定性信息、定量信息和不确定性信息结合使用,并从危害识别、剂量–反应和暴露评估中提取关键信息"(p. 24)并且"描述风险评估中固有的不确定性和风险评估中用于解决这些不确定性或缺失而采用的默认值的地位"(p. 21)。

在 EPA1995 年风险表征政策中着重强调"透明度"后,《员工手册》(EPA 2004a)指出,"对于 EPA 风险评估实践最主要的评论是它们表征的不确定性和差异性不充分透明"(p. 33)。EPA 的任务声明(2004a)证实"这是 EPA 试图解决的问题"(p. 33)(关于评估的同行审议评论见专栏 2-4)。

遵照 1994 年国家研究委员会更关注默认值使用的建议，EPA 将通用的风险表征指南用于拟议（EPA 1996b）[①]和最终（EPA 2005a）癌症指南中特定主题的默认值（表 D-1）。在没有科学数据的情况下，这些文件阐述了癌症风险评估五项主要默认值的科学依据。《员工文件》（EPA 2004a）解释道"只有确定数据在评估中的某一点不可用时才能调用默认值"（EPA 2004a，p.51），强调了该方法"不同于之前先选择默认值再运用数据说明它们不可用的方法"（EPA 2004a，p.51）。委员会认为这种默认值框架存在问题，详见第 6 章。

表 D-1 对当前委员会的任务声明中关于 EPA 风险评估概念和实践的审查具有启发性。例如，GAO 的调查报告显示，EPA 广泛批准了与 1983 年"红皮书"针对推论指导的建议相一致的制定风险评估指南的计划（表 D-1）。随着新方法的出现，机构修订和更新了 1986 年的原始指南（关于癌症、发育毒性、混合物和暴露评估），并向指南库添加新的主题，如 1998 年神经毒性风险评估和 1998 年生态风险评估，表明了增加其他新的主题可能是本报告中建议实施的有效方式。

EPA 对其科学咨询委员会（SAB）和国家研究委员会扩大同行审议计划建议的响应为未来提供了另一种模式。EPA1992 年和 1994 年同行审议政策备忘录（EPA 1992c，1994）将同行审议扩展到法定任务[②]之外的"与机构决策相关的主要科学技术工作产品"（EPA 2000b；表 D-1）。国家研究委员会建议与 EPA 新政策的总体目标是增加整体风险评估过程的科学知识。扩展后的政策旨在将当时不需要经过同行审议的环境风险评估纳入评审的范围。呼吁开展更多的同行审议和呼吁更多利益相关者参与一样，都表明对日益增加的风险评估的复杂性和 EPA 评估的可信度的担忧。然而，EPA（2000b）意识到需要对同行审议进行前期规划，以确保其为风险评估提供合适的见解和方向。在这方面，本报告提出的新框架可能需要进行不同类型的同行评审，其中除了需要科学专业知识，还需要决策理论、社会科学和风险管理方面的经验和专业知识。

[①] 此处 1996 年的提案和其他文件（如表 D-1）展示了 1986—2005 年 EPA 癌症原则演变的中间步骤；此外，尽管近 10 年内还未完成指南，但是 1996 年的提案记录了当时 EPA 在 1994 年国家研究理事会对癌症风险评估的建议。

[②] CAA 第 109 节要求对标准文件进行同行审查，列出国家环境空气质量标准的科学分析；FIFRA 的第 6 节要求对确定的农药措施进行同行审议。另见 Fed. Reg. 2664［2005］（联邦同行评议指南）。

EPA 风险评估职责和活动的多样性和范围之大,使得目前的风险评估委员会无法对 EPA 所有部门的风险评估实践进行详细和全面的评估。例如,GAO 的调查(见 GAO 2006;表 D-1)显示机构风险评估人员广泛使用指南,但是没有提供单个风险评估(特定有害空气污染物、农药或超级基金场地的评估)遵循指南中阐述的原则的程度的信息。同样,即使充分强调要识别不确定性,解释默认值,并将科学政策方案作为 EPA 指导文件中风险表征的关键特征(见表 D-1 和专栏 2-3),同行评议者和其他评论者仍然建议在表征差异性、不确定性和风险时提升透明度和清晰度(GAO 2006;参见专栏 2-4 的例子)。这些担忧提出了在实践中风险表征指南充分利用的程度如何,指南是否恰当,以及涉及科学、实践和预期时如何指导风险表征等方面的问题。

专栏 2-4　关于二噁英再评估风险表征的评论

在最近关于 EPA 二噁英再评估(EPA 2003b)的报告(NRC 2006)中,同行审议小组赞扬了 EPA 在评估中解决科学不确定性的方法,然后建议机构"大幅度修改再评估中第 III 部分的风险表征章节,包括以包含更为综合全面的风险表征和围绕关键假设和差异性的不确定性的讨论"(NRC 2006,p. 25)。

20 多年来,EPA 指导文件一直强调展示"所有与当前决策相关的信息"(EPA 1984,p. 14),充分通知其他人关于"风险评估每个阶段的重要信息"(EPA 2000b,p. A-2),以及透明度和"描述风险评估中固有不确定性和默认值地位"的重要性(p. 21)。更全面的陈述和参考文献见专栏 2-3 和表 D-1(有关风险表征的部分)。鉴于长期的内部指南一直强调机构风险评估中表征的完整性和透明度,EPA 对重要评估中关键要素的科学依据的描述需要"大幅改进"则表明它们不关注 EPA 指南中所阐述的原则(NRC 2006,p. 9;重点在原文):

委员会在描述 EPA 二噁英风险评估的科学依据方面确定了三个需要大幅改进的地方,以使风险表征更有科学性:

- 致癌和非致癌终点的剂量反应建模方法的理由。

- 用于分析的关键数据集选择的透明度和清晰度。
- 量化不确定性分析的透明度、全面性和清晰度。

NRC 呼吁改进二噁英风险评估中风险表征的要求（2006）说明在 EPA 风险评估审查中需要更高的清晰度和透明度。根据任务声明，本报告制定了解决这些问题的信息和方法。

1994 年国家研究委员会报告呼吁解释默认方案的科学依据，并确定不使用默认值的"标准"。《致癌物质风险评估指南》（EPA 2005a）的附录中包括一个默认值和替代方案科学基础的扩展讨论，但是没有提供引用默认值的标准（见第 6 章）。

本报告第 6 章比表 D-1 更深入地分析了 EPA 对于选定的默认值相关建议的实施情况。例如，表 6-3 将一些 EPA 的实践成果视为隐含或"缺失"的默认值。如表 D-1 所示，国家研究委员会提出了关于不确定性分析的各种建议。然而，如第 4 章所述，不确定性分析和表征面临技术难题，且相关通用的最佳实践尚未建立。在特定风险评估的不确定性分析中缺乏关于详细、严谨和复杂程度的指南时，专家咨询委员会建议在这方面进行技术改进并不奇怪[①]（见专栏 2-5 关于执行指南的重要性）。

EPA 和 GAO 对综合风险信息系统（IRIS）的评论（表 D-1）可能会对本委员会向机构提出的建议的前景具有指导意义。GAO 的报告详细介绍了 IRIS 过去十年时间的众多改进。它还指出，2005 年，EPA 仅完成了 8 项 IRIS 评审，距离建议的（高度乐观的）每年 50 项的目标"相差甚远"（GAO 2006）。GAO 表示，EPA 官员解释说造成这一差距的因素中包括风险评估复杂性、资源限制和同行评议要求等。[②]这些因素也将会对机构将报告中的建议在目前 IRIS 待办事项和对个别化学物质或场地的新型风险评估中的

[①] 例如，最新的评论"发现 EPA 关于综合暴露吸收生物动力学（IEUBK）模型的使用和其他血铅研究的使用指南是不完整的。……固体废物和应急响应办公室（OSWER）的指令没能……对在［数据］和 IEUBK 模型结果大部分不一致时要做什么给出足够的指导"（NRC 2005a，p. 273）。

[②] 一份发表的文件提到，2006 年 EPA 只向 IRIS 数据库增加了两项评估（Mills 2006）。

应用产生影响。[①]同样，在报告了 2002 年 90%的科技工业产品都经过同行评审后（Gilman 2003；表 D-1），机构还跟踪了如何回应同行评审意见（EPA 2000c）。总的来说，表 D-1 既梳理了 EPA 针对国家研究委员会建议而发布的指南，也总结了一系列改进机构风险评估的令人印象深刻的做法。但是，EPA 风险评估议程的广度和范围将表格限制为当前概念和实践的选定子集。尽管这一记录显示了国家研究委员会的建议通过指南或其他指导文件在书面上实施的程度，但是委员会并不知道指南在实践中的充分性和有效性程度。正如 EPA 向 GAO 解释的（与 IRIS 相关），可能有许多因素导致建议未能全面落实，包括数据可用性、员工的专业知识和经验、资源限制、充分的同行审议以及法定期限和法律框架对风险评估流程的影响等。

专栏 2-5   指南实施和风险评估的影响

如专栏 2-1 所示，EPA 风险评估指南库涵盖了广泛的主题。1994 年，NRC 委员会的结论认为"指南与'红皮书'的建议基本一致……它们都包含默认选项，这些选项本质上是关于如何适应不确定性的政策判断。它们还包含评估暴露和风险所需的各种假设"（NRC 1994，p. 5）。

尽管符合"红皮书"的要求，获得了同行评审的批准（参见个别指南前面的同行评审历史记录），且工作人员对指导文件表示赞赏（GAO 2006），但是 EPA《员工文件》（EPA 2004a）和与 EPA 风险评估相关的 GAO 报告（GAO 2005）中的关注点（如风险评估中的过度保守和不够保守、使用或不用默认值、不确定性的不充分讨论以及评估完成的延迟）提出了关于指南在单个风险评估中能够实现的预期作用的具体程度的问题。也就是说，与 EPA 风险评估相关的问题可以追溯到何种程度的指南内容或使用？

---

① 这些因素对基于众多科学家的科学与研究办公室（ORD）的著名 IRIS 项目的影响，引出了机构整体能力的问题，由于在机构中，许多风险评估人员的经验没有 ORD 丰富，所以需要扩展其风险评估活动以符合报告中提出的建议。见第 9 章。

　　一个问题是关于指南本身作为评估人员和管理人员的资源的科学适用性和普遍效用；也就是它们能否以有效的形式提供所需信息？第二个问题与风险评估人员任何特定情况下使用或不使用指南有关；也就是说，评估人员和管理人员是否有技术经验、科学数据、资金和时间按照预期使用指南？（对现有指南不够关注的例子见专栏 2-4。）导致指南或指南使用无效的原因可能包括：

- 相关数据、风险评估方法（如已建立的默认值）不可用，或两者都有。
- 国家研究委员会和其他咨询机构提供的意见过于复杂、缺乏明确性或不可行。
- 相关 EPA 指南具有复杂性、缺乏明确性或不可行。
- 指南中用词是选择性还是强制性。
- 个别或临时政策优先于指南政策。
- 部分风险评估人员缺乏经验。
- 管理问题，如部分监管人员和决策者缺乏经验或监督。

　　鉴于 EPA 制定指南是为了应对国家研究委员会之前提出的建议（表 D-1），理解影响评估人员和管理人员有效使用指南的因素的做法，对本报告中建议的有效实施至关重要。

2.4.2　政策的作用

　　风险评估过程的每个阶段需要进行一系列的选择，每个选择都会对风险评估结果产生潜在的影响，在某些情况下甚至决定了风险评估结果。正如第 4～7 章详细介绍的，数据缺失和风险评估过程中固有的不确定性产生了默认值和假设的需求；此外，每个假设的替代方法都会引入新的选择（NRC 1994, p. 27）：

　　风险评估者可能面临若干没有明确区分的科学性合理方法（如选择最可靠的剂量-反应模型外推超出可观察范围的效应）。"红皮书"委员会指出，在这种情况下特定方法的选择涉及所谓的科学政策选择。科学政策选择与最终决策的政策选择不同……监管机构在进行风险评估时做出的科学政策选择对结果有重大影响。

但是，至关重要的是，在风险评估指南的基础上，科学政策的选择是要满足一致性、重复性和公平性的需要的。

一些选择无论是否属于监管过程的一部分，都是科学工作的一部分。例如，风险评估过程的每个阶段都要对科学文献和相关数据库进行初步调研，以确定和区分与所审查的污染物或情况相关的研究。这包含许多来源的信息：同行评审期刊中的报告，灰色文献中的报告，有关尚未发表的最新研究成果的个人交流等。一些研究已经经过重复或其他方式证明；其他研究可能来源可疑。对这些问题的判断与制定任何科学分析做出的判断一样重要。持续的分析包括审查每项研究的基本优点和缺点，例如，质量保证问题，可复制性，与可比较研究的一致性和同行评审状况。

对其他因素的考虑是监管过程所特有的，包括决策背景下任何特定证据的相关性（见第 3 和 8 章），利益相关方和其他相关方提交的信息，相关机构政策和指南的适用性，以及影响数据标准使用环境的因素（如在生成或审查数据时存在潜在的利益冲突）。

通过排除不合格的研究来缩小选项很容易，但是，可能不止一项研究满足基本的科学标准，并且研究在质量属性上也有所不同。最近国家研究委员会同行审议报告中所述的高氯酸盐的基准剂量（BMD）计算就是这方面的一个例子（NRC 2005b，p. 170）：

作为起始点审议的一部分，委员会审查了在 EPA（2003c）、加州环保局（CalEPA 2004）、Crump 和 Goodman（2003）在 Greer 等（2002）的数据基础上开展的 BMD 分析。总的来说，这些分析运用了不同的模型、方法、参数、响应级别和数据输入，因此对它们的结果做比较分析比较困难。

之后的任务是确定"关键"研究或用于继续风险评估的研究（EPA 2002b，2004a，2005a，2005b），这可能需要从不同的充分的科学研究中进行选择或结合这些研究的结果。当不同科学家在备选研究中做出不同判断，也就是不同的选择时，相关风险评估结果可能会出现很大的不同（专栏 2-6）。

专栏 2-6　选择高氯酸盐参考剂量值

2002 年，EPA 颁发了在供应给超过 1 100 万人的饮用水中发现的污染物高氯酸盐参考剂量（RfD）草案。在同行审议对 EPA 提出 RfD 的科学依据产生质疑后，国家研究委员会应多个机构的要求，对其进行了独立的分析。

EPA 根据大鼠不良反应制定高氯酸盐 RfD；国家研究委员会选择在健康人身上可观察的产生早期不良影响的关键生物化学事件作为确定 RfD 的依据（NRC 2005b，pp. 14，166）。

EPA 运用大脑形态计量学、甲状腺组织病理学和大鼠血清甲状腺激素浓度（口服暴露）的变化作为 RfD 计算起始点的基础；国家研究委员会建议将在一小群暴露的健康人中采用甲状腺对碘的吸收受到抑制这一非不良影响作为起始点的基础（p. 168）。

EPA 选择"复合"不确定性因子为 300，来解释人与动物之间的差异、观察到有害作用的最低剂量的使用、慢性数据的缺乏和其他数据库缺失（p. 172）。国家研究委员会使用总体不确定性因子为 10 来解释个体差异（p. 178）。这与使用的人体数据是一致的，并假设起始点是未观察到的有害作用水平。

EPA 提出了每天 0.000 03 mg/kg 的 RfD；委员会建议 RfD 达到每天 0.000 7 mg/kg（p. 178）。2005 年，EPA 回应了国家研究委员会的建议，发布了新的高氯酸盐 RfD 为每天 0.000 7 mg/kg（EPA 2005c）。

该化学物质的分析过程表明不同的科学机构可能得出不同的风险结论，其中大部分的差异是由于对数据集和如何看待不确定性和可变性的重视程度不同而产生的。大规模流程性病学研究使这些差异性和风险问题更加突出。例如，最近一个大型疾病预防控制中心（CDC）的研究发现在敏感的妇女群体中，相对较低的高氯酸盐暴露与甲状腺功能降低之间存在关联（Blount et al. 2006）。进一步的后续研究将提供有关当前 RfD 是否足够的见解。CDC 数据的进一步分析表明，高氯酸盐和吸烟（可能通过硫氰酸盐）的相互作用会影响甲状腺功能（Steinmaus et al. 2007）。

除了在必要情况下选择一组"固定"数据外，风险评估者在流程的每个阶段都要确定不确定性和未知数。在危害识别阶段，假设关于特定动物研究中的数据可以预测人体在特定暴露情景的不良影响，关于特定动物研究的结果用于人类产生了动物—人类外推的不确定性问题。当相关数据不可用时，其他不确定性会导致其他问题，例如在男性与女性、成人和儿童以及"健康"工人和普通人群之间的研究中观察到的效应的关联性。类似的不确定性在所有类型的风险评估中都很重要。

剂量-反应分析几乎总能引起动物研究中（或工作场所暴露条件下）高剂量观测到的效应在环境暴露相关的低剂量情况下预期观察到的可能性的问题。如高氯酸盐的例子所示，选择点的数量和在每个点的选项都会有不同的参考剂量（RfD）值，取决于所有选择的组合：

- 使用 BMD 或低剂量进行 RfD 计算；
- 使用最低可见有害作用水平或无可见有害作用水平；[①]
- 使用 ED01、ED05 或 ED10 确定基准响应；
- 对于非致癌终点，不确定因子为 1、10、100、1 000 等；
- 对于致癌物质，运用阈值或非阈值方法。

暴露评估可能涉及更广泛的不确定性和相关选择。一些与环境中污染物的归趋和迁移有关，另一些与目标群体中化学物质的代谢、分布和归趋的数据和不确定性有关。在每种情况下，评估预期暴露所有重要的特定化学物质数据参数几乎都不可用。

因此，暴露情景只是基于测量和数据不可用情况下对环境或人体组织中化学物质的形式和数量模型估计的结合的假设情景。它们通常将目前存在问题的特定化学物质数据合并，如果这些数据不可用，则整合类似化学物质或不同条件下的相同化学物质的数据。在对这些问题答案的数据库进行审查后，EPA 风险评估员将注意力转向假设和推断，来为完成评估提供信息：

- 在没有特定化学物质数据时，哪些其他化学物质的数据最能代表正在研究的化学物质？

---

① ED01、ED05 或 ED10 是相对于对照反应 1%、5%或 10%的不良影响增加的剂量（EPA 2008）。

- 在没有可靠的环境暴露测量的情况下，哪些假设和模型能够提供合理有效的估计？

- 在没有可靠的人体组织暴露测量的情况下，哪些假设和模型能够提供合理有效的估计？

- 在几种具有较大暴露潜力的潜在易损人群（如婴儿、儿童、老人和孕妇）中，哪一类是最敏感、最需要根据标准进行保护的？

- 暴露评估应当在何时进行并且如何考虑累积暴露或聚集暴露？

这些和其他决策的选择决定了对相关人群风险的预测以及风险评估本身的可靠性。

考虑到备选的科学研究、假设、模型等之间的选择，需要采取政策选择以便在完成评估时采用科学合理的假设和模型。该过程的目的是开展方案选择及其原因的讨论。"红皮书"范式及其后续报告和 EPA 指南文件通过向决策者和公众提供关于不确定性、假设和做出选择的建议来强调表征风险的重要性。关于 EPA 二噁英再评估的国家研究委员会报告说明了这一点（NRC 2006，p. 55）：

在风险评估过程中做出的选择的影响可以通过量化关键步骤中合理替代假设的影响来表征。风险评估可以通过在可能的情况下进行概率分析和提出可能的风险评估范围得到最全面的表征，而不是报告单一点的估计值。风险表征应为风险管理人员提供帮助他们理解风险评估中的差异性和不确定性的有用信息。

本报告第 6 章就根据可行的默认值替代方案进行替代风险评估提出了补充建议。"红皮书"指出"风险表征是对公众健康问题严重程度的估计，不涉及额外的科学知识或概念"（NRC 1983，p. 28）。相反，它需要从先前的分析中整合信息，特别关注不确定性的识别及其对评估的影响（见报告第 4 章）。

2.4.3 时间的作用

时间是影响 EPA 环境风险评估本质和质量的一个重要的但却很少得到重视的因素。一些时间因素的影响是立即明显的。一些监管决策的法定期限要求必须在给定截止日期前完成风险评估。EPA 未能在规定的截止日期前完成也是经常发生的情况，此时受监管的实体、宣传团体和其他利益相关方可以行使其法定权利进行"期限"诉讼，使法院命令在指定日期发布标准。这一结果可能会使已经长时间未能取得进展的风险评估结束或让风险评估在截止日期完成但不符合某些科学标准。

这种法规要求提前通知所需的在特定时间范围内的特定风险评估，使得大量评估和相关分析需要制订定期的计划。这种要求的案例包括国家环境空气环境空气质量标准的5年周期审查和修订（第109节）和8年期限根据 CAA 1990 年修正案制定有害空气污染物最大可实现控制技术（MACT）标准（第112节）。1996年，国会根据 FQPA 规定了农药措施的最后期限，要求机构10年内重新评估所有现有农药的食品耐受度（标准）；同年，国会颁布了一项新的安全饮用水法，要求机构每年选择5种新的污染物来决定饮用水最大污染水平（MCL）。

几个可预测但是高度可变的因素可能会破坏最优计划。最明显的是科学可靠和背景相关的数据和方法的不可获得性。其他情况也可以援引。一些情况涉及影响风险评估中问题识别的新的研究或监测数据，或涉及关于即将出现且预计会在分析中产生实质性差异的新研究的信息；其他涉及紧急环境问题或政治优先事项变化的情况导致资源和工作人员重新分配给了其他评估。过程中过度的政治影响也可能导致延期（GAO 2008）。根据可用数据和资源推断什么是可以合理实现的初步规划可能是不充分的，同时也造成了不合理的期望设定。

在某些情况下，EPA 面临大量的数据，特别是众所周知的化学物质数据。具体来说，对于研究多年的化学物质，针对这一单一化学物质多项研究质量可比的定量研究可能产生不同的结果。某些情况下，RfDs 或风险性可能有巨大差异；另一些情况下差异可能稍小但却很关键，从而引发辩论和争议，需要很多年才能解决。在这种情况下，揭示评估结果的新的研究和数据可能会使审查过程变得复杂（专栏 2-7）。但是，重要的是认识到整合多个不同研究和终点数据的分析的价值，它能够使分析更加精确和牢固。

除了建议关注之前不可获得的新研究，几乎每个同行评议都建议开展能够改进评估的研究。两种类型的建议都有望减少不确定性，并为更可靠的风险评估做出贡献。这些建议也会导致延期，需要额外的资源，导致人们对评估是否足够科学产生异议。这种延期可能会对正在等待风险评估结果以便在危险可能存的邻里环境安全性方面做出决策的社区产生重大影响。

专栏 2-7 新研究的影响

1997 年，人们对汞的人体暴露效应的关注使得国会要求国家研究委员会审查 EPA 甲基汞（MeHg）的 RfD。当时，科学家正在等 3 个人群研究的结果，因为现有 RfD 是基于 1987 年 81 名子官内意外暴露的伊拉克儿童的研究（NRC 2000a，p. 306）。值得注意的是，伊拉克研究群体中 MeHg 暴露无法与北美人群中预期的低水平慢性暴露相比，国家研究委员会建议将 1997 年递交国会时尚未完成的汞研究报告的新研究作为 RfD 的依据（EPA 1997b）。

国家研究委员会建议 EPA 保留每天 0.1 μg/kg 的 RfD，但是用新研究代替之前设定 RfD 的研究："自从目前的 RfD 确立以来，Faroe 群岛（Grandjean et al. 1997，1998，1999）和 Seychelles（Davidson et al. 1995a，1995b，1998）的前瞻性研究结果以及新西兰研究（Crump et al. 1998）同行评议的再分析都大大增加了关于慢性低水平 MeHg 暴露的发育神经毒性效应的知识体系"（NRC 2000a，p. 312）。

同样，国家研究委员会建议扩大长期的二噁英评估的范围："鼓励 EPA 审查最新的研究中关于 TCDD 对心血管发育这一非致癌终点的风险评估的影响"（NRC 2006，p. 174）。

高氯酸盐（专栏 2-6）提供了新数据将在风险评估完成后为评估提供例子。

风险评估和研究的迭代性确保了新数据会进入流程。新数据还需要额外的分析时间，使其纳入风险评估后能带来更好的效果。

迭代是充分的风险评估过程的重要特征，应当被纳入规划中。解决评估人员和管理人员讨论中发现的后期问题将会改善评估，但也可能导致风险评估延期完成。同样，利益相关方和同行评审的参与会带来很多好处，但也可能延长流程。主管部门的改变也可

能增加所需时间。[①]

在某种程度上，高度关注"全面的科学"或"可信的科学"的决策环境中存在固有的时效性问题。如果回顾通过设计和追求可信度寻求真相这一没有终点的科学过程，就可以理解这种冲突的本质。此外，"全面的科学"被认为是对科学家培训，通过设计，同时还要嵌入传统理念（如在假设检验中要求检验 P 值），灌输谨慎、重复、科学可辩的价值观，以及以同行审议作为得出结论的先决条件。这个问题将在第 3 章详细介绍。

2.5 过程管理的制度安排

考虑 EPA 风险评估的成就和不足以及政策和时间的影响引发了"过程管理"的制度安排问题，这也是"红皮书"的内涵。EPA 为此已经建立了大量计划。人力和计划的结合反映了对法定要求和咨询机构建议的密切关注。围绕各种法定要求的有利方针也带来了对"EPA 风险评估实践明显不一致"的批评（EPA 2004a，p. 14），这些可以追溯到法定的、管理的以及科学的因素和强化机构计划协调的需求之中。

2.5.1 EPA 风险评估项目和活动

EPA 主要项目办公室一方面肩负科学责任，另一方面拥有监管责任。对于科学数据开发和风险评估，机构依赖于在多个如化学、地质学、毒理学、流行病学、统计学和通信等的技术学科经过培训的环境专家。对于风险管理和监管决策，经济、工程、法律和其他领域的专家与机构决策者共同制定监管决策。如机构指南和其他文件所指出的，评估人员和管理人员在整个过程中发挥不同的作用，但会在整个过程中定期进行交流（EPA 1984，2003d，2004b；表 D-1，"区分风险评估和风险管理关系"和"问题构建"部分）。

---

① EPA 最近的二噁英再评估和癌症指南就是例子。具体来说，1992—2003 年国家研究委员会小组开展最新审查期间，二噁英报告或部分内容多次提交进行同行审议。EPA 癌症指南 1996 年出于评论和同行审议的目的首次发表；2005 年最终版出版之前进行了中期审查。20 世纪 80 年代后期这两份文件的工作就已经开始了。发展阶段包括风险评估通用方法和关于癌症风险评估和二噁英毒性的具体数据和理论的变化。此外，白宫在这一阶段的几次变化使得不同选区的 EPA 决策者发生了变化。

除了不同的法规和在许多领域具有专长的科学家以外，EPA 风险评估工作，包括众多公众和私人科学机构的合作活动在各种组织和地理区域开展，这样的结果就是能够得到一系列加强机构风险评估过程的复杂互动，但输入信息的多样性也带来了问题。

每个主要项目办公室都管理着好几个风险评估活动。例如，水办公室有根据《安全饮用水法》（SDWA）开展健康风险评估，根据《清洁水法》进行生态风险评估的项目。空气和辐射办公室开展人体健康风险评估用于制定与"标准污染物"［如颗粒物（PM）和二氧化硫］相关的监管标准，用于来自固定源的"有害"污染物（如砷和汞）的不同项目，还用于来自汽车和其他移动源的污染物的另一些项目，该办公室还负责与平流层臭氧消耗和酸雨有关的评估。正如 EPA 科学清单（EPA 2005d）中显示的，其他机构办公室有相当广泛的几乎难以描述的一整套活动。各种风险评估任务对人员配置和管理这些活动的广度和质量都提出了要求。

几个办公室有帮助满足要求的重要职责。ORD 在全国十多个实验室和中心开展环境研究。实验室围绕风险评估范式的基本单元（如影响、暴露评估和风险表征）构建。ORD 规划、执行和监督整个机构的大多数风险评估和与风险评估相关的研究。除了其基础研究的核心项目之外，大部分内容将与项目和区域办公室合作开展以解决监管的数据需求。根据国会和机构指南的优先事项，ORD 牵头的多办公室研究项目小组根据项目和区域办公室确定的数据需求，协调规划和编制预算。但是，值得注意的是，由于 EPA 很大程度上依赖已发表文献的数据，但它们并不是 EPA 开展的研究的成果，目前还没有开发出解决新出现问题所需的数据的机制，这会导致特定制剂的数据的缺失。

ORD 科学家协作开展通用的风险评估活动，例如制定指南和参考剂量—参考浓度（RfD-RfC）过程，其中包括管理 IRIS 数据库。ORD 还根据项目和区域办公室的需求，与他们进行不同程度的合作来开展个别特定化学物质评估。[1]

一些办公室的工作人员要满足特定需求。为履行监督农药产品安全性的责任，OPP 聘请了极其专业的科研人员在新农药投入市场前对其进行测试和许可需求相关数据的

---

[1] 除了 ORD 实验室外，项目和区域办公室也管理实验室，例如 Ann Arbor 用于航空计划和 St. Louis 用于农药计划和 Colorado 国家执法调查中心的实验室。

评估，并且开展风险评估确定农药适当使用的限值。由于农药根据定义是有毒的，因此该办公室有特殊的法定权力，要求开展测试程序，并要求农药制造商提供具体的科学数据。

其他办公室因为没有 ORD 这样的法定的获取数据的权力，其数据通常依赖于 ORD、科学文献和外部承包商。风险评估过程的悖论之一就是阻碍并使风险评估复杂化的相同科学不确定性刺激了新数据和方法的发展。例如，关于正在制定的 PM 标准的科学不确定性和争议使得专门资金被投入到新的研究以减少不确定性（见 NRC 1998，1999a，2001a，2004）。

EPA 经常将拥有专业知识的外部科学家纳入其风险评估活动。该机构与公共和私营的许多风险评估实体有长期广泛和特别合作关系。公共部门的合作伙伴有其他联邦实体，例如由 NIEHS 管辖的国家毒理学项目、Argonne 和能源部其他国家实验室以及 FDA 国家毒理学研究中心。私营部门的合作者包括波士顿健康效应研究所、ILSI 和华盛顿美国化学理事会。EPA 科学家还参加了许多国际项目，例如由世界卫生组织（WHO）作为合作伙伴的联合国国际化学物质安全项目（IPCS）。IPCS 协调项目旨在协调风险评估方法，一直是 EPA 在推进风险评估实践过程中具有重要影响力的合作伙伴。

EPA 有十个区域办公室开展与主要项目办公室相对应的风险评估与监管的活动，但主要关注地方层面。它们有不同的风险评估责任。科学家一方面与华盛顿特区的 EPA 项目办公室和 ORD 风险评估中心和实验室交流，另一方面与非政府组织和州、当地和部落实体进行互动。在某些情况下，区域办事处将其他地方开发的风险评估或毒性值（如 RfD、RfC 或 IRIS 的潜在估计值）用于区域问题；在另外一些情况下，它们会制定特定区域的评估。通过这些互动，州、地方和部落的信息和观点会成为流程的一部分。

EPA 对风险评估的多种投入是国家和机构面临的各种环境问题以及风险评估过程的科学复杂性的自然产物。包括风险评估指南和 RfD-RfC 过程在内的几项 EPA 活动的目的是通过标准化和统一化不同要素来抵消区划的影响。此外，科学咨询办公室协调两个常设委员会的工作，它们负有整个机构而不是特定项目的风险评估责任。风险评估论坛是根据 1983 年"红皮书"中的建议开展的，之后机构成立了由 EPA 高级风险管理人员组成的风险管理委员会，监督论坛活动。再后来，更名为科学政策委员会，扩大了其成员和责任，以解决各种科学政策问题。

2.5.2　风险管理：监管和风险评估

EPA 法规将监管决策的责任交给了 EPA 项目办公室主任和副主任。所有这些人都是政治任命人员，需要参议院确认，并且在白宫易主时通常会发生变化。作为风险管理者，这些官员有责任利用已经完成的风险评估和来自其他学科的信息来构建监管决策。此外，他们和其他风险管理人员监督风险评估从开始到结束的整个过程。

如上所述，1983 年"红皮书"强调了风险评估和风险管理"概念区分"（p. 7）的重要性，但却否认了流程之间"机构分离"的概念。尽管评估人员和管理人员定期交流和互动，但评估人员并没有制定标准、决策者也没有坚持这些原则的风险评估方式。

根据委员会的任务说明，本章重点介绍了风险评估和相关实践的演变。委员会认为关注成本评估中的不确定性、差异性和推论应当与关注风险评估中的不确定性、差异性和推论同等重要，但这超出了本报告的范围。例如，研究管理者规划、评估和创新人员的经济学家对监管决策和主要监管方案的监管影响分析（RIA）的成本和效益都提供了信息分析（效益根据风险评估结果计算）。此外，许多项目和区域办公室都有负责分析拟议决策和监管方案经济效益的部门。ORD 在辛辛那提的国家风险管理研究实验室开展的工程研究用于制定和评估构建监管方案中使用的污染控制方法的技术可行性。根据法规指示，EPA 项目和区域办公室要与州和当地办公室在执行和合规性问题如时间表、成本、可行性、影响和强制性等方面，进行交流。

关于监管发展，如前所述，"红皮书"对风险评估和风险管理之间"概念区分"的强调反映了用于风险评估的信息和其他与风险评估结果一起用来确定"机构决策和方案"的信息——"监管方案的公众健康、经济、社会和政治后果"（图 2-1）——之间的法定区分。例如，在评估农药对健康或环境是否构成"不合理风险"时，农药法（FIFRA）需要考虑使用农药的经济、社会和环境成本。EPA"解释这一广泛的法定语言的含义为：通过疾病控制或预防，或通过病媒控制对公众健康带来的任何重大利益都需要在暂停、取消、拒绝注册申请或确定取消提供此类效益的农药的公众健康使用登记资格的情况下予以考虑"（EPA 2007b）。同样，1996年《安全饮用水法》的修正案明确指示 EPA 评估遵循替代方案增加的效益、成本和风险，比原始法规更具体地界定了非科学的考虑因素。

以科学为核心的风险评估信息库和考虑成本与其他非风险因素的监管决策信息库的差异意味着监管决策不一定与风险评估相一致。也就是说，例如，对经济后果或社会影响的关注可能会超出公众健康或环境问题，使其做出的监管决策比只根据风险评估做出的决策有更多或者更少的保护性。另一个不对称的地方是一般很少考虑与成本和效益相关的不确定性，尽管这些不确定性常在风险评估中得到明确承认。《安全饮用水法》的最大污染水平目标（MCLG）和最大污染水平（MCL）之间的区别说明了这一点：致癌污染物的 MCLG 可能为零，但是成本和可行性问题可能导致机构依照最大污染水平（MCL）设定监管标准，以允许较高的污染水平（见专栏 2-8）。

专栏 2-8 饮用水中的砷：不确定性和标准制定

2001年1月22日，EPA 颁布了饮用水中砷的最大污染水平10μg/L 的待定标准，作为饮用水中砷的最大污染物水平。虽然根据该提案所依据的科学分析和提案本身已经通过了 EPA SAB 科学咨询委员会（1995）和国家研究理事会委员会（1999b）的同行审议，且经过了征求公众意见的过程，但2001年3月23日 EPA 依然颁布了延迟标准生效日期的通知，以解决关于支持规章的科学问题和关于受影响社区预期实施成本的问题。

国家研究理事会委员会同行评审委员会确定了几种不确定性和数据之间的差异缺失（NRC 2001b）：

关于砷暴露和除皮肤癌、膀胱癌和肺癌以外的癌症以及非致癌效应之间的可能关联需要开展更多的研究……此外，关于个体之间砷代谢的差异性以及该差异性对砷风险评估的影响需要更多的信息。还需要实验室和临床研究来确定砷诱发癌症的机制，以明确较低剂量的风险 [p. 10]。

> 尽管如此，委员会明确指出数据缺失和不确定性并不会使得用于决策的风险评估失效。
>
> 有一个足以用于风险评估的关于砷在人体中致癌作用的健全数据库。小组委员会得出结论，如 1999 年 NRC 报告中讨论和建议的那样，砷诱发的内部（肺和膀胱）癌症应继续成为用于监管决策的砷的风险评估的重点 [p. 10]。
>
> 2002 年颁布了最终的 10 μg/L 标准；EPA 和国会继续研究与执行标准相关的成本和技术问题（Tiemann 2005）。

　　一些法规批准在制定监管标准时将风险评估和"基于技术"的流程相结合。像《安全饮用水法》的 MCL 等标准说明了决策不仅仅取决于风险评估，特殊情况下可能是"基于技术"的标准。Rosenthal 等（1992）解释说，《安全饮用水法》声称 MCLG "是不会导致不良人体健康效应的浓度"。以健康为基础的 MCLG 不是强制性的限制。为达到目的，法规指示 EPA 建立尽可能与 MCLG 最接近的 MCL，即"使用最好的处理技术以及管理者在现场条件下审查有效性后认为可行的其他方法（考虑成本）"后可以达到的最低污染水平（42 USC § 300g-1）。

　　CAA 也有这样的例子。1990 年修正案在 CAA 第 112 节引入了一个包含两个部分的关于对 189 种有毒污染物进行监管的方案，一部分以技术为基础，一部分以风险评估为基础。第一步指导 EPA 在不同的污染源类别中确定污染物主要排放者，并要求这些源在规定时间期限内完成最大可实现技术（MACT）的使用。第二步将风险纳入考虑：颁布 MACT 标准 8 年后限制 189 种（后来降至 187 种）[①]污染物的排放；EPA 需要评估对人群的剩余风险，并在必要时颁布更严格的标准"提供充足的安全保障保护公众健康" [1990 年《清洁空气法》修正案，第Ⅲ章，§ 301（d）（9）]。该法律规定，对于已知的或可能的人体致癌物质，如果 MACT 标准不能将由于污染源排放的"个体最大暴露量"产生的风险降至 1/1 000 000 以下，需要管理者颁布修订后的标准。由于以"个体最大暴

---

① 初始有害空气污染物（HAPs）清单含有 189 种化合物；但是，后来删除了己内酰胺（见 61 Fed. Reg. 30816［1996］）和甲基乙基酮（见 70 Fed. Reg. 75047［2005］），HAPs 数量降至 187。

露"为重点，EPA 以精细的空间分辨率模拟暴露，以表征与有毒空气污染物相关的最大暴露水平。第 4 章回顾了癌症易感性的差异性的科学现状，第 5 章提出了 EPA 在风险评估中考虑这一差异性的建议。

CAA 采用了不同的方法制定标准空气污染物（臭氧、PM、一氧化碳、二氧化硫、氮氧化物和铅）的国家环境空气质量标准。这些标准仅仅基于健康标准[①]，而没有考虑到在制定国家实施规划的后续评估中遵守标准的成本和可行性问题。在这一决策背景下，风险评估在设定国家环境空气质量标准和用于评估标准空气污染物控制策略的监管影响分析中发挥重要作用。

2.5.3 战略规划、优先事项设定和数据开发

科学的战略规划至关重要。可靠和相关的科学数据是任何风险评估质量的主要决定因素。因此，这些数据的可用性严重影响了机构根据新方法、法规条令或咨询机构建议改进其评估的能力。反过来，可靠数据的科学质量和及时性部分取决于科学工作的一般因素，例如需要完成任何特定化学物质评估所需的方法和数据的可及性。近期的例子包括了解有助于澄清和减少风险评估中不确定性的行为模式的新数据和方法。另一个例子是关于将新的基因组学和纳米技术数据和方法的用于环境风险评估的最新研究。

另外，与科学问题不同，数据可用性取决于国会和白宫的主题利益，这些利益决定了确定年度和长期数据开发的预算优先级。案例有一个长达 12 年的用于 PM 研究和与砷相关的特定化学物质分配的国会拨款。在不同的层面上，机构范围的战略规划、优先级确定和预算过程决定了风险评估资源在 EPA 项目之间（如空气与水与 IRIS）、机构之间（外部捐赠与 EPA 实验室）、实践之间（基础研究与常规监测）、潜在风险评估之间（例如，二噁英与砷与特定的超级基金场地）如何分配。

关于这些问题的决定是年度规划和预算过程的一部分，其中包括在 ORD 实验室与项目和区域办公室负责风险评估的科学家和管理人员。由此产生的预算和主体事项优先级对风险评估相关数据是否可用以及机构风险评估质量至关重要。虽然预算分配和优先

---

① 法规还呼吁建立"二级"或福利标准保护环境和财产。

事项的变化导致计算毒理学和纳米技术等领域的资金更多，对博士后研究奖学金和校内校外研究的资金更少，但是事实上，就实际金额而言，EPA 研究和发展基金自 1990 年以来几乎没变，并且自 2004 财政年度以来一直稳步下降（Coull 2007）。对于研究任务声明中提出的问题，具有风险评估经验的科学家的可用性和工作量也受到所产生的预算和事项优先级的影响。[①]

2.6　外部影响和参与

2.6.1　行政命令：风险评估政策

如上所述，国会立法决定了风险评估原则和实践的大纲。白宫通过针对各种风险评估主题和活动的行政法令来影响这一流程。结合相关国会立法，行政法令指导 EPA（和其他机构）扩大其风险评估的范围以涵盖累积风险[②]和儿童风险[③]，这使得数据收集和风险分析方法成为新的重点。[④]此外，关于环境司法的第 12898 号行政法令第 3-301（a）节等规定在所需数据类型方面进行了高度具体的明确：

　　在切实可行的情况下，环境健康研究应当包括流行病学和临床研究中不同的群体，包括环境危害高风险的群体、低收入群体和暴露于重大环境危害的工人。

历史上，管理和预算办公室（OMB）对 EPA 监管活动的监督侧重于规划和预算、国会指示和优先事项、成本效益问题与相关行政和问责事项。近年来，OMB 大大扩大了其在风险评估实践中的参与范围，包括政府信息质量指南（67 Fed. Reg. 8452［2002］），"同行评审信息质量通报"（70 Fed. Reg. 2664［2005］），"拟议风险评估公告"（OMB 2006）

---

① 国家研究委员会、国家科学基金会、EPA 的科学咨询委员会、EPA 科学顾问委员会等咨询机构定期审查和评论 EPA 包括年度和长期战略规划的研究重点。见 NRC 1998，1999a，2000b，2001a，2004；www.EPA.gov/SAB。

② 根据第 12898 号行政法令（1994.2.11）："在切实可行的情况下，环境健康分析应识别多重和累积暴露。"

③ 根据第 13045 号行政法令（1997.4.21）：联邦机构"应当高度重视识别和评估可能不成比例地影响儿童的环境健康风险和安全风险"。

④ 事实上，这些行政法令促使 EPA 环境司法办公室以及后来的儿童健康保护办公室的成立。

和"风险分析更新原则"备忘录（OMB/OSTP 2007）等。本委员会没有评估 OMB 监督对 EPA 风险评估的影响。[①]

总而言之，法规要求、环境问题的多样性和机构项目、行政法令、OMB 指令和风险评估过程的变幻莫测等诸多因素使得风险评估实践和单个评估在形式、信息内容和分析质量上有所不同。这种多样性要求对管理这一进程拥有充分的了解和重视。

2.6.2   行政命令：监管政策

几个行政法令表明白宫在风险管理和监管决策制定中的作用。第 12866 号行政法令（1993.10.4）[②]被称为"白宫行政政策的基石"（OMB Watch 2002），它呼吁各机构负责指定一名监管政策办事员，并概述与风险评估、成本效益分析、基于绩效的监管标准和监管发展其他方面相关的要求。最近的修正案中，第 13422 号行政法令（2007.1.18）要求监管政策办事员由总统任命。本委员会没有评估这些行政法令对 EPA 风险评估的影响。

2.6.3   公众参与

EPA 依靠来自公众的信息制定通用原则和个别化学物质的风险评估。根据法律，EPA 和其他联邦机构一样必须在《联邦公报》中发布拟议规章（包括任何基础科学分析），邀请公众提出意见，并在最终决策中考虑这些意见。EPA 通常遵循这个过程来制定仅在内部使用的指导性文件和用于规章制定初步分析。此外，除了上述同行评审活动外，机构通常召集科学专家讨论战略规划和研究重点并介绍和制定背景文件。通知在《联邦公报》上发布，邀请公众在会议期间观察并提出意见。

---

① OMB 和几个政府机构要求国家研究委员会审查"拟议风险评估公告"。在其报告（NRC 2007）中，审查委员会赞扬了联邦政府风险评估提高质量和客观性的目标，但"结论是 OMB 公报有根本缺陷，建议撤销"（p. 6）。
② 第 12866 号行政法令代替并扩展了里根当局颁布的第 12291 和 12498 号法令。它指示包括 EPA 在内的联邦监管机构"评估既定法规的成本和效益，并认识到一些成本和效益难以量化，只有当既定法规的效益证明其成本理由充分的情况下才提出或采用该法规"[Sec. (b)(1)]。该法令要求 EPA 对预计每年产生的经济成本超过 1 亿美元的拟议规章开展正式的监管影响分析。

　　公开会议、研讨会以及通知和评论过程是利益相关方展示风险评估相关信息和观点的途径。农药项目对话小组就是一个例子，它是 1995 年成立的论坛，目的是让不同利益相关方向风险评估提供从非动物测试到濒危物种等的问题反馈。该小组包括农药制造商、公众利益咨询团体和行业协会。它是关于农药问题的几个小组之一，与之对应的其他机构办事处有涉及州和地方空气污染项目的空气项目咨询组和与超级基金场地相关责任方及社会团体的废物咨询组。EPA 区域办公室与印第安部落就特定问题密切合作。因此，EPA 明确征求来自知识渊博的相关方的信息，无论他们是否为科学家。

　　EPA 任务声明预计本报告的结果将推动风险评估近期和长期的改善。预计新方法需要调整机构的资金分配流程、研究安排、培训扩展和其他活动。新方法还需要加强同行评审，扩大公众参与，以确保监管社区内外的利益相关方有机会为新方法做出贡献并对改变做好准备（见专栏 2-9）。

专栏 2-9　风险评估规划：多个参与者

　　编制《认识风险》（NRC 1996）的委员会确定了流程结束时判断成功的几个标准：保持科学严谨、使用合理的科学、合理参与、获得参与权和构建准确、均衡、详实的综合分析方法。如下文所述（第 3 章），实现这些目标部分取决于风险评估者、风险管理者和利益相关方参与的明智的"规划和范围界定"活动。强调"合理"参与和"合理的"科学同样重要（McGarity 2004）：

　　几乎没有证据表明机构目前使用和传播的科学信息是不可靠的。事实上，根据 [2004 年信息质量法案]，迄今为止所有记录的质疑都涉及解释、推论、模型和类似政治问题的争议，而非基础数据的"可靠性"。

2.6.4　同行评审、质量控制和咨询委员会

　　将新的方法引入风险评估过程时，质量控制和同行评议程序尤为重要。EPA 使用几

种机制以确保实验室和现场数据的质量和相关性。除了通用方法和指南外，包括适用于所有联邦机构的统一指南，还有与空气排放、微生物污染和地下储罐等相关的特定方法（EPA 2007c）等。

同样，EPA同行评审项目也关注了新方法和单个风险评估。例如，EPA的科学咨询委员会的小组委员会监测了EPA关于生态风险评估的第一个指南的发展。当然，基于新方法的单个化学物质评估根据法规要求需要进行同行评审，例如CAA要求审查国家环境空气质量标准的科学依据，FIRRA要求EPA科学咨询小组（SAP）审查一些农药决策的科学依据。其他法规要求科学咨询委员会（SAB）对各种分析进行审查（见专栏2-10）。[①]

专栏 2-10　同行审议之后

同行审议本身并不是目的。理想情况下，同行审议会识别缺陷，建议修改，或以其他方式引导机构改进风险评估，从而使之更加全面地符合科学标准，指导决策制定并支持监管标准。下列两种情况由于在加强评估的同时也可能导致风险评估过程的延误和成本的增加，所以会引起质询和关注，因为在加强评估的同时也可能导致风险评估过程的延误和成本的增加。

- "螺旋式"的同行审议涉及多次重复审查，由于机构没有对早期审查中的科学建议做出充分回应，或者由于科学政策争论或同行审议过程本身的不足，他们会将评估返还给机构进行进一步修订（GAO 2001）。最近的例子包括二噁英和癌症风险评估指南的审查（见68 Fed. Reg. 39086 [2003]；EPA 2005a；NRC 2006 ）。
- 一些评估未能在同行审议后的照常时间段内完成。1987年SAB同行审议的二氯甲烷就是这种未完成评估的例子；健康评估仍然是草案（EPA 1987b；1987c），

---

① 根据EPA SAB等（EPA 1992d）的建议，EPA1992年颁布的同行审议政策要求对不符合法规要求的科学评估进行外部审查。2002年OMB适用于所有联邦机构的同行审议政府指令强化（并在某些方面重新定义）了该流程（67 Fed. Reg. 8452 [2002]）。当实验室和项目和区域办公室的科学家在期刊上发表用于风险评估的工作时，EPA的风险评估和基础科学分析也会受到同行审议。这项工作包括毒理学、流行病学及监测和风险评估二级单位的个别实验室和现场研究，如危害识别和暴露分析。

并且从未纳入 SAB 的意见（EPA 2003e）。当时的 EPA 评估被认为是药代动力学模型使用的很好案例。具体来说，SAB 审查报告（EPA SAB 1988，p. 1）声明，"小组委员会得出结论，认为附录［EPA 1987c］就清晰度、数据覆盖率和科学问题分析而言，是已审查的文件中最好的文件。该文件清楚地显示了药代动力学数据在风险评估中的潜在用途。在科学可行的情况下，EPA 应当在未来的风险评估中继续使用这种方法。"

各种因素的汇合是导致时间延长和评估未完成的原因，这些因素包括科学复杂性和争议，不断变化的数据库以及利益相关者和咨询团队的需求。在二氯甲烷的案例中，主要因素是风险评估缺乏强大的监管压力；其他化学物质，包括三氯乙烯和四氯乙烯等的重要性日益增加；同时，出现了二氯甲烷的替代物（L. Rhomberg，Gradient Corporation，Cambridge，MA，personal commun.，May 31，2007）。

EPA 计划在 2009 年年中更新二氯甲烷的 IRIS 值（风险政策报告，2007；40 CFR Part 63［2007］）。

为专题提供信息和建议的独立咨询委员会可能会对新的方法做出贡献。除了法规要求的 SAB 和 SAP 等咨询委员会之外，EPA 还成立特许委员会就与风险评估相关的选定问题提供建议，如研究规划和优先事项问题（科学顾问委员会），内分泌干扰物问题（国家内分泌干扰物和有毒物质委员会），儿童健康问题（儿童健康防护咨询委员会）（www.EPA.gov）。

2.6.5　国际组织

EPA 向许多国际组织风险评估机构相关的项目进行咨询并与之合作。EPA 科学家在许多国家委员会任职，包括 IPCS、国际癌症研究机构（IARC）/WHO、国际辐射防护委员会和政府间化学物质安全论坛；参与学术论文写作；并与这些国际组织共同开展风险评估培训。与州和地方监管机构一样，EPA 和这些机构共享科学数据、交换关于风险评估发展的信息，并协调风险评估概念和准则。这些互动为 EPA 科学家关注组织的进步提供机会，从而为 EPA 正在研究的新方法提供帮助。

总之，有几种机制可用于为 EPA 风险评估过程提供信息并更新该过程。除了上述基本程序之外，补充规划和监督活动清楚地表明，风险评估企业不仅涉及其基本的科学要素。许多有形和无形、科学和非科学的要素塑造了流程并且影响机构评估的质量。

2.7   结论和建议

国会授权给予 EPA 各种风险评估和监管责任。该过程受许多因素影响，包括国会立法、通用指南和科学咨询机构的意见、针对单个风险评估和指南的同行评审意见、来自利益相关方的信息，以及其他政府机构（州、地方和国际）关于风险评估问题的一致性原则。结果是在许多情况下受到高度赞扬的一系列复杂的风险评估活动，在另外一些情况下不断地受到批评。下面的流程建议确定了机构领导需要持续关注的制度和管理问题。除了新指南预计的较长时间期限（见最终建议）之外，委员会也考虑在不久的将来实施该建议。

2.7.1   结论

- 当前 EPA 风险评估实践中的一些缺陷一部分原因是相关的数据和方法不可获得性。这些限制在 EPA 实施未来改进建议的关注列表中排在前列（附录 E）。实施本报告中若干意见需要"红皮书"范式中的三个分析领域相关的额外数据和方法。此外，需要新的数据和方法让 EPA 能够对新强调或第一次出现的建议内容进行分析。

- 虽然 EPA 在发布关于实施国家研究委员会和其他咨询机构提出改进意见的指南和其他报告方面已有 20 年的历史，但是在某些情况下，从政策到实施的过程并不完整或仅仅部分有效（关于条款实施），另一些情况下实施存在不均衡的情况（在合适的情况下，在所有部分使用所有评估）。

- 新方法的有效利用和对新政策的关注需要对有经验的风险评估人员和新人都进

行指导和培训，并且把新政策和方法付诸实践而非纸上谈兵，并而需要机构管理人员和决策者的理解和支持。

- 从历史上看，EPA 指南编制花费了 3～15 年不等的时间（如癌症指南经过 15 年的编制在 2005 年发布）。风险评估的改进需要发布新的指南，修订现有指南或发布补充指南，并且更有效地执行现有指南。

2.7.2　建议

- 委员会支持政府问责办公室的建议，即 EPA 负责人应当引导机构办公室"更加积极地确定与当前风险评估需求更相关的数据，包括所需的具体研究和如何设计这些研究，并与研究团体交流这些需求"（GAO 2006，p. 69）。委员会建议 EPA 考虑将本报告中的建议作为流程的一部分。

- 将本报告的建议付诸实践需要在现有人员较少的领域（如流行病学和定量不确定性分析）增加更多的人员，本报告重点强调的环境决策的社会科学部分相关的人员不足的领域（如心理学、社会学、经济学和决策理论）需要雇佣新员工。

- 机构领导应当高度重视为科学家、负责风险评估活动的管理人员和其他参与者制定并维持风险评估和决策培训项目。这对应了政府问责办公室的建议，即 EPA "确保风险评估人员和风险管理者通过开展和实施深入培训具备开展高质量风险评估所必需的技能"（GAO 2006，p.69）。定期安排复习课程对这样的项目来说至关重要。该建议要求进行培训以确保所有相关管理者和决策者充分了解风险评估原则和其他在风险评估中会影响决策的相关学科的原则（如经济学和工程学）。

- 为了减少 EPA 围绕各种法定任务的组织产生分化的影响，负责人可以通过现有结构（如风险评估论坛、科学政策委员会、国家科学和技术理事会环境和自然资源委员会）振兴和扩大各办公室和各机构间的合作，通过让其他机构（如国家环境卫生科学研究所和食品药品监督管理局）的科学家参与这些活动等方式为改进活动提供科学人才支持。这对应了政府问责办公室的建议，即 EPA 负责人"制定一项战略保障各办事处参与初期规划以便从 EPA 工作人员和外部专题专家中确定并寻求所需的专业知识"（GAO 2006，p. 69）。

- EPA 负责人应当特别注意扩大区域办事处的科学和决策重心，以确保它们有能力利用改进的风险评估方法并且履行其与利益相关方、当地机构和部落之间的义务。

- EPA 应制定指南实施的分级时间表：除不适用的情况外，对现行指南和风险评估政策进行即时统一的使用和监督（如 1～2 年）；在适当时修订或更新现有指南的短期时间表（如 2～6 年）；以及制定并发布新指南的长期但明确的时间表（如 6～15 年）。

参考文献

[1] Blount, B.C., J.L. Pirkle, J.D. Osterloh, L. Valentin-Blasini, K.L. Caldwell. 2006. Urinary perchlorate and thyroid hormone levels in adolescent and adult men and women living in the United States. Environ. Health Perspect. 114(12):1865-1871.

[2] CalEPA (California Environmental Protection Agency). 2004. Public Health Goal for Chemicals in Drinking Water, Perchlorate. Office of Environmental Health Hazard Assessment, California Environmental Protection Agency [online]. Available: http://www.oehha.ca.gov/water/phg/pdf/finalperchlorate 31204.pdf [accessed August 25, 2004].

[3] Coull, B.C. 2007. Testimony of Dr. Bruce C. Coull, President of the U.S. Council of Environmental Deans and Directors, National Council for Science and the Environment, Before the Subcommittee on Energy and Environment, Committee on Science and Technology, U.S. House of Representatives. March 14, 2007.

[4] Crump, K.S., T. Kjellström, A.M. Shipp, A. Silvers, and A. Stewart. 1998. Influence of prenatal mercury exposure upon scholastic and psychological test performance: Benchmark analysis of a New Zealand cohort. Risk Anal. 18(6):701-713.

[5]　Crump, K., and G. Goodman. 2003. Benchmark Analysis for the Perchlorate Inhibition of Thyroidal Radioiodine Uptake Utilizing a model for the Observed Dependence of Uptake and Inhibition on Iodine Excretion. Prepared for J. Gibbs, Kerr-McGee Corporation. January 24, 2003. (Presentation at the Fifth Meeting on Assess the Health Implications of Perchlorate Ingestion, July 29-30, 2004, Washington, DC.)

[6]　Davidson, P.W., G.J. Myers, C. Cox, C. Shamlaye, O. Choisy, J. Sloane-Reeves, E. Cernchiari, D.O. Marsh, M. Berlin, M. Tanner, and T.W. Clarkson. 1995a. Neurodevelopmental test selection, administration, and performance in the main Seychelles child development study. Neurotoxicology 16(4):665-676.

[7]　Davidson, P.W., G.J. Myers, C. Cox, C.F. Shamlaye, D.O. Marsh, M.A. Tanner, M. Berlin, J. Sloane-Reeves, E. Cernichiari, O. Choisy, A. Choi, and T.W. Clarkson. 1995b. Longitudinal neurodevelopmental study of Seychellois children following in utero exposure to methylmercury from maternal fish ingestion: Outcomes at 19 and 29 months. Neurotoxicology 16(4):677-688.

[8]　Davidson, P.W., G.J. Myers, C. Cox, C. Axtell, C. Shamlaye, J. Sloane-Reeves, E. Cernichiari, L. Needham, A. Choi, Y. Wang, M. Berlin, and T.W. Clarkson. 1998. Effects of prenatal and postnatal methylmercury exposure from fish consumption on neurodevelopment: Outcomes at 66 months of age in the Seychelles child development study. JAMA 280(8):701-707.

[9]　EPA (U.S. Environmental Protection Agency). 1984. Risk Assessment and Management: Framework for Decision Making. EPA 600/9-85-002. Office of the Administrator, U.S. Environmental Protection Agency, Washington, DC. December 1984.

[10]　EPA (U.S. Environmental Protection Agency). 1986a. Guidelines for Carcinogen Risk Assessment. EPA/630/R- 00/004. Risk Assessment Forum, U.S. Environmental Protection Agency, Washington, DC. September 1986 [online]. Available: http://www.epa.gov/ncea/raf/car2sab/guidelines_1986.pdf [accessed Jan. 7, 2008].

[11]　EPA (U.S. Environmental Protection Agency). 1986b. Guidelines for Mutagenicity Risk Assessment. EPA/630/ R-98/003. Risk Assessment Forum, U.S. Environmental Protection Agency, Washington, DC. September 1986 [online]. Available: http://www.epa.gov/osa/mmoaframework/pdfs/MUTAGEN2.PDF

[accessed Jan. 7, 2008].

[12] EPA (U.S. Environmental Protection Agency). 1986c. Guidelines for Health Risk Assessment of Chemical Mixtures. EPA/630/R-98/002. Risk Assessment Forum, U.S. Environmental Protection Agency, Washington, DC. September 1986 [online]. Available: http://www.epa.gov/ncea/raf/pdfs/chem_mix/chemmix_1986.pdf [accessed Jan. 7, 2008].

[13] EPA (U.S. Environmental Protection Agency). 1987a. Unfinished Business: A Comparative Assessment of Environmental Problems. Office of Policy Analysis, Office of Policy Planning and Evaluation, U.S. Environmental Protection Agency, Washington, DC.

[14] EPA (U.S. Environmental Protection Agency). 1987b. Technical Analysis of New Methods and Data Regarding Dichloromethane: Pharmacokinetics, Mechanism of Action and Epidemiology. External Review Draft. EPA/600/8-87/029A. PB-87-228557/XAB. Office of Health and Environmental Assessment, U.S. Environmental Protection Agency, Washington, DC. June 1, 1987.

[15] EPA (U.S. Environmental Protection Agency). 1987c. Update to the Health Assessment Document and Addendum for Dichloromethane (Methylene Chloride): Pharmacokinetics, Mechanism of Action and Epidemiology. Review Draft. EPA/600/8-87/030A. PB-87-228565/XAB. Office of Health and Environmental Assessment, U.S. Environmental Protection Agency, Washington, DC. July 1, 1987.

[16] EPA (U.S. Environmental Protection Agency). 1991. Guidelines for Developmental Toxicity Risk Assessment. EPA/600/FR-91/001. Risk Assessment Forum, U.S. Environmental Protection Agency, Washington, DC. December 1991 [online]. Available: http://www.epa.gov/NCEA/raf/pdfs/devtox.pdf [accessed Jan. 10, 2008].

[17] EPA (U.S. Environmental Protection Agency). 1992a. Guidelines for Exposure Assessment. EPA600Z-92/001. Risk Assessment Forum, U.S. Environmental Protection Agency, Washington, DC.

[18] EPA (U.S. Environmental Protection Agency). 1992b. Framework for Ecological Risk Assessment. EPA/63-R- 92/001. Risk Assessment Forum, U.S. Environmental Protection Agency, Washington, DC.

[19] EPA (U.S. Environmental Protection Agency). 1992c. Guidance on Risk Characterization for Risk Managers and Risk Assessors. Memorandum to Assistant Administrators, and Regional Administrators,

from F. Henry Habicht, Deputy Administrator, Office of the Administrator, Washington, DC. February 26, 1992 [online]. Available: http://www.epa.gov/oswer/riskassessment/pdf/habicht.pdf [accessed Oct. 10, 2007].

[20] EPA (U.S. Environmental Protection Agency). 1992d. Safeguarding the Future: Credible Science, Credible Decisions. The Report of an Expert Panel on the Role of Science at EPA. EPA/600/9-91/050. U.S. Environmental Protection Agency, Washington, DC. March 1992.

[21] EPA (U.S. Environmental Protection Agency). 1994. Peer Review and Peer Involvement at the U.S. Environmental Protection Agency. Memorandum to Assistant Administrators, General Counsel, Inspector General, Associate Administrators, Regional Administrators, and Staff Office Directors, from Carol M. Browner, Administrator, U.S. Environmental Protection Agency. June 7, 1994 [online]. Available: http://www.epa.gov/osa/spc/pdfs/ perevmem.pdf [accessed Oct. 16, 2007].

[22] EPA (U.S. Environmental Protection Agency). 1995. Guidance for Risk Characterization. Science Policy Council, U.S. Environmental Protection Agency, Washington, DC. February 1995 [online]. Available: http://www. epa.gov/osa/spc/pdfs/rcguide.pdf [accessed Jan. 7, 2008].

[23] EPA (U.S. Environmental Protection Agency). 1996a. Guidelines for Reproductive Toxicity Risk Assessment. EPA/630/R-96/009. Risk Assessment Forum, U.S. Environmental Protection Agency, Washington, DC. October 1996 [online]. Available: http://www.epa.gov/ncea/raf/pdfs/repro51.pdf [accessed Jan. 10, 2008].

[24] EPA (U.S. Environmental Protection Agency). 1996b. Proposed Guidelines for Carcinogen Risk Assessment. EPA/600/P-92/003C. Office of Research and Development, U.S. Environmental Protection Agency, Washington, DC. April 1996 [online]. Available: http://www.epa.gov/NCEA/raf/pdfs/propcra_ 1996.pdf [accessed Jan. 7, 2007].

[25] EPA (U.S. Environmental Protection Agency). 1997a. Guiding Principles for Monte Carlo Analysis. EPA/630/R- 97/001. Risk Assessment Forum, U.S. Environmental Protection Agency, Washington, DC. March 1997 [online]. Available: http://www.epa.gov/ncea/raf/montecar.pdf [accessed Jan. 7, 2008].

[26] EPA (Environmental Protection Agency). 1997b. Mercury Study Report to Congress, Volume 1.

Executive Summary. EPA-452/R-97-003. Office of Air Planning and Standards and Office of Research and Development, U.S. Environmental protection Agency, Washington, DC. December 1997 [online]. Available: http://www.epa. gov/ttn/oarpg/t3/reports/volume1.pdf [accessed Jan. 16, 2008].

[27] EPA (U.S. Environmental Protection Agency). 1997c. Exposure Factors Handbook. National Center for Environmental Assessment, Office of Research and Development, U.S. Environmental Protection Agency, Washington, DC. August 1997 [online]. Available: http://www.epa.gov/ncea/efh/report.html [accessed Aug. 5, 2008].

[28] EPA (U.S. Environmental Protection Agency). 1998a. Guidelines for Ecological Risk Assessment. EPA/630/R- 95/002F. Risk Assessment Forum, U.S. Environmental Protection Agency, Washington, DC. April 1998 [online]. Available: http://oaspub.epa.gov/eims/eimscomm.getfile?p_download_id=36512 [accessed Feb. 9, 2007].

[29] EPA (U.S. Environmental Protection Agency). 1998b. Guidelines for Neurotoxicity Risk Assessment. EPA/630/ R-95/001F. Risk Assessment Forum, U.S. Environmental Protection Agency, Washington, DC. April 1998 [online]. Available: http://www.epa.gov/ncea/raf/pdfs/neurotox.pdf [accessed Jan. 10, 2008].

[30] EPA (U.S. Environmental Protection Agency). 2000a. Supplementary Guidance for Conducting Health Risk Assessment of Chemical Mixtures. EPA/630/R-00/002. Risk Assessment Forum, U.S. Environmental Protection Agency, Washington, DC. August 2000 [online]. Available: http://www. epa.gov/ncea/raf/pdfs/ chem_mix/ chem_mix_08_2001.pdf [accessed Jan. 7, 2008].

[31] EPA (U.S. Environmental Protection Agency). 2000b. Risk Characterization Handbook. EPA 100-B-00-002. Office of Science Policy, Office of Research and Development, U.S. Environmental Protection Agency, Washington, DC. December 2000 [online]. Available: http://www.epa.gov/OSA/ spc/pdfs/rchandbk.pdf [accessed Jan. 7, 2008].

[32] EPA (U.S. Environmental Protection Agency). 2000c. Peer Review Handbook, 2nd Ed. EPA 100-B-00-001. Science Policy Council, U.S. Environmental Protection Agency, Washington, DC. December 2000 [online]. Available: http://www.epa.gov/osa/spc/pdfs/prhandbk.pdf [accessed May 16, 2008].

[33] EPA (U.S. Environmental Protection Agency). 2002a. Guidance on Cumulative Risk Assessment of Pesticide Chemicals That Have a Common Mechanism of Toxicity. Office of Pesticide Programs, U.S. Environmental Protection Agency, Washington, DC. January 14, 2002 [online]. Available: http://www.epa.gov/pesticides/trac/ science/cumulative_guidance.pdf [accessed Jan. 7, 2008].

[34] EPA (U.S. Environmental Protection Agency). 2002b. Guidelines for Ensuring and Maximizing the Quality, Utility and Integrity of Information Disseminated by the Environmental Protection Agency. EPA/260R-02-008. Office of Environmental Information, U.S. Environmental Protection Agency, Washington, DC. October 2002 [online]. Available: http://www.epa.gov/QUALITY/informationguidelines/ documents/EPA_InfoQualityGuidelines. pdf [accessed Feb. 9, 2007].

[35] EPA (U.S. Environmental Protection Agency). 2003a. Human Health Research Strategy. EPA/600/ R-02/050. Office of Research and Development, U.S. Environmental Protection Agency, Washington, DC [online]. Available: http://www.epa.gov/nheerl/humanhealth/HHRS_final_web.pdf [accessed July 31, 2008].

[36] EPA (U.S. Environmental Protection Agency). 2003b. Exposure and Human Health Reassessment of 2,3,7,8- Tetrachlorodibenzo-p-Dioxin (TCDD) and Related Compounds. NAS Review Draft. National Center for Environmental Assessment, Office of Research and Development, U.S. Environmental Protection Agency, Washington, DC. December 2003 [online]. Available: http://www.epa.gov/NCEA/pdfs/ dioxin/nas-review/ [accessed Jan. 9, 2008].

[37] EPA (U.S. Environmental Protection Agency). 2003c. Disposition of Comments and Recommendations for Revisions to "Perchlorate Environmental Contamination: Toxicological Review and Risk Characterization, External Review Draft (January16, 2002)." National Center for Environmental Assessment, Risk Assessment Forum, U.S. Environmental Protection Agency, Washington, DC [online]. Available: http://cfpub2.epa.gov/ ncea/cfm/recordisplay.cfm?deid=72117 [accessed Jan 4, 2008].

[38] EPA (U.S. Environmental Protection Agency). 2003d. Framework for Cumulative Risk Assessment. EPA/600/ P-02/001F. National Center for Environmental Assessment, Risk Assessment Forum, U.S. Environmental Protection Agency, Washington, DC [online]. Available: http://cfpub.epa.gov/ncea/cfm/ recordisplay.cfm? deid=54944 [accessed Jan. 4, 2008].

[39] EPA (U.S. Environmental Protection Agency). 2003e. Dichloromethane. (CASRN 75-09-2). Integrated Risk Information System, U.S. Environmental Protection Agency, Washington, DC [online]. Available: http://www.epa.gov/NCEA/iris/subst/0070.htm [accessed Jan. 10, 2008].

[40] EPA (U.S. Environmental Protection Agency). 2004a. Risk Assessment Principles and Practices: Staff Paper. EPA/100/B-04/001. Office of the Science Advisor, U.S. Environmental Protection Agency, Washington, DC. March 2004 [online]. Available: http://www.epa.gov/osa/pdfs/ratf-final.pdf [accessed Jan. 9, 2008].

[41] EPA (U.S. Environmental Protection Agency). 2004b. Risk Assessment and Modeling-Air Toxics Risk Assessment Library, Vol.1. Technical Resources Manual, Part III. Human Health Risk Assessment: Multipathway. EPA-453-K-04-001A. Office of Air Quality Planning and Standards, U.S. Environmental Protection Agency, Research Triangle Park, NC.

[42] EPA (U.S. Environmental Protection Agency). 2005a. Guidelines for Carcinogen Risk Assessment. EPA/630/P- 03/001F. Risk Assessment Forum, U.S. Environmental Protection Agency, Washington, DC. March 2005 [online]. Available: http://cfpub.epa.gov/ncea/cfm/recordisplay.cfm?deid=116283 [accessed Feb. 7, 2007].

[43] EPA (U.S. Environmental Protection Agency). 2005b. Supplemental Guidance for Assessing Susceptibility for Early-Life Exposures to Carcinogens. EPA/630/R-03/003F. Risk Assessment Forum, U.S. Environmental Protection Agency, Washington, DC. March 2005 [online]. Available: http://cfpub. epa.gov/ncea/cfm/recordisplay.cfm?deid=160003 [accessed Jan. 4, 2008].

[44] EPA (U.S. Environmental Protection Agency). 2005c. Perchlorate and Perchlorate Salts: Reference Dose for Chronic Oral Exposure. Integrated Risk Information System, U.S. Environmental Protection Agency, Washington, DC [online]. Available: http://www.epa.gov/iris/subst/1007.htm [accessed Jan. 10, 2008].

[45] EPA (U.S. Environmental Protection Agency). 2005d. Science Inventory (SI) Database. U.S. Environmental Protection Agency, Washington, DC [online]. Available: http://cfpub.epa.gov/si/ [accessed Jan. 11, 2008].

[46] EPA (U.S. Environmental Protection Agency). 2006. Framework for Assessing Health Risks of Environmental Exposures to Children (External Review Draft). EPA/600/R-05/093A. National Center for Environmental Assessment, Office of Research and Development, U.S. Environmental Protection

Agency, Washington, DC. March 2006 [online]. Available: http://cfpub.epa.gov/ncea/cfm/recordisplay. cfm?deid=150263 [accessed Oct. 11, 2007].

[47]　EPA (U.S. Environmental Protection Agency). 2007a. Total Risk Integrated Methodology (TRIM) – General Information. Office of Air and Radiation, U.S. Environmental Protection Agency, Washington, DC [online]. Available: http://www.epa.gov/ttn/fera/trim_gen.html [accessed Feb. 22, 2008].

[48]　EPA (U.S. Environmental Protection Agency). 2007b. Explanation of Statutory Framework for Risk Benefit Balancing for Public Health Pesticides. Public Health Issues, Office of Pesticides, U.S. Environmental Protection Agency, Washington, DC [online]. Available: http://earth1.epa.gov/pesticides/ health/risk-benefit.htm [accessed Jan. 11, 2008].

[49]　EPA (U.S. Environmental Protection Agency). 2007c. Environmental Test Methods and Guidelines. Information Sources, U.S. Environmental Protection Agency, Washington, DC [online]. Available: http://www.epa.gov/Standards.html [accessed Jan. 11, 2007].

[50]　EPA (U.S. Environmental Protection Agency). 2008. IRIS Glossary. Integrated Risk Information System National Center for Environmental Assessment, U.S. Environmental Protection Agency, Washington, DC [online]. Available: http://www.epa.gov/ncea/iris/help_gloss.htm#e [accessed Feb. 28, 2008].

[51]　EPA SAB (U.S. Environmental Protection Agency Science Advisory Board). 1988. Assess Health Effects Associated with Dichloromethane (Methylene Chloride). Final report. SAB-EHC-88-013. PB-89-108997/XAB. U.S. Environmental Protection Agency, Science Advisory Board, Washington, DC. May 9, 1988 [online]. Available: http://yosemite.epa.gov/sab/sabproduct.nsf/0708B8BE9D86939685257328005 CF44F/ $File/DICHLOROMETHANE+++++++EHC-88-013_88013_5-22-1995_264.pdf [accessed Jan. 11, 2008].

[52]　EPA SAB (U.S. Environmental Protection Agency Science Advisory Board). 1995. SAB Review of Issues Related to the Regulation of Arsenic in Drinking Water. EPA-SAB-DWC-95-015. U.S. Environmental Protection Agency Science Advisory Board, Washington, DC. July 1995 [online]. Available: http://yosemite.epa.gov/sab/sabproduct.nsf/D3435DF2A691B8328525719B006A500E/$File/ dwc95015.pdf [accessed July 31, 2008].

[53]　GAO (Government Accountability Office). 2001. EPA's Science Advisory Board Panels. Improved

Policies and Procedures Needed to Ensure Independence and Balance. Report to the Ranking Minority Member, Committee on Government Reform, House of Representatives. GAO-01-536. Washington, DC: Government Accountability Office. June 2001 [online]. Available: http://www.gao.gov/ new. items/d01536.pdf [accessed July 31, 2008].

[54] GAO (U.S. Government Accountability Office). 2005. Chemical Regulation: Options Exist to Improve EPA's Ability to Assess Health Risks and Manage Its Chemical Review Program. GAO-05-458. Washington, DC: U.S. Government Accountability Office [online]. Available: http://www.gao.gov/ new.items/d05458.pdf [accessed Jan. 10, 2008].

[55] GAO (U.S. Government Accountability Office). 2006. Human Health Risk Assessment: EPA Has Taken Steps to Strengthen Its Process, but Improvements Needed in Planning, Data Development, and Training. GAO- 06-595. Washington, DC: U.S. Government Accountability Office [online]. Available: http://www.gao.gov/new.items/d06595.pdf [accessed Jan. 10, 2008].

[56] GAO (U.S. General Accountability Office). 2008. Chemical Assessments: Low Productivity and New Interagency Review Process Limit the Usefulness and Credibility of EPA's Integrated Risk Information System. GAO-08- 440. Washington, DC: U.S. General Accountability Office. March 2008 [online]. Available: http://www.gao.gov/new.items/d08440.pdf. [accessed June 11, 2008].

[57] Gilman, P. 2003. Statement of Paul Gilman, Assistant Administrator for Research and Development and EPA Science Advisor, U.S. Environmental Protection Agency, before the Committee on Transportation and Infrastructure, Subcommittee on Water Resources and the Environment, U.S. House of Representatives, March 5, 2003 [online]. Available: http://www.epa.gov/ocir/hearings/testimony/ 108_2003_2004/2003_0305_pg.pdf [accessed February 9, 2007].

[58] Greer, M.A., G. Goodman, R.C. Pleus, and S.E. Greer. 2002. Health effects assessment for environmental perchlorate contamination: The dose response for inhibition of thyroidal radioiodine uptake in humans. Environ. Health Perspect. 110(9):927-937.

[59] Grandjean, P., P. Weihe, R.F. White, F. Debes, S. Araki, K. Yokoyama, K. Murata, N. Sørensen, R. Dahl, and P.J. Jørgensen. 1997. Cognitive deficit in 7-year-old children with prenatal exposure to

methylmercury. Neurotoxicol. Teratol. 19(6):417-428.

[60] Grandjean, P., P. Weihe, R.F. White, and F. Debes. 1998. Cognitive performance of children prenatally exposed to "safe" levels of methylmercury. Environ. Res. 77(2):165-172.

[61] Grandjean, P., E. Budtz-Jørgensen, R.F. White, P.J. Jørgensen, P. Weihe, F. Debes, and N. Keiding. 1999. Methylmercury exposure biomarkers as indicators of neurotoxicity in children aged 7 years. Am. J. Epidemiol. 150(3):301-305.

[62] IOM (Institute for Medicine). 1997. Dietary Reference Intakes for Calcium, Phosphorus, Magnesium, Vitamin D, and Fluoride. Washington, DC: National Academy Press.

[63] IOM (Institute for Medicine). 1998. Dietary Reference Intakes: A Risk Assessment Model for Establishing Upper Intake Levels for Nutrients. Washington, DC: National Academy Press.

[64] IOM (Institute for Medicine). 2003. Dietary Reference Intakes: Applications in Dietary Planning. Washington, DC: The National Academies Press.

[65] Krewski, D., V. Hogan, M.C. Turner, P.L. Zeman, I. McDowell, N. Edwards, and J. Losos. 2007. An integrated framework for risk management and population health. Hum. Ecol. Risk Asses. 13(6):1288-1312.

[66] McGarity, T.O. 2004. Our science is sound science and their science is junk science: Science-based strategies for avoiding accountability and responsibility for risk-producing products and activities. Kans. Law. Rev. 52(4):897-937.

[67] Mills, A. 2006. IRIS from the inside. Risk Anal. 26(6):1409-1410.

[68] NRC (National Research Council). 1983. Risk Assessment in the Federal Government: Managing the Process. Washington, DC: National Academy Press.

[69] NRC (National Research Council). 1993a. Issues in Risk Assessment. Washington, DC: National Academy Press.

[70] NRC (National Research Council). 1993b. Pesticides in the Diets of Infants and Children. Washington, DC: National Academy Press.

[71] NRC (National Research Council). 1994. Science and Judgment in Risk Assessment. Washington, DC:

National Academy Press.

[72] NRC (National Research Council). 1996. Understanding Risk: Informing Decisions in a Democratic Society. Washington, DC: National Academy Press.

[73] NRC (National Research Council). 1998. Research Priorities for Airborne Particulate Matter: I. Immediate Priorities and a Long-Range Research Portfolio. Washington, DC: National Academy Press.

[74] NRC (National Research Council). 1999a. Research Priorities for Airborne Particulate Matter: II. Evaluating Research Progress and Updating Portfolio. Washington, DC: National Academy Press.

[75] NRC (National Research Council). 1999b. Arsenic in Drinking Water. Washington DC: National Academy Press.

[76] NRC (National Research Council). 2000a. Toxicological Effects of Methyl Mercury. Washington, DC: National Academy Press.

[77] NRC (National Research Council). 2000b. Strengthening Science at the U.S. Environmental Protection Agency. Washington, DC: National Academy Press.

[78] NRC (National Research Council). 2001a. Research Priorities for Airborne Particulate Matter: III. Early Research Progress. Washington, DC: National Academy Press.

[79] NRC (National Research Council). 2001b. Arsenic in Drinking Water: 2001 Update. Washington, DC: National Academy Press.

[80] NRC (National Research Council). 2002. Estimating the Public Health Benefits of Proposed Air Pollution Regulations. Washington, DC: National Academy Press.

[81] NRC (National Research Council). 2004. Research Priorities for Airborne Particulate Matter: IV. Continuing Research Progress. Washington, DC: The National Academies Press.

[82] NRC (National Research Council). 2005a. Superfund and Mining Megasites/Lessons from Coeur D'Alene River Basin. Washington, DC: The National Academies Press.

[83] NRC (National Research Council). 2005b. Health Implications of Perchlorate Ingestion. Washington, DC: The National Academies Press.

[84] NRC (National Research Council). 2006. Health Risks from Dioxin and Related Compounds/

Evaluation of the EPA Reassessment. Washington, DC: The National Academies Press.

[85] NRC (National Research Council). 2007. Scientific Review of the Proposed Risk Assessment Bulletin from the Office of Management and Budget. Washington, DC: The National Academies Press.

[86] OMB (Office of Management and Budget). 2006. Proposed Risk Assessment Bulletin. Office of Management and Budget, Washington, DC. January 9, 2006 [online]. Available: http://www.whitehouse.gov/omb/inforeg/proposed_risk_assessment_bulletin_010906.pdf [accessed Jan. 4, 2008].

[87] OMB/OSTP (Office of Management and Budget/Office of Science and Technology Policy). 2007. Updated Principles for Risk Analysis. Memorandum for the Heads of Executive Departments and Agencies, from Susan E. Dudley, Administrator, Office of Information and Regulatory Affairs, Office of Management and Budget, and Sharon L. Hays, Associate Director and Deputy Director for Science, Office of Science and Technology Policy, Washington, DC. September 19, 2007 [online]. Available: http://www.whitehouse.gov/omb/memoranda/fy2007/m07-24.pdf [accessed Jan. 4, 2008].

[88] OMB Watch. 2002. Executive Order 12866. OMB Watch. February 10, 2002 [online]. Available: http://www.ombwatch.org/article/articleview/180/1/67 [accessed Jan. 11, 2008].

[89] Parkin. 2007. Foundations and Frameworks for Microbial Risk Assessments. Presentation at the 4th Meeting on Improving Risk Analysis Approaches Used By the U.S. EPA, April 17, 2007, Washington DC.

[90] PCCRARM (Presidential/Congressional Commission on Risk Assessment and Risk Management). 1997. Framework for Environmental Health Risk Management - Final Report, Vol. 1. [online]. Available: http://www.riskworld.com/nreports/1997/risk-rpt/pdf/EPAJAN.PDF [accessed Jan. 4, 2008].

[91] Risk Policy Report. 2007. EPA Says Future Studies May Force Tighter Toxics Limits for Solvents. Inside EPA's Risk Policy Report. 14(19):14. May 8, 2007.

[92] Rosenthal, A., G.M. Gray, and J.D. Graham. 1992. Legislating acceptable cancer risk from exposure to toxic chemicals. Ecol. Law Q. 19(2):269-362.

[93] Steinmaus, C., M.D. Miller, R. Howd. 2007. Impact of smoking and thiocyanate on perchlorate and thyroid hormone associations in the 2001-2002 national health and nutrition examination survey. Environ. Health Perspect. 115:1333-1338.

[94] Suter, G., T. Vermeire, W. Munns, and J. Sekizawa 2001. Framework for the Integration of Health and Ecological Risk Assessment. Chapter 2 in Integrated Risk Assessment Report. Prepared for the WHO/UNEP/ILO International Programme on Chemical Safety. WHO/IPCS/IRA/01/12. The International Programme on Chemical Safety, World Health Organization. December 2001 [online]. Available: http://www.who.int/ipcs/publications/en/ch_2.pdf [accessed July 30, 2008].

[95] Tiemann, M. 2005. Arsenic in Drinking Water: Regulatory Developments and Issues. CRS Report for Congress 05-RS-20672a. Washington, DC: Congressional Research Service. October 20, 2005 [online]. Available: http://assets.opencrs.com/rpts/RS20672_20051020.pdf [accessed Jan. 7, 2008].

[96] WHO (World Health Organization). 2006. A Model for Establishing Upper Levels of Intake for Nutrients and Related Substances. Report of a Joint FAO/WHO Technical Workshop on Risk Assessment, May 2-6, 2005, Geneva, Switzerland. World Health Organization, Food and Agriculture Organization of the United Nations. January 13, 2006 [online]. Available: http://www.who.int/ipcs/highlights/full_report.pdf [accessed July 30,2008].

第3章

风险评估的设计

3.1 风险评估作为设计挑战

风险评估有时用于描述一个过程，有时用于描述过程的产品。这种双重用途可能会造成混乱，但是它也能提醒改进风险分析的任务必须同时关注过程的预期质量和产品的预期质量。鉴于评估风险和要满足的多个目标的工作存在不可避免的限制因素，选择合适的流程要素和最终产品所需要素的规范形成了复杂的设计挑战。

精心设计的风险评估流程可以创造出满足消费者的共同需求的产品，这些消费者包括风险管理者、社区和行业利益相关者、风险评估者本身，最终也包括公众。应用了词汇设计的多种解释我们的展示。设计的主要目标之一是反映产品对其最终用户的整体效用。设计的第二个关键方面是保证技术质量。许多技术方面的质量对最终用户可能并不明显，但是它们是为决策支持产品质量提供基础的先决条件。在给定的约束条件下，寻求技术质量和效用的适当组合是决策支持产品的设计本质。

3.1.1 决策环境和过程的重要性

许多涉及公共卫生和环境风险问题的政策情景有五个共同要素：在为决策提供信息时使用最佳科学方法和证据的需求，限制表征问题严重性和拟议干预措施相应效益能力的不确定性，在做出决策前对排除重要不确定性的及时性的需求，在各种不良后果（可能是健康、生态或经济后果，每种会影响不同的利益相关者）之间的权衡，以及决策由于受管理系统的内在复杂性和许多决策的长期影响（如癌症潜伏期、生态系统结构的变坏或同时暴露于多种源）预期效果的短期反馈很少或根本没有的实际情况。

科学数据和假设（"投入"）的不确定性的结合与无法直接验证评估结果或分离评估决策的影响（"产出"）造成了这样一种情况，即决策者、科学团体、公众、行业和其他利益相关者别无选择，只能依赖许多风险评估的实施流程的整体质量确保评估合乎社会目标。

对于许多健康和环境决策，决策环境的挑战性可能被认为是特别严重的，但是对决策者而言，这绝不是新鲜事。其中，基于决策分析不确定性的学术研究有大量的文献汇总方法和发现（Morgan et al. 1990；Clemen 1996；Raiffa 1997）。注意过程的重要性完全符合管理科学理论，这一理论将基于不确定性下的良好决策定义为运用最合适的过程和方法组合和解释证据，适当使用决策者的价值观，使用现有资源做出及时的选择，而不是只根据其（明显）结果定义好的决策。对过程的关注也符合将更多审议方法纳入评估和决策的观点。因此，如 NRC（1996）建议的，在给定情况下，最合适的过程和方法是在审议和分析方法上进行适当平衡。

3.1.2　风险评估作为决策支持产品

风险评估的过程产生若干单个产品，经过组合形成最终产品（通常被称为风险评估）。风险评估过程的最终产品通常被理解为报告。本委员会建议风险评估的产物不应仅包括报告，还应包括各种子产品，例如此过程中的计算模型和其他汇总信息。这些子产品具有不同的用途，并为各种受众服务。例如，在为风险决策提供信息时，具有用户友好界面的计算模型至少和通常与风险评估相关的技术报告具有同样价值。此外，诸如剂量–反应评估这些子产品通常具有超越特定决策支持应用的价值，可以支持未来数千个决策。考虑风险评估和明确关注个别子产品所经历的生命周期（包括概念、设计、开发、测试、使用、维护、报废和更新）也是有用的。

除此之外，通信产品也被认为是风险评估的产品。它们的价值在于它们对决策职能目标的贡献，包括它们对参与决策或使用产品传达信息的主要决策者和其他利益相关方的影响。在这个过程中花费的努力在很大程度上是科学的，风险评估最终过程的关键是沟通。

3.1.3　风险评估的质量包含过程和产品属性

与健康和环境风险管理相关的决策环境迫使各种风险评估用户对评估过程进行评估和审查。此外，风险评估被认为会得到一系列最终产品，其特定属性对于实现目标来说至关重要。从某种意义上说，将过程和产品分开既不可能也不合适。这种情况在某种程度上与其他一些产品类似，也即更容易审查所用流程的品质而不是最终产品的可检测品质。例如，复杂系统工程、医疗器械和食品质量的安全性方面越来越多地关注生产和维护过程的质量，而不是仅仅根据最终产品的可测量品质来进行判断。类似地，风险评估的最终产品的质量有的可检测、有的不可检测，在判断整体质量时必须考虑最终产品和形成产品的基本过程。

鉴于健康和环境决策的要求，也许风险评估产品最合适的质量要素在于提高决策者在不可避免且不可减少的不确定性出现的情况下做出明智决策的能力。其次重要的要素是评估产品在提高其他利益相关者认知，并在决策过程质量方面促进和支持广泛公众利益（如公平性、透明度和效率）方面的能力。这些属性难以衡量，通常只有风险评估完成一段时间后，才能对质量的一些要素做出判断。

3.1.4　风险评估的形成和迭代设计

从委员会的目的出发，术语"设计"意味着在不可避免的限制内，采取用户为中心的观点制定评估过程和决策支持产品，以实现高质量决策的目标。因此，早期设计过程的重要内容是理解和权衡所有目标，认识到限制因素，并明确承认需要权衡。

设计必将贯穿整个风险评估过程，其灵活性和迭代性是整体流程设计的重要方面。和在复杂环境中设计任何复杂产品一样，由于目标和约束会不可避免地发生变化，流程和产品可能需要重新设计以响应新知识。在承认风险评估规划的迭代性的同时，委员会在风险评估形成阶段强烈建议提高对设计的关注。EPA 也认可了这种转变（EPA 2004a），还将其用于生态风险评估和累积风险评估的指导文件中（EPA 1992，1998，2003）。在这些应用中，EPA 采纳了规划和范围界定与问题构建两项任务。这两项任务是早期设计活动的典型，委员会认为应当将其正式化，在风险评估活动中进行更加统一的运用。并且，也许得到详细说明早期设计过程的基本原理和结果的具体产出最为重要。本章后面的内容将详细介绍这些任务。

3.2 设计考虑因素：目标、约束和权衡

和任何复杂的设计问题一样，设计过程的目的是在满足流程或最终产品限制的同时，找到实现多个同时具有竞争性的目标的最佳解决方案。作为用于公共决策的决策支持和交流产品，风险评估产品继承了科学和公共政策领域的目标。这些目标并不总是兼容的，单独考虑的话可能会在不同方面影响设计，有时甚至产生相反的影响。此外，在追求目标时，需要对流程中常见的限制（如资源和时间）进行权衡。

根据当前的目的，风险评估的备选目标可以分成三类，这与流程的投入（包括证据和参与方面）、将投入转化为风险评估产品的过程和产品对决策的影响相关。下面描述的目标是 EPA 在设计风险评估流程和产品时可能考虑的示例；显然，EPA 有责任解释其选择并权衡不同目标相对重要的工作。

3.2.1 与投入相关的目标

使用最佳的科学证据和方法

健康和环境风险评估的核心是普遍希望利用最好的科学方法和最高质量的依据。追求该目标会使 EPA 通过运用已经建立的可靠的正式方法获取并解释证据。毫无疑问，"最佳的科学"这一概念的具体细节具有高度争议。许多属性可以定义为"最佳"，不同相

关方会赋予它们极度不同的权重。简单来说，尽管目标很明确，没有争议，但是在实施过程中的一些方面必然是复杂且有争议的。此外，追求最佳的科学理解不可避免地会耗费大量资源和时间，这会导致与其他目标和资源限制发生冲突。

范围的包容性

出于各种原因，人体健康风险评估在传统意义上侧重单一的因果路径，即只涉及单一化学物质和识别单一不良影响。范围的狭隘使其常常受到科学价值及其与大范围的决策背景关联性的质疑。理想情况下，健康和环境风险管理的考虑范围越大越好。可以说，由于整体的因果网络中的重要部分很可能被遗漏，因此必须认识到范围内的任何限制都是对现实的简化。狭窄的范围有可能使结论的外部有效性及其支撑的相关决策失真，从而限制其对"现实世界"的适用性。

从决策支持的角度来看，范围的限制可能会产生所谓的信息支持高度失衡，即大量技术分析只支持特定问题，而几乎完全没有解决利益相关方密切关注的其他问题（从纯科学的角度不容忽视）或只解释了风险评估选定范围内的部分。例如，在利益相关方关注经食物和水暴露的情况下提供详细的水源性暴露风险评估，而只提供食源性暴露的粗略审查在信息需求方面可能显得不平衡。如果有很强烈的理由不能忽略食源性暴露，那么包含着两种途径的更为简化的风险评估更可取。这里，扩大范围的目标可能与在单一路径上实施"最佳"风险评估的愿望相冲突。

EPA 一致认可扩大人体健康风险评估范围的愿景。表 3-1 说明了 EPA（在风险评估和决策制定方面）所要求的范围扩展，这些至少都可以从累积风险评估指南中推断出。一些新的特征是生态风险评估中的现行做法。

范围的关键维度（本报告第 8 章的一个主题）是明确纳入可能减少正在评估的风险的各种可能减缓措施。扩大评估范围不仅能提供现有风险的评估，还能估计与风险形成系统中各种变化相关的风险减少程度。为了向决策者提供更完整的信息，理想情况下，决策支持产品应包括（或合理地整合）相关成本和与拟议减缓措施相关的补偿风险，例如，在超级基金修复方案报告或通知农药登记决策的评估中可能提及。

表 3-1　EPA 提供的（1997）EPA 人体健康风险评估特征的转变

旧	新
单一终点	多种终点
单一源	多种源
单一路径	多种路径
单一暴露途径	多种暴露途径
中央决策	社会决策
命令和控制	目标实现的灵活性
一刀切的回应	具体案例回应
关注单一媒介	关注多媒介
单一压力源风险降低	整体风险降低

　　范围的其他要素来自于支持决策者而不是支持 EPA 内部风险管理者的意愿。支持当地决策者、社区和行业利益相关方参与决策制定模型这一经常提倡的目标表明，根据细微差别的信息需求和其他决策者的价值观，需要更专业的决策支持工具。这意味着风险评估的范围将扩展以包括各种需求和价值观，或将不同范围和终点（以及相关的兼容性问题）的评估相区分开。

　　扩大决策支持这一概念可以进一步应用，以支持 EPA 不能直接参与但是最终对其风险感兴趣的决策，特别是预防性风险管理的广泛决策。对人体健康和环境有短期和长期影响的世界各地每天产品生产和流程开发的决策是外部决策最重要的类型，理想情况下，这些决策会需要越来越多的风险信息。这类决策包括基于生命周期分析的决策和具有类似目标的各种相关方法；在这些决策中，通过提前设计能量流和物质流而不是通过末端减缓策略，来理想地降低风险。其中一些预防策略会从风险评估组分（如剂量−反应信息，或常见暴露情景的量化）中获利，而不需要整个风险评估全部完成。这表明风险评估产品可以以模块化的方式进行设计、准备和传播，以便第三方重复使用个别组分来做出不同类型的决策。

投入的包容性

考虑更广泛的证据基础并使用多种方法得出结论的过程通常比受限于狭隘证据基础或狭隘方法选择的过程更好。通过考虑不同学科的投入、包含传统知识和各种得出"已知"判定结论的审议方法，可以实现其广泛性。当学科偏见（根据每个学科特有的标准）正确或错误地确定了来自一些其他信息来源、缺乏足够的有效性，因而无法作为可靠的输入纳入给定分析时，理想情况就会面临问题。广泛性被视为对证据基础的完整性和由此产生的结论的一个潜在威胁。由于不同学科之间（甚至在同一门学科里）没有通用的标准来纳入和衡量证据，因此，实现证据广泛性和完整性理想状态的解决方案需要认真注意流程。

科学政策假设的完整性

作为"红皮书"（NRC 1983）、《风险评估中的科学和判断》（NRC 1994）以及本报告中的主要主题，科学政策假设（或"默认值"）的谨慎使用对风险评估过程的完整性至关重要。在存在大量不确定性时使用默认值对于完成风险评估是十分必要的，隐含的政策选择将对风险评估结果和相关决策功能产生深远影响。

除易识别的科学假设之外，该过程还应当考虑到影响风险评估结果的证据收集和整合中存在的关键的主观因素。这些主观因素可能包括一些通常不被认为是科学政策要素的标准做法或惯例。

3.2.2 与过程相关的目标

过程的包容性

理想情况下，决策过程应当包含与利益相关方相关的参与和审议。为了实现这一目标，风险评估过程的结构将被调整以适应不同利益相关方的需求，包括在适当的时机接受他们的信息输入、确保风险评估流程和产品设计的不同方面（如范围和信息获取的输入）对公平性的影响、提升他们对流程的理解程度，满足他们的具体信息需求。

透明度

"开展风险评估的过程和风险评估产品本身是透明的"既是科学目标，也是决策目标。透明度这一要求虽始终存在，但却很少在操作层面定义。对透明度的一些严格解释类似于对科学可重复性的要求：为经验丰富的分析人员提供足够的信息，使其能够遵循整个推理独立地再现结果。风险评估模型的透明度可以解释为：完全公开计算机代码（但是可能仅能在特定计算机上运行）或提供模型的公开下载途径并附上用户指南，使感兴趣而又缺乏高级计算机技能的个体用户也能够运行。在其他解释中，透明度需要编制简化的文件版本来增加支持主要论点并理解整个分析及其结论过程的相关方数量和提高多样性。鉴于透明度操作定义中缺乏针对性，在早期设计阶段需要开展一些工作，使风险评估人员与寻求或负责确保所追求属性的透明度以及实施这些属性的工作人员之间达成一致。

符合法规和行政法律要求

一些风险评估活动必须符合联邦政策活动制定的各种要求，这些要求的级别取决于风险评估和管理它们的法规。NRC（2007）对这些要求的性质和影响进行了回顾。例如，根据法律，EPA 和其他联邦机构需要向公众提供对拟议规章提出意见的机会，并在决策时考虑这些意见。一些法规要求利益相关方参与风险评估和规章制定过程的各个方面；其他则要求对特定类型的风险评估进行同行评审。另一些法规要求 EPA 科学咨询委员会会议根据《信息自由法》①向公众公开机构记录。关于风险评估过程的行政要求通常会增加流程的工作量、增加成本，并影响时间安排。但是，好的风险实践最终甚至包括许多法规或其他行政法令没有要求到的要素（如同行审议和利益相关方磋商）。

---

① 如第 2 章所述，EPA 颁布的组织法规包括以针对不同 EPA 计划的风险评估活动为基础的实质性标准（如涉及空气和水的标准）。此外，针对具体计划和机构范围的指南详细规定了与风险评估流程相关的原则和做法（表 D-1）。

3.2.3 与决策影响相关的目标

考虑不确定性及其影响

科学和决策的共同目标使证据的不确定性得到充分暴露和描述。应对不确定性影响最终是风险管理者的责任，所以对不确定性的主要来源进行单独的和基于它们对风险评价结果的累积影响背景的描述是至关重要的。当决策者的一系列选择是已知时，最有利的不确定性分析是直接描述其对于决策者所考虑的这些选项的影响。

风险评估中一个艰巨的挑战是确定传达不确定性性质和程度的最佳方式。将讨论集中于重要来源的不确定性并以与决策过程相关的方式描述不确定性的影响，需要分析和判断。对风险管理者而言，不确定性的信息有许多潜在的用途，包括选择延期或加快决策，亦或投资研究以减少不确定性等。风险评估中最有挑战性的是评估和沟通额外信息投入（如开展或考虑更多的研究，或收集及正式引用专家意见）的效用。评估信息价值的正式和不太正式的方法将在下文讨论。

决策过程中"医源性风险"的控制

评估和管理风险的过程中有许多途径会导致风险的增加，类似于医学中"医源性风险"的概念（"由医生引起"的风险）。医生诊断的延迟可能增加对患者的风险，同样地，风险评估过程的延迟会增加决策延迟时对风险的总体暴露。在风险较低时，增加的风险也可能来自于长期处于健康不确定状态中的压力。风险评估过程的设计应当做好对评估中技术质量属性的追求与对投入决策时效性的竞争属性的追求之间的平衡。

与健康护理中其他资源分配决策类似，分诊的关键过程必须平衡个别患者和其他寻求关注的人员的需求。过度评估单个风险的过程可能导致对风险评估和风险管理值得关注的其他风险的忽视。设计不仅仅要考虑单个评估的需求，还要考虑到同时评估和管理多个其他风险的制度作用。因此，风险评估的设计在资源需求方面应具有灵活性，以促进机构均衡管理多种风险。

医疗保健的类比很容易扩展到风险-风险的权衡问题。医生经常会考虑他们做出的治疗决定的副作用，也需要考虑患者就风险信息做出的决策有何影响。同样，健康和环境风险评估与风险管理过程需要考虑风险评估产品和决策的全部影响，因为它们不可避免地会在不经意间导致风险的增加。理想情况下，风险评估的设计考虑了决策的可预见后果，包括替代风险（如用另一个类似的、更大的或未知的风险源替代一个危险源，或将一个废物流的废物转移到另一个废物流）、风险控制的副作用（如由于用于控制微生物危害或害虫、微生物和入侵物种抗药性增加的消毒副产物的风险），以及与 EPA 做出的决定或其他利益相关方做出的可预见决策相关的其他潜在不良后果。还可以将此类比延伸到药品上市后的监督，建议对基于风险评估的决策进行监测，以确保是否有意料之外的影响（或不存在的预期影响）。

3.3 EPA 目前与风险评估设计相关的指南

1983 年"红皮书"将风险评估过程的四个关键阶段表述为危害识别、暴露评估、剂量-反应评估和风险表征（见图 3-1）。这些年，规划和范围界定（帮助决策者界定与风险相关问题的审议流程）以及问题构建（帮助评估者在业务上构建评估的技术导向流程）作为人体健康和生态风险评估范式中明显不同但相关的额外阶段，出现在人们视野当中（EPA 1992，1998，2003，2004a）。

并非所有的决策都需要或符合风险评估结果。决策者首先必须有意识地将风险评估视为适当的决策支持工具。如果没有选择风险评估作为工具，可以通过一系列其他非风险相关的考量来引导决策者。显然，即使风险评估为决策提供信息，决策也会受到其他非风险因素的影响（如图 3-1 中虚线所示）。

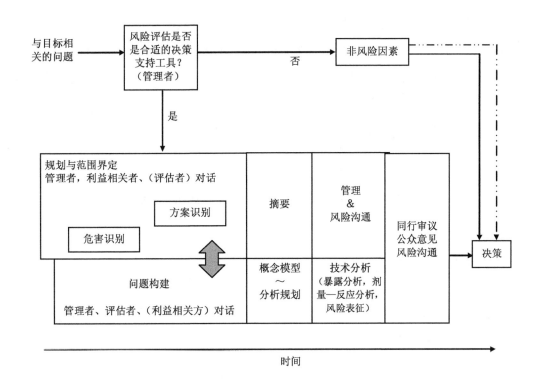

图 3-1　风险评估设计形成阶段示意

注：图中虚线表示以风险评估为基础的决策将受非风险因素的影响

来源：改编自 EPA 1998，2003。

　　此处，规划和范围界定是按照 EPA（2003，2004a）中的表述来使用的，问题构建是按照 EPA（1998，2003，2004a）中的表述来使用的。规划和范围界定被认为主要是决策者（风险管理者）和利益相关方之间的讨论，评估者在讨论中发挥着辅助作用；问题构建涉及决策者和评估者（以技术为导向的利益相关方）之间的讨论，目的是为评估制定出更详细的技术设计，以反映范围界定阶段制定的广泛的概念设计。

　　如图 3-1 所示，规划和范围界定确定了哪些危险和风险减缓措施是评估需要关注的，并为评估设定好边界（即目的、结构、内容等）。专栏 3-1 列出了此阶段可能讨论的与范围相关的具体问题。一旦开始开展规划和范围界定工作，问题构建就需要开始与之并行开展。这一阶段的讨论主要集中在所需评估的方法学问题上,如专栏 3-2 所示。值得注意的是,为了评估有效,两个并行阶段的沟通是必要的。风险评估过程中,这两个至关重要但通常未得到充分利用的阶段的首要目标是在决策环境和给决策者提供信息的风险评估之间提供一个更清晰、更明确的关联,它们还进一步明确解释了决策者、利益相关方和风险评估者之间的相互作用(EPA 2003,2004a)。

专栏 3-1   规划和范围界定中考虑的范围的指定要素

- 空间和时间范围选项
- 直接的危害和压力
- 与减缓相关的危害和压力
- 源
- 源减缓策略
- 环境暴露途径
- 暴露减缓方案
- 个体摄入途径
- 个体摄入减缓
- 处于危险中的群体
- 处于与减缓相关的风险中的群体
- 直接不良健康后果
- 与减缓相关的不良健康后果

专栏 3-2　问题构建中指定的方法学因素

- 危害识别方法
- 压力表征方法
- 源表征模型和方法
- 环境迁移和归趋模型和方法
- 计算方法
- 不确定性表征方法
- 摄入和内剂量模型
- 剂量–反应模型和方法
- 健康后果测量（风险测量）方法
- 综合成本–效益方法
- 透明度、发布和同行评审方法

3.3.1　规划和范围界定

　　1989 年，EPA 针对超级基金的指南提供了几页针对人体健康风险评估规划和范围界定的指导（EPA 1989）。由于复杂的生态系统评估对决策者和评估者都构成挑战，所以生态风险评估团体最终一致同意确定风险评估范围，以及从评估一开始即产生的组织决策者、评估者和相关方讨论的需求。EPA 在 1992 年生态风险评估框架（EPA 1992）中简要讨论了评估范围界定的必要性以及评估者和管理者进行互动的必要性。NRC（1993）主张将生态风险纳入 1983 年"红皮书"范式，并表示有必要根据生态评估的经验扩展这种范式，以将在风险评估的早期阶段进行风险评估和管理之间相互作用纳入讨论之中。1996 年，国家研究委员会评论了风险评估一开始就进行规划的重要性（NRC 1996）。1998 年，EPA 发布了生态风险评估指南，取代了 1992 年的框架文件并针对范围界定、评估者以及决策者的作用进行了大量的深入讨论；还明确区分了规划和范围界定阶段以及问题构建阶段的目标和内容。最近，EPA 进一步阐明了规划和范围界定对成功实施风险评估的重要性，并为实施风险评估提供了详细的指南（EPA 2003，2004a）。在规划和范围界定期间，决策者、利益相关方和风险评估者团队会确定要评估的问题（或担忧、困难或目标），并确定评估的目标、广度、深度和重点。一旦决定运用风险评估，这一阶段对于建立有关为何实施风险评估、评估的边界（如时间、空间、监管方案和影响）、回答评估问题所需数据的数量和质量，以及决策者如何利用和传达结果等的共同认知至关重要。在此阶段存在其他竞争利益的背景下，负责保护健康和环境的决策者可以识别他们达成决策所需的信息种类；风险评估者可以确保有效地运用科学为决策者担心的问题提供信息；利益相关方可以使评估贴近现实和目标。这一阶段是利益相关方参与风险评估的重点，也是风险交流开始的节点（EPA 2003）。风险评估结果与决策的相关性可以通过决策者和利益相关方在目标设定、方案确定和评估范围与复杂性确定方面的前期参与来加强（Suter et al.，2003）。总之，所有人都可以就风险评估是否有助于解决确定的问题开展评价（EPA 2004b）。

虽然风险评估的共同计划，即在决策者和代表各种利益的相关方之间就范围和实施风险表征的各个方面达成共识，是这些阶段的目标之一，但这并不总是可行的。此外，在很难达成共识的情况下，并不需要为了公众利益而延迟风险评估。这一过程需要平衡风险评估过程审议投入的竞争价值，风险评估过程的及时性以及与这些早期阶段相关的资源负担。

3.3.2 决策方案的早期确定

如本章后面和第 8 章的进一步讨论，如果风险评估是在决策者考虑的一系列明确方案的环境中构建和实施的，风险评估的效用就会大大提高。图 3-1 明确地将方案定义为规划和范围界定的关键要素。虽然目前的 EPA 指南（如生态风险评估、累积风险评估和空气有毒物质）没有包含规划和范围界定阶段中对决策方案明确定义的确切语言，但是它要求初步考虑监管或其他管理方案。现有的 EPA 风险评估框架毫无疑问地考虑了与决策相关的方案选项，如果决策者和风险管理者要求或需要，可以对这一系列的方案选项进行解释。例如（EPA 1998，p. 10），"风险评估者和风险管理者都考虑了开展风险评估以解决现有问题的潜在价值。他们探讨了对风险程度的了解情况、可采取的减缓或预防风险的管理措施，以及与其他了解和解决环境问题方式相比实施风险评估的价值"（重点强调）。并不是风险管理者面对的所有问题都需要成为方案选项。在考虑必要的控制方案之前，通过完成全面的健康风险和脆弱群体的评估，一些复杂的问题可能得到更好的解决。《清洁空气法》运用这种方法在过去的四十年里减少了空气污染物浓度。例如，在污染沉积物的管理中心，可以考量各种方案的权衡，如去除与监测自然恢复或封盖与热点去除之间的权衡；在没有实际处理方案的土壤污染案例中，方案可能限于各种程度的土壤去除；在一些情况下，监管环境的规定可能会排除除少数规定方案之外的其他所有方案。

虽然规划和范围界定阶段主要是审议，涉及决策者和利益相关方以及小部分风险评估者之间的广泛讨论，但是这个过程预计会产生对实施可信和有用的风险评估至关重要的有形产品（EPA 2003，2004a）。主要产品是一份解释为什么进行风险评估以及风险评估要包含和排除什么（即风险评估的全面程度）的声明。其他产品可能是对参与者及其角色（如技术、法律或利益相关方顾问）、参与者之间达成的关键协议和认知、评估需要或可获得的资源（如预算、人员、数据和模型）以及遵循的时间表（包括对及时充分的内部和独立外部同行评审的规定）的描述。一个声明（专栏 3-3）通常会总结规划和范围界定过程的最终结果，即描述风险评估将要解决的具体问题以及通常在其职权范围内包含的内容。问题构建阶段的具体产品是概念模型和分析计划，该阶段制定了规划和范围界定的评估的具体技术细节。

专栏 3-3　规划和范围界定：摘要示例

"空气有毒物质排放可能正在导致 Acme 炼油公司附近居民的长期吸入健康风险（包括致癌和非致癌问题）的增加。将开展一项建模风险评估来估计设备排放的所有空气有毒物质的吸入暴露对人体健康的潜在长期影响。在居住暴露情景下，评估 Acme 边界 50km 以内的人群的吸入风险。非吸入途径暴露的人体或生态受体风险都不会进行评估"（EPA 2004a，第 5 章）。

3.3.3   问题构建

1991 年国家研究委员会主办的风险评估研讨会首次将"问题构建"的概念延伸到人体健康风险评估中，该研讨会讨论了健康风险评估中问题构建活动的缺乏以及问题构建在生态风险评估中的重要性（NRC 1993）。1992 年，EPA 出版了《生态风险评估框架》，这是关于生态风险评估原则的首部声明，包括对问题构建概念的进一步阐述（EPA 1992）。代替 1992 年框架文件（EPA 1998）的 1998 年《生态风险评估指南》中就这一概念进行了进一步阐述。这些文件描述了进行常规单一物种、基于化学的风险评估的方法以及评估生态系统多种暴露（或压力）风险和多种效应（或终点）（EPA 1991）。出于多种原因，美国的生态风险评估相比于人体健康风险评估而言更强调问题构建（Moore 和 Biddinger 1996）。通过强调尽早完成问题构建，生态风险框架比现有人体健康风险框架在完成为管理决策提供信息的评估方面具有明显的程序优势。该优势来源于决策者和利益相关方从一开始就积极参与而不是被动等待接收结果。

问题构建阶段描绘了规划和范围界定期间决策者和利益相关方之间的讨论所隐含的技术含义和决策，以便风险评估者可以在符合决策背景的情况下开展评估的技术工作。该阶段将规划和范围界定阶段的结果转化为两个关键产品：一是概念模型，可明确定义风险评估会估计的压力源、来源、受体、暴露途径和潜在不良人体健康效应；二是分析计划（或工作计划），概述风险评估中将会运用的分析和解释方法。范围界定阶段形成的摘要报告中阐述的普遍的问题和方法在具体特定的研究概念模型中给出了更多的细节。该模型包括图形说明（见图 3-2）和叙述性描述，明确定义了风险评估将要估计的源、关注的污染物（压力源）、暴露途径、潜在受体和不良人体健康效应。

对概念模型的审查会大大减少空气扩散、暴露和风险估计模型的应用。在解决规划和范围界定讨论中构建的问题时，超过 1/3 的分析被证明是不必要的[EPA 2002, p. E-6]。

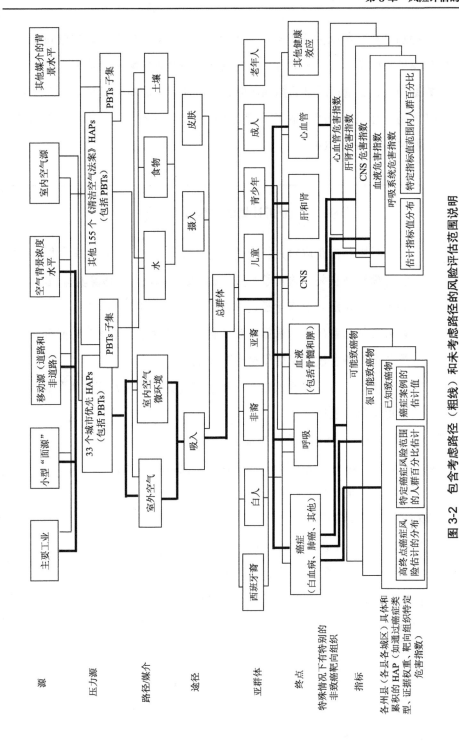

图 3-2　包含考虑路径（粗线）和未考虑路径的风险评估范围图说明

来源：EPA 2004a。

对于重要的特别是具有争议性或先例性的风险评估而言，可能会建议通过同行评审过程来审查概念模型的科学和技术可靠性。虽然概念模型是确定解决决策者问题和感兴趣关注点所需数据类型、数量和质量的指南，但是分析计划应将概念模型中的每个要素与评估者最初打算用于开发数据或其他表示该要素的分析方法相匹配。专栏 3-4 列出了分析计划中的主要要素（EPA 2004a）。

专栏 3-4　分析计划的主要要素

源	在分析中如何获取和分析源的信息（如源位置、重要的排放参数）？
污染物	如何确定潜在关注的化学物质（COPC）以及如何估算其排放值？
暴露途径	如何评估识别的暴露途径？如何估算环境浓度？
暴露群体	如何表征利益群体的暴露？如何估算他们的暴露浓度？时间分辨率是什么？哪些敏感亚群体会受到影响？
终点	如何获取 COPC 的毒性信息（数据来源是什么）？哪些风险指标将被用于风险表征？

在解决上述分析问题时，计划还应明确描述下列问题：

- 每一步如何确保质量（如质量保证/质量控制计划应包含什么）？
- 如何评估结果的不确定性和差异性？
- 如何记录评估的所有阶段？
- 谁参与其中以及他们在各项活动中的角色和职责是什么？
- 每一步的计划是什么（包括重要时间节点）？
- 为每一步分配的资源（如时间、资金、人员）是什么？

来源：EPA 2004a。

3.3.4　加强使用形式设计阶段的意识

如果没有系统的方法，风险评估中决策环境的具体性质和需求往往被忽略（Crawford-Brown 1999）。人们越来越清楚地认识到"如果风险评估不能解决决策者的需求，它的质量再高也是没有意义的"（Suter 2006，p. 4）。EPA 指导文件显示机构至少在理论层面上认识到"［规划和范围界定］可能是风险评估过程中最重要的步骤"，并且"没有充分的［规划和范围界定］，大多数风险评估都不能成功地为风险管理制定具有良好基础决策提供所必需的信息类型"（EPA 2004a，pp. 5-9）。GAO（2006）在一份关于 EPA 风险评估实践的报告中也提出了类似的观点。EPA 还注意到生态风险评估的许多缺点或失败可以追溯到问题构建的薄弱或缺乏（CENR 1999）。

规划和范围界定以及问题构建都是确保风险评估形式和内容由其所支撑的决策的性质决定的必要阶段。这两个阶段都提供了达成一些共识的机会，这些共识包括如何开展（例如，关于监管背景和目标、科学目标、数据需求或合理的可预期的限制）风险评估使其结果对决策者有用并提供信息。这些阶段还为风险沟通成为整个风险评估过程早期重要角色（而非马后炮）提供了极好的机会。虽然规划和范围界定以及问题构建都具有挑战性且很耗时，但是通常来说，投入的时间和精力是值得的，并且已经证明这能够使风险评估对决策者更有用，也更容易被决策者接受（EPA 2002，2003，2004a）。

然而，目前仍然没有统一地将这些阶段纳入风险评估之中。例如，在 EPA 新的癌症指南和目前固体废物和应急响应办公室的燃烧设施风险评估协议中仍然缺少这两个阶段（EPA 2005a，2005b）。因此，虽然这些阶段目前得到广泛的认可，至少人们已经在概念上认识到它们对风险评估（尤其是复杂、有争议或作为先例的评估）和行为指南的成功至关重要，但 EPA 或其他机构、监管社区或其承包商是否能充分利用这些阶段关注、改善、提升人体健康和生态风险评估工作的问题仍然存在。这一问题值得关注，因为继续忽视规划和范围界定和问题构建的重要性，可能导致（EPA 或其他机构的）人体健康风险评估难以发挥其为决策者和其他寻求环境和健康问题解决方法的人们提供支持的全部潜力。

3.4 将信息价值原则纳入形成和迭代设计中

3.4.1 Scylla 和 Charybdis①：应对决策支持中不确定性和延迟的双重危害

关键不确定性的大小和实际不可减少性及其对决策的影响共同构成了实现公共卫生和环境风险管理的有利而切实的方法的核心挑战。不确定性与推迟重要决定的预期共同构成了在健康和环境决策这一困难领域中探索所面临的一项关键危险。在一定程度上，冲突在决策环境中是一种固有的存在；在重视决策及时性的同时，也需要对经常重复但未明确定义的目标给予很大重视，即决策是"科学的"，"要基于合理的科学"或"以现有的最好的科学为基础"。如果回顾通过设计和追求可信度寻求真相这一没有终点的科学过程，就可以理解这种冲突的本质。同样地，科学家所接受的培训本身和诸如运用具有统计学意义的测试之类的深厚传统也在灌输着一种严谨的价值观，即必须通过同行评审、重复性和科学辩论的"正当程序"才能得出"有科学依据"的结论。与等待特定研究完成或科学共识出现相关的风险（如社区在等待健康风险评估过程中长期接触危险或压力）的观点不容易被纳入标准的科学范式。

科学中缺乏既定的"停止标准"会导致冲突的发生，即任何企图终止或用其他方式限制科学探究和辩论，以达到监管或法定期限或实现形式上的及时性的行为，可能导致相应的决策被指责是"不科学的"。在追求决策的及时性目标时，满足理解目标和更务实的决策目标之间存在固有的冲突。

保护公众和保护科学知识库免受第 1 类错误的影响（即避免假阳性）不是等效的目标。在仔细考虑时，这一很明显的事实如果在风险评估、风险沟通和风险管理实践中没有得到充分承认或直接面对，确实造成困惑的根本原因。应对（与解决相反）这些由目

---

① Scylla 和 Charybdis 是希腊神话中的两个海怪，他们位于狭窄海峡的两侧，以至于不可避免地需要在远离 Scylla （一个六头怪物）时靠近 Charybdis（有旋涡危险），反之亦然。

标引起的冲突的最好办法是风险管理者和风险评估者仔细考虑风险评估的形成和迭代设计。为应对这一挑战，风险管理者必须在管理不确定性和延期的同时管理风险。在不确定性情况下管理风险需要采取多种策略解决决策过程的整体不同方面，包括收集、存储和管理信息的投入；改进知识库，即收集新信息的投入；收集、使用和处理信息流程的正式化；计算和传达不确定性过程的正式化；调整风险评估过程减小不确定性对分析过程的实际影响；调整决策过程以适应不确定性因素；当不确定性足够大时，在延迟和加快两个维度上调整决策时间。

值得注意的是，不确定性管理的日常工作并不是分析专家的唯一领域。如果希望在巨大不确定性下做出决策的分析工作产生预期效果，并确保与决策延误相关的风险可被知识库的增强或风险评估过程可能产生的好处所平衡，风险管理人员在整体决策过程中就要负责进行合理的调整。选择策略涉及重要的权衡，因为处理不确定性的任何策略都是不完美的。委员会认为，改进风险分析的主要途径之一是将不确定性管理策略与 EPA 内外决策环境特定需求和资源相匹配。这一问题将在第 4 章中详细讨论。理想情况下，匹配过程将会扩展到许多利用 EPA 分析产品的其他决策者。

3.4.2 信息价值：什么赋予信息价值？

在不确定性情况下进行决策的一个基本方面是，不可避免地要在利用已有信息和分析尽快做出决策，和推迟决策以收集到更多原始信息、准备好更精细的分析和咨询更多相关方面之间做出选择。即使延期不是关注的主要问题，获取信息的直接和间接成本通常也需要考虑。

作为决策背景下评估信息的最通用的分析框架，信息价值（VOI）分析提供了一套优化工作和资源收集、处理和应用信息的方法，以帮助决策者实现他们的目标。VOI 分析的应用如图 3-3 所示。

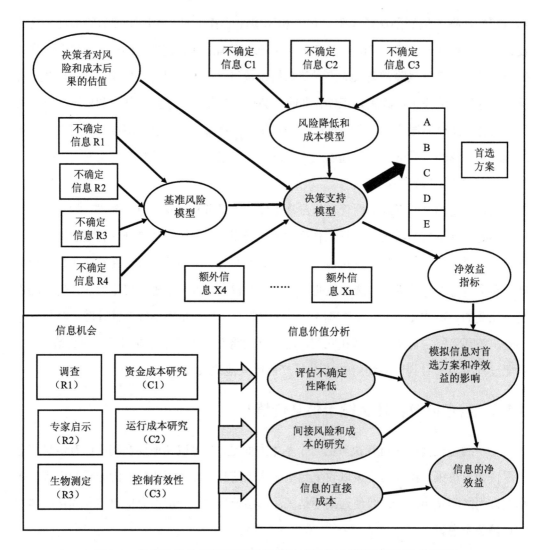

图 3-3   信息价值分析用于评估额外研究在具体决策背景下影响的示意

注：处理基准模型中不确定性的信息机会会对决策者首选决策产生影响，并且改变相关的净效益。分析还考虑与信息机会相关的任何直接成本（如财务）和间接成本（如延迟决策对健康或经济影响）。信息的价值最终由决策者在风险和成本分配方面的价值观决定，其中包括与延迟决策相关的任何成本。

3.4.3　定量信息价值分析的过程

定量评估信息的决策理论过程从特定不确定性状态下分析决策者可获得的最佳选项开始。这将作为决策者可用信息的基准情景。然后，该过程系统地考虑了如果决策者能够将基准情景不可获得的额外的信息纳入决策中，决策者的首选方案会在何时发生何种变化。这种新的信息有望在一定程度上消除或减少不确定性来源。

VOI 分析会假设决策者仅在预期净收益发生变化时才会更改首选方案。因此，除了考虑首选决策发生变化的可能性外，还考虑额外信息会带来多少预期收益的增加。收集信息解决或减少不确定性的净（预期）价值可以通过衡量与每条信息相关的各种结果的可能性和其可能带来的好处来计算。该衡量过程包括了在收集到的信息没有改变决策者首选方案的情况下的零值分配（即代表效益没有增加）。

了解 VOI 分析概念的关键在于区分信息价值的科学和决策分析观点。在研究项目和文献中，科学家通常认为提出的研究的价值在于提高整体知识基础，或为重要决策提供信息。相反地，VOI 的决策分析概念完全是以决策为中心的。在 VOI 分析中，信息来源的评估仅仅根据它在特定时间、特定先验知识状态下对特定决策的潜在影响的概率和程度。因此，VOI 分析的常见和预期的评估结果是，一个信息来源在一般的科学问题中是有价值的，但对于支持某一特定决策几乎没有价值。当特定决策对信息源解决的不确定性不敏感时，就会发生这种情况。图 3-3 考虑了这种情况，给定当前可用信息情况下，箭头指示选项 C 为首选项，并且不会随新信息来源发生变动。

3.4.4　信息价值法的应用经验

VOI 方法在环境健康决策中的应用可能有些零散，且更偏学术方面的应用（Yokota 和 Thompson 2004）。学术文献对使用 VOI 技术评估各种毒性测试活动具有相当大的兴趣（Lave 和 Omenn 1986；Lave et al. 1988；Taylor et al. 1993；Yokota et al. 2004）。最近，Hattis 和 Lynch（2007）运用 VOI 框架评估改进后的人体药效学或药代动力学剂量差异性信息的预期效应，发现改良后的信息对非致癌效应具有保护作用。VOI 方法已用于评估环境修复中抽样信息的价值（Dakins et al.，1996），并用于受农业径流影响水域中水源水保护的备用调控政策控制中的信息价值评估（Borisova et al.，2005）。该方法还应用于评估干洗操作情况下改进的暴露信息的价值（Thompson 和 Evans 1997）以及与预防铍病相关的基因筛选方案的价值（Bartel et al. 2000）。

有证据表明，这些零散的兴趣和研究的目的是将 VOI 方法用于 EPA 研究中。例如，Messner 和 Murphy（2005）在关于投资饮用水处理厂背景下提出了关于水源水质量的 VOI 分析。在其他应用中，EPA 员工和承包商在评估环境信息系统和人体暴露信息在一系列监管决策中的价值时也采用了 VOI 原则（IEc 2000；Koines 2005）。

3.4.5 EPA 正式信息价值分析的展望

与研究潜在价值的更常见科学表征相比，VOI 分析在支持决策方面具有许多优势。个别科学家和决策者的直觉和特殊观点倾向于对来自其自身学科的知识高度重视，而贬低其他学科信息的价值。所有学科的科学家可能会低估不具有科学趣味性的信息（如没有在科学杂志上发表），即使它大大降低了风险评估中的关键不确定性且其知识很可能影响决策者对最佳方案的选择。相反，VOI 分析可以对一条信息的以决策为中心的价值或者扩展到信息系统对一系列可能使用该信息系统的决策的价值进行更加背景具体化且更客观的评估。尽管有潜在的好处，但值得注意的是通常人们并不认为 VOI 分析优于专家关于科学调查重要性的科学判断；相反地，VOI 分析只能回答研究对特定决策后果的重要性的狭隘的问题，不适合作为衡量研究科学价值和广泛效用的通用标准。

例如，在一些特定的决策背景下，当仅考虑当前特定决策的狭隘目的时，VOI 分析可能非常重视小型调查以估算使用近乎过时的技术的企业的比例，而忽视较大规模的精心设计的具有广泛重要性的科学研究。决策者对选项的偏好（可能在图 3-3 中的方案 B、C、D 中选择）可能对风险降低中的不确定性水平和阻止企业继续使用旧技术等决策中对企业施加的成本非常敏感。在风险估算和成本估算中，此类情景的数量是特定决策背景下需要考虑的重要因素。相反地，一项有助于理解风险并可能以广泛可取、科学严谨的方式降低整体不确定性的科学研究，不一定能增加改变特定选项的相对可取的信息，从而也不足以改变决策者的首选项。

显然，在许多其他的情况下，科学调查恰恰是充分区分可用选项所需要的。

　　尽管正式的 VOI 分析框架具有巨大的知识吸引力而且是目前一直需要的强大的信息价值评估手段，但是正式的 VOI 范式仍面临一系列挑战，进而限制了其在短时间内实际和广泛的应用。Yokota 和 Thompson（2004）广泛回顾了正式 VOI 框架在环境健康领域中的应用，其中一个发现与 VOI 在该领域的学术地位相关：

　　严格的 VOI 分析为评估收集信息以改进 EHRM [环境健康风险管理] 决策的策略提供了机会。对方法和应用的这一回顾表明，计算工具的进步使分析人员能够解决更复杂的问题，尽管由于一些障碍其仍然缺乏 "真正的" 应用。这些障碍包括缺乏 EPA 和其他机构对于标准化 EHRM 风险和决策分析标准的指导，缺乏对健康成果使用的价值的共识，缺乏经常使用输入值的默认分布，以及风险管理者和交流者缺乏应用概率风险结果的经验。

　　除了上述障碍之外，还有下面一些重要的考虑。

- VOI 计算在技术上是具有挑战性的，特别是在试图评估不完善的信息的情况下。而大多数情况下信息都是不完善的。
- 其分析形式不适于与更常见的确定信息潜在价值的审议方法相结合。
- 该方法假设分析师能够充分描述决策者对新信息选择的变化。这种情况不是非常现实的（或者至少很少见）；尤其是当决策过程不是规章驱动，或 VOI 分析师被迫推测决策者响应新信息的行为时，就会有很大问题。
- 新信息的影响必须通过描述当前不确定性水平的概率分布结果变化进行表征，这可能不会被正式描述为概率分布。
- 几乎没有技术或政策分析人员或决策者经历过这种类型的分析，表明培训的负担相当大。
- VOI 分析中分配的 "价值" 本身就是一个不确定的量。

　　EPA 和其他机构在不确定性管理方面的关键挑战是需要设计风险评估以支持决策者需要考虑一系列候选方案的决策。没有这些选项，就不可能为信息树立以决策为中心的正式价值；事实上，在这种情况下，甚至不能尝试正式的 VOI 分析。关键的副作用是"不完整的"风险评估会长期存在。在缺乏包括一系列具体的决策方案的明确的决策支持背景下，永久性的副作用是自然结果，因为总要有科学的理由而非以决策为中心的理由来继续收集信息、进行或审查新研究并改进风险评估技术。

委员会意识到 VOI 分析不仅在风险评估和风险管理方面具有优势，在 EPA 使用正式的 VOI 计算分析时也有持续的障碍。因此，可能只有一小部分的风险评估和决策背景（如具有明确的规章、提前评估不确定性）符合开展正式 VOI 的标准，并且对它们而言有足够大的利益使 VOI 成本–效益分析可行。

3.4.6　多种决策背景的替代 VOI 方法

作为适用于更大比例的决策背景的替代方案，委员会认为 EPA 将受益于开发和应用结构化但较少定量的方法来评估新信息的价值，从而获取在 VOI 分析中体现出的重要推理。新信息的特定来源、决策者了解新信息后的预期行为变化以及因此导致的额外信息出现时决策者目标相关的预期改进，三者之间直接因果联系的明确表征是正式 VOI 方法中的重要推理基础。本质上，评估过程涉及提出定性或半定量论证（与正式计算相对），该论证描述了筛选信息来源的知识和其改进决策结果的潜力之间的因果关系。该过程还要考虑延迟决策直至信息可用并且能充分纳入决策支持产品（风险评估或成本评估）中的潜在风险。开发和应用结构化半定量 VOI 方法的例子参见 Hammitt 和 Cave (1991)，其中还讨论了这些方法的补充作用。

3.4.7　风险评估设计中方法和程序改进的价值评估

在本章的前面，委员会描述了在风险评估中对过程的各个方面给予高度重视的理由。当考虑范围、技术咨询和质量控制方法的所有组合及其应用强度的变化时，可以认为有无数种构建风险评估的方法。这种灵活性受到普遍欢迎，有潜力可使风险评估尽可能与广泛的应用相关，但它也可能会存在问题。通过使用以决策为中心的评估模型，可以促进将增强风险评估过程的机会与实现高质量的决策支持目标相匹配的基础审议过程。该模型描述了任何增强风险评估或是以风险评估产品及其相应属性形式出现的提议对决策的预期目标的影响。委员会鼓励制定风险评估方法学以改进评估框架，其中灌输了信息的决策分析价值的一些概念。这种评估模型的示意图见图 3-4。

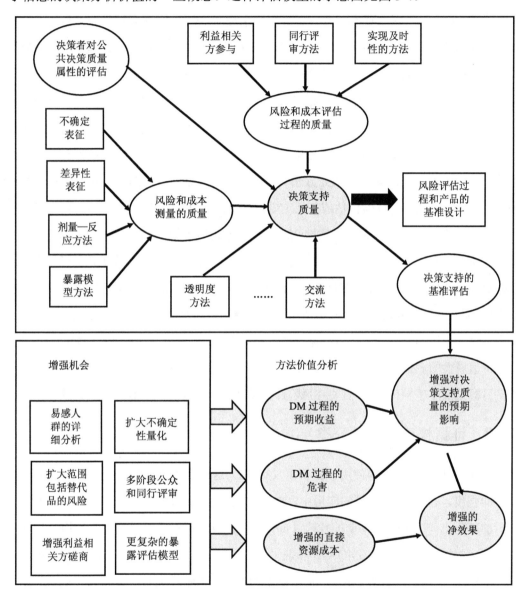

图 3-4　各种加强风险评估过程和产品的方法机会（或"方法价值"分析）价值分析示意

注：该结构模仿了标准的 VOI 方法，但侧重于不同影响。与 VOI 相反，这些机会的估值源于细化整体公众健康和环境决策所需属性的价值体系。而 VOI 分析考虑了信息对决策结果（和"终点"）的影响，这种分析将考虑各种风险评估方法对决策支持（"手段"）整体质量的影响。

拟议的评估框架将在两个方面扩大对风险评估活动和决策质量之间的因果关系的考虑。其结构有助于对形成和迭代设计过程中需要考虑的风险评估过程和产品的多种属性进行相对估值。通过放宽 VOI 方法的形式，可以使其包含更广泛的决策目标，如透明度、及时性、与其他决策投入的整合度以及与利益相关方参与的兼容性。这些目标不太具体、不好量化，但是在确定给定活动或工作的整体决策支持价值时仍然至关重要。

灌输与 VOI 分析类似的好处的一个重要方面是，即使定性地表达，在风险评估设计备选方案和对决策环境的最终影响之间也会产生明确的因果联系。通过这种方式，"方法价值"法的潜力会受到与正式 VOI 方法类似的障碍的限制。在 VOI 分析中，分析人员必须详细地了解决策者对风险评估或其他定量结果的估值，以便预测决策者应对新信息时行为的变化（即预测他们在备选方案之间的选择，或在连续体内设置单一数字的选择）。在价值方法中，正在考虑特定风险评估方法价值（如在定性、定量的情景或完全概率表征的不确定性中选择）的分析人员需要某种方法来表征与每种替代方法相对应的决策支持环境的变化。此外，分析人员还需要知道决策支持环境的不同变化在多大程度上取决于决策过程利用这些方法的能力以及决策所需质量的制度价值。为了消除这种潜在的障碍，决策支持的价值属性的表达将被高度具体化（例如，与国家标准制定过程相比，社区层面的决策支持目标是高度差异化的），且将在风险评估设计形成阶段达成一致并予以记录。

3.4.8 证据权重和危险分类：方法价值问题的一个例子

EPA 和其他科学机构使用证据权重（WOE）这一短语描述从给定证据中提取科学推断的强度。在 EPA 最常见的应用中，WOE 用于在对所有相关的观测和实验数据综合分析的基础上，表征化学物质的危险（毒性或致癌性）属性。它越来越多地用来描述支持特定（毒性）行为模式（MOAs）和剂量–反应关系的证据的强度。由于 WOE 评估中使用的科学证据在化学物质和其他危险制剂的类型、数量和质量上有很大不同，因此除了相对通用的术语外，不可能描述 WOE 评估。因此，在特定情况下 WOE 判断因专家而异并且很难达成共识。

EPA 正在开展可能与致癌物质分类有关的最正式的 WOE 活动。权衡来自与可能致癌的特定化学物质或化学混合物相关的流行病学和实验研究的证据需要大量的机构资源，并且可能引起争论、扩大讨论。

EPA 致癌物分类中的一个区别是如果现有的证据充分则建立人体的因果关系（即一种物质可以标识为"已知的"人体致癌物）如果证据不足则只能表明该制剂"可能"是人体致癌物。完善的临床和（动物）实验研究能够更直接地建立因果关系，但个体观测（流行病学）研究通常只能建立统计学关联。大量的流行病学证据足以排除偏倚和混杂，并有充分的信心支持因果关系；通过实验证据，可以充分建立人体因果关系。权衡这些证据可能会有争议，因此 EPA、国际癌症研究机构（IARC）、医学研究所（IOM）、国家毒理学项目（NTP）等机构已经制定实践和分类方案帮助就整体证据达成结论。NTP、IOM 和 IARC 召集专家机构对致癌数据开展 WOE 研究；EPA 依靠科学咨询委员会等专家组的同行审议审核工作人员对致癌证据的调查结果。

委员会注意到，在某些情况下，机构在某些致癌性分类之间做出区分似乎没有实质价值。一种化学物质是"使人体致癌"还是"可能使人体致癌"通常对最终量化风险和在决策中运用风险估计值并没有重要影响。在许多监管背景下，已知的人类致癌物与"可能的"人体致癌物受到了同等的对待：不论是否建立因果关系，都评估所有有足以令人信服的证据证明的致癌物的风险，且不会根据 WOE 分类对风险评估进行调整。

因此，一旦有可用的证据，无论是流行病学还是实验数据，足以确定给定的毒性或致癌性与人类有潜在的关联性，则进一步区分可能没有必要，除非是在用做沟通工具的一些特殊情况下。除非在某些阶段提出明确的理由，如在风险评估形成设计阶段提出支持确认人体因果关系评估的需求，否则委员会认为机构没有理由为解决制剂是人体效应的可能来源还是已知来源这一问题而花费时间和资源来调整危害的分类。

然而，作为良好的科学实践，在 WOE 分析中系统地考虑证据仍然很重要。因此，积累的证据是否足以考虑可能对人体造成危害的物质或者是否足以支持给定的 MOA 都需要衡量个别研究和证据，且这种做法应延续。委员会建议机构始终关注细微差别对风险信息整体使用几乎没有影响这一情况。

WOE 分类为区分正式 VOI 分析和不太正式的方法价值分析提供了很好的例子。事实上，WOE 分类中更精细的区分在风险评估或 EPA 使用的任何明显的决策规章中都没有进一步使用，这说明纯粹从正式 VOI 分析的角度看待潜在的利益时，寻求这些区分没有任何价值（图 3-3）。但是，EPA 可能认为将已知致癌物和可能致癌物区分开的 WOE 分类需要支持与风险评估实践相关的其他价值观（例如，运用"好的科学实践"论证，或作为表明致癌性的认知地位的一种简化沟通方法的出现）。WOE 是 EPA 如何从资源密集型方法在支持公共健康和环境决策广泛目标中的明确作用的结构化表征（如上所述，见图 3-4）中获益的案例，其中包括运用好的科学实践，考虑好的沟通实践等许多其他方面。该方法需要对决策支持中重要的质量属性进行更明确的评估。

3.5 结论

- 健康和环境风险管理的性质对风险评估的流程和产品提出了很高的要求。在回顾风险评估历史和许多目标时，委员会发现更积极的设计阶段对风险评估未来的成功至关重要。设计应当反映决策功能的许多目标，并在评估的整个生命周期中保持这一重点。

- 风险评估中，设计的关键作用集中体现在目前 EPA 风险评估和累积人体健康风险评估指南中，同时也体现在规划和范围界定以及问题构建的任务中。

- 风险评估的关键在于考虑设计不佳的风险评估导致风险通过多种途径增加的可能性。包括造成决策过度拖延，将评估和管理的关注点转移到有竞争力的危险问题上，造成一种风险在不知情的情况下被取代的局面，阻碍各利益相关方包容或接纳风险评估等的可能性。

- 投入额外信息支持风险评估的决策在风险管理中是标准且重要的。这种投入可以以直接成本、资源成本或延期等形式出现。如果纯粹从决策为中心的角度考虑，断定研究十分重要的标准科学依据可能具有误导性。委员会承认 VOI 分析在客观衡量提供新信息对特定决策的潜在效应方面具有关键的促进作用。正式 VOI 方法的应用存在一些障碍，限制了其普遍适用性。但是，VOI 分析关于传达信息、决策者行为和决策目标之间明确因果关系的基础结构是普遍适用的。它可以扩展到在风险评估设计的形成和后期阶段指导一些设计决策。方法价值分析以具体活动或方法的形式提供了一种考虑机会影响的方法，增强与决策支持的整体质量相关的风险评估，并考虑了与活动或方法相关的所有成本。该方法可用于评估当前或拟议风险活动的价值，例如，衡量不确定性分析的先进方法、证据权重方法或开发复杂计算模型的价值。该方法也可以用于评估程序方法的效益，例如通过利益相关方磋商，更多的同行审议或实现更大透明度的方法。

3.6 建议

- 委员会建议 EPA 加强对风险评估规划的承诺，可以通过正式要求风险评估的形成和迭代设计以用户为中心、将重点放在为决策提供信息上来实现。
- 委员会建议在人体健康风险评估中正式确定、实施规划和范围的界定及问题构建，确保其在生态风险评估中持续深入的应用。正式化的要素包括将这些形成设计阶段预期后果的具体文件和相关通讯产品规范化，尽早在此过程中考虑明确排列的决策方案的可行性和效益，以便在风险评估过程中关注分析任务。
- 委员会建议 EPA 设计风险评估的同时适当考虑风险评估可能造成的意想不到的后果，如风险决策的延迟可能延长风险暴露、从 EPA 任务范围内重要的风险上转移注意力以及潜在的不知情的风险–风险之间的替代。
- 委员会建议 EPA 考虑采用正式的 VOI 方法处理高质量和结构化的决策问题，尤其是有高风险、明确决策规章和与决策延误相关的重大风险可能性的问题。对于不容易采用正式 VOI 分析的大多数决策，委员会建议 EPA 制定一种比正式 VOI 分析的定量性更小的结构化评估方法，用于在特定决策情景中探究新信息影响的因果认知。委员会进一步建议 EPA 扩展结构化评估方法，使其在概念上与 VOI 分析相关，评估风险评估中与提高决策支持整体质量相关的各种方法选项的潜在价值。

参考文献

[1]   Bartel, S.M., Ponce R.A., T.K. Takaro, R.O. Zerbe, G.S. Omenn, and E. M. Faustman. 2000. Risk estimation and value-of-information analysis for three proposed genetic screening programs for chronic beryllium disease prevention. Risk Anal. 20(1):87-100.

[2]   Borisova, T., J. Shortle, R.D. Horan, and D. Abler. 2005. Value of information for water quality management. Water Resour. Res. 41, W06004, doi:10.1029/2004WR003576.

[3]   CENR (Committee on Environment and Natural Resources). 1999. Ecological Risk Assessment in the Federal Government. CENR/5-99/001. Committee on Environment and Natural Resources, National Science and Technology Council, Washington, DC.

[4]   Clemen, R.T. 1996. Making Hard Decisions: An Introduction to Decision Analysis, 2nd Ed. Boston: Duxbury Press.

[5]   Crawford-Brown, D.J. 1999. Risk-Based Environmental Decisions: Methods and Culture. New York: Kluwer.

[6]   Dakins, M.E., J.E. Toll, M.J. Small, and K.P. Brand. 1996. Risk-based environmental remediation: Bayesian Monte Carlo Analysis and the expected value of sample information. Risk Anal. 16(1):67-79.

[7]   EPA (U.S. Environmental Protection Agency). 1989. Risk Assessment Guidance for Superfund, Vol. 1. Human Health Evaluation Manual Part A. EPA/540/1-89/002. Office of Emergency and Remedial Response, U.S. Environmental Protection Agency, Washington, DC. December 1989 [online]. Available: http://rais.ornl.gov/homepage/HHEMA.pdf [accessed Jan. 11, 2008].

[8]   EPA (U.S. Environmental Protection Agency). 1991. Ecological Assessment of Superfund Sites: An Overview. EPA 9345.0-05I. Office of Solid Waste and Emergency Response, U.S. Environmental Protection Agency, Washington, DC. ECO Update 1(2) [online]. Available: http://www.epa.gov/swerrims/riskassessment/ecoup/pdf/v1no2.pdf [accessed Jan. 11, 2008].

[9]   EPA (U.S. Environmental Protection Agency). 1992. Framework for Ecological Risk Assessment.

EPA/63-R-92/001.Risk Assessment Forum, U.S. Environmental Protection Agency, Washington, DC.

[10] EPA (U.S. Environmental Protection Agency). 1997. Guidance on Cumulative Risk Assessment, Part 1 Planning and Scoping. Science Policy Council, U.S. Environmental Protection Agency, Washington, DC. July 3, 1997 [online]. Available: http://www.epa.gov/brownfields/html-doc/cumrisk2.htm [accessed Jan. 14, 2008].

[11] EPA (U.S. Environmental Protection Agency). 1998. Guidelines for Ecological Risk Assessment. EPA/630/R-95/002F. Risk Assessment Forum, U.S. Environmental Protection Agency, Washington, DC. April 1998 [online]. Available: http://oaspub.epa.gov/eims/eimscomm.getfile?p_download_id=36512 [accessed Feb. 9, 2007].

[12] EPA (U.S. Environmental Protection Agency). 2002. Lessons Learned on Planning and Scoping for Environmental Risk Assessments. Science Policy Council Steering Committee, U.S. Environmental Protection Agency, Washington, DC. January 2002 [online]. Available: http://www.epa.gov/OSA/spc/pdfs/handbook.pdf [accessed Jan.11, 2008].

[13] EPA (U.S. Environmental Protection Agency). 2003. Framework for Cumulative Risk Assessment. EPA/600/P- 02/001F. National Center for Environmental Assessment, Risk Assessment Forum, U.S. Environmental Protection Agency, Washington, DC [online]. Available: http://cfpub.epa.gov/ncea/cfm/recordisplay.cfm?deid=54944 [accessed Jan. 4, 2008].

[14] EPA (U.S. Environmental Protection Agency). 2004a. Risk Assessment and Modeling-Air Toxics Risk Assessment Library, Vol.1. Technical Resources Manual. EPA-453-K-04-001A. Office of Air Quality Planning and Standards, U.S. Environmental Protection Agency, Research Triangle Park, NC.

[15] EPA (U.S. Environmental Protection Agency). 2004b. Risk Assessment Principles and Practices: Staff Paper. EPA/100/B-04/001. Office of the Science Advisor, U.S. Environmental Protection Agency, Washington, DC. March 2004 [online]. Available: http://www.epa.gov/osa/pdfs/ratf-final.pdf [accessed Jan. 9, 2008].

[16] EPA (U.S. Environmental Protection Agency). 2005a. Guidelines for Carcinogen Risk Assessment. EPA/630/ P-03/001F. Risk Assessment Forum, U.S. Environmental Protection Agency, Washington, DC.

March 2005 [online]. Available: http://cfpub.epa.gov/ncea/cfm/recordisplay.cfm?deid=116283 [accessed Feb. 7, 2007].

[17]   EPA (U.S. Environmental Protection Agency). 2005b. Human Health Risk Assessment Protocol for Hazardous Waste Combustion Facilities. EPA530-R-05-006. Office of Solid Waste and Emergency Response, U.S. Environmental Protection Agency, Washington, DC [online]. Available: http://www. weblakes.com/hh_protocol.html [accessed Jan. 11, 2008].

[18]   GAO (U.S. Government Accountability Office). 2006. Human Health Risk Assessment: EPA Has Taken Steps to Strengthen Its Process, but Improvements Needed in Planning, Data Development, and Training. GAO-06- 595. Washington, DC: U.S. Government Accountability Office [online]. Available: http://www.gao.gov/new.items/d06595.pdf [accessed Jan. 10, 2008].

[19]   Hammitt, J.K., J.A.K. Cave. 1991. Research Planning for Food Safety: A Value of Information Approach. R-3946-ASPE/NCTR. RAND Publication Series [online]. Available: http://www.rand. org/pubs/reports/2007/R3946.pdf [accessed Jan. 11, 2008].

[20]   Hattis, D., M.K. Lynch. 2007. Empirically observed distributions of pharmacokinetic and pharmacodynamics variability in humans—Implications for the derivation of single point component uncertainty factors providing equivalent protection as existing RfDs. Pp. 69-93 in Toxicokinetics in Risk Assessment, J.C. Lipscomb, and E.V. Ohanian, eds. New York: Informa Healthcare.

[21]   IEc (Industrial Economics, Inc.). 2000. Economic Value of Improved Exposure Information, Review Draft. EPA Contract Number: GS-10F-0224J. Industrial Economics, Inc., Cambridge, MA.

[22]   Koines, A. 2005. Big Decisions: Initial Results of Benefit-Cost Analysis. Presentation at EPA's Environmental Information Symposium 2005: Supporting Decisions to Achieve Environmental Results, November 30, 2005, Las Vegas, NV [online]. Available: http://www.epa.gov/oei/proceedings/2005/ pdfs/koines.pdf [accessed Aug.2, 2008].

[23]   Lave, L.B., G.S. Omenn. 1986. Cost-effectiveness of short-term tests for carcinogenicity. Nature 324(6092):29-34.

[24]   Lave, L.B., F.K. Ennever, H.S. Rosenkranz, and G.S. Omenn. 1988. Information value of the rodent

bioassay. Nature 336(6200):631-633.

[25] Messner, M. T.B. Murphy. 2005. Reducing Risk of Waterborne Illness in Public Water Systems: The Value of Information in Determining the Optimal Treatment Plan. Poster presentation at EPA Science Forum 2005: Collaborative Science for Environmental Solutions, May 16-18, 2005, Washington, DC [online]. Available:http://www.epa.gov/sciforum/2005/pdfs/oeiposter/ messner_michael_illness.pdf [accessed Aug. 5, 2008].

[26] Moore, D.R.J., G.R. Biddinger. 1996. The interaction between risk assessors and risk managers during the problem formulation phase. Environ. Toxicol. Chem. 14(12):2013-2014.

[27] Morgan, M.G., M. Henrion, M. Small. 1990. Uncertainty: A Guide to Dealing with Uncertainty in Quantitative Risk and Policy Analysis. Cambridge, MA: Cambridge University Press.

[28] NRC (National Research Council). 1983. Risk Assessment in the Federal Government: Managing the Process. Washington, DC: National Academy Press.

[29] NRC (National Research Council). 1993. Issues in Risk Assessment. Washington, DC: National Academy Press.

[30] NRC (National Research Council). 1994. Science and Judgment in Risk Assessment. Washington, DC: National Academy Press.

[31] NRC (National Research Council). 1996. Understanding Risk: Informing Decision in a Democratic Society. Washington, DC: National Academy Press.

[32] NRC (National Research Council). 2007. Scientific Review of the Proposed Risk Assessment Bulletin from the Office of Management and Budget. Washington, DC: The National Academies Press.

[33] Raiffa, H. 1997. Decision Analysis: Introductory Lectures on Choices under Uncertainty. New York: McGraw-Hill.

[34] Suter II, G.W. 2006. Ecological Risk Assessment, 2nd Ed. Boca Raton, FL: CRC Press.

[35] Suter II, G.W., S.B. Norton, L.W. Barnthouse. 2003. The evolution of frameworks for ecological risk assessment from the Red Book ancestor. Hum. Ecol. Risk Assess. 9(5):1349-1360.

[36] Taylor, A.C., J.S. Evans, T.E. McKone. 1993. The value of animal test information in environmental

control decisions. Risk Anal. 13(4):403-412.

[37] Thompson, K.M., J.S. Evans. 1997. The value of improved national exposure information for perchloroethylene (Perc): A case study for dry cleaners. Risk Anal. 17(2): 253-271.

[38] Yokota, F., K.M. Thompson. 2004. Value of information analysis in environmental health risk management decisions: Past, present, and future. Risk Anal. 24(3):635-650.

[39] Yokota, F., G. Gray, J.K. Hammitt, K.M. Thompson. 2004. Tiered chemical testing: A value of information approach. Risk Anal. 24(6):1625-1639.

第 4 章

不确定性和差异性：风险评估常见且棘手的要素

4.1 问题和术语简介

表征不确定性和差异性是人体健康风险评估过程的关键，必须在不确定性和难以表征的差异性的存在的情况下，使用最佳可用的科学为风险管理决策提供信息。委员会任务说明（附录 B）中许多议题都是以某种方式来应对风险分析的不确定性或差异性，其中一些议题自环境风险评估早期就已经存在。例如，《联邦政府中的风险评估：过程管理》（NRC 1983）（简称"红皮书"）讨论了推断指南或默认值的使用。《风险评估中的科学和判断》（NRC 1994）提供了关于默认假设、不确定性传递的定量方法的使用以及暴露和易感性中的差异性的建议。尽管在最近的案例中 EPA 才开始进行审查和由专家引导不确定性分析，但是在其他领域中，不确定性分析中的专家引导的作用早在几十年前就已经被考虑到。其他委员会指定的议题也强调需要考虑新的解决不确定性和差异性最好的方法，包括涉及多种来源、暴露途径和路径的污染混合物的累积暴露；用于估计剂量–反应关系的生物相关行为模式；环境迁移和归趋、暴露、基于生理学的药代动力学和剂量–反应关系的模型；以及生态风险分析方法和人体健康风险分析的联系。

已有很多研究论述了不确定性和差异性的分类，以及分别解决不确定性和差异性的必要性和选项（Finkel 1990；Morgan et al. 1990；EPA 1997a，1997b；Cullen 和 Frey 1999；

Krupnick et al. 2006）。关于不确定性分析的机制也有一些有用的指南。但是，对于给定的风险评估，关于不确定性和差异性分析中所需的详细性、严谨性和复杂性的合适程度并没有相应指南。委员会认为这是一个关键的问题。在给委员会的汇报（Kavlock 2006；Zenick 2006）和最近对新兴科学进步的评估（NRC 2006a，2007a，2007b）中，呈现出了提高评估现有方法尚未解决的新化学物质风险和改善对敏感人群风险的能力的希望。随着计算工具的扩展、生物监测数据的增加以及新的毒理学技术的出现，风险评估的范围和深度必将得到改善。但是这些进步也会带来新挑战，同时对解决不确定性和差异性的智慧和创造性提出更高的要求。关于不确定性分析的新指南（NRC 2007）能够有助于过渡，促使新知识和技术引入评估中。

对风险评估过程中从环境释放到暴露到健康效应（图 4-1）的每个阶段的表征，都体现出分析的挑战性，并包含了不同维度的不确定性和差异性。试图了解个体和群体从农药应用所获得的可能剂量的平均水平时，农药应用过程中释放的程度可能得不到很好的表征。一旦农药释放，导致个体暴露的暴露途径很复杂，难以理解和建模。一些释放的物质可能在环境中转化为毒性更大或更小的物质。农药释放地附近产生的总体群体暴露由于年龄、地理位置、活动模式、饮食习惯和社会经济状况等因素在个体间的暴露差异很大。因此，农药接收剂量有很大的不确定性和差异性。这些因素导致很难建立可靠的暴露评估用于风险评估，它们也说明了单一数字的暴露表征可能会产生误导。了解剂量–反应关系（剂量和图 4-1 中风险方框之间的关系）是复杂的，同样涉及不确定性和差异性问题。量化化学暴露和不良健康效应概率之间的关系往往很复杂，因为需要从高剂量的结果外推至与利益相关群体的低剂量，从动物研究外推至人体。最后，个体在易感性方面也有差异，很难进行准确的描述。这些问题可能推迟风险评估的完成（二噁英的案例推迟了数十年）或削弱公众和那些运用风险评估为决策提供信息和支持的人的信心。

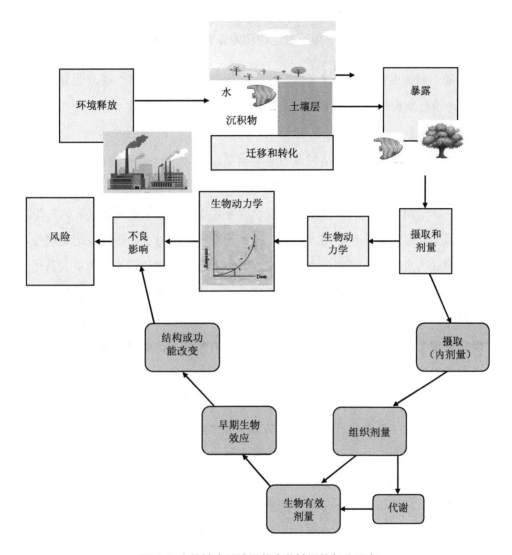

图 4-1　人体健康风险评估中关键评估部分示意

注：从环境释放到健康效应全过程跟踪污染物。

关于不确定性和差异性的讨论涉及术语。为避免混淆，委员会在专栏 4-1 中定义了关键术语。

专栏 4-1 与不确定性和差异性相关的术语 [a]

准确度：测量或计算值与"真实"值的接近度，其中"真实"值通过完美信息获得。由于许多生物和环境系统的自然异质性和随机性，"真实"值可能以分布形式而非离散值形式存在。

分析模型：可以封闭地解决问题的数学模型。例如，一些基于相对简单微分方程的模型算法可以通过分析提供单一解决方案。

偏差：由于测量技术或模型结构或假设所导致的模型结果或数值的系统失真。

计算模型：在正式数学中用方程式、统计关系或两者结合的形式表达的模型，可能有封闭形式的表达，也可能没有。数值、判断和隐形知识不可避免地嵌入结构、假设和默认参数中，但是计算模型本质上是定量的，是通过数学关系和产生数值结果来联系现象。

确定性模型：为所述变量提供单一解决方案的模型。这类模型没有明确模拟不确定性或差异性的影响，因为模型输出的变化仅仅是由于模型组件的变化。

域（空间和时间）：在风险评估或风险评估组件中特指的空间和时间限制。

经验模型：基于经验或实验的结构模型，不一定有模型化过程的由因果理论提供信息的结构。这类模型可建立用于预测和描述行为趋势的关系，但不一定在机制上具有相关性。经验性剂量–反应模型可由实验或流行病学观察得出。

专家引导：获取专家关于不确定数量和概率的意见的过程。通常情况下，该过程采用结构化访谈和调查问卷。专家引导可能包括"辅导"技巧，以帮助专家概念化、可视化和量化所寻求的数量或知识。

模型：为获取特定物理、生物、经济或社会系统选定属性观点的实际情况进行的简化。数学模型表达了定量术语的简化。

参数：模型中确定特定模型形式的术语。对于计算模型，这些术语在模型运行或模拟期间是固定的，并定义模型的输出。它们可以作为进行敏感性分析或实现校准目标的方法，在不同的运行中进行更改。

　　精确度：测量结果在数量和性质方面的可重复性。测量可以是精确的，因为它们是可重复的，但是当偏差存在时则与"真实"值不同，是不准确的。在风险评估结果和其他形式的定量信息中，精确度具体指一系列定量估计结果之间的差异。

　　可靠性：（潜在）用户对定量评估和得出该评估的信息的信心。可靠性与精确度和准确度都相关。

　　敏感性：定量评估的输出受选定输入参数或假设变化影响的程度。

　　随机模型：涉及随机变量的模型（见下面"变量"的定义）。

　　易感性：受影响的能力。风险的变化反映了易感性。由于年龄、性别、遗传属性、社会经济状况、先暴露于有害药剂和压力等特征，一个人可能比处于中等风险的人群具有更大或更小的风险。

　　变量：在数学中，变量用于表示有可能发生变化的数量。在物理科学和工程学中，变量是一个数值，其值可能在实验过程中（包括模拟）、不同样本或系统运行期间发生变化。在统计学中，随机变量的观察结果可认为是随机数或随机试验的结果。它们的概率分布可以通过观察进行估计。通常，一个变量在计算中如有固定的特殊值，则称之为参数。

　　差异性：差异性是指由于异质性或多样性引起的属性上的真实差异。虽然差异性通过进一步测定或研究能更好地表征，但通常不能降低。

　　脆弱性：暴露元素（人、社区、群体或生态实体）受到外部压力和扰动伤害的固有倾向；它基于疾病易感性、心理和社会因素、暴露和适应性措施的变化来预测和减少未来危害并使之从危害中恢复。

　　不确定性：信息的缺乏或不完整。不确定性定量分析试图分析和描述计算值和真实值的不同程度；有时使用概率分布。不确定性取决于数据质量、数量和相关性，以及模型和假设的可靠性和相关性。

　　[a] 编制或改编自 NRC（2007d）和 IPCS（2004）。

EPA 文件（EPA 1989a，1992，1997a，1997b，2002a，2004a，2006a）和国家研究委员会报告（NRC 1983，1994）早已认识到评估风险评估中的不确定性和差异性的重要性。从"红皮书"框架和委员会在风险评估设计中对考虑风险管理方案（第 3 章和第 8 章）的强调可以看出，很明显，风险评估人员必须制定能够建立程序以提高风险评估及其结果的可靠性。EPA 通过确保评估过程以可预见的、科学可靠的、与机构法定使命相一致以及响应决策者需求的方法处理不确定性和差异性，来建立对风险评估的信心（NRC 1994）。例如，几项环境法规直接涉及保护易感人群和高暴露人群（EPA 2002a，2005c，2006a）。相应地，EPA 制定了执行这些法规的风险评估实践，但是，如下文和第 5 章所述，在风险评估不确定性和差异性的总体处理方面还是不足。专栏 4-2 提供了案例来说明为什么不确定性和差异性对风险评估很重要。

专栏 4-2　量化不确定性和差异性至关重要的一些原因

不确定性

- 表征风险中的不确定性向受影响公众提供了关于他们可能遭受暴露的风险的范围。风险估计有时存在广泛分歧。

- 表征与特定决策相关的风险不确定性为决策者提供了决策产生的潜在风险的范围。这有助于在可能风险的基础上评估任何决策方案，包括最可能和最严重的风险，它也能为公众提供信息。

- 在数学上，通常，不了解可能发生的后果及其概率，就不可能了解通常可能发生的情况。

- 通过考虑研究预计在多大程度上降低风险估计中的总体不确定性和不确定性的降低能如何影响不同的决策方案，来评估新研究或替代研究的价值。

- 风险评估人员强烈认为承认不确定性增加了决策过程的可信度和透明度，虽然委员会知道没有任何研究能证明这一点。

差异性

- 评估风险的差异性可以制定更关注处于最大风险的人群而不是平均水平的风险管理方案。例如，特定车辆排放暴露的风险在群体中具有差异，在靠近道路的群体中的风险可能高于平均水平，这对区划和校园选址的决策都有影响。

- 了解群体在风险中的变化有助于理解剂量–反应曲线的形状（第 5 章）。将遗传标记物更多地用于造成差异性的因素研究能支持这一工作。

- 在不知道群体中个体之间风险如何变化时，通常不可能评估群体平均风险。

- 在理解不同暴露对风险影响程度后，人们可能会改变自己的风险水平，例如过滤饮用水或更少地食用剑鱼（甲基汞含量高）。

- 当有一些社区群体明显比总体群体处于更高风险中时，环境正义的目的将进一步深化，并采取政策措施纠正这一不平衡现象。

在下面的章节中，委员会首先评审了解决不确定性和差异性的方法，并对这些方法是否以及如何用于 EPA 风险评估提出了意见。然后，委员会将重点放在这些方法用于风险评估每个阶段的不确定性和差异性之上（如图 4-1 所示，其扩展超出了"红皮书"的四个步骤，考虑了风险评估的子部分）。本章最后阐述了不确定性和差异性分析的原则，为第 5 章到第 7 章的风险评估过程的具体方面提出了详细建议。委员会注意到，与风险评估过程的其他步骤相比，在后面的章节中暴露评估的要素并没有得到广泛的解决，因为我们认为，之前的报告已经充分解决了风险评估中除了与不确定性和差异性相关的重要问题以及关于决策背景的适当分析范围的决策之外的许多暴露评估的关键要素，且 EPA 制定并在最近风险评估中使用的暴露评估方法也反映出良好的技术实践效果。

4.2　风险评估的不确定性

不确定性是风险评估反复出现的最重要的主题之一。在定量评估中，不确定性是指缺乏信息、信息不完整或不正确。风险评估的不确定性取决于数据的数量、质量和相关性以及用于弥补数据缺失的模型和推论的可靠性和相关性。例如，饮食习惯和农药归趋和迁移数据的数量、质量和相关性将会影响用于评估群体关于食物和饮用水中农药消耗量的差异性的参数值的不确定性。用于解决一个人每天食用特定食物频率这一数据缺乏问题的假设和情景会影响摄入量的平均值和差异性，从而影响风险分布。风险评估人员的工作不仅是传达危害的性质和可能性，还要告知评估中的不确定性。EPA 风险评估中更重要的不确定类型之一被称为"未知的未知因素"，即评估者不知道的因素。虽然这些不确定性不能通过标准的定量不确定性分析获得，但可以通过及时有效的检测、分析和纠正等交互的方法来解决。

EPA 在不确定性分析中做法如下。对实践的讨论始于对 EPA 默认值使用的考虑。对超出默认值范围的不确定性扩展处理需要额外的技术，EPA 在这种情况下使用的或可以使用的具体分析技术如下，包括用于定量不确定性分析的蒙特卡洛分析、专家引导、解决模型不确定性和风险比较不确定性的方法。同时，针对风险管理决策复杂性进行的风险评估（包括不确定性分析）考虑了用于支持风险–风险之间、风险—效益之间和成本–效益之间比较和权衡的不确定性分析。

4.2.1　EPA 处理不确定性可用的方法

EPA 对不确定性的处理在其指导文件和对其实施的重要风险评估的审查中都有明显的体现（EPA 1986，1989a，1989b，1997a，1997b，1997c，2001，2004a，2005b）。该机构的指南很大程度上遵循了"红皮书"（NRC 1983）和其他国家研究委员会报告（NRC 1994，1996）的建议。

使用默认值

如"红皮书"所述，由于大量的内生不确定性，人体健康风险评估"需要在现有信息不完整的情况下做出判断"（NRC 1983，p.48）。为了确保判断一致明确且不受风险管理因素的不当影响，"红皮书"建议制定独立于任何特定风险评估的"推断指南"，即通常所说的默认值（p. 51）。《风险评估中的科学和判断》（NRC 1994）重申了使用默认值作为促进风险评估完成的手段。当"化学物质或特定场地数据不可得（如有数据缺失）或不足以估计参数或解决问题……EPA 通常会依靠默认值使风险评估继续开展"（EPA 2004a，p.51）。作为争议和辩论焦点的默认值通常需完成癌症危害识别和剂量–反应评估。由于其重要性以及解决上述问题的需求，因此委员会将第 6 章设为默认值。考虑风险评估如何运用新兴方法更明确地表征不确定性，同时为近期风险管理决策提供所需的信息。

一些基于默认值的方法会导致不确定性水平的混淆。例如，EPA 根据基于默认值的动物实验结果评估癌症风险，然后运用可能性方法将模型用于肿瘤数据，并根据导致超过背景 10%的肿瘤效应剂量得出 95%置信区间下限值来表征剂量–反应关系（见第 5 章）。过去，它估计了多级多项式中线性项 95%置信区间上限值，即"致癌强度"。它通常不显示分布中的相对边界或其他点。EPA 的这一方法是合理的，但是当最终风险计算的范围被过度理解时，例如，当认为边界表征了风险评估中全部的不确定性时，可能造成误解。当一项新研究显示出更高的强度上限或更低的特定风险剂量时，随着进一步的研究，不确定性可能会增加。从严格的贝叶斯观点来看，如果正确规定了不确定性的基本分布结构，附加信息就不会增加不确定性。但当不确定性被错误表征或错误理解时，EPA 使用的默认值框架可能会导致不确定性的增加。例如，有一项关于环境污染物的影响的流行病学研究，该研究中假设整体不确定性程度被错误表征为该单一研究中用于拟合剂量–反应曲线斜率的参数不确定性。如果第二项研究导致 EPA 选择剂量–反应曲线斜率的替代值，那么风险评估会发生变化。以一个或另一个因果模型为条件的不确定性可能会改变，也可能不会。第 5 章和第 6 章建议建立默认值和不确定性表征的方法，这可以激励减少关键的不确定性的研究。

定量不确定性分析

在定量不确定性分析（QUA）中，通过不确定性传递方法，如蒙特卡洛模拟，可以将风险评估不同组成要素（排放、迁移、暴露、药代动力学和剂量–反应关系）中的不确定性和差异性相结合，通过两阶段蒙特卡洛分析可以尽可能地分离不确定性和差异性。这种方法被称为概率风险评估，但是委员会倾向于不使用这一术语，因为它与工程学中的事故树分析相关。使用术语 QUA 来涵盖差异性和不确定性是不合适的，但是为了与别处的使用保持一致性我们还是采用了它。

核能管理委员会是联邦政府中最早使用 QUA 的机构。20 世纪 70 年代中期，核能管理委员会使用 QUA，用大量的专家判断表征反应堆故障的可能性（USNRC 1975）。20 世纪 80 年代后期，EPA 更加普遍地使用 QUA。EPA 在许多项目中鼓励使用 QUA，所需的计算方法也变得更容易获得、更切合实际。

EPA 对 QUA 的使用演变的一个案例是它的超级基金风险评估指南。1989 年，《超级基金风险评估指南》（RAGS）第一卷（EPA 1989a）和支持指南描述了风险评估的点估计（单值）方法。风险方程的输出是一个点估计，根据风险方程中使用的输入值，它可以是风险的中心趋势暴露估计（如风险的平均值或中位数），也可以是风险的最大合理暴露（RME）估计（如果 RME 发生，风险的预期值）。但是，RAGS 第 3 卷 A 部分（EPA 2001）描述了在风险方程中使用一个或多个变量的概率分布定量来表征差异性和不确定性的概率方法。

为多个不确定性变量选择高百分位值（确保单侧置信区间）的常见做法导致结果高于中位数但仍然处于风险分布未知百分位（EPA 2002a）。QUA 技术，例如 RAGS 第 3 卷中使用的技术，可以部分解决这一问题，但是关于它在 EPA 中的使用仍然存在一些主要问题。第一，需要进行培训使 QUA 技术能被适当使用。第二，即使已经适当使用 QUA 技术，决策者也难以理解它们的结果。所以不仅要为风险分析人员提供培训，还要为风险管理者提供培训（见第 2 章中的建议）。第三，也是最重要的一点，在许多情况下，数据可能无法充分表达所有输入的分布，评估可能需要主观判断或系统性地忽略关键不确定性。对于正式的 QUA 而言，为了使其最具信息性，不确定性的处理应尽可能地在风险评估的各个组成部分（暴露、剂量和剂量–反应关系）之间保持一致。

对风险评估各个组成部分的不确定性的差别对待会导致整体不确定性的沟通变得困难，有时还会产生误解。例如，在 EPA 对《清洁空气州际规章》的监管影响分析中（EPA 2005c），运用蒙特卡洛方法进行了正式的概率不确定性分析，但这仅仅考虑了用于研究剂量–反应函数的流行病学研究和评估研究中的抽样差异性。EPA 运用专家引导更全面地表征剂量–反应关系的不确定性，但这并没有被整合成为单一的输入分布。在定量不确定性分析中，排放以及归趋和迁移模型的输出被假设为是没有不确定性的。尽管 EPA 在定性讨论中明确承认忽略了不确定性，但并没有对其进行定量处理。所报告的 95% 的置信区间并不能反映实际的置信水平，因为并没有包含其他部分的重要不确定性。因此，上面提到的培训不仅应与软件包的机制方面相关，还应解决可解释的问题和在风险评估所有部分中一致对待不确定性的目标问题。

早期国家研究委员会委员会（NRC 2002）和 EPA 科学咨询委员会（2004）也提出了对不确定性表征方法不一致的担忧。但重要的是要认识到，一些环境和健康风险评估中不符合量化要求、方法不一致（即使通过专家引导）的不确定性（IPCS 2006；NRC 2007d）在未来的一段时间内会成为风险表征需要应对的问题。对不确定性同质化处理的呼吁不应被视为对"最小公分母"不确定性分析的需求，后者在一个分析维度表征不确定性的难度会导致其他部分的正式的不确定性分析被省略。

运用专家判断[①]

实践中经常发生风险评估一些部分的经验证据不足以确定不确定性的边界，而另一些部分的证据只支持一小部分的整体不确定性的情况。当缺乏数据和缺乏概念性理解（如低剂量的行为机制）造成巨大不确定性时，一些监管机构依靠专家判断弥补缺失或建立默认值。专家判断需要向一组精心挑选的专家询问一系列与特定潜在后果相关的问题，通常为他们提供广泛的简报材料、培训活动和校准练习以帮助确定置信区间。自 1975 年反应堆安全研究（USNRC 1975）以来，正式的专家判断就开始被用于风险分析中，在学术论文中也有许多例子（Spetzler 和 von Holstein 1975；Evans et al. 1994；Budnitz et al. 1998；IEc 2006）。EPA 的相关应用有诸多局限，一部分原因是受到机构和法规的限制，但是机构对此的兴趣正在增长。2005 年《癌症风险评估指南》（EPA 2005b，pp. 3-32）中写道，"这些癌症指南具有足够的灵活性，能够适应专家引导作为癌症指南中提出方

[①] 专家判断类似于"专家引导"一词。

法的补充来表征癌症风险"。最近关于颗粒物健康效应的研究就使用专家引导表征细颗粒物对死亡的浓度—响应函数的不确定性（IEc 2006）。

专家引导能够提供有趣的和有潜在价值的信息，但仍有一些关键的问题亟待解决。EPA 如何在风险评估中使用这些信息并不明确。例如，在其对 $PM_{2.5}$（空气动力学直径不大于 2.5 μm 的颗粒物）国家环境空气质量标准的监管影响分析中，EPA 没有使用专家引导的结果来确定不确定性传递的浓度—响应函数的置信区间，而是在没有加权或综合判断的情况下，计算与每个专家判断相对应的替代风险估计值（EPA 2006b）。目前尚不清楚风险管理者如何有效地使用这些信息，因为尽管个别专家判断的范围和共同点具有启发性，但它没有传达任何关于各种价值的可能性的信息。将这些判断形式上地结合可能会掩盖它们异质性的程度，基于这些判断在校准测试中的表现对专家意见加权也存在重要的方法学争论（Evans et al. 1994；Budnitz et al. 1998）。当缺乏重要知识且没有机会直接观察正在评估的现象（如特定环境剂量下某种疾病的风险）时，另外两个问题分别是需要将不相容的判断或模型结合以及培训和和校准的技术问题。尽管已经开发出方法解决专家引导中的各种偏差，但是仍然可能出现专家的错误表征（NRC 1996；Cullen 和 Small 2004）。一些关于专家对不确定性的判断与发现见专栏 4-3。其他实际问题包括专家引导所需的费用和时间、利益冲突的管理和专家为得出有效专家引导需要借鉴的大量证据。

专栏 4-3　影响专家判断的认知倾向

可获得性：给常见或频繁提及的事件分配更大概率的倾向。

固定和调整：在最初问题构建中受第一次看见或提供信息过度影响的倾向。

代表性：即使没有相关信息，通过参考专家眼中类似的事件判断一个事件的倾向。

取消资格：忽视或强烈抵触与坚定信念相矛盾的证据的倾向。

相信"少数原则"：科学家相信群体中的小样本更具代表性是合理的倾向。

过度自信：专家高估他们答案正确性的倾向。

来源：摘自 NRC 1996；Cullen 和 Small 2004。

　　鉴于所有的局限，专家引导很少能够提供区分风险管理方案所需要的信息。委员会建议将专家引导保留在 EPA 可用的不确定性表征选项组合中，但只在决策需要和具有支持其使用的证据时才能使用。下面更详细地概述了根据决策需求确定不确定性分析（可能包括专家引导或复杂 QUA）复杂程度的一般概念。

4.2.2　所需不确定性分析的程度

　　关于 EPA 处理不确定性的各种方法（从默认值到标准 QUA 到专家引导）的讨论引发了对于任意给定问题所需的不确定性分析程度的问题。对于何时需要详细的不确定性评估的分析会避免对 EPA 工作人员造成额外的分析负担或限制 EPA 工作人员准时完成评估的能力。并不是所有的风险评估都需要或建议使用正式的 QUA。例如，为了对各种控制策略选择提供信息而开展的风险评估，如果简单（但是信息丰富和全面）的不确定性评估表明对关键不确定性而言选择是稳健的，就没有必要再开展更正式的不确定性处理工作了。只有在需要为具体风险管理决策提供信息的情况下，才需要更复杂的不确定性表征。在风险评估规划和范围界定阶段，需要确定不确定性分析的程度和性质（见第 3 章）。

　　对许多问题而言，初始的敏感性分析有助于确定哪些参数的不确定性可能对决策影响最大，从而进行更详细的不确定性分析。一个有效的方法是利用龙卷风图，它允许其中个别参数在其他不确定参数固定不变时发生变化。该操作的输出提供了对最终风险计算影响最大的参数的图形表达。这提供了敏感性分析的可视化表示，有助于风险管理者和其他利益相关方沟通，同时确定了可以在更复杂 QUA 中继续使用的参数子集。

　　目前已有很多关于风险评估中 QUA "层级" 或 "层次" 的复杂度的讨论。Paté-Cornell（1996）提出从 0 级（危险检测和故障模式识别）到 5 级（多种风险曲线反映不同不确定性程度下差异性的 QUA）的六个级别的观点。同样地，国际化学物质安全方案（IPCS 2006）在其关于暴露评估不确定性处理的草案中提出应对暴露评估中不确定性和差异性从默认值的使用到复杂的 QUA 的四个层次。IPCS 的分级见专栏 4-4。

专栏 4-4　不确定性分级

0 级：默认值——结果的单一值。

1 级：不确定性的定性但系统的识别和表征。

2 级：运用边界值、区间分析和敏感性分析定量评估不确定性。

3 级：运用反映不确定性和差异性的单个或多个结果分布进行概率评估。

来源：IPCS 2006。

委员会不认可任何具体排序的方法，但赞成前期考虑不确定性分析的复杂程度，并且注意到有连续的方法而不是一些离散的选项。应当规划和管理风险评估中不确定性和差异性的表征，并使其满足参与风险信息决策的利益相关方的需求。在评估开展更复杂分析所需更高水平的工作和准时做出决策的需求之间权衡时，EPA 应考虑确定最佳行动方针所需的技术复杂程度以及如果错误地确定了最佳方案所造成的负面影响。如果相对简单的不确定性分析（例如，一个非概率评估的界限）足以确定一个明显好于其他所有方案的行动方针，就没有必要进行进一步的阐述了。相比之下，当最好的选择并不明确以及错误选择的后果很严重时，EPA 可以采用迭代的方式进行越来越复杂的分析，直到足够明确最佳方案。在这一过程中，EPA 应谨记更复杂分析的最大成本之一可能是参与时间，其间，群体可能继续暴露于制剂或产生不必要的成本。鉴于这些问题，在规划不确定性分析和解释低级不确定性分析时，最好在参考标准上达成协议。例如，如果没有明确定义这些术语，那么呼吁"中心趋势""最佳评估""合理"上限或风险下限是没有任何价值的。

EPA 有机会有责任制定不确定性分析指南，以确定参考术语，为适应调整特定风险管理决策的复杂程度和实践水平提供意见。EPA 的资源有限，不应指望其使用单一的方法或过程处理所有问题。不确定性分析的分层方法为 EPA 提供了将不确定性分析的复杂程度与特定风险问题的关注程度以及解决这一问题的决策需求相匹配的机会。低级的不确定性分析方法可用于筛选步骤，确定信息是否足以做出决策，确定哪些情况需要更密集的定量方法。

4.2.3　风险或成本–效益分析权衡的不确定性分析

在进行风险比较或成本–效益判定时，解决所比较的风险、成本和效益的不确定性的一致性问题尤为重要，同样提供比置信上限更全面的不确定性描述也很重要。上述方法通常是用于制定单一风险的置信区间和概率分布。虽然评估人员通常一次分析一种风险，但是支持控制危害的各种方案的分析需要开展许多评估。他们需要同时考虑以下多个不确定数量：

- 哪种风险值得高度重视。
- 环境控制措施的净风险（降低的风险减去由于替代或风险转移导致的风险增加）。
- 措施的净效益（风险削减所避免的任何成本）。
- 方案的总效益（根据风险的基准水平，即使忽略成本，货币化风险的减少）。

有两个问题使得风险–风险和风险—效益或成本比较的不确定性分析的信息更加丰富，但也比单项 QUA 更难做。首先，多种风险的不确定性意味着，简单地说一种风险比另一种风险大或没有另一种风险大，效益比成本大或没有成本大并不是很好的比较；关键是确定一种风险更大或一种方案更可取的概率。其次，当比较个别风险和多种风险时，不确定性有多大（Finkel 1995b）。如果所比较的每个项目的不确定性都相关，那么比较的不确定性低于个别风险的不确定性。但通常情况下不确定性是独立且不相关的。例如，基于暴露评估和毒性信息的风险不确定性通常完全独立于基于消费者和生产者的行为的降低风险的成本估计的不确定性。

因此，比较中的不确定性可能超过正在比较的条目本身的不确定性，这是在开发和使用风险估计中具有重要意义的问题。专栏 4-5 提供了比较两种不确定数量的简单但详实的例子。这些数量是风险，但是它们也可能是任何可衡量的利益。这些案例包含离散和连续概率的比较。这一简单的例子反映了在评估风险和比较风险时需要确定置信区间。

专栏 4-5　　离散和连续不确定性概率比较的案例

案例 1：离散型

考虑两个量 A 和 B，它们是两个正在比较的不同风险，即"目标"风险和"抵消"风险，或效益估计（A）和相应的成本估计（B）。无论如何，我们有信心（80%）A 的值为 20，但是各有 10% 的概率高估或低估 A 两倍（即 A 是 10 的概率是 0.1，或 A 是 40 的概率是 0.1）。同样，我们认为（80%）B 的值是 15，但是有 10% 的概率高估或低估 3 倍。

考虑 A 的 3 个可能离散值和 B 的三个可能值，如下表所示，比例（A/B）存在 9 个可能真实值。将 A 和 B 作为独立随机变量分配具体的边际分布，例如，P（A=10）= P（A=40）=0.10，P（A=20）= 0.80，可以得到下面的联合分布，因为独立随机变量的联合分布是其边际分布的乘积。

A/B 的不同值和概率（P）

B 值（概率）	A 值（概率）					
	10（10%）		20（80%）		40（10%）	
	A/B	P（A/B）	A/B	P（A/B）	A/B	P（A/B）
5（10%）	2	1%	4	8%	8	1%
15（80%）	0.67	8%	1.3	64%	2.7	8%
45（10%）	0.22	1%	0.44	8%	0.89	1%

在这种情况下，虽然 A 的最高值和其最低值相差 4 倍，B 的极值相差 9 倍，但 A/B 的最低值是 0.22，最高值为 8，相差 36 倍。比较的不确定性超过了这两个量的不确定性。A"可能"大于 B，但是只有 4/9 的概率，B 实际上大于 A 的总概率是 18%。

案例2：连续性

现在假设 A 和 B 都是对数分布，每个都有完全相同的概率分布函数（PDF），但是彼此不相关。假设中位数是 10，对数标准差为 1.098 6（几何标准差正好是 $e^{1.0986}$，或 3）。在这种情况下，（A/B）的 PDF 有精确的解决方案：它也是对数正态分布，中位数是 1.0（A 的中位数除以 B 的中位数），对数标准差是 1.554（[1.09862+1.09862]之和的平方根）。

在这种情况下，可以说在中位数的基础上，A 和 B 是相等的，但是这一说法具有高度的不确定性。事实上，（A/B）有 5% 的概率等于 12.9 或更大[a]，同样也有相等的概率等于 0.078 或更小。值得注意的是，虽然 A 单独的 90 百分位宽度跨度是 37 倍，B 单独也是，但是比值更加不确定：（12.9）除以（0.078）等于 165。

即使这两种风险通常值是"相等的"，但是说其是相等的（或净效益是零，或替代风险抵消主要风险）并不正确。事实上，这个分析告诉我们我们不能自信地确定哪个量更大，这与我们声称他们是相等的完全不同。

[a] 这个数字等于中位数（1）的 exp [(1.554)(1.645)] 倍，高于 95 百分位数。

这一讨论说明，关于风险比较或成本效益比较的表述，用概率方法比确定性更好。只有实际上所有可能的净效益分布值都是正数时，才能明确对"效益是否超过成本"这一问题给出肯定答案。这并不一定意味着进行风险–风险或效益—成本比较时，EPA 必须使用复杂 QUA。早期提出的迭代方法允许我们通过运用相对简单的不确定性分析确定效益是否明显超过成本（反之亦然），或者是否需要更详细的分析使比较更容易解释。在用于成本–效益分析和风险比较分析时，将从 EPA 关于不确定性和统计学显著性概念的指南中受益，并重点强调在这一情况下使用分级的不确定性分析方法。

4.2.4 模型不确定性

难以定量（或甚至定性）获得的不确定性的其中一个维度就是模型的不确定性。国家研究委员会（NRC 2007d）指出，实行模型不确定性分析有一系列选择方案。其中一个计算型的方案是表达所有模型的不确定性概率，包括与选择替代模型或替代模型假设选择相关的不确定性。另一个方案是运用情景或敏感性评估，这种评估可以考虑少数似乎合理的案例的模型结果。第三个方案是用默认参数和"没有明确量化模型不确定性的默认模型"来应对不确定性。第一个方案的问题是需要对一个或多个包含大量参数且参数的不确定性需要在信息很少的情况下评估的模型进行详细的概率分析。当模型连接到高度复杂的系统时，这些问题就更复杂了。在上述第二个方案中，当用情景评估和敏感性分析评估模型的不确定性时，如果没有明确使用到概率的话，这种确定的方法是易于实现和理解的，但是通常不会包含每种情景已知的可能性。许多情况下可以将两种方法结合。详细的概率建模和情景与敏感性评估的平衡由模型的目的和特定风险评估的具体需求决定，并会从指南中获益。

最后关于第三个默认建模的方案，国家研究委员会（NRC 2007d，pp. 26-27）发现，自然系统的模型必然是不完整的，监管建模中"假设和默认值都不可避免，因为没有完整的数据集来建立模型"。本委员会认同这样一种观点：根本的不确定性和局限性需要被认识到，虽然"在使用环境模型时，理解这些很重要……但是这并不构成不实施模型的原因。当有效利用现有科学、让利益相关方和公众充分理解模型时，模型就会有效地评估和选择环境监管活动并与决策者和公众进行有效沟通"。

4.2.5   委员会关于不确定性处理的意见

虽然 EPA 已经制定了解决参数不确定性的方法，尤其是针对暴露评估，但是仍然存在"解决难以用概率分布获得的不确定性"和"提供获取和传达关键不确定性所需详细程度的指南"这两大挑战。许多决策者往往认为，只要有充分的资源，科学和技术就可以为保护人体健康和环境的问题提供明显的成本–效益方案。然而，事实上，存在很多不确定性因素，并且很多不确定性不能被减少甚至量化（见专栏 4-6 对模型和参数不确定性的讨论）。委员会对不确定性的审查显示，在巨大的不确定性的情况下开展定量风险评估并且适当表征结果的可信度，是未来十年风险评估必须解决的重大挑战。

专栏 4-6 离散和连续不确定性概率比较的案例

选择不解决哪些不确定性，表达哪些不确定性和决定如何最好地表达它们，是一项艰巨的任务。作为表达不确定性的简单例子，在风险评估中考虑两个不同的不确定性因素。

基本因果的不确定性：关于存在重要因果关系的不确定性，如特定物质是否会致癌的不确定性。

因果关系强度的不确定性：原因导致结果的程度，例如，特定剂量的物质会引起多少癌症。

通过概率分布，后者的不确定性在数量上通常比前者更容易表达。但值得注意的是，对于毒性试验阳性结果统计阈值中的因果不确定性（危害）而言，存在定量的特征。这两种不确定性可在因果模型中解决，其中用数值 0 代表不存在因果关系，非 0 数值表征因果关系的强度。用这种表达，整个模型的结果可以有多种模式的分布，其中，一些有限的 0 的概率表示没有因果关系，一系列非 0 数值表述不同强度的不确定性。当允许不同数学形式表示不同的因果路径时，例如，一种物质在低剂量时通过线性还是非线性机制引起效应，表达更加复杂。

通常，将概率分配给不同的数学关系往往很困难。作为替代，可以使用因果情景，每个情景表示不同的因果关系理论。在此案例中，一种情景是没有因果关系，另一个是线性剂量-反应关系，第三个是非线性剂量-反应关系，每种情景都有相应的不确定性分析条件，假设每个模型正确，并且可以推导出模型值的可能范围。在这种情景方法中，个体不确定性分析要简单的多，往往更易于得到广泛的应用和理解。但是，当累积效应没有被量化的因果不确定性主导全部不确定性时（例如，儿童对污染物是否不成比例地敏感？哪些不良影响是由污染物引起的？吸入暴露是否是整体风险的重要原因？），旨在减少重要不确定性来源的决策可能会被一个重点关注易于量化的不确定性的焦点（如特定亚群锑会消耗多少水？）所误导。因此，当重要因果不确定性主导整体不确定性时，努力衡量容易量化的不确定性子集的做法可能是不合理的。

　　如上所述，解决不确定性有多种不同策略（或复杂程度）。无论选择何种程度，最重要的是在确定和评估方案时，为决策者提供信息区分可减少的和不可减少的不确定性、区分个体差异性和真正的科学不确定性、解决安全边界问题、考虑效益成本和可比较的风险。为了使风险评估和该方法一致，EPA 应该对风险表征过程中每个部分的不确定性都进行正式透明的处理，并制定指南指导评估人员开展评估。

　　解决不确定性的方法在实施、预期形式和其所需成本和时间方面差异很大。不确定性分析的选项在决策者和其他相关方对它们的理解程度上也有很大差异。虽然不确定性分析的技术文献中没有强调，但是值得注意的是，风险评估产品最终主要是一个沟通产品（第 3 章）。因此，也许不确定性分析中最合适的质量衡量标准是：它是否提高了主要决策者在面临巨大不可避免和不可消除的不确定性情况下做出明智决策的能力。另一个重要的质量衡量标准是它是否提高了其他利益相关方的理解，从而在决策过程中促进和支持更广泛的公众利益。选择表达不确定性的方法很重要，这是一个需要仔细关注目标的设计问题。

4.3　风险评估的差异性和脆弱性

　　个体在脆弱性和暴露方面存在重要差异。上面提到的关于不确定性分析的统计技术和一般概念适用于差异性分析。例如，蒙特卡洛等概率方法可用于传递风险评估所有部分的差异性，专家引导可用于表征分布中各种百分位数，并且分析的复杂程度应符合当前的问题。但是，不确定性和差异性分析之间的关键区别在于差异性只能得到更好地表征而不能减少，所以其应对策略不同于解决不确定性的策略。例如，决策者用于解决关于啮齿动物致癌物是否是人体致癌物的不确定性的策略不同于解决儿童和成人之间癌症易感性的策略。后者的差异性可以通过概率分布表示，但是可能是混合（双峰）分布而不是标准的正态分布。本节简要介绍了关键的概念和方法，EPA 对差异性的常见处理方法以及与风险评估每个部分差异性相关的委员会建议的依据。

　　由于遗传、生活习惯、疾病体质和其他医学条件以及其他影响潜在毒性过程的化学暴露等因素，人们对特定化学物质暴露的毒性作用的易感性不同。影响易感性的因素的例子如表 4-1 所示，还有文献提供了一些增加的敏感性的估计结果。这些因素与流行病学中的效应修饰因素相似，因为它们修饰了另一个因素对疾病的影响。表 4-1 中第一列应谨慎地进行解释，因为用于表征易感人群规模的百分位数存在显著的差异。人们普遍认为易感性因素包括任何相对于群体中典型个体，使个体对剂量的响应增加（或减少）的因素。群体中的疾病分布不仅来自于易感性的差异，还可能来自于群体中个体和亚群体暴露不成比例的分布。总而言之，疾病易感性和暴露潜力的变化引起群体受环境化学物质影响的脆弱性方面潜在的重要变化。图 4-2 说明了暴露的变化如何导致风险的变化。个体比其他人更脆弱，因为他们可能暴露于：

- 可增加生物敏感性或降低暴露抵抗力（如年龄、先前存在的疾病和遗传）的因素。

- 提前或同时暴露于会增加个体对额外暴露影响易感性的物质。

- 有助于增加暴露潜力的因素，包括个人行为模式、建筑环境和居住环境（如社区、家、工作和学校）状况的变化。

- 影响暴露和生物响应的社会经济因素。

表 4-1　影响环境毒物效应易感性的因素

敏感性对"正常情况"的比例	案例	参考
10：1	遗传性 "虽然在一些遗传性癌症疾病中，辐射后癌症风险可能提高 100 倍，但风险增加 10 倍的单一最佳估计符合辐射影响模型的目的。"	ICRP 1998；Tawn 2000
＞10：1	Wilson 的杂合子（约占人群的 1%）和铜的敏感性	NRC 2000
20：1	倾向性暴露 吸烟者对砷诱发的肺癌的敏感性高于非吸烟者	CDHS 1990
10～20：1	吸烟者对氡引起的肺癌的敏感性高于非吸烟者	ATSDR 1992
20～100：1	暗示性的证据表明，低碘女性吸烟者比"正常"成人对高氯酸盐诱发的甲状腺激素中毒敏感性更高。	Blount et al. 2006
10～30：1	在有或没有肝炎的患者中，黄曲霉素的肝癌风险。	Wu-Williams et al. 1992

敏感性对"正常情况"的比例	案例	参考
>10：1	生理和药代动力学 由于生理和药代动力学的差异（模拟），对4-氨基邻苯敏感性的差异（中位数 vs 上面2个百分位数）	Bois et al. 1995
5~10：1	生命阶段 乳腺癌风险。青春期女孩和初次受孕的女孩 vs 更年轻女孩的辐射暴露	Bhatia et al. 1996
100：1	随机性 估计两阶段克隆模型。由于随机效应增加的肝癌风险（与中位数相比占0.1%的人群）	Heidenreich 2005
50：1	整体性 根据两种常见癌症（肺癌和肠癌）的特定年龄发病率曲线，癌症风险的模型异质性（95百分位数与中位数相比）	Finkel 1995a，2002
2~110：1	在接触部位的非致癌效应中，中位数与98百分位数之间的差异，响应因终点和毒物而异	Hattis et al. 1999

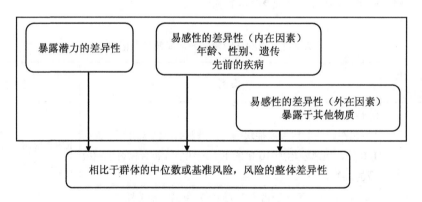

图 4-2 造成群体风险差异性的因素

当独立的易感性因素相互作用增加易感性时，差异性会更加重要。例如，在紫外线辐射诱导的黑色素瘤中，遗传和其他易感条件相互作用。在淋巴细胞中低 DNA 修复能力本身并没有增加黑色素瘤的风险，但是在同时具有低 DNA 修复能力和低晒黑能力或低 DNA 修复能力且发育不良痣患者的人群中观察到黑色素瘤风险在统计学上具有显著的相互作用和风险增加（Landi et al. 2002）。饮酒、肥胖和糖尿病会影响代谢酶的表达，如 CYP2E1，其表达也受遗传因素的影响（Ingelman-Sundberg et al. 1993，1994；Micu et al. 2003；Sexton 和 Hattis 2007）。在许多由环境化学物质引起或加剧的疾病中，相互作用非常常见，只是我们不知道。

4.3.1　EPA 针对健康效应评估中的差异性的评估方法

EPA 在其最新的《风险评估原则和实践：员工手册》（EPA 2004a）和指南中描述了差异性评估的方法。员工手册以危险空气污染物项目中最大暴露个体为例强调了 EPA 要重点表征暴露的差异性，尤其是高风险暴露。委员会注意到，在过去几年中，EPA 的一些项目大大推动了其表征暴露差异性的工作。但是，在大多数 EPA 健康效应评估中，除了铅、臭氧、硫氧化物等少数明显例外之外，易感性和脆弱性的差异几乎没有得到详细的评估。考虑到 EPA 的工作需要，我们提出了如下的进一步改进方案。

为了解决对非致癌终点脆弱性的差异性，EPA 假设了人群阈值剂量–反应行为并为其分配不确定性（调整）因子。EPA 还赞同低剂量非线性癌症终点的方法，但是在是否以及如何使用上未能达成共识。对于人与人之间在非致癌终点方面的差异性，默认"不确定"因子通常是 10，但是有充分数据支撑时，将其分为药代动力学和药效学因子，数值会减少或增加。机构已经根据基于人类数据的一些评估开展此项研究。综合风险信息系统（IRIS）数据库仅有 6 例依赖于人体职业暴露研究的数据进行了调整；其中，三种物质的人类群体间因子是 10，两种物质的因子是 3，一种物质——铍的因子是 1，因为它在假设职业暴露研究中考虑了最敏感的群体。因此，除了 IRIS 中的 4 例，假设默认的人类群体间因子为 10，但是 10 是所有情况下假设的最大值（EPA 2007a）。

2005 年《致癌物质风险评估指南》（EPA 2005b）意识到表 4-1 中许多因素会影响癌症易感性。事实上，这些指南要求推导出"易感人群和不同生命阶段单独的估计值，以便这些风险可以明确表征"（pp. 3-27）。指南还列出了来自职业研究的风险评估不能代表一般人群的原因，包括健康工作者效应，缺乏一些亚群体（如胎儿和年轻人）的代表性，且其他群体（如妇女）代表性不足。目前并没有提供从职业研究推广到一般人群的普遍适用的风险评估指南。同样，2005 年指南中指出动物研究是在相对均质的群体中进行的，不同于研究结果所运用到的异质性人群。为了解决易感性的差异性，2005 年指南（EPA 2005b）要求：

- "当有流行病学研究或动物生物测定报道易感个体的定量结果时"，对易感患者进行单独的风险评估（pp. 3-28）。
- 根据风险相关参数在一般人群估计值的基础上进行调整得到易感人群的估计值，例如，在药代动力学模型中，与使用一般人群相比，应使用与易感人群相对应的药代动力学参数。
- 在没有关于早期易感性的具体制剂信息时，使用《评估致癌物质早期暴露易感性的补充指南》（EPA 2005a）及其更新版本中的通用信息。

4.3.2　委员会对 EPA 差异性方法的意见和讨论

虽然指南提供了有用的起点，但是鉴于机构实施 2005 年指南的经验有限，目前尚不清楚 EPA 会怎样做来解释差异性。委员会对于准则语言和近期 EPA 评估和草案指南存在一些担忧（EPA 2004a，2005a，2005b）。

就生命阶段而言，2005 年指南指出，本质上，易感性在不同的生命阶段是不同的，委员会也认为这些应予以正式考虑。在晚期和早期生命阶段易感性方面的案例中，20～60 岁的受试者紫外线损伤修复每年以 1%的速度降低（Grossman 1997），但是年轻时过度暴露而未修复的人更可能患癌症。2005 年制定的早期易感性一般因素指南和补充指南是朝正确方向迈出的一步。补充指南提供了刚出生后和幼年期暴露于致突变化合物的加权因子，但没有包含在子宫内和非致突变化合物的情况，实际上，EPA 认为产前对于致癌性是不敏感的（Hattis et al. 2004，2005），尽管 EPA 资助了有关此方面的研究。这与2005 年指南中的措辞相悖："所关注的暴露包括从青春期开始的，也包括双亲的受孕风险"（EPA 2005b，pp. 1-16）。EPA 需要明确考虑在子宫内暴露和没有达到机构正在考虑的判断是否使用了致突变模式的阈值的化学物质的癌症风险评估方法（EPA 2005b）。应特别注意不符合阈值要求的激素活性化合物和遗传毒性化合物。

委员会建议 EPA 更明确地量化暴露和剂量–反应关系中的差异性。2005 年指南中讨论了差异性评估的分级方法，针对不同的敏感亚群进行多种风险描述是正确的做法，但这尚未满足需要。在没有特定化学物质证据的情况下，该指南支持没有差异性的默认值；当有证据时，重点关注群体之间的差异。最重要的是至少要解决谁是易感群体这一问题。但是指南采用的是狭义的观点，即变异仅来自于用于给人群"分组"（如多态性）和针对所研究的化学物质而建立的重要因素，而不是其他因素如年龄、族群、社会经济地位，或者其他影响个体和偶尔使他们成为新"群体"的属性。但是，描述和估计不同个体之间的差异性和个体的差异程度也很重要。

因此，需要一个非零默认值来解决没有特定化学物质数据情况下人群预期的差异性。除了早期易感性评估以外对特定制剂数据的依赖都是有问题的。由于数据的缺乏，正式解决癌症风险评估中的差异性仅对数据丰富的化合物可行。这反映了之前提出的关于为正在研究的问题制定更加简化的不确定性分析方法的需求：必须制定更通用的方法解决癌症风险的差异性，以避免分析中未表征来源的差异性被假定为对个体和群体风险没有影响。第 5 章中，委员会提出了致癌和非致癌终点的替代框架，它明确解释了易感性和基础疾病病程的变化，包含了针对没有充分数据化合物的方法。该框架给出了为致癌和非致癌终点风险的差异性提供了所需的定量的描述。

4.4　风险评估具体部分的不确定性和差异性

风险评估的每个部分都有不确定性和差异性，一些有明确的表征，一些尚不明确。下文讨论了每个部分中 EPA 现有表征不确定性和差异性的方法，并考虑了潜在的改进措施。

4.4.1　危害识别

危害评估对毒性进行了分类，例如，一种化学物质是"对人体致癌"还是"可能致癌"（EPA 2005b），是一种神经毒素（EPA 1998）还是潜在的生殖危害（EPA 1996）。这使得危害表征存在定量和定性的不确定性。EPA 和其他机构（如国际癌症研究机构）的危害识别活动重点关注制定统一且透明的分类协议，而不是对不确定性的正式处理。与风险评估的其他部分相反，危害识别阶段通常涉及用于确定分类的关键因果关系中的不确定性。这种不确定性不同于存在固有置信区间的剂量–反应或暴露—源关系等因素的不确定性。在这种情况下，不确定性分析的一个要素涉及错误分类的问题，即给物质分配错误的健康结局。EPA 和国际癌症研究机构（IARC）根据证据权重分类（IARC：1、2A、2B、3 和 4；EPA："可能对人体致癌"）来表达危害分类中的不确定性。由于危害评估通常涉及关于潜在危害的陈述或分类，概率分布通常不能很好地获取不确定性。对危害不确定性的正式分析通常需要专家指导和离散概率来传达不确定性。另一个选择是使用模糊集（Zadeh 1965）或可能性理论（Dubois 和 Prade 2001），后者是模糊集理论的一个特例。引入模糊集和可能性理论来表示和使用那些"隶属度"不确定的数据。模糊集的元素（如毒性特征）具有隶属度，例如，属于致癌物或非致癌物。隶属度的概念不同于概率。隶属度是对不完善知识定量的不确定的测量。这些方法的优点是它们可以表征由于模糊性或不完整信息引起的非随机不确定性，并对不确定性进行近似估计。模糊方法的局限性在于：（1）不能提供精确的不确定性估计，只能提供近似估计；（2）可能不适用于随机抽样误差引起不确定性的情况；（3）由于隶属度或可能性不一定加起来等于 1，造成沟通困难。委员会不支持解决危害评估中的不确定性的任何一种方法，但是在第 3 章中指出需要考虑在以证据权重分类的不确定性标签之间综合使用风险信息的影响（如已知相对于可能）。

4.4.2　排放

将污染源与风险评估，特别是用于区分各种控制方案的风险评估，联系起来的第一个关键步骤是需要表征基线条件下和实施控制下相关源的排放。在一些情况下（如酸雨项目中评估发电厂二氧化硫排放量），连续监测数据容易获得，可用于表征基线排放，几乎没有不确定性，且表征控制措施的效益时的不确定性也相对较低。但是在大多数情况下，几乎没有污染源特定排放测定，所以风险评估人员必须依赖有限的数据和排放模型进行解释。

例如，EPA 通过 AP-42 数据库提供固定源的排放因子（EPA 2007b）。通常，通过有限的现场测量以及燃料和技术的已知特性外推，将关于源配置、燃料构成、控制技术和其他项目的信息用于确定排放因子。AP-42 数据库通过排放因子从 A 到 E 的质量评级将不确定性考虑在内，但这不是定量的解释，而且将不确定性和差异性混为一谈。例如，当从不同源类别中随机挑选设备获取数据时，排放因子的等级为 A（优秀），但这忽略了与测量技术相关的不确定性，设备之间的差异性并没有转化为总体的风险表征。由于不能保留关于差异性的信息，不能量化不确定性，因此，EPA 将排放估计作为风险评估中的已知量对待。这导致了许多问题，包括在评估中错误表征总体不确定性和差异性，无法确定是否需要改进排放估计从而更好地为风险管理决策提供信息（即信息价值）。更一般的说，AP-42 数据库中许多条目近几十年都没有更新，这引发了排放因子是否能够准确反映当前技术（是否增加了未知的不确定性来源）的疑问。最后一个问题是一旦应用风险管理决策，很难评估排放会如何变化；这需要评估受监管方在合规性和不合规性方面的表现。

EPA 的许多风险评估使用 AP-42 以外的排放模型，但大多数排放估计都遇到了关于模型验证以及未知不确定性和差异性等类似问题。例如，交通排放主要通过模型如 MOBILE6 模拟来表征，其估算来自交通流量数据，并通过特定车辆的测力计研究进行校准。但是，这并不能代表真正的车流情况，一些污染物（如颗粒物）可能比其他情况更加不确定。尽管与排放模型相关的潜在不确定性更大，但是在非道路柴油排放的监管影响（EPA 2004b）等分析中，控制措施的效益以高达六位有效数字的精确度呈现，并且效益分析中不包含任何不确定性；事实上，在题为"效益分析的不确定性主要来源"的表格中（EPA 2004b，表 9A-17），甚至没有将排放量作为不确定性的来源。EPA 和其他从业人员应当注意提供适当的有效数据，不得超过输入数据中合理可用的最小有效数字，并应当正式将排放量作为不确定性的关键来源。

对于排放表征，委员会认为这是 EPA 明确定量解决排放的差异性和不确定性的重要机会。它将要求 EPA 评估现有模型，以更好地表征单个排放估算值的不确定性和差异性。委员会意识到，在许多情况下，特定场地数据的缺乏导致对排放模型的持续依赖，但这也鼓励 EPA 在合理的情况下进行排放评估研究，并对排放模型结构进行更为规范的改进。

4.4.3 迁移、归趋和暴露评估

暴露评估是对潜在有害物质与目标群体之间接触的程度、频率和持续时间进行测量和建模的过程，包括该群体的规模和特征（IPCS 2000；Zartarian et al. 2005）。对于风险评估而言，暴露评估应当表征源、路径、途径以及源到剂量之间伴随的不确定性。评估者常常提出暴露情景来定义人为接触的可能途径。识别多种可能的暴露途径强调了多媒介，多途径暴露框架的重要性。在多途径暴露框架中，忽略关键暴露途径（可能是由于数据限制）可能导致暴露评估不确定性的困难正式量化。

鉴于风险评估背景下的暴露评估框架，关键输入包括排放数据（上文提到）、归趋和迁移模型来表征环境浓度（室内和室外）以及基于假设或估计的浓度的人体暴露评估方法。同时，还需要将暴露和摄入、摄入和剂量进行关联。之后，考虑与模拟人体剂量相关的进一步分析工作。

EPA 或其他地方积极使用的迁移、归趋和暴露模型数量太多，以至于无法进行单独评估或就其效用和可靠性进行一般陈述（参见"监管环境模型网站理事会"的目录 [EPA 2008]）。迁移、归趋和暴露模型在其详细程度、地理范围和地理分辨率方面具有很大差异。一些模型基于"原型"的环境参数，提供了一些地区或群体的典型数值，但是不具有任何地理区域的代表性。这些模型可以了解污染物作为基本化学性质功能的可能行为（Mackay 2001；McKone 和 MacLeod 2004），通常可用于污染物的比较评估及解释分配属性和降解性如何决定迁移和归趋。特地场地模型适用于特定位置的排放，通常比区域质量平衡模型在空间和时间细节上更大程度地跟踪污染物的迁移，它们用于广泛的决策支持活动，包括筛查级别的评估；设定空气排放、水质目标和土壤清理标准；评估区域和全球持久性有机化学物质的归趋；以及评估生命周期影响。

迁移、归趋和暴露模型比排放模型得到更多的效绩评估（Cowan et al. 1995；Fenner et al. 2005）。虽然它们的可靠性在考虑的化学品之间和所应用的空间和时间尺度上存在很大差异，但是将它们用于风险评估时，有大量的文献、方法和软件可以表征其不确定性和敏感性。

EPA 和其他从业者应当认识到，没有适用于所有情景的"理想的"迁移、归趋或暴露模型。虽然一些模型的理论结构程度高、针对场地测量进行了评估、较其他模型更保真，但是这并不一定意味着所有情景都需要用更详细的模型。在某些决策环境中，特别在是不确定性可以合理表征以确定其对决策过程的影响时，具有低分辨率（更多不确定性）但能更加及时输出结果的模型可能具有更大的效用。同样，如果风险管理决策由人均的平均风险水平驱动，那么对于最大个体暴露具有较高不确定性但能表征人群平均暴露的模型会更加合适。这强调了本报告反复出现的主题，即如第 3 章所述的，面对竞争需求和限制时需要选择合适的风险评估方法。

在人体暴露模型方面，EPA 在过去的 25 年中对暴露评估的不确定性和差异性的定量表征越来越重视。暴露评估和暴露模型已经从只解决最大暴露的简单评估演变为明确关注群体暴露差异性并进行定量不确定性分析的评估。例如，EPA 于 1992 年发布的《暴露评估指南》（EPA 1992）要求进行群体的高值暴露和中心趋势估计。高值暴露被认为是发生在暴露群体 90 百分位数或更高的情况，中心趋势代表暴露接近暴露群体分布的中位数或平均值。到 20 世纪 90 年代，越来越重视明确和定量表征暴露评估中不同个体间的差异性和不确定性，人们越来越关注和使用诸如蒙特卡洛或密切相关方法等概率模拟方法作为不同个体暴露差异评估的基础，或者在某些情况下作为与任何特定暴露相关估计的基础。美国和欧洲运用个体监测与环境和室内监测相结合的综合研究有助于这项工作的开展（Wallace et al. 1987；Özkaynak et al. 1996；Kousa et al. 2001，2002a，2002b）。扩大生物监测的使用将会为评估和扩大人群暴露差异性表征提供机会。

委员会预计 EPA 将会提升暴露评估不确定性的量化和在这些评估中区分不确定性和差异性的工作的努力。由于不同个体会有不同的暴露（NRC 1994），因此，关于控制暴露的决策通常基于保护特定群体，例如一个群体或高度暴露的亚群体（如儿童）。概率表征和区分暴露评估中的不确定性和差异性所带来的透明度，作为方法论的更大交融的基础，为深化共同认知提供了很多好处（IPCS 2006）。

然而，迄今为止，概率暴露评估集中于与暴露评估模型中变量相关的不确定性和差异性。EPA 流程中缺乏的是解决模型不确定性和数据限制会如何影响暴露评估整体不确定性的指南。特别是概率方法已经提供了暴露于一种化合物的人群差异性第 99 百分位点估计值，但是并没有考虑模型不确定性会如何影响估计的百分位数的可靠性。这是今后改进工作的重要课题。EPA 还应不断增强暴露评估模型使用的数据库，重点关注对利益相关的亚群体的评估（即个体暴露测定与预测暴露）和适用性。《暴露因子手册》（EPA 1997d）等文件为这类分析提供了关键数据，并且应当定期修订以反映建议的改进措施。

4.4.4 剂量评估

人类对化学物质的剂量评估依赖于风险评估中使用的各种各样的工具和技术。监测和建模用于剂量评估，而且重要的不确定性和差异性也与之相关。上述暴露评估的许多结论适用于剂量评估，但需要认识到，剂量的差异性比暴露更大，而且表征这些剂量具有更大的不确定性。

对于监测，近年来在编制具有代表性的人类样本中化学物质的组织负担综合数据库方面取得了有限但重要的进展［例如，国家健康和营养调查研究（NHANES）、Salinas 母婴健康评估中心、国家儿童研究］。欧盟和加利福尼亚还开展了系统的生物监测项目。生物监测数据可以为人体内剂量差异程度提供有价值的见解，分析这些数据有助于确定造成剂量差异或修饰暴露—剂量关系的因素。但是，根据这些数据评估出的差异性大小是有限制的。例如，NHANES 是整个美国人群的代表性样本数据库，但是它没有任何地理亚群的信息。在 NRC（2006a）中可以找到关于 NHANES 局限性的讨论。即使使用这些新兴的生物监测数据，评估单个源或一系列源对内剂量测量的贡献率仍然是一个挑战，这可能会限制这些数据在风险管理中的适用性。此外，还存在解释生物监测数据对人体健康潜在风险意义的挑战（NRC 2006a）。有关通过生物监测项目获得的数据的价值问题将在第 7 章累积风险评估的背景下详细介绍。

剂量模型通常基于生理学的药代动力学（PBPK）模型。PBPK 模型是解决特定组织剂量与施用剂量比值在物种、路径和剂量依赖之间的差异的方法，因此可作为外推剂量与结果关系的默认值的替代方法。PBPK 模型可以解决与从动物模型的剂量–反应数据外推到人类相关的部分不确定性，但是它们通常不能完全获得药代动力学和人群中剂量的差异性。毒理学研究可以为 PBPK 模型的结构提供意见。可以通过药代动力学模型描述敏感亚群或不同敏感性人群的某些属性（见第 5 章，4-氨基联苯的案例研究）。

2006 年的研讨会解决了一系列与药代动力学模型中不确定性和差异性相关的问题（EPA 2006a；Barton et al. 2007）。由于委员会认为这是对这些问题的一次及时全面的审查，因此在此总结了研讨会的关键发现。2006 年研讨会考虑了将不确定性和差异性纳入 PBPK 模型的短期和长期目标。特别是，Barton 等（2007）报道了以下短期目标：多学科团队整合确定性和非确定性统计模型；更广泛地使用敏感性分析，包括结构性和全局性（而不是局部）参数变化的敏感性分析；通过更完整的模型结构和参数值、敏感性和其他分析的结构以及支持、区分或排除数据的记录来提高透明度和可重复性。Barton 等（2007）报道的长期需求包括针对非确定性统计模型的理论和实践方法学的改进；更好地评估替代模型结构的方法；参数和协变量及其分布的同行评审数据库；扩大 PBPK 模型的覆盖范围以考虑具有不同性质的化学物质；以及提供培训和参考资料，如案例研究、教程、参考书目和词汇表、模型存储库和强化版软件等。

最近毒理学使用的 PBPK 模型多用于挥发性有机化合物和具有类似结构的物质。PBPK 模型需要用于更广泛的化学物质（例如，从低到高的挥发性，从低到高的 log Kow[①]）。将替代模型结构与可用数据快速比较的方法有助于测试新的结构理念，提供模型不确定性观点，并帮助处理数据稀少的化合物。最终，认识到各种复杂程度的模型都能合理描述所获得数据，将鼓励通过数据获取来区分不同的竞争模型。

---

① Kow 是辛醇–水的分配系数或特定温度下，化合物在辛醇和水中平衡时的浓度比。

4.4.5　行为模式和剂量-反应模型

在致癌和非致癌终点的剂量-反应评估中有许多关于不确定性和差异性的实质性问题。从历史上看，致癌终点的风险评估的开展方式不同于非致癌风险评估。在审查行为模式问题时，委员会意识到剂量-反应模型中对一致且统一方法的需求是十分重要和明确的。对于致癌物质，通常假设没有阈值效应，风险评估集中于量化其效力，即剂量-反应关系的低剂量斜率。对于非致癌风险评估，通常假设体内平衡和其他修复机制导致人群阈值或低剂量非线性，使得低剂量的风险极低，风险评估重点在于确定低于阈值剂量、足够安全（"可能没有明显不良影响的风险"）的参考剂量或浓度（EPA 2002b, p. 4）。非致癌风险评估只是将观测或预测的剂量与参考剂量比较得出关于危害可能性的定性结论。

委员会在与核心概念相关的方法以及对不确定性和差异性的处理上都发现了很大的缺陷。癌症风险评估通常提供高于确定风险水平的疾病的人群负担或人群分数估计值，但是并没有明确处理与种间外推、高剂量至低剂量外推等因素相关的不确定性，以及获取所有相关信息的剂量-反应研究的局限性。此外，除了考虑婴幼儿易感性增加之外，基本上没有考虑人群易感性和脆弱性的变化。非致癌风险评估模式仍然是定义参考值，没有正式量化疾病发病率随暴露的变化情况。人体异质性被归为"默认"因素，何时有充分证据可以推翻这一默认值并不清楚。参考剂量的结构也忽视了不确定性的正式量化。目前的方法并不涉及阈值不明显（如细颗粒物和铅）或没有（如在背景加和的情况下）的化合物。无论从不确定性和差异性表征的角度出发，还是在行为模式新信息的背景下进行考虑，为了改进剂量-反应模型，委员会制定了统一一致的剂量-反应模型（第5章）。

除了化学物质的毒理学研究之外，还有许多例子明确处理了不确定性和差异性。例如，电离辐射生物效应委员会编写的两个国家研究委员会的报告（NRC 1999, 2006b）提供了解决电离辐射剂量-反应不确定性的例子。解决氡气的 BEIR VI 报告（NRC 1999）和解决低线性能量转移（LET）电离辐射的 BEIR VII 报告（NRC 2006b）都提供了与辐射癌症风险估计相关的不确定性定量分析。

　　一般来说，流行病学研究为表征不确定性和差异性提供了增强机制，有时通过将实验室动物数据外推至人体得到与人体健康风险评估更相关的信息，而不是剂量–反应关系。健康跟踪、分子流行病学和社会流行病学等新兴学科提供了改善暴露与疾病联系解决方案的机会，这可以提高流行病学家发现主要效应和效应修饰因子的能力，在响应方面对人体异质性提供更好的见解。第 7 章详细讨论了累积风险评估视角下，这些新兴流行病学科的作用。

　　处理剂量–反应模型的不确定性和差异性的另一个考虑因素与综合多个出版物中的信息，尤其是流行病学的证据背景下的方法相关。各种荟萃分析技术被用于提供具有不确定性界限的汇总中心估计以及评估研究中可以解释结果差异性的因素（Bell et al. 2005；Ito et al. 2005；Levy et al. 2005）。虽然这些方法由于需要足够多的流行病学文献来进行汇总分析而在大多数情况下不适用，但是它们可用于减少与选择剂量–反应函数的单次流行病学研究相关的不确定性，表征与特定情景汇总估计值应用相关的不确定性，并确定导致剂量–反应函数差异性的因素。EPA 应当考虑这些和其他荟萃分析技术，尤其是在与特定地理区域相关的风险管理应用中。

4.5　处理不确定性和差异性的原则

　　虽然 EPA 和政策分析师不受不确定性分析方法缺乏的限制，但是缺乏针对特定风险评估所需的详细和严谨程度的指南，可能会使评估瘫痪。这会使相关方分成两个阵营，一方支持对所有案例使用最复杂的方法，另一方宁愿完全忽视不确定性，仅仅依赖于所有模型的参数的点估计和默认值。但是风险评估通常需要介于两者之间。为了应对这一问题，EPA 应当制定指南，指导实施和确定各种风险评估所需的不确定性和差异性分析的详细程度。为了促使对评估中差异性进行最佳处理，机构可以制定通用的指南或针对健康效应的进一步补充指南（如 EPA 2005a）以及在各种项目中使用的暴露指南。为了支持这项工作，委员会提出了一系列原则，见专栏 4-7。

专栏 4-7   不确定性和差异性分析的建议原则

1. 风险评估应在与数据一致的情况下，提供定量或者至少是定性的不确定性和差异性描述。在许多情况下，开展详细不确定性分析所需的信息很难获取。

2. 除了表征处于风险中的全部人群，还应关注特别敏感和高度暴露的脆弱个体和亚群。

3. 不确定性和差异性分析的深度、范围和详细程度应当符合需要风险评估提供信息的决策的重要性、性质以及决策重点关注的内容。可以通过让评估者、管理者和利益相关方尽早参与到风险评估和职权范围（必须明确）的性质和目标中来实现。

4. 风险评估应以编制文件或其他方式表征与评估相关的差异性和重大不确定性的类型、来源、范围和大小。在可行的情况下，应对风险评估不同部分和正在比较的不同政策方案之间的不确定性进行同源处理。

5. 为了最大限度地提高公众对风险相关决策的认知，风险评估应当以公众和决策者能够充分理解的方式解释不确定性分析的依据和结果。不确定性评估不应该成为风险评估延迟发布的重要原因。

6. 风险表征中应当保持不确定性和差异性的概念区分。

专栏 4-7 中的原则与 1995 年最初确定的"风险分析原则"相一致，并进行了扩展，得到了国家研究委员会（NRC 2007c）的认可，最近由管理与预算办公室和科学与技术政策办公室重新进行发布（OMB/OSTP 2007）。其中内容比上述讨论更详细，特别是基于以下问题。

- 对于不确定性的定性思考表明，尽管存在不确定性，人们可以有信心地选择风险管理方案而不需要进一步量化。
- 需要确保不确定性和差异性得到解决，从而确保没有低估风险。
- 表征各种风险及其相应的置信区间。

　　根据风险管理方案，为了做出明智的决策，需要对不同方案的不确定性和差异性定量处理。不确定性分析对于数据充足和数据不足的情况都很重要，但是分析的可信度根据可获取的信息量会有所不同。

　　由于 EPA 资源有限，将工作的程度与更详细的分析影响重要决策的程度进行匹配十分重要。如果不确定性分析不会对决策者关注的重要后果产生实质性的影响，就不应该花费更多的资源进行详细的不确定性分析（如二维蒙特卡洛分析）。在制定不确定性指南时，EPA 首先应制定"筛选"风险评估的指南，重点关注不使用大量分析资源的风险。其次，指南应描述"重要"风险评估所需的详细程度。最后，分析应通过解决决策所重视的问题决定决策结果；例如，如果决策者只关注群体中 5% 最大暴露人群和风险最大人群，那么构建关注所有人群不确定性和差异性的不确定性分析几乎没有意义。

　　风险评估者应当考虑风险评估所有阶段——排放或环境浓度数据、归趋和暴露评估、剂量和行为模式以及剂量–反应关系，产生的不确定性和差异性。重要的是识别不确定性和差异性的最大来源，并确定在何种程度下关注其他来源才有意义。即使完全定量信息价值（VOI）分析资源有限，这种方法也应当基于 VOI 策略（参见第 3 章）。例如，当不确定性导致风险估计分散在一个或多个关键决策点，如包含可接受和不可接受的风险水平范围，当这一信息对一种方案比另一种方案更能降低风险提供更多见解时，解决其他部分的不确定性就存在价值了。

　　当风险评估的目标是区分各种方案时，应制定支持评估的不确定性分析，以提供足够的分辨率来做出区分（尽可能的程度）。区分何时以及如何开展不确定性分析来表征单侧置信区间（风险不超过 X 或所有或大多数个体免受危害等的可信度）或对不确定性进行更加丰富的描述（例如，双侧置信区间或全分布）是十分重要的。根据考虑的方案，可能需要更全面的描述来理解权衡。当风险的"安全"水平建立时，不考虑成本或抵消风险，确定单侧（边界）风险评估或可接受剂量下限就足够了。

4.6 建议

本章讨论了在风险评估所有部分以可解释和一致的方法考虑不确定性和差异性以及在总体风险表征中进行沟通的必要性。委员会侧重于使用更详细和透明的方法解决不确定性和差异性，关注风险评估关键计算步骤的不确定性和差异性的具体方面，以及帮助 EPA 决定在不确定性和差异性表征中使用的详细程度以支持风险管理决策和决策中公共参与的方法。委员会意识到，EPA 具有开展两阶段蒙特卡洛和其他非常详细和精确计算不确定性和差异性的技术能力。但是，考虑到透明度和及时性通常是风险分析中需要重视的属性，一些决定可以通过不太复杂的分析做出，并不是所有背景下都需要开展这些详细分析。通常，问题不在于用更好的方法进行这些分析，而在于对何时开展这些分析有更好的了解。

为了解决这些问题，委员会提出以下建议：

- EPA 应当制定一个流程，解决和交流风险评估所有部分的不确定性和差异性。特别是这一流程应当鼓励风险评估表征和交流风险评估所有关键计算步骤——排放、归趋和迁移模型、暴露评估、剂量评估、剂量–反应评估以及风险表征中的不确定性和差异性。

- EPA 应当制定指南，帮助分析者确定不确定性和差异性分析所需的合适的详细程度以支持决策。上述不确定性和差异性分析原则为制定指南提供了起点，其中应包括分析和交流的方法。

- 短期内，EPA 应采用"分级"的方法选择不确定性和差异性评估中的详细程度。关于不确定性分析和差异性评估详细程度的讨论，应当是问题构建以及规划和范围界定阶段需要明确的内容。

- 短期内，EPA 应制定指南，定义呈现不确定性和差异性的关键参考术语，例如，中心趋势、平均值、预期值、上限和合理上限等。此外，由于风险–风险和效益—成本比较构成了独特的分析挑战，因此指南可以对不确定性表征提供见解和建议，以支持这些背景下的决策制定。

- 改进风险评估中的不确定性和差异性表征是需要成本和额外资源来培训风险评估者和风险管理者的。短期内，EPA 应当建立提供指南解决和实施不确定性和差异性分析原则的能力。

参考文献

[1] ATSDR (Agency for Toxic Substances and Disease Registry). 1992. Case Studies in Environmental Medicine: Radon Toxicity. U.S. Department of Health and Human Services, Public Health Service, Agency for Toxic Substances and Disease Registry, Atlanta, GA.

[2] Barton, H.A., W.A. Chiu, R. Woodrow Setzer, M.E. Andersen, A.J. Bailer, F.Y. Bois, R.S. Dewoskin, S. Hays, G. Johanson, N. Jones, G. Loizou, R.C. MacPhail, C.J. Portier, M. Spendiff, Y.M. Tan. 2007. Characterizing uncertainty and variability in physiologically based pharmacokinetic models: State of the science and needs for research and implementation. Toxicol. Sci. 99(2):395-402.

[3] Bell, M.L., F. Dominici, J.M. Samet. 2005. A meta-analysis of time-series studies of ozone and mortality with comparison to the National Morbidity, Mortality and Air Pollution Study. Epidemiology 16(4):436-445.

[4] Bhatia, S., L.L. Robison, O. Oberlin, M. Greenberg, G. Bunin, F. Fossati-Bellani, A.T. Meadows. 1996. Breast cancer and other second neoplasms after childhood Hodgkin's disease. N. Engl. J. Med. 334(12):745-751.

[5] Blount, B.C., J.L. Pirkle, J.D. Osterloh, L. Valentin-Blasini, K.L. Caldwell. 2006. Urinary perchlorate and thyroid hormone levels in adolescent and adult men and women living in the United States. Environ. Health Perspect. 114(12):1865-1871.

[6] Bois, F.Y., G. Krowech, L. Zeise. 1995. Modeling human interindividual variability in metabolism and risk: The example of 4-aminobiphenyl. Risk Anal. 15(2):205-213.

[7] Budnitz, R.J., G. Apostolakis, D.M. Boore, L.S. Cluff, K.J. Coppersmith, C.A. Cornell, P.A. Morris.

1998. Use of technical expert panels: Applications to probabilistic seismic hazard analysis. Risk Anal. 18(4):463-469.

[8]　CDHS (California Department of Health Services). 1990. Report to the Air Resources Board on Inorganic Arsenic. Part B. Health Effects of Inorganic Arsenic. Air Toxicology and Epidemiology Section. Hazard Identification and Risk Assessment Branch. Department of Health Services. Berkeley, CA.

[9]　Cowan, C.E., D. Mackay, T.C.J. Feijtel, D. Van De Meent, A. Di Guardo, J. Davies, N. Mackay, eds. 1995. The Multi-Media Fate Model: A Vital Tool for Predicting the Fate of Chemicals. Pensacola, FL: Society of Environmental Toxicology and Chemistry.

[10]　Cullen, A.C., H.C. Frey. 1999. The Use of Probabilistic Techniques in Exposure Assessment: A Handbook for Dealing with Variability and Uncertainty in Models and Inputs. New York: Plenum Press.

[11]　Cullen, A.C., M.J. Small. 2004. Uncertain risk: The role and limits of quantitative analysis. Pp. 163-212 in Risk Analysis and Society: An Interdisciplinary Characterization of the Field, T. McDaniels, and M.J. Small, eds. Cambridge, UK: Cambridge University Press.

[12]　Dubois, D., H. Prade. 2001. Possibility theory, probability theory and multiple-valued logics: A clarification. Ann. Math. Artif. Intell. 32(1-4):35-66.

[13]　EPA (U.S. Environmental Protection Agency). 1986. Guidelines for Carcinogen Risk Assessment. EPA/630/R-00/004. Risk Assessment Forum, U.S. Environmental Protection Agency, Washington, DC. September 1986 [online]. Available: http://www.epa.gov/ncea/raf/car2sab/guidelines_1986.pdf [accessed Jan. 7, 2008].

[14]　EPA (U.S. Environmental Protection Agency). 1989a. Risk Assessment Guidance for Superfund, Vol. 1. Human Health Evaluation Manual Part A. EPA/540/1-89/002. Office of Emergency and Remedial Response, U.S. Environmental Protection Agency, Washington, DC. December 1989 [online]. Available: http://rais.ornl.gov/homepage/HHEMA.pdf [accessed Jan. 11, 2008].

[15]　EPA (U.S. Environmental Protection Agency). 1989b. Interim Procedures for Estimating Risks Associated with Exposures to Mixtures of Chlorinated Dibenzo-p-Dioxins and Dibenzofurans (CDDs and CDFs): 1989 Update. EPA/625/3-89/016. Risk Assessment Forum, U.S. Environmental Protection

Agency, Washington, DC.

[16] EPA (U.S. Environmental Protection Agency). 1992. Guidelines for Exposure Assessment. EPA600Z-92/001. Risk Assessment Forum, U.S. Environmental Protection Agency, Washington, DC [online]. Available: http://cfpub.epa.gov/ncea/raf/recordisplay.cfm?deid=15263 [accessed Jan. 14, 2008].

[17] EPA (U.S. Environmental Protection Agency). 1996. Guidelines for Reproductive Toxicity Risk Assessment. EPA/630/R-96/009. Risk Assessment Forum, U.S. Environmental Protection Agency, Washington, DC. October 1996 [online]. Available: http://www.epa.gov/ncea/raf/pdfs/repro51.pdf [accessed Jan. 10, 2008].

[18] EPA (U.S. Environmental Protection Agency). 1997a. Guiding Principles for Monte Carlo Analysis. EPA/630/ R-97/001. Risk Assessment Forum, U.S. Environmental Protection Agency, Washington, DC. March 1997 [online]. Available: http://www.epa.gov/ncea/raf/montecar.pdf [accessed Jan. 7, 2008].

[19] EPA (U.S. Environmental Protection Agency). 1997b. Policy for Use of Probabilistic Analysis in Risk Assessment at the U.S. Environmental Protection Agency. Science Policy Council, U.S. Environmental Protection Agency, Washington, DC. May 15, 1997 [online]. Available: http://www.epa.gov/osp/spc/probpol.htm [accessed Jan. 15, 2008].

[20] EPA (U.S. Environmental Protection Agency). 1997c. Guidance on Cumulative Risk Assessment, Part 1. Planning and Scoping. Science Policy Council, U.S. Environmental Protection Agency, Washington, DC. July 3, 1997 [online]. Available: http://www.epa.gov/brownfields/html-doc/cumrisk2.htm [accessed Jan. 14, 2008].

[21] EPA (U.S. Environmental Protection Agency). 1997d. Exposure Factors Handbook. National Center for Environmental Assessment, Office of Research and Development, U.S. Environmental Protection Agency, Washington, DC. August 1997 [online]. Available: http://www.epa.gov/ncea/efh/report.html [accessed Aug. 5, 2008].

[22] EPA (U.S. Environmental Protection Agency). 1998. Guidelines for Neurotoxicity Risk Assessment. EPA/630/ R-95/001F. Risk Assessment Forum, U.S. Environmental Protection Agency, Washington, DC. April 1998 [online]. Available: http://www.epa.gov/ncea/raf/pdfs/neurotox.pdf [accessed Jan. 10, 2008].

[23] EPA (U.S. Environmental Protection Agency). 2001. Risk Assessment Guidance for Superfund (RAGS): Vol. 3-Part A: Process for Conducting Probabilistic Risk Assessment. EPA 540-R-02-002. Office of Emergency and Remedial Response, U.S. Environmental Protection Agency, Washington, DC. December 2001. http://www.epa.gov/oswer/riskassessment/rags3a/ [accessed Jan. 14, 2008].

[24] EPA (U.S. Environmental Protection Agency). 2002a. Calculating Upper Confidence Limits for Exposure Point Concentrations at Hazardous Waste Sites. OSWER 9285.6-10. Office of Emergency and Remedial Response, U.S. Environmental Protection Agency, Washington, DC. December 2002 [online]. Available: http://www.hanford.gov/dqo/training/ucl.pdf [accessed Jan. 14, 2008].

[25] EPA (U.S. Environmental Protection Agency). 2002b. A Review of the Reference Dose and Reference Concentration Processes. Final report. EPA/630/P-02/002F. Risk Assessment Forum, U.S. Environmental Protection Agency, Washington, DC. December 2002 [online]. Available: http://www.epa.gov/iris/RFD_FINAL%5B1%5D.pdf [accessed Jan. 14, 2008].

[26] EPA (U.S. Environmental Protection Agency). 2004a. Risk Assessment Principles and Practices: Staff Paper. EPA/100/B-04/001. Office of the Science Advisor, U.S. Environmental Protection Agency, Washington, DC. March 2004 [online]. Available: http://www.epa.gov/osa/pdfs/ratf-final.pdf [accessed Jan. 9, 2008].

[27] EPA (U.S. Environmental Protection Agency). 2004b. Final Regulatory Analysis: Control of Emissions from Nonroad Diesel Engines. EPA420-R-04-007. Office of Transportation and Air Quality, U.S. Environmental Protection Agency. May 2004 [online]. Available: http://www.epa.gov/nonroad-diesel/2004fr/420r04007a.pdf [accessed Jan. 14, 2008].

[28] EPA (U.S. Environmental Protection Agency). 2005a. Supplemental Guidance for Assessing Susceptibility from Early-Life Exposures to Carcinogens. EPA/630/R-03/003F. Risk Assessment Forum, U.S. Environmental Protection Agency, Washington, DC. March 2005 [online]. Available: http://cfpub.epa.gov/ncea/cfm/recordisplay.cfm?deid=160003 [accessed Jan. 4, 2008].

[29] EPA (U.S. Environmental Protection Agency). 2005b. Guidelines for Carcinogen Risk Assessment. EPA/630/P- 03/001F. Risk Assessment Forum, U.S. Environmental Protection Agency, Washington, DC.

March 2005 [online]. Available: http://cfpub.epa.gov/ncea/cfm/recordisplay.cfm?deid=116283 [accessed Jan. 15, 2008].

[30] EPA (U.S. Environmental Protection Agency). 2005c. Regulatory Impact Analysis for the Final Clean Air Interstate Rule. EPA-452/R-05-002. Air Quality Strategies and Standards Division, Emission, Monitoring, and Analysis Division and Clean Air Markets Division, Office of Air and Radiation, U.S. Environmental Protection Agency. March 2005 [online]. Available: http://www.epa.gov/CAIR/pdfs/finaltech08.pdf [accessed Jan. 14, 2008].

[31] EPA (U.S. Environmental Protection Agency). 2006a. International Workshop on Uncertainty and Variability in Physiologically Based Pharmacokinetic (PBPK) Models, October 31-November 2, 2006, Research Triangle Park, NC [online]. Available: http://www.epa.gov/ncct/uvpkm/ [accessed Jan. 15, 2008].

[32] EPA (U.S. Environmental Protection Agency). 2006b. Regulatory Impact Analysis (RIA) of the 2006 National Ambient Air Quality Standards for Fine Particle Pollution. Air Quality Strategies and Standards Division, Office of Air and Radiation, U.S. Environmental Protection Agency. October 6, 2006 [online]. Available: http://www.epa.gov/ttn/ecas/regdata/RIAs/Executive%20Summary.pdf [accessed Nov. 17, 2008].

[33] EPA (U.S. Environmental Protection Agency). 2007a. Integrated Risk Information System (IRIS). Office of Research and Development, U.S. Environmental Protection Agency, Washington, DC [online]. Available http://www.epa.gov/iris/ [accessed Jan. 15, 2008].

[34] EPA (U.S. Environmental Protection Agency). 2007b. Emissions Factors & AP 42. Clearinghouse for Inventories and Emissions Factors, Technology Transfer Network, U.S. Environmental Protection Agency [online]. Available: http://www.epa.gov/ttn/chief/ap42/index.html [accessed Jan. 15, 2008].

[35] EPA (U.S. Environmental Protection Agency). 2008. EPA's Council for Regulatory Environmental Modeling (CREM). Office of the Science Advisor, U.S. Environmental Protection Agency. October 23, 2008 [online]. Available: http://www.epa.gov/crem/ [accessed Nov. 20, 2008].

[36] EPA SAB (U.S. Environmental Protection Agency Science Advisory Board). 2004. EPA's Multipmedia Multipathway and Multireceptor Risk Assessment (3MRA) Modeling System: A Review by the 3MRA

Review Panel of the EPA Science Advisory Board.. EPA-SAB-05-003. U.S. Environmental Protection Agency, Science Advisory Board, Washington, DC. October 22, 2004 [online]. Available: http://yosemite. epa.gov/sab/sabproduct.nsf/99390EFBFC255AE885256FFE00579745/$File/SAB-05-003_unsigned.pdf [accessed Sept. 9, 2008].

[37] Evans, J. S., G.M. Gray, R.L. Sielken, A.E. Smith, C. Valdez-Flores, J.D. Graham. 1994. Use of probabilistic expert judgment in uncertainty analysis of carcinogenic potency. Regul. Toxicol. Pharmacol. 20(1):15-36.

[38] Fenner, K., M. Scheringer, M. MacLeod, M. Matthies, T. McKone, M. Stroebe, A. Beyer, M. Bonnell, A.C. Le Gall, J. Klasmeier, D. Mackay, D. van de Meent, D. Pennington, B. Scharenberg, N. Suzuki, and F. Wania. 2005. Comparing estimates of persistence and long-range transport potential among multimedia models. Environ. Sci. Technol. 39(7):1932-1942.

[39] Finkel, A.M. 1990. Confronting Uncertainty in Risk Management: A Guide for Decision Makers. Washington, DC: Resources for the Future.

[40] Finkel, A.M. 1995a. A quantitative estimate of the variations in human susceptibility to cancer and its implications for risk management. Pp. 297-328 in Low-Dose Extrapolation of Cancer Risks: Issues and Perspectives, S.S. Olin, W. Farland, C. Park, L. Rhomberg, R. Scheuplein, and T. Starr, eds. Washington, DC: ILSI Press.

[41] Finkel, A.M. 1995b. Toward less misleading comparisons of uncertain risks: The example of aflatoxin and alar. Environ. Health Perspect. 103(4):376-385.

[42] Finkel, A.M. 2002. The joy before cooking: Preparing ourselves to write a risk research recipe. Hum. Ecol. Risk Assess. 8(6):1203-1221.

[43] Greer, M.A., G. Goodman, R.C. Pleus, S.E. Greer. 2002. Health effects assessment for environmental perchlorate contamination: The dose response for inhibition of thyroidal radioiodine uptake in humans. Environ. Health Perspect. 110(9):927-937.

[44] Grossman, L. 1997. Epidemiology of ultraviolet-DNA repair capacity and human cancer. Environ. Health Perspect. 105(Suppl. 4):927-930.

[45] Hattis, D., P. Banati, R. Goble. 1999. Distributions of individual susceptibility among humans for toxic effects: How much protection does the traditional tenfold factor provide for what fraction of which kinds of chemicals and effects? Ann. NY Acad. Sci. 895:286-316.

[46] Hattis, D., R. Goble, A. Russ, M. Chu, J. Ericson. 2004. Age-related differences in susceptibility to carcinogenesis: A quantitative analysis of empirical animal bioassay data. Environ. Health Perspect. 112(11):1152-1158.

[47] Hattis, D., R. Goble, M. Chu. 2005. Age-related differences in susceptibility to carcinogenesis. II. Approaches for application and uncertainty analyses for individual genetically acting carcinogens. Environ. Health Perspect. 113(4):509-516.

[48] Heidenreich, W.F. 2005. Heterogeneity of cancer risk due to stochastic effects. Risk Anal. 25(6):1589-1594.

[49] ICRP (International Commission on Radiological Protection). 1998. Genetic Susceptibility to Cancer. ICRP Publication 79. Annals of the ICRP 28(1-2). New York: Pergamon.

[50] IEc (Industrial Economics, Inc). 2006. Expanded Expert Judgment Assessment of the Concentration-Response Relationship Between $PM_{2.5}$ Exposure and Mortality. Prepared for the Office of Air Quality Planning and Standards, U.S. Environmental Protection Agency, Research Triangle Park, NC, by Industrial Economics Inc., Cambridge, MA. September, 2006 [online]. Available: http://www.epa.gov/ttn/ecas/regdata/Uncertainty/pm_ee_report.pdf [accessed Jan. 14, 2008].

[51] Ingelman-Sundberg, M., I. Johannson, H. Yin, Y. Terelius, E. Eliasson, P. Clot, E. Albano. 1993. Ethanolinducible cytochrome P4502E1: Genetic polymorphism, regulation, and possible role in the etiology of alcohol- induced liver disease.   Alcohol 10(6):447-452.

[52] Ingelman-Sundberg, M., M.J. Ronis, K.O. Lindros, E. Eliasson, A. Zhukov. 1994.   Ethanol- inducible cytochrome P4502E1: Regulation, enzymology and molecular biology. Alcohol Suppl. 2:131-139.

[53] IPCS (International Programme on Chemical Safety). 2000. Human exposure and dose modeling. Part 6 in Human Exposure Assessment. Environmental Health Criteria 214. Geneva: World Health Organization [online]. Available: http://www.inchem.org/documents/ehc/ehc/ehc214.htm#PartNumber:6 [accessed

Jan. 15, 2008].

[54] IPCS (International Programme on Chemical Safety). 2004. IPCS Risk Assessment Terminology Part 1:
IPCS/OECD Key Generic Terms used in Chemical Hazard/Risk Assessment and Part 2: IPCS Glossary of
Key Exposure Assessment Terminology. Geneva: World Health Organization [online]. Available: http://www.
who.int/ipcs/methods/harmonization/areas/ipcsterminologyparts1and2.pdf [accessed Jan. 15, 2008].

[55] IPCS (International Programme on Chemical Safety). 2006. Draft Guidance Document on
Characterizing and Communicating Uncertainty of Exposure Assessment, Draft for Public Review.
IPCS Project on the Harmonization of Approaches to the Assessment of Risk from Exposure to
Chemicals. Geneva: World Health Organization [online]. Available: http://www.who.int/ipcs/methods/
harmonization/areas/draftundertainty.pdf [accessed Jan.15, 2008].

[56] Ito, K., S.F. DeLeon, M. Lippmann. 2005. Associations between ozone and daily mortality: Analysis
and metaanalysis. Epidemiology 16(4):446-457.

[57] Kavlock, R. 2006. Computational Toxicology: New Approaches to Improve Environmental Health
Protection. Presentation on the 1st Meeting on Improving Risk Analysis Approaches Used by the U.S.
EPA, November 20, 2006, Washington, DC.

[58] Kousa, A., C. Monn, T. Totko, S. Alm, L. Oglesby, M.J. Jantunen. Personal exposures to NO_2 in the
EXPOLIS study: Relation to residential indoor, outdoor, and workplace concentrations in Basel,
Helsinki, and Prague. Atmos. Environ. 35(20):3405-3412.

[59] Kousa, A., J. Kukkonen, A. Karppinen, P. Aarnio, T. Koskentalo. 2002a. A model for evaluating the
population exposure to ambient air pollution in an urban area. Atmos. Environ. 36(13):2109-2119.

[60] Kousa, A., L. Oglesby, K. Koistinen, N. Kunzli, M. Jantunen. 2002b. Exposure chain of urban air $PM_{2.5}$
associations between ambient fixed site, residential outdoor, indoor, workplace, and personal exposures
in four European cities in EXPOLIS study. Atmos. Environ. 36(18):3031-3039.

[61] Krupnick, A., R. Morgenstern, M. Batz, P. Nelsen, D. Burtraw, J.S. Shih, M. McWilliams. 2006. Not a
Sure Thing: Making Regulatory Choices under Uncertainty. Washington, DC: Resources for the Future.
February 2006 [online]. Available: http://www.rff.org/rff/Documents/RFF-Rpt-RegulatoryChoices. pdf

[accessed Nov. 22, 2006].

[62] Landi, M.T., A. Baccarelli, R.E. Tarone, A.Pesatori, M.A. Tucker, M. Hedayati, L. Grossman. 2002. DNA repair, dysplastic nevi, and sunlight sensitivity in the development of cutaneous malignant melanoma. J. Natl. Cancer Inst. 94(2):94-101.

[63] Levy, J.I., S.M. Chemerynski, J.A. Sarnat. 2005. Ozone exposure and mortality: An empiric Bayes metaregression analysis. Epidemiology 16(4):458-468.

[64] Mackay, D. 2001. Multimedia Environmental Models: The Fugacity Approach, 2nd Ed. Boca Raton: Lewis.

[65] McKone, T.E., M. MacLeod. 2004. Tracking multiple pathways of human exposure to persistent multimedia pollutants: Regional, continental, and global scale models. Annu. Rev. Environ. Resour. 28:463-492.

[66] Micu, A.L., S. Miksys, E.M. Sellers, D.R. Koop, R.F. Tyndale. 2003. Rat hepatic CYP2E1 is induced by very low nicotine doses: An investigation of induction, time course, dose response, and mechanism. J. Pharmacol. Exp. Ther. 306(3):941-947.

[67] Morgan, M.G, M. Henrion, M. Small. 1990. Uncertainty: A Guide to Dealing with Uncertainty in Quantitative Risk and Policy Analysis. Cambridge: Cambridge University Press.

[68] NRC (National Research Council). 1983. Risk Assessment in the Federal Government: Managing the Process. Washington, DC: National Academy Press.

[69] NRC (National Research Council). 1994. Science and Judgment in Risk Assessment. Washington, DC: National Academy Press.

[70] NRC (National Research Council). 1996. Understanding Risk: Informing Decisions in a Democratic Society. Washington, DC: National Academy Press.

[71] NRC (National Research Council) 1999. Health Effects of Exposure to Radon BEIR VI. Washington, DC: National Academy Press.

[72] NRC (National Research Council). 2000. Copper in Drinking Water. Washington, DC: National Academy Press.

[73] NRC (National Research Council). 2002. Estimating the Public Health Benefits of Proposed Air

Pollution Regulations. Washington, DC: The National Academies Press.

[74] NRC (National Research Council). 2006a. Human Biomonitoring of Environmental Chemicals. Washington, DC: The National Academies Press.

[75] NRC (National Research Council). 2006b. Health Risks from Exposures to Low Levels of Ionizing Radiation BEIR VII. Washington, DC: The National Academies Press.

[76] NRC (National Research Council). 2007a. Applications of Toxicogenomic Technologies to Predictive Toxicology and Risk Assessment. Washington, DC: The National Academies Press.

[77] NRC (National Research Council). 2007b. Toxicity Testing in the Twenty-First Century: A Vision and a Strategy. Washington, DC: The National Academies Press.

[78] NRC (National Research Council). 2007c. Scientific Review of the Proposed Risk Assessment Bulletin from the Office of Management and Budget. Washington, DC: The National Academies Press.

[79] NRC (National Research Council). 2007d. Models in Environmental Regulatory Decision Making. Washington, DC: The National Academies Press.

[80] OMB/OSTP (Office of Management and Budget/Office of Science and Technology Policy). 2007. Updated Principles for Risk Analysis. Memorandum for the Heads of Executive Departments and Agencies, from Susan E. Dudley, Administrator, Office of Information and Regulatory Affairs, Office of Management and Budget, and Sharon L. Hays, Associate Director and Deputy Director for Science, Office of Science and Technology Policy, Washington, DC. September 19, 2007 [online]. Available: http://www.whitehouse.gov/omb/memoranda/fy2007/m07-24.pdf [accessed Jan. 4, 2008].

[81] Özkaynak, H., J. Xue, J. Spengler, L. Wallace, E. Pellizari, P. Jenkins. 1996. Personal exposure to airborne particles and metals: Results from the particle TEAM study in Riverside, California. J. Expo. Anal. Environ. Epidemiol. 6(1):57-78.

[82] Paté-Cornell, M.E. 1996. Uncertainties in risk analysis: Six levels of treatment. Reliab. Eng. Syst. Safe. 54(2):95-111.

[83] Sexton, K., D. Hattis. 2007. Assessing cumulative health risks from exposure to environmental mixtures: Three fundamental questions. Environ. Health Perspect. 115(5):825-832.

[84]　Spetzler, C.S., C.S. von Holstein. 1975. Probability encoding in decision analysis. Manage. Sci. 22(3):340-358.

[85]　Tawn, E.J. 2000. Book Reviews: Genetic Susceptibility to Cancer (1998) and Genetic Heterogeneity in the Population and its Implications for Radiation Risk (1999). J. Radiol. Prot. 20:89-92.

[86]　USNRC (U.S. Nuclear Regulatory Commission). 1975. The Reactor Safety Study: An Assessment of Accident Risk in U.S. Commercial Nuclear Power Plants. WASH-1400. NUREG-75/014. U.S. Nuclear Regulatory Commission, Washington, DC. October 1975 [online]. Available: http://www.osti.gov/energycitations/servlets/purl/7134131-wKhXcG/7134131.PDF [accessed Jan. 15, 2008].

[87]　Wallace, L.A., E.D. Pellizzari, T.D. Hartwell, C. Sparacino, R. Whitmore. 1987. TEAM (Total Exposure Assessment Methodology) study: Personal exposures to toxic substances in air, drinking water, and breath of 400 residents of New Jersey, North Carolina, and North Dakota. Environ. Res. 43(2):290-307.

[88]　Wu-Williams, A.H., L. Zeise, D. Thomas. 1992. Risk assessment for aflatoxin B1: A modeling approach. Risk Anal. 12(4):559-567.

[89]　Zadeh, L.A. 1965. Fuzzy sets. Inform. Control 8(3):338-353.

[90]　Zartarian, V., T. Bahadori, T. McKone. 2005. Adoption of an official ISEA glossary. J. Expo. Anal. Environ. Epidemiol. 15(1):1-5.

[91]　Zenick, H. 2006. Maturation of Risk Assessment: Attributable Risk as a More Holistic Approach. Presentation on the 1st Meeting on Improving Risk Analysis Approaches Used by the U.S. EPA, November 20, 2006, Washington, DC.

第 5 章

剂量-反应评估的统一方法

5.1 改进剂量-反应框架的必要性

5.1.1 问题简介

如第 4 章所述,风险评估的一个迫切挑战是需要按照遵循基础科学、在化合物之间保持一致、充分考虑差异性和不确定性、不在健康终点强加人为差异,并提供对风险表征和风险管理最有用的信息的方式进行危害和风险的估算。虽然已经开展工作来协调致癌和非致癌终点的剂量-反应方法,但是,正如下所述,关于风险表征和管理的剂量-反应评估的有效性和人体敏感性的不确定性和差异性处理仍备受指责。本章探讨了关于各种终点(癌症和非致癌)的剂量-反应评估的科学观点,并开发了综合框架,为致癌和非致癌评估提供概念性和方法学方法。

5.1.2 当前框架

致癌终点的剂量-反应评估与非致癌评估存在很大不同。对于致癌物质,一般假设没有阈值效应,且剂量-反应评估集中在量化低剂量下的风险。当前 EPA 方法得到一个"起始点"(POD),例如利用动物生物数据拟合剂量-反应模型得到能够导致 10% 过量风险的剂量的下限（EPA 2000a）。在调整了剂量指标中的动物—人体差异后，当直接诱变剂或者与较大的人体负担相关的致癌物剂量低于 POD 时，则假定风险与剂量呈线性（EPA 2005a）。人群疾病负担或人群群体风险在给定暴露下进行估计。在实践中，EPA 致癌物评估没有考虑除了生命早期易感性以外人体对癌症易感性方面的差异（见第 4 章）。

对于非致癌终点，假设内稳态和防御机制导致剂量阈值[①]（即存在低剂量非线性），低于该阈值效应不会或几乎不会发生。对于这些物质而言，风险评估集中于定义参考剂量（RfD）或参考浓度（RfC），这是"可能没有明显的有害效应风险"的推测值（EPA 2002a，p. 4）。"危害商"（环境暴露与 RfD 或 RfC 的比值）和"危害指数"（HI，人体暴露于会影响同一靶器官或有相同作用机制的化学物质下危害商的总和）（EPA 2000b），通常被用作可能危害的指标。一般而言，HI 小于 1 表明没有明显风险，大于 1 则表示风险增加。HI 越大，风险越大，但是该指标与定性术语中预期的不良影响的可能性无关："HI 不能转化为发生不良影响的可能性，也不可能与风险成比例"（EPA 2006a）。因此，当前基于 RfD 的风险表征不提供关于受给定剂量不良影响的人群分数的信息或关于风险的其他直接度量的信息（EPA 2000a）。无论剂量高于 RfD（在这种情况下，认为风险非零但未被量化）还是低于 RfD（在这种情况下，即使一些未量化的概率不是零，但认为风险"不明显"或是零），都存在不足。

在癌症的剂量–反应评估中，RfD 也来自 POD，也可以称为未观察到有害作用剂量（NOAEL）或基准剂量（BMD）。但是，POD 没有被推广到低剂量风险，而是除以"不确定性因子"来调整动物–人体的差异、人群内部的易感性差异和其他因素（例如，数据缺失或研究持续）。在对非致癌或低剂量非线性癌症风险评估的 RfD 方法的变体中，机构计算了"暴露率"（MOE），即 NOAEL 或 POD 与预计环境暴露量的比例（EPA 2000a，2005b）。将 MOE 与不确定性因子结果进行比较；MOE 大于不确定性因子，认为没有明显的风险或"关注度低"，MOE 小于不确定性因子则反映出潜在的健康问题（EPA 2000b）。

[①] 意识到经验性区分有真实生物阈值的剂量—反应关系和低剂量非线性的剂量—反应关系很难，最近的非致癌指南已经不使用术语"阈值"。

MOEs 和 RfD 是针对暴露持续时间（例如急性、亚慢性和慢性）和特定生命阶段（如发育）而定义的（EPA 2002a）。

EPA 最近对风险评估方法的改进是在剂量–反应评估中使用行为模式（MOA）[①]评估。EPA《致癌物质风险评估指南》（2005b）指出，如果认为一种化合物"具有 DNA 活性和直接诱变活性"或在"与关键前体物相关的邻近剂量"具有高人体暴露或疾病负担（EPA 2005b, pp. 3-21），则可以使用无阈值方法；风险低于 POD 则假设其随剂量降低而线性降低。对于具有足够 MOA 数据来得出低剂量下的非线性的致癌物质，例如通过细胞毒性 MOA 起作用的致癌物质，除非有足够的证据支持机制建模（这种情况一直没有），都可以使用上述非致癌终点的 RfD 方法（EPA 2005b）。

剂量–反应评估的另一个改进是从利用 BMD 计算得到的 POD 中获得 RfD 或低剂量癌症风险（EPA 2000a）。在非致癌风险评估中，这种方法的优点是更好地利用生物测定中可用的剂量–反应证据，而不是基于 NOAELs 的计算。它还提供了对 POD 生物测定中所呈现的风险的额外定量分析，因为对于定量化终点而言，POD 是根据研究中动物的给定风险定义的。

EPA 对非致癌和低剂量非线性致癌终点的处理是机构在协调剂量–反应评估中致癌和非致癌方法的总体战略中的重要一步。这种协调不同终点的其他方面包括考虑相同的种间因子（EPA 2006b）和相同的药代动力学调整。EPA 工作人员还研究了可以得到概率描述（例如，对于丙烯醛，Woodruff et al. 2007）和更容易纳入效益评估（对于破坏甲状腺的化学物质，Axelrad et al. 2005）的非致癌终点剂量–反应模型。但是，这些方法还没有在机构实施。

5.1.3   当前方法的科学、技术和实施问题

委员会认可 EPA 在审查和改进剂量反应评估方法和实践，以及在准则和其他文件

---

① 根据 EPA 2005b（pp. 1-10），MOA 被定义为"从物质与细胞相互作用开始，通过手术和解剖变化进展，并导致不良影响的一系列关键事件和过程"。"关键事件"是经验性可观察到的前体步骤，其本身是行为模式的要素或是这一元素的生物学标志物。

（EPA 2000a，2002b，2004，2005b）中明确这些方法和实践方面的工作。相关的工作在过去的 10 年里有很大的进步，例如推进使用 MOA 和应用 BMD 方法。但是，当前的框架有重要的结构性问题，其中一些由于最近的决策更加严重了。图 5-1 展示了 EPA 当前剂量–反应评估和风险表征框架的概述，框架的主要局限性将在下文讨论。

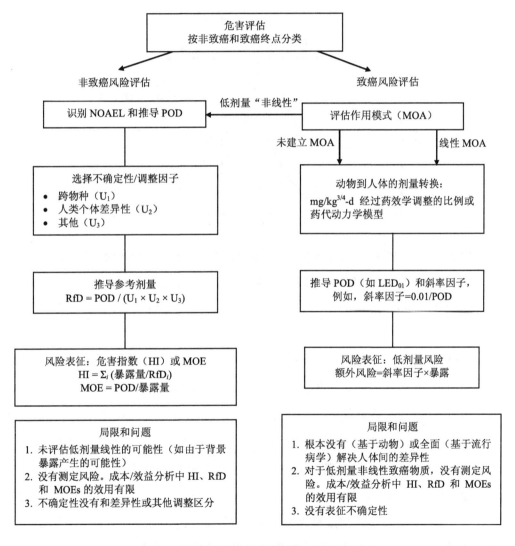

图 5-1　当前非致癌和致癌剂量–反应评估方法

非致癌和"非线性"致癌终点的潜在低剂量线性关系

假设非致癌物和被认为通过低剂量非线性 MOA 起作用的致癌物是有阈值的。理由是低于阈值剂量水平时，可以认为清理途径、细胞防御和修复过程会将危害降至最低，所以疾病不会发生。但是，如图 5-2 所示，阈值测定不应单独进行，因为具有相同不良影响的化学暴露和生物因素会改变低剂量时的剂量反应关系，因此应当予以考虑。

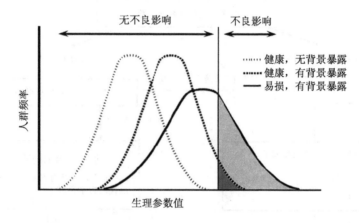

图 5-2   三种假想群体的生理参数值，说明群体反应取决于内源性和外源性暴露以及由于健康状况和其他生物因素造成的群体脆弱性

来源：改编自 Woodruff et al. 2007，2007 年经许可转载，Environmental Health Perspectives。

非线性致癌终点

目前根据 MOA 评估确定的"非线性"是将 MOA 的科学证据引入癌症剂量–反应评估的合理方法。但是，在低剂量非线性致癌物质总体方法中的遗漏可能会导致不准确和误导性评估，例如，EPA 当前确定"非线性"MOA 的方法没有考虑低剂量下可能产生线性的机制因素。当暴露促进现有疾病病程时，低剂量下的剂量–反应关系可能是线性的（Crump et al. 1976；Lutz 1990）。如果基线水平的功能障碍发生在没有有毒物质的情况下，那么增加背景过程的暴露和背景内源性与外源性暴露的影响可能不存在阈值，有毒物质会增加或加强背景过程。因此，即使剂量很小也能产生相应的生物学效应。由于系统中的背景干扰，这一效应很难测量，但通过剂量–反应建模程序可以解决。人体在非遗传毒性癌症机制的个体阈值中的差异性可导致群体中的线性剂量–反应关系（Lutz 2001）。

在实验室中，非线性剂量–反应过程（例如，细胞毒性、免疫功能受损和肿瘤检测、DNA 甲基化、内分泌干扰和细胞周期调节）可能会导致测试动物患癌症。但是，考虑到这些背景过程的高发病率、化学物质暴露多样性、人体易感性的高度差异性，若以癌症作为终点结果，可能体现出的仍然是人群中低剂量线性的剂量–反应关系（Lutz 2001）。EPA（2005b）《致癌物质风险评估指南》在一定程度上承认了由于背景导致低剂量线性的可能性（对于具有高身体负担或高暴露的化学物质而言），但是在 EPA 的评估中并未解决这一问题，并且 EPA 并不要求系统评估的做法可能导致线性的内源性和外源性暴露机制。

通过区分致癌和非致癌风险评估，当前的框架倾向于过度关注"完全"致癌物，忽视了对正在进行的致癌过程的贡献和癌症的多因素性质。通过推进基础过程而增加人类癌症风险的化合物基本上被视为非致癌物，即使他们可能与致癌过程密不可分。二分法增加了判断化合物是否为致癌物质的负担，而不是增加接受各种致癌物质的 MOA 并将其纳入综合风险评估中的负担。

非致癌终点

同样地，当易感性存在大量的个体差异性，每个个体具有自己的阈值，尤其是潜在疾病（如心肺疾病）会与有毒物质［如颗粒物（PM）或臭氧］相互作用等情况时，非致癌物会显示低剂量线性。Schwartz 等（2002）提出了 PM 对死亡率的影响没有人群阈值的论点。其他支持非致癌物的非阈值剂量–反应关系的因素包括：

- 对细微的常见的不良终点，例如与铅或甲基汞暴露相关的智力损失或神经行为缺陷的剂量–反应关系，研究人员持续观测以探索在较小暴露下的效应，但未见明显的阈值（Axelrad et al. 2007）。这些效应在低于毒性的剂量下发生，并且随着更敏感的测试（例如，基于肿瘤的测试）或流行病学研究，对越来越细微的终点事件的研究预期会成为剂量–反应评估更常见的基础。

- 在受体—介质事件中，即使在非常低的剂量下，化合物也可以占据受体点位，理论上会扰乱细胞功能（如信号转导或基因表达）或使细胞容易受到其他连接或调节受体系统的毒物（例如，有机氯和芳烃受体或内分泌干扰物和激素结合点位）的影响（Brouwer et al. 1999；Jeong et al. 2008）。

- 如上所述（"非线性致癌终点"），没有观测到干扰或加速背景内源性疾病病程和增加背景内源性与外源性暴露的暴露存在阈值的证据。

多种有毒物质（例如，PM 和铅），已经证明了具有非致癌终点的低剂量线性为浓度—反应函数而不是阈值。当前的 EPA 框架将此类情况视为例外（如果没有明确就是隐含的意思），并没有针对阈值不明显或没有预期阈值的案例（例如，由于背景加和性）提供易于评估剂量-反应关系的方法和事件。如本章所述，对于驱动低剂量风险表征的关键终点，这种情况是常见的，并且需要新的框架和实践。

当前的非致癌框架的另一个问题是为术语"不确定性因素"被应用于调整 RfD 的计算中以解决种间差异、人体差异性、数据缺失、研究持续时间等问题。这一术语造成了误解：不熟悉 RfD 推导基本逻辑和科学性的群体会认为增加这些因素只是为了安全性，或因为缺乏知识，或对流程缺乏信心。这会导致一些人认为所描述现象中的真实行为会在未调整的值中最好地反映，并且这些因素使 RfD 十分保守。但是，以 mg/kg 为基础进行度量时，人体通常比测试动物更敏感并且化学物质通常以低剂量长期暴露诱发危害等，所以才要用这些因素调整个体敏感性的差异。所以，将这些因素又称为安全因素是特别成问题的，因为它们涵盖了差异性和不确定性，但并不意味着安全。

背景暴露和致病过程评估的必要性

开展非致癌和非线性致癌终点的剂量-反应评估通常不考虑影响相同病理过程的化合物的暴露或群体中之前存在的疾病的程度。1996 年《食品质量保护法》（FQPA）解决了在累积风险评估中建立农药"共同毒性机制"的需求（EPA 2002b, p. 6）。EPA（2002b）提供了很好的例子，但是它主要受 FQPA 需求的驱动，只评估极少的致癌物。此外，在具有类似和不同作用机制的各种与内分泌相关的毒性中，在剂量较低时可观察到剂量的加和性（例如，Gray et al. 2001；Wolf et al. 2004；Crofton et al. 2005；Hass et al. 2007；

Metzdorff et al. 2007）。给动物注射两种在 NOAELs 上具有不同 MOAs 的化合物造成明显的不良反应，这表明了剂量的加和性（两个低于阈值剂量的化合物在一起会导致效应发生）。在实践中，一个常见的隐含假设是效应相加——两个低于阈值剂量的化合物不会产生效应，因为两者自身都不会产生效应。

关于具有共同 MOA 的化合物的考虑中尚未包括不是监管机构直接测试和评估主体的内源性化学物质和其他化学物如何影响人体剂量–反应关系。最近 EPA 草拟的二丁基邻苯二甲酸酯（DBP）评估是一个例子，其中考虑了各种可能促进邻苯二甲酸酯类抗雄性过激素综合征的物质的累积暴露，但是其他邻苯二甲酸酯对 DBP 剂量反应关系的影响在制定 RfD 的草案中并没有考虑（EPA 2006c）。在应用这种评估时，认为高于 RfD 的 DBP 暴露会构成一些未定义的额外风险；低于 RfD 的 DBP 暴露，如果没有机构进一步指导，可能被视为没有风险，而不考虑其他抗雄性激素暴露的存在。

风险评估和效益分析所需的风险评估结果

当前范式的非致癌（和非线性致癌）评估结果（定性表示潜在风险的暴露—效应商——MOEs、RfDs 和 RfCs，图 5-1）不足以用于效益—成本分析或风险比较分析。目前定义的 MOEs 和 RfDs 不能为正确量化各种暴露程度的危害大小提供基础。因此，委员会认为 2005 年《致癌物质风险评估指南》向 RfDs 发展而远离由非线性致癌物质引起的风险是有问题的。同样，虽然非致癌风险评估转向 BMD 框架，相比于基于 NOAELs 和观察到的最低有害作用剂量（LOAELs）能够更有效地利用证据，但该范式仍然在从一个剂量变化到另一个剂量的群体风险降低程度不明确的情况下，定义了 RfD 或 RfC。与癌症风险表达方式类似，非致癌评估的概率方法将在风险—效益分析和决策中更为有用。目前的阈值—非阈值二分法虽然将毒理学和风险科学纳入决策过程，但其方法一致性较差。

这种范式还会产生其他意想不到的结果。例如，致癌物质的线性外推以及对非致癌物质和"非线性"致癌物质的线性关系缺乏考虑给确定致癌物质带来了阻碍，减少了考虑致癌物质非致癌终点的可能性。通常来说，效益—成本分析或其他决策驱动分析框架通常给许多非致癌健康终点赋予很少的权重，部分原因是因为非致癌终点定性风险表征的性质。

　　一般情况下，干预措施会将暴露从 RfD 以上降至 RfD 以下，但不幸的是我们无法量化其效益。通过经济估价（支付意愿或条件价值）研究可以估计将暴露群体中 N 个个体从 RfD 以上降至 RfD 以下带来的效益，但是直接估计这种暴露和风险降低的效益会更直接、更容易理解。目前的方法也不能解决降低已经低于 RfD 的暴露的效益或降低高于 RfD 的暴露水平之后仍高于 RfD 的效益，对于这两种情况，如果认为其与危害的非零概率相关，也需要进行估价。下面描述的框架提供了获取此类分析所需数据的方法。

当前低剂量线性致癌终点方法的局限性

　　EPA 假定剂量–反应评估的线性默认方法提供了"低剂量下潜在风险的上限计算"，这被认为是"在人体差异范围内为公共卫生提供防护的低剂量"（EPA 2005b，p. A-9）。EPA（2005b）指出国家研究委员会报告（NRC 1993，1994）通常会讨论人体对致癌物质易感性的差异性，EPA 和其他机构正在就此问题进行研究。委员会发现，虽然人体差异性的确切程度尚不清楚，但是如下所述，从拟合动物数据得出的上限统计量并不能解决人体差异。此外，除了少数例外（EPA 2001a），当前的实践都存在隐含假设，即默认它是 0。随着越来越多的研究记录了人群中的巨大个体差异，这个假设变得不可信，越来越没有根据（见第 4 章）。

　　根据 EPA，"除非有关于特别敏感的亚群或生命阶段的特定制剂或行为模式的特定案例信息，否则线性默认程序可以充分考虑人体差异性"（EPA 2005b，p. A-9）。这意味着，通常线性外推程序会高估风险，这在一定程度上与忽视人体异质性相关的低估偏差有关。EPA 没有提供任何数据支持这一假设，并且在本质上建立了一个未经证实的默认值（易感性不具有差异性）（见第 6 章对"省缺"默认值的讨论）。从动物生物测试数据得出人体癌症风险有三个主要步骤：将动物剂量调整为等效人体剂量；通过将数据拟合到数学模型得出 POD；从 POD 线性外推到较低剂量。默认的动物——人体的调整是基于代谢差异的，因为身体尺寸的差异为 200～2 000 倍；这个调整还被设置在中位数，而不考虑在任何特定情况下人体比动物更敏感或者相反的定性不确定性。POD 的下限仅考虑了拟合研究中所用的同类动物数据模型的不确定性。如果一种物质真正的剂量–反应关系确实是线性的，与 POD（如 BMD）相关的统计学下限置信限值［如 BMD 下限置信限值（BMDL）］则提供"保守"增量——通常不超过 2（Subramaniam et al. 2006）。这很难解释在高暴露群体中癌症易感性的差异（第 4 章）。相反，如果真正的剂量-反应关系是非线性的，将其视为线性可能过于"保守"，从而抵消对于高于平均易感性水平人群的风险的低估，但是高剂量估计的误差大小最好单独分析。假设人体对化合物的反应没有差异，运用线性关系的实践过于简单，并且与非致癌评估所采用的方法不一致。许多因素可能会导致癌症响应在人群中差异很大，包括年龄、性别、遗传多样性、内源性疾病病程、生活方式和环境中其他外来物质的协同暴露（见第 4 章"风险评估的差异性和脆弱性"）。其中一些因素，特别是药代动力学和生命早期，在一些癌症风险评估中已经开始考虑，但还需要更加强调对易感性和风险范围的描述。

当前方法的其他局限性

所有终点的一个交叉问题是在数据不足的情况下进行何种程度的剂量-反应表征。通常，信息缺乏的化合物不会在定量风险评估中被估算，在操作中会将其视为没有监管重要性的风险。这样不太可能充分描述情况或者有利于确定研究重点。在第 6 章提出了该问题的解决方法。

此外，任何分析都必须用最好的方法整合来自不同研究针对不同终点的数据。风险评估有选择单一数据集来描述风险的趋势，部分是因为其原理简单、易于解释、理解和沟通。但是，想要更好地了解不确定性、人体差异性和更精确的评估必然需要涉及更多不同来源证据的复杂性和集成。它还需要根据各种研究（如癌症生物测定和体外研究）的证据构建剂量-反应关系。此外，特定化学物质的给定暴露可能会影响多个终点，基于一个肿瘤部位或效应的风险描述可能不能传达物质构成的总体风险。

总而言之，委员会发现目前的致癌和非致癌风险评估方法存在许多科学和操作局限性。下面介绍了通过建立统一的毒性评估框架解决现有问题的方法，该框架更加全面地纳入差异性和不确定性，并提供了关于致癌和非致癌终点的定量风险信息。

5.2　剂量-反应评估的统一框架和方法

委员会认为剂量-反应模型的新的概念框架中基础科学的一致性更好，建议机构采用统一的框架。图 5-3a 说明了框架的基本剂量-反应原则，包括在个体和群体层面考虑风险的背景过程和暴露。图 5-3a 表明暴露于一种环境化学物质的个体风险由化学物质本身，同时暴露于其他影响毒性通路、疾病过程的环境和内源性化学物质，个体由于遗传、生活方式、健康和其他因素影响的生物易感性等决定。群体对化学物质的反应如何取决于个体的反应，而个体的反应有很大差异。

显然，背景暴露和生物易感性因素在动物和人体之间有很大差异，考虑并解释了正在评估的风险的背景暴露和群体的生物易感性的剂量-反应描述会更加可信。图 5-3b 展示了对正式考虑了这些因素的个体和群体风险的描述。低剂量下群体的剂量-反应关系的形状是根据个体剂量-反应关系的知识推断得到的，反过来也是基于背景暴露和人体异质性的生物易感性的考虑。推导出的群体剂量-反应关系的上限可能会被用来表示群体剂量-反应关系中的不确定性。对于效应显示为线性剂量-反应关系的化合物而言，其上限与通过拟合动物生物测定数据的剂量-反应模型得到的上限并不相同。后者的上限只测定了不确定性中很小的一部分：由于抽样的差异性和动物数据统计学拟合导致的不确定性。委员会设想对不确定性进行更全面的描述来解释其他方面的不确定性，例如跨物种外推的不确定性。例如，导致群体的风险超过 10^{-5} 背景值的环境化学物质的剂量可以用反映不确定性的概率分布来描述。理想情况下，要估计敏感的和典型的个体的风险，也要描述这些估计中的不确定性。

新方法的一个重要成果是将 RfD 重新定义为具体的风险剂量，而不是作为二分的风险——不可估计的风险描述语。这一重新定义将在下文进一步描述。

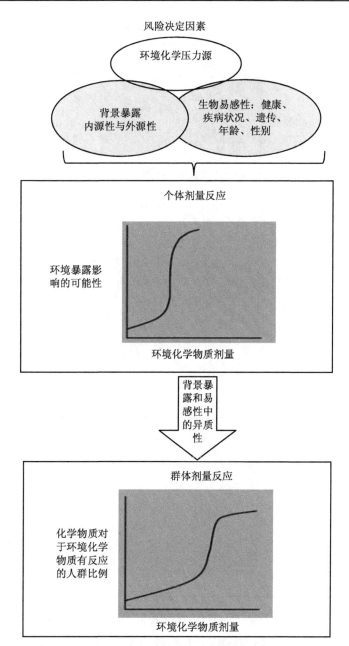

图 5-3a　剂量-反应评估的新概念框架

注：环境化学物质造成的风险取决于个体的生物组成、健康状况和其他影响毒性过程的内源性和外源性暴露；人体在这些因素上的差异影响群体剂量-反应曲线的形状。

风险描述：基于数据、默认值和其他推论

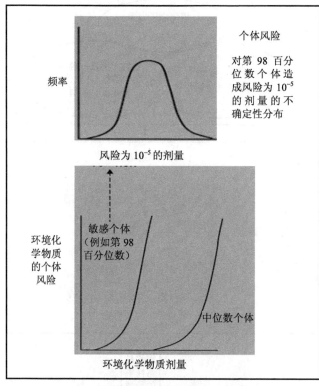

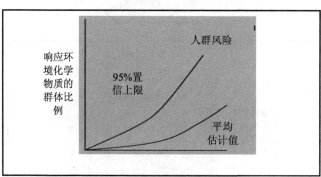

图 5-3b 剂量–反应评估新概念框架下的风险估计和描述

注：风险估计基于人体、动物、MOA 和其他数据的推论和对背景过程与暴露的认知。理想情况下，描述群体剂量–反应关系、不确定性（用 95%上限表示）和群体敏感人员的剂量–反应关系（如文中所述，风险的95%置信区间上限不同于当前癌症风险评估的上限）。群体风险的平均估计可从对个体风险的认知得出。

5.2.1　剂量-反应框架的特征

设想的剂量-反应框架包含以下特征：

- 使用来自人类、动物、机制和其他相关研究的证据表征剂量-反应关系。纯动物剂量-反应研究将在建立大多数化学物质 PODs 的过程中继续扮演重要角色，但是关于人体异质性、背景暴露和疾病过程的信息和来自于体内和体外机制研究的数据对选择剂量-反应分析方法而言至关重要。用于剂量-反应推导中的一些信息具有化学物质特异性。在没有关于人体差异性、种间差异和其他分析部分的化学物质特定信息时，可以采用基于其他化学物质和终点证据的概况和默认值以及理论考虑。显然，这带来了与数据来源选择、数据整合和模型不确定相关的挑战。

- 提供危害的概率表征的目标，如通过"在剂量 D 下，比例为 R（置信区间为 RL-RH）的人群预计将受到危害"来描述。例如，风险可以简要描述为在空气污染浓度为 0.05 ppm（=D）下，比例为 1/10 000（=R）的人群可能会受到影响，受影响人口比例的 95%置信区间（CI）为 5/100 000～3/10 000。根据特定的后果和MOAs，这种一般形式可以更加具体。例如，如本章后面所述，对于即使在个体水平也可能没有阈值的物质（如致突变、致癌物），会假定每个人受到的风险有限，可以对每个人的个体风险做出描述。可以根据上面内容给出进一步的简要描述，在剂量为 0.05 ppm 的情况下，第 95 分位的个体会面临 1/1 000 的风险（置信区间为 5/10 000～3/1 000）。因此，对于均匀暴露于 0.05 ppm 化合物的群体，该表征表明了个体之间的风险分布（包括由背景暴露和生物易感性驱动的差异性），在此案例中，有 5%的个体预计风险超过 1/1 000（对应相关的置信区间）。表征的关键在于对每个关键终点危害的定量和概率表征。EPA 科学咨询委员会提出了对非致癌风险进行概率表达的相似想法（EPA SAB 2002）。将考虑不同严重程度的多个终点。在许多情况下，需要进行新的研究或合理的默认方法来使得非致癌剂量-反应分析达到精细化水平。

- 在反应中明确考虑人体对于致癌和非致癌终点的反应的差异性，这个差异性与不确定性是不同的。这种差异性评估需要考虑由于年龄、性别、健康状况、基因构成和其他因素导致的易感性。要尽可能定量描述人体差异性评估中的不确定性。这种表征的严谨性需要符合评估需求（见第3章和第4章）。

- 处理不确定性的目的在于表征致癌和非致癌终点最重要的不确定性类型。这需要按照与第6章中关于使用默认值的建议相一致的概率方法进行正式量化。如果要提供更好的不确定性描述或符合评估的需求，还需要包含敏感性分析或定性表征。

- 评估背景暴露和易感性以便选择建模方法。"背景暴露"和"基础疾病病程"的评估需要表征那些与正在评估的化学物质影响同一常规病理过程的其他化学物质或非化学压力源。这种考量有助于评估剂量–反应关系的形状，包括低剂量线性和高风险亚群可能性，从而为剂量–反应分析提供适当的方法学。背景暴露和易感性因素可导致线性的低剂量反应关系；如果只根据MOA，这种关系则可能被认为是低剂量非线性。

- 随着科学和数据的发展，开始使用分布而不是"不确定性因子"，科学和数据也为此做法提供了坚实的基础。例如，有研究正在开发种内和种间人体不确定性因子的药代动力学（PK）和药效学（PD）的不确定性分布（Hattis和Lynch 2007）。世界卫生组织的国际化学物质安全项目（IPCS 2005）等机构制定的数据驱动的调整因子正在扩大到基于药物部门信息和新兴生物科学信息的概率描述。克服开发这些方法的数据限制是一大挑战。例如，许多研究使用少量的人体受试者，所以这些研究的分布不能定量表征群体中敏感的个体，这种不足尤其体现在真正的人体分布是多模态的情况下。需要方法解决这一问题。正式纳入由多态性、衰老、内源性疾病状态、暴露和其他因素造成的差异性可能很复杂且具有挑战性。本章的后面将会给出在癌症风险衍生中制定和使用的人体差异性调整和分布方法的案例。出于必要性或反映科学政策选择，使用单值"不确定性因子"有时更为可取（第6章）。它们的使用将会伴随相关不确定性的定性描述。

"不确定性因子"可能存在问题，因为它仅仅意味着这一因素的一个方面。随着默认分布的发展，对它们而言，有更好的更具体的标签（如人体差异性分布）可以更恰当地反映它们的内容（如考虑人体异质性）。如前所述，这将减少选择新默认分布和误解"不确定性因子"的可能性。

- 描述敏感个体或亚群。评估将会根据个体和亚群是否协同暴露于关键非化学压力源、影响代谢或 DNA 修复的特定多态性、先前存在的或内源性疾病病程、高背景的内源或外源暴露和其他增加易感性的决定因素对其进行表征。

- 公众和风险管理者可以理解的、透明的方法和评估结果。这可能需要对表征的风险进行替代表达，以符合特定决策需求。

5.2.2　参考剂量的特定风险定义

如专栏 5-1 所示，该框架有助于在特定风险剂量和置信水平方面重新定义 RfD 和 RfC。虽然专栏 5-1 侧重于 RfD 的特定风险的重新定义，但是本章开发的框架可用于任何剂量的风险，而不仅仅是 RfD；例如，可以报道持续暴露于 1/100 000 000 空气浓度的风险和置信区间。这种重新定义将有助于了解环境决策估值工作中降低暴露所带来的效益。

专栏 5-1　特定风险的参考剂量

对于定量效应，可以将 RfD 定义为对所关注的毒性终点在规定置信区域内（如 95%）特定风险最小（如 1/100 000）的相应剂量。它可以通过人体差异性和其他调整因子（如种内差异）的分布得出，而不是默认不确定性因子。

以这种方式定义 RfD 不仅可用于帮助风险管理决定，还有额外的好处。它提出了一个剂量，超过它风险就会高于标准或最小风险，而低于它就可以认为风险微不足道或最小，但不一定是零。这类似于向风险管理者展示癌症风险的方式，因为不能假设风险是

零，所以明线特定风险剂量是基于之前商定的最小或可接受风险的标准。但是，重新定义的 RfD 可以被解释为人群风险，而不是用来表示可能的危害和安全之间的界限。管理者根据高于或低于最低特定风险剂量的群体百分比来衡量替代方案；这也促使了不同风险管理方案效益的定量估计。Axelrad 等（2005）针对破坏甲状腺化合物提供了一个方法实例。

RfD 的最小风险取决于健康后果的性质（即细微的前体效应、轻度效应或严重效应）和亚群的性质；例如，RfD 可以是基于敏感亚群中 1/1 000 的人出现最小不良反应的风险（Hattis et al. 2002）。

如线性致癌终点的情况，综合风险信息系统和 EPA 为帮助环境决策而进行的各种风险表征可以提供许多特定风险剂量。不同的风险管理决策需要不同的可接受风险，这种重新定义将会给风险管理者提供考虑具体控制策略的暴露相关的群体风险的方法。与不同目标风险相关的剂量，可以用类似于特定风险剂量名称区别 RfDs 和 RfCs，以避免混淆。与这些特定风险剂量相关的置信值应当包含在风险目标的任何数据库中，从而确保关键信息不会丢失。在多年的癌症经验（具有相对较长潜伏期的严重效应）中，风险决策已采用了可接受的风险范围。这种经验也会用在其他健康终点上。

5.2.3　概念模型

以概率术语描述剂量–反应关系的方法取决于人们构想的基本生物过程是如何的，它们如何促成个体的剂量–反应关系，人体差异性的本质以及这些过程可能会独立于背景暴露和背景过程的程度。这在三个原型概念模型示例中解释：

1. 依赖于背景的非线性个体反应和低剂量线性群体反应。如上所述，当群体中个体的剂量–反应曲线是非线性或者甚至有阈值，可能出现低剂量线性。但暴露于所述化学物质时会增加导致当前疾病的普遍背景暴露。剂量–反应关系在很大程度上由人体差异性和背景暴露决定。在图 5-4 中，每个个体的剂量–反应关系可以通过阈值—反应函数来表征，其风险从零到特定剂量，在剂量超过特定风险之后急剧增加。图的左侧显示了许多个体阈值剂量–反应函数的集合，右侧显示了其特定剂量超过阈值的个体在人群中的比例。

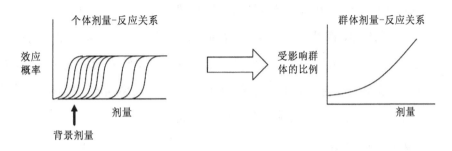

图 5-4　由于背景外源和内源暴露以及群体易感性差异导致的群体线性低剂量反应

2. 低剂量非线性个体和群体反应，独立于背景的低剂量反应。这是目前用于非致癌终点的剂量–反应概念模型。对于这些剂量–反应关系，在低剂量下人群响应的比例会下降至无关紧要的水平。在剂量非常低时，个体的剂量均没有超过阈值，或者风险无穷小。群体也是如此，剂量–反应关系的形状由个体阈值的差异性决定，如图 5-5 所示。

图 5-5　个体和群体的非线性或阈值低剂量–反应关系

当然，还有许多化合物和终点，它们的可用特定化合物数据不足以充分描述非线性终点的概率剂量–反应关系。对于某些化学物质而言，针对此目的所考虑的代表性化学物质，可根据已知化学和生理属性构建默认分布。一些默认调整因子对某些类型的化学物质具有特异性。下面给出了如何推导默认分布以支持概念模型风险推导的示例，委员会引用这些例子不是支持特定的分布或具体的结果，而是提供一个低剂量非线性剂量–反应建模方法的例子。

　　3. 低剂量线性个体和群体剂量–反应。对于此概念模型，如图 5-6 所示，在低剂量时，个体风险和群体风险都没有阈值且是线性的。请注意，低剂量线性意味着低剂量"附加风险"（超过背景值）随着剂量增加线性增加；这并不意味着剂量从零至高剂量的范围内剂量反应关系是线性的。下面针对图 5-6 所示的概念模型描述了推导线性癌症剂量–反应关系、估计不同分位数个体和群体风险的可能方法。

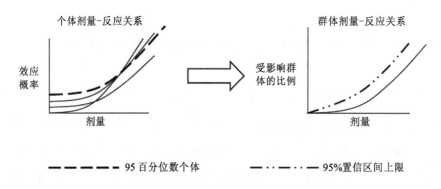

图 5-6　个体和群体线性低剂量反应模型

注：个体剂量–反应关系可能会交叉，因此，一个剂量的 95 百分位数个体（左图中的虚线）可能不同于另一剂量的个体。从评估部分的不确定性来看，可以推导出群体剂量–反应关系的 95 百分位数上限（右图中的虚线）。

　　在可以确定跨物种和其他调整的不确定性时，可提供粗略的不确定性定量估计并将其纳入剂量–反应关系的表征中。图 5-6 中群体剂量–反应曲线置信区间上限描述了用模型拟合数据时及其他调整中的不确定性。

　　低剂量线性剂量–反应关系也可能涉及连续效应变量，例如 IQ 降低，见图 5-7。随着暴露的增加，IQ 降低可能会改变整个群体 IQ 下降的分布方向，如甲基汞可能发生此类情况（Axelrad et al. 2007）。

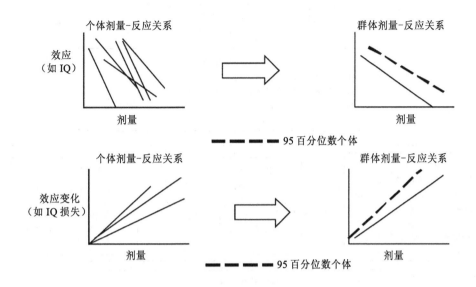

图 5-7　涉及持续效应变量的剂量–反应关系

5.2.4　剂量–反应评估的通用方法

图 5-8 所示的一般方法包括在为剂量–反应分析选择概念模型和方法时考虑 MOA，背景暴露和可能脆弱群体等。

数据汇总和终点评估

正如当前的实践，这一过程开始于审查同行评审的科学文献，搜集健康效应数据，以识别要关注的终点。审查着重强调暴露于环境媒介的群体最关心的终点。因此，对于具有稳健数据集的化学物质，除了例如可能的靶器官、路径特异性和依赖剂量性药代动力学的指标外，几乎很少关注高剂量下的严重效应。有一种可能的场景例外，如化学恐怖主义或事故排放导致的急性高剂量暴露。

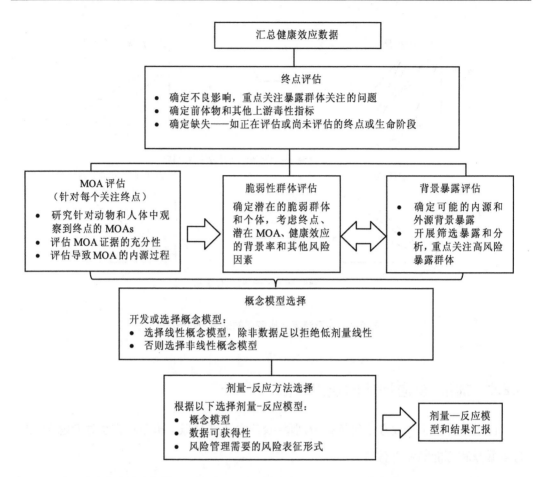

图 5-8 选择致癌和非致癌剂量–反应评估方法的新的统一过程包括背景暴露和群体脆弱性评估，以确定低剂量线性剂量–反应关系的可能性和评估的脆弱性群体

剂量–反应估计数据集选择的一个重要方面是考虑动物和人体靶器官（点位）的一致性。由于组织中代谢的特殊特征，组织中特定激素的影响，或组织老化、损伤和修复速率和其他因素，在特别易损的组织的动物模型中可能优先表达毒性效应。在某些情况下，啮齿动物的靶器官，如前胃和赞巴乐（Zymbal）腺可能没有确切的人体对应器官。但是，在人体中没有对应的组织或在人体中调解方式不同的组织中存在的致癌作用，并不意味在动物实验中关于毒性或肿瘤的发现是不相关的。啮齿动物组织对毒物敏感意味

着毒物 MOAs 在一个哺乳系统中产生作用，这个系统与人类或人类亚群具有相似或者甚至相关性不明显的组织。由于流行病学研究在探索与工作场所或环境暴露相关的结果方面往往能力有限，因此通常不可能排除在特定啮齿动物组织中发现的效应的相关性，除非有关于人体为何不被影响有详细的机制信息（IARC 2006）。研究发现，大鼠 Zymbal 腺通过 MAO（断裂作用——DNA 链断裂引起染色体畸形）对苯肿瘤发生的高敏感性与人体中产生的苯诱导的骨髓毒性和癌症的方法类似（Angelosanto et al. 1996），这一发现表明大鼠特有的组织仍然可以提供与人体相关的重要危害和效力信息。一般来说，响应有毒物质的组织应当认为与人体健康风险评估相关，除非有机制信息表明在组织中发生的过程不会在人体中发生。

作用模式评估

MOA 评估探讨了化学物质暴露后导致化合物毒性的关键事件的已知或假设内容，包括代谢活化和解毒，与关键靶细胞的初始相互作用（例如，与蛋白质或 DNA 的共价结合，脂质和蛋白质的过氧化，DNA 甲基化和受体结合），改变的细胞过程（如凋亡、基因表达和信号传导），和其他可能涉及防御机制或被视为前体事件的生化扰动。还考虑了符合这些事件的背景或内源作用过程。任何有助于理解高剂量和低剂量的剂量–反应关系的 MOA 信息都要考虑，包括代谢过程中依赖剂量的非线性关系、细胞防御的衰竭、超出修复过程的可能性、通过重复给药诱导酶、基础疾病病程的相加性和相互作用、化学物质及其代谢产物和其他化学物质暴露的相加性。

MOA 评估提供了支持剂量–反应评估的机制信息，但是，往往可获得的数据太局限，不足以解释化学物质或其代谢产物如何发挥作用从而产生影响。在这种情况下，会应用默认值；下面展示了概念模型中可能的默认值。第 6 章就默认值的开发和应用提供了进一步的建议和指南。

通过以下实例介绍了剂量–反应评估中使用 MOA 数据的预防性经验教训。第一个案例是关于啮齿动物肝癌的发现被假设与参与能量稳态的激素受体——过氧化物酶增殖物活化体 α（PPARα）的兴奋剂具有有限或几乎没有人体相关性（Klaunig et al. 2003）。

国际癌症研究机构（IARC 2000）发现由邻苯二甲酸二（2-乙基）己酯造成的啮齿动物肝癌与人类不相关，是因为大鼠和小鼠中发现有过氧化物酶增殖体，而在人体肝细胞培养物或非人类灵长类动物的肝脏暴露于 DEHP 时不会有该物质。但是，与野生小鼠相比，没有 PPARα 的小鼠的肝癌发病率更高这一发现（Ito et al. 2007）对结论提出质疑。第二案例是最近将 MOA 评估作为确定致癌物质是否在生命早期具有更大敏感性的方法引入。根据 EPA（2005c），当暴露发生在生命早期时，将使用一个因子来解释该阶段更大的敏感性，但是仅适用于已经建立了致突变 MOAs 的化学物质。这些指南（EPA 2005c）提出了什么构成致突变 MOA 的问题。很难确定具有某种基因毒性活性的化学物质如何诱导突变（如直接与间接作用），如何将一个生物系统或年龄组的研究结果转化到另一个群组上应用，以及一种化学物质和许多致癌物质一样通过多种 MOAs 诱导癌症时会如何产生效应。该做法与 EPA 在癌症风险评估指南中的低剂量外推方法不一致：当 MOA 不确定时，默认模式是假设低剂量线性外推（EPA 2005b，pp. 3-21）。

本章后面将会引入因子"M"来修正低剂量下的剂量–反应斜率，以便于解决多种 MOAs 的情况。其他在高剂量和低剂量之间的不同方面，MOA 评估将会为 M 的选择提供信息。

背景和脆弱性评估

新方法的一个重要方面是无论解决致癌还是非致癌终点，都要确保剂量–反应模型充分解决主体间差异性和基础疾病病程和暴露。应当明确考虑这些因素如何"线性化"剂量–反应关系，否则基于 MOA 可能是低剂量非线性关系。委员会建议将两项系统评估作为 EPA 剂量–反应评估的一部分。第一个是评估外源物质（如药物、食物和环境介质）和影响化学物质产生毒性和导致低剂量线性过程的内源性化学物质背景暴露。第二个是评估人体脆弱性，确定所讨论的化学物质可能增加的群体中的基本疾病过程，并提出敏感群体及其特征。下面将会就它们将如何影响剂量–反应分析中使用的概念模型的选择做进一步讨论。

为了促进剂量–反应评估过程的这一步骤，委员会提出了初步的诊断问题，这些问题可以判断背景考虑是否是关键因素：

- 已知的或者可能的化学物质 MOA 是什么？
- 有毒物质会影响哪些潜在的退化或者疾病过程，或者以其他方式与其产生相互作用？
- 这些过程的背景发病率和群体分布是什么？
- 是否确定了敏感群体？
- 是否用敏感性和前体效应标志物表征人体的潜在过程？
- 哪些已知和可能的因素会影响潜在过程，从而潜在调解暴露于有毒物质的不良健康后果？
- 与背景退化和疾病过程相关的人与人和关于年龄的差异性和不确定性的程度如何？它们如何与有毒物质 MOA 相互作用？
- 空气、饮用水、食物或消费品（如食品、药物、化妆品）中的哪些环境污染物或内源性化学物质（如天然激素）与关注的化学物质类似？
- 它们是否以类似于关注化学物质的 MOAs 产生作用？
- 哪些化学物质与正在研究的化学物质有着不同的 MOA 但是却可能产生一样的毒性过程？
- 内源和外源背景成分个体间有何差别？可以确定特别高暴露的亚群吗？
- 高背景暴露的人群健康状况是否有可能出现健康状况，从而使他们更容易受到正在研究的化学物质导致的关键终点或疾病的困扰？

在开展化学物质风险评估时，无论使用统一框架还是当前方法上述问题都至关重要。这些问题有助于确定潜在的数据来源，以理解人体反应的差异性和化学物质在低剂量造成风险的程度以及认识的局限性。EPA 三氯乙烯（TCE）风险评估草案（EPA 2001a；NRC 2006a）通过考虑代谢、疾病和其他因素的差异如何导致人体对 TCE 响应的差异性，其他因素如何改变代谢等问题在这个方向上朝前迈进了一步。EPA 二噁英风险评估草案考虑了二噁英类化合物的背景和累积暴露影响以及其对低剂量反应的潜在影响（EPA 2004；NRC 2006b）。统一框架通过背景和脆弱性评估以及之后的剂量–反应评估概念模型的选择将这类信息正式纳入人体健康风险评估。

帮助脆弱性评估的图示

有许多因素会影响对化学物质的易感性，包括宿主遗传、疾病状态、性别、年龄、功能储备、防御机制能力（如谷胱甘肽状态）、修复机制能力、免疫系统活化和对其他外源物质的协同暴露。图 5-9 有助于探索疾病过程是如何受到大量生物化学过程和风险因素的影响的。非脆弱的个体可能没有或几乎没有风险因素，而脆弱个体可能对其中一个或多个因素有许多或更大的暴露。图 5-9 描绘了一个假设的群体脆弱性分布，横轴代表"功能下降"，是连续变量，表示脆弱性。例如，可以用下降的气道反应性作为哮喘功能下降的指标。风险因素和疾病先兆水平普遍较低的人群位于图 5-9 中人群分布的左侧。向右移动表明人们经历功能损失，但没有症状。随着功能进一步丧失，通常发生在对风险因素有额外或者更多暴露的人群中，生物标志物水平会升高，并且达到产生症状和疾病的阈值。在健康人群中可能无害的压力源在易感群体中可能是致命的。例如，暴露于低浓度的病原体导致临床感染在普通人中很少见，但肺清除和免疫功能受损的患者暴露于低浓度的病原体可能发生肺炎，且频率较高，在患病时可能会有更大的死亡风险。

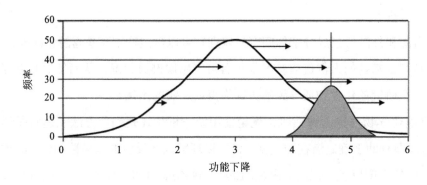

图 5-9 群体脆弱性分布

注：箭头代表与物质无关的给定功能下降水平的人群，对相同有毒物质剂量的反应的假设。垂直线表示中位数个体明显的从无不良影响到出现不良影响之间的假定阈值。阴影区域表示群体的阈值分布。

图 5-9 显示了所描述的群体暴露于有毒物质的假设情况，垂直线代表引起中位数个体不良临床效应的理论阈值，每个人的阈值都不一样，所以在图中表示为正态分布，箭头表示给定功能下降水平的人群对给定剂量产生的毒效应的大小。在这个例子中，脆弱群体更接近阈值，并且对给定有毒物质剂量更敏感（由较大箭头表示）。有毒物质暴露会使脆弱性分布向右移动，并使其更倾斜，如箭头大小所示。在这里，如流行病学所述，功能衰退或基线健康状况可能被认为是被关注风险的效应修饰因素。由于脆弱性越大，一方面具有较少的功能储备和细胞防御，另一方面可能有大量导致疾病的的过程（如气道反应性减少、肺清除率降低、免疫监视低下或心功能受损），因此敏感性有所不同。功能较低的人可能面临更大的风险，不仅因为他们接近阈值，更是因为他们对单位剂量有更大的反应。

低剂量会导致小的移动，然而即使非常低的剂量也可能使一些人超过阈值。如果临床效应的背景水平很高（如 1% 的人有疾病），并且存在大量的基线差异，预计就会有许多人容易受到由有毒物质诱导的疾病增加的危害。在罕见疾病或效应的情况下（如影响 1/100 000 的人），预计很少人超过阈值，并且需要更大剂量的有毒物质才能产生与高背景情况相同的效应增加。上面列出的诊断问题有助于风险管理者理解群体脆弱性的分布特征和低剂量暴露推动部分人群超过阈值的潜力。

概念模型选择

基于背景暴露、MOA 和脆弱性评估，关于剂量–反应分析的一般方法的决定得以做出。它涉及对个体和群体剂量–反应关系概念模型的选择。为了指导该决定，委员会开发了原型概念模型的例子，如前所述，总结在图 5-10 中。

考虑背景暴露和过程对于确定群体剂量–反应关系的低剂量线性的可能性至关重要。概念模型 1 和 3 表示群体响应的低剂量线性。委员会建议只在以下情况采用概念模型 2 来考虑物质是低剂量非线性：

- 生物加和性不是重要的效应修饰因素，例如，一般群体的健康终点或损伤过程的背景率很低，或与化学物质已知或可能的 MOAs 相关。

- 化学加和性不是重要的效应修饰因素，即

——对有毒物质和其他物质（外源和内源物质）的暴露总和不可能引起不良影响；

——有毒物质的贡献无关紧要，不会促进相关的持续毒性过程。

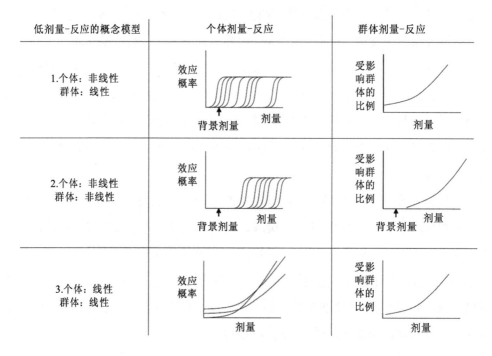

图 5-10 描述个体和群体剂量-反应关系的概念模型示例

以环境氙气的例子说明该标准。在浓度高达 70%（与 30%的氧气混合）时，氙气被认为是止痛剂并且诱发催眠作用，在高浓度下，氙气会代替氧气。氙气麻醉作用的 MOA 是未知的，但认为和其他挥发性麻醉剂一样本质上是电生理学的。氙气在空气中普遍存在，浓度非常低（0.000 008 7%）。如果要求对氙气环境水平进行风险评估，是否应采用线性或非线性方法？

虽然 MOA 未知，但一般群体中通过氙气相关 MOAs 进行止痛的个体数量局限于接受手术治疗的人群，因此符合第一项标准。氙气和其他挥发性麻醉剂的总体暴露不会在一般群体中产生麻醉，此外，0.000 008 7%的氙气甚至对正在接受麻醉的人毫无贡献，

同样替代氧气的程度也不重要。因此，这两项标准都指向氡气分析的阈值方法。

一氧化碳也会危害血氧。其平均环境浓度用血液中的一氧化碳血红蛋白水平（COHb）表示，为 0.5% COHb。该浓度比在人类受试者中观察到的效应低了一个数量级：2%～6%的 COHb 与冠状动脉疾病患者心绞痛症状增加相关。即使在明显健康的受试者中，发现低至 5%的 COHb 水平也会影响最大运动时间和最大运动水平。此外，空气中一氧化碳浓度会在昼夜、地理位置和活动（如开车）上发生波动。因此，在评估一氧化碳暴露的风险时，上述两项标准均表明应考虑线性方法：冠心病是常见的心脏病，增加一氧化碳暴露可能会导致持续的毒性过程。

在决定线性方法还是低剂量非线性方法时考虑背景暴露和脆弱性的建议甚至适用于在啮齿动物模型中独立测试中似乎具有阈值且其 MOA（在没有考虑背景和人体异质性）表明有阈值的制剂。需要开展易损性和背景评估的方法和指南，同样需要开展评估和选择概念模型的指南。

剂量–反应分析的方法选择

分析方法取决于概念模型、可用于分析的数据和风险管理需求。例如，如果数据缺少、只能从动物研究获得并且排除低剂量线性，则可以使用调整因子的默认分布和下一节所述方法进行分析。如果相同或相关化学物质的内源和外源背景暴露相对较高或者脆弱性较大且可变性较高（可能在特别敏感的亚群中）时，可以通过线性默认值或纳入正在分析的特定化学物质或情景的特定分布信息进行分析。

下面提出了针对各种毒性机制以及与背景过程和暴露相互作用的剂量–反应分析方法。提供的实例中的一般假设是差异性分布是单峰的：特定参数处于极端的人不足以构成需要单独分析的亚群。但是，对于给定参数（例如，呼吸功能、免疫球蛋白 E 水平、血压、外源化合物代谢能力或 DNA 修复），可能存在多模式分布，并且具有足够的影响力在给定剂量下产生多模式的风险分布。

在框架内可以将特殊的亚群视为特殊情况。图 5-11 描述了这样的情况，即敏感群体的剂量–反应关系与典型人群的剂量–反应重叠很小。如果敏感群体由于其数量或其可识别的特征，例如种族、遗传多样性、功能或健康状况或疾病而构成一个独特的群体，则应在总体风险评估中考虑单独处理。一个确定的敏感性群体例子是哮喘患者对从火箭发动机排放的刺激性气体的反应（NRC 1998a）。哮喘患者的剂量–反应函数分析表明他们对盐酸、二氧化氮、硝酸的敏感性分别比健康个体高3倍、10倍和20倍。审查数据的委员会认为要充分表征对这些刺激物的敏感范围，需要一种包括每个模式方差和分布形式的多模态分布。每个模式的阈值和背景加和问题可以单独分析来确定低剂量线性假设是否适用于一个或多个亚群。虽然许多风险评估都考虑纳入敏感亚群（例如，NRC 2000［铜和威尔逊病杂合子］；EPA 2001b［甲基汞对发育中的儿童的影响］），但是 EPA 评估中考虑和纳入的程度可以大大提高。本章的概念框架和委员会建议可以为定性和定量改进提供支持。

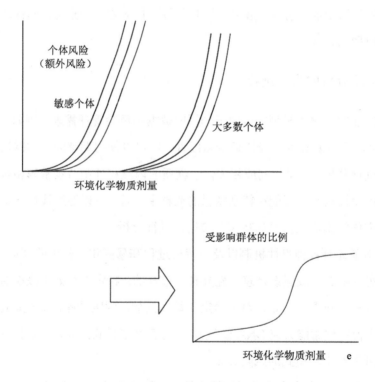

图 5-11   敏感性的巨大差异可导致风险的双峰分布

5.3　案例研究和可能的建模方法

本节提供了三个示例概念模型中剂量–反应分析的案例研究和可能方法，如图 5-12 所示。这些方法考虑了可用数据的性质。一些方法是自下而上的，即其剂量–反应关系是由多个部分组成的。有一个例子说明了如何从基因多样性推断哮喘反应的人体差异性以及如何得出哮喘群体剂量–反应关系的描述。另一些方法是自上而下的，其中低剂量的剂量–反应关系是通过流行病学或动物研究观测结果拟合暴露反应模型得到的。

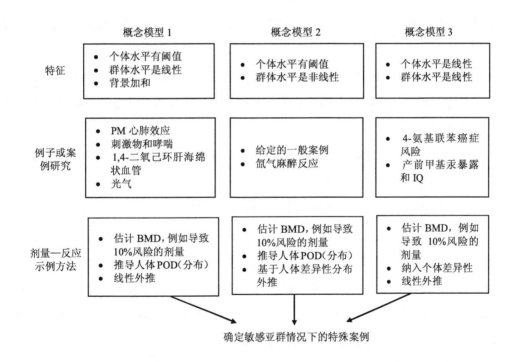

图 5-12　三个概念模型示例得到个体或群体层面不同剂量–反应关系的描述

注：这些在案例研究中说明对于每个概念模型，应用单独的剂量–反应分析解决敏感亚群。

5.3.1 概念模型 1：由于异质个体阈值和高背景值而导致的低剂量线性剂量–反应关系

颗粒物案例研究

细颗粒物（$PM_{2.5}$）属于有非致癌终点的一类污染物（包括臭氧），有证据表明在低剂量时有线性或其他非阈值群体反应。对于这些物质，暴露个体有不同的阈值，全面表征群体阈值分布（在这种情况下，基于流行病学证据）对于群体剂量–反应函数是有信息价值的。如下所述，许多因素会影响阈值分布。此外，$PM_{2.5}$ 是一个有许多暴露来源的污染物例子，所以对任何给定来源的 $PM_{2.5}$ 分析都是针对已经超过许多人的阈值的背景进行的。

这个案例展示了委员会的剂量–反应评估框架中两个特别有趣的剂量–反应问题：

- 考虑到潜在的非线性和群体阈值，如何在所观察到的暴露范围内构建浓度—反应函数。
- 如何量化和正式解决人体反应的异质性，从而了解敏感亚群，确定个体阈值分布以更好地理解低剂量效应。

如何确定超出观测暴露范围的浓度—反应函数的问题尚未解决。可用于 $PM_{2.5}$ 分析的流行病学证据涉及的暴露水平相当低，在任何程度上低于观察水平的推断都不如从动物生物测定或职业（高剂量）流行病学中获得证据的化合物重要。

$PM_{2.5}$ 的剂量–反应评估需要根据流行病学观察结果构建涵盖所有观察到的暴露水平的浓度—反应函数。如果浓度—反应函数一直覆盖到最低可观测的暴露（理想情况下接近非人为背景），那么该函数可直接用来确定给定浓度超过其阈值的人的比例（如上所述）。但是，在成本–效益分析框架中，关于接近非人为背景的浓度—反应曲线斜率的问题是无关紧要的，因为任何可行的控制策略都涉及增量暴露减少和一些剩余暴露。对于 $PM_{2.5}$ 案例，风险管理评估的一个重要成果是预控制和后控制情景之间受到不良影响的人数比例的差异。因此，分析侧重于与控制方案相关的剂量–反应曲线区域的风险。

　　一些研究者已经采用统计技术来研究在观测数据范围内 $PM_{2.5}$ 浓度—反应函数中是否存在非线性（包括群体阈值）。研究死亡率和发病率终点的时间序列研究中，所采用的统计学方法包括广义加和模型（Schwartz et al. 2002）和惩罚性回归样条（Samoli et al. 2005）。其他研究通过定义的节点拟合分段线性浓度—反应函数，然后使用基于各种候选模型的后验概率的模型平均来明确评估阈值和非线性问题（Schwartz et al. 2008）。无论采用何种方法，这些技术都可以明确考虑浓度—反应函数中的非线性，包括群体阈值的可能性。但是，这些方法仅适用于流行病学证据，这些证据中有在足够数量的暴露量下的观测结果来经验性地推断浓度—反应函数的形状，而不是基于函数形式的先验假设。相对于职业流行病学来说，它与群体更加相关，因此只对少数化合物（暴露无处不在以及造成相对较高的群体风险的化合物）有价值。

　　一个关键问题是这些统计方法是否证明了 $PM_{2.5}$ 的群体阈值或对线性的实质偏离。另一个问题是数据是否足以用来区分有阈值的模型和没有阈值的模型。大多数使用这些方法的研究（Schwartz 和 Zanobetti 2000；Daniels et al. 2000；Schwartz et al. 2002；Dominici et al. 2003；Samoli et al. 2005）得出的结论是，在可观测的浓度范围内，这些函数是线性的，而在许多时间序列研究中这些观测浓度趋近于零。因此，尽管使用了可以检测群体阈值或者至少是低剂量非线性的统计模型，但是在观测浓度范围内似乎并不存在阈值。这一发现已经归因于（Schwartz et al. 2002）个体阈值的广泛分布，在心肺死亡（与 $PM_{2.5}$ 相关的背景疾病过程）的例子下，许多遗传、环境、疾病状况和行为风险因素都会影响阈值的分布。

　　通过对影响 $PM_{2.5}$ 反应异质性的 PK 和 PD 因子的研究，对个体阈值分布的程度进行了量化（Hattis et al. 2001）。该研究假定使用对数正态性描述个体阈值的分布，得出结论：最易感人群（99.9 百分位）仅需中位数敏感人群反应剂量的 0.2%～0.7%就能产生反应。该研究的扩展分析发现对于极少数的切点，亚种群的结果与对数正态分布一致，这表明一般群体反应可能与对数正态分布的混合相一致。鉴于分析中不包括影响脆弱性的协同暴露和疾病状态的所有重要方面，因此真正的异质性可能更大。由于无处不在的暴露意味着可能发现大量的人群与 99.9 百分位数个体一样敏感，因此这在群体基础上提供了低剂量线性的良好的生理合理性。

通过检查效应修饰因素对人体反应的异质性进行流行病学评估，以此来确定敏感亚群。例如，多项研究发现，在糖尿病、高血压或心脏传导障碍患者中，心血管终点（从系统性炎症标志物到住院到死亡）的相对风险有所增加（Zanobetti et al. 2000；Dubowsky et al. 2006；Peel et al. 2007）。原则上，来自多个研究的汇总证据允许计算特定情况和非特定情况下亚群中特定剂量的效应风险。与其试图为包含广泛敏感性的汇总群体构建特定的风险剂量，不如根据关于特殊和确定的亚群的已知信息来对群体的可能阈值范围进行分层分析。

$PM_{2.5}$ 和其他标准污染物的一些方面不能推广到其他污染物，但是这个案例说明流行病学在统一的毒性评估中可以发挥更大的作用。通过应用统计技术得到在考虑了亚群敏感性后观测数据范围内浓度—反应函数形状的经验性推论，为建立非致癌终点的浓度—反应函数提供了机会。这一案例也提醒人们，EPA 已经花费了一定时间开发针对超出阈值概念的非致癌压力源的定量风险估计。

哮喘案例研究

$PM_{2.5}$ 案例提供了如何使用自上而下的方法表征群体脆弱性分布的示例。如本案例所述，自下而上的方法也能够提供信息。这些方法需要表征功能丧失、危害、疾病和伴随暴露的背景过程，以便描述群体脆弱性分布。反过来，可用于评估低剂量下毒性反应的个体差异性，并可以在低剂量下告知剂量–反应关系的形状。哮喘的案例研究被用来阐述这一概念。在本研究中，来自于疾病易感性标志物的证据和脆弱性的基因差异和相对高背景的哮喘发病率分析一起，被考虑用来评估致喘化合物在低剂量下具有线性剂量–反应关系的可能性。

哮喘易感性的宿主标记物已被开发，可用于构建脆弱性分布。哮喘发生在对过敏原和刺激物高反应性的人群中，因此处于人群气道反应性分布的高端。乙酰甲胆碱激发实验是用于筛检气道反应性、诊断哮喘的探针之一。乙酰甲胆碱是正常和高反应性气道中胆碱能支气管收缩剂；气道反应性是一个连续性的分布，其定义为将 FEV_1 降低给定百分比所需的激发剂量。FEV_1 是人在深呼吸后 1 秒内可以呼出的气体体积。PC_{20} 是将 FEV_1 降低 20%所需的乙酰甲胆碱的激发浓度。在健康的非哮喘人群中，这种测量结果是服从分布的，即大部分人反应性较低（高 PC_{20}），只有少数反应性高或非常高。8 mg/L 的 PC_{20} 被用作指示高气道反应；一般认为 PC_{20} 低于该值的人具有高反应性，可能患哮喘或易患哮喘。正如前瞻性研究中无症状的"高反应者"和"正常反应者"的对比，具有反应性气道的人似乎具有更高的外源性诱发症状和临床诊断哮喘发作的风险（Laprise 和 Boulet 1997；Boutet et al. 2007）。高反应者往往会有更多的哮喘症状，并伴随着下降的 PC_{20}。

Boutet 等（2007）评估了加拿大魁北克省 428 名健康学生中 PC_{20} 的分布情况。图 5-13 是根据该研究的数据构建的。8.5%的受试者观察到无症状的高反应性（$PC_{20}<$ 8 mg/mL）。在 3 年观察期内，该高反应的人群中呼吸系统症状的增加有很大不同，处于最大风险的人对乙酰甲胆碱的基线反应最高（$PC_{20}<4$ mg/mL）；与基线正常反应者（$PC_{20}>32$mg/mL）相比，这些高反应者的症状相对风险超过 30。这个群体中症状的增加显然与工作场所的暴露无关，所以可能反映了在早期筛检中无症状高反应健康人群的哮喘表型的一般趋势。这一发现与早期对动物工作者和面包师的职业研究一致（de Meer et al. 2003）。

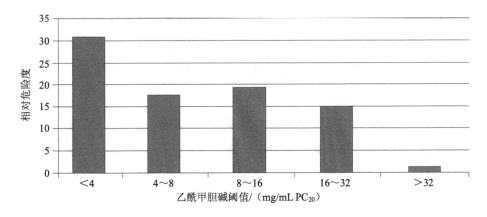

图 5-13　基线气道反应性作为过敏原诱导气道反应的脆弱性因子，表示为相对危险度

来源：Boutet 等（2007）的数据，转载许可，版权 2007，Thorax。

研究结果展示了潜在的疾病因素，如气道高反应性可能影响新疾病（在本案例中是哮喘）在群体中的发病。处于无症状但脆弱范围的人数越多，新疾病发生的可能性就越大。Hattis（2008）对 PC_{20} 数据的分析显示，不同的群体可能有不同的易感风险因素背景分布。

气道反应性的背景率可用于评估即使在低剂量的新刺激物质的情况下处于发生哮喘症状风险中的人数。如果高反应性的背景率较低，接近症状阈值的人数也会较低，有毒物质的低剂量递增效应可能呈线性剂量–反应关系，但是斜率平缓。如果脆弱人群数量较多，那么低剂量的斜率可能更陡，并且每增加单位暴露量，效应的增量会更大。因此，这种前体特征、气道高反应性上的差异性可能是针对臭氧或其他有毒物质对于哮喘风险的影响的分布分析的关键输入。对于毒理学和流行病学来说，得到有助于理解脆弱人群中有毒物质和易患疾病因素之间相互作用的数据是一大挑战。一个简单的处理哮喘相关关系的方法如下。

在确定易患哮喘的特定遗传因素上已经取得进展。最近的出版物将这些因素分为三大类：免疫和炎症（12 个基因）、特异性（3 个基因）和代谢（1 个基因）（Demchuk et al. 2007）。通过解释影响基因表达或蛋白质功能的多态性的群体频率以及每个多态性就哮喘风险而言的比值比，分析提供了关于哮喘易损性的群体分布，如图 5-14 所示。如果有些人具有高风险多样性（圆圈）且在多重效应结合后产生敏感性增加效应，那么这些人与所有野生型人群（箭头）相比哮喘风险增加了大约 50 000 倍。Kramer 等（2006）提出了确定关键候选基因以更好地描述 PM 诱发哮喘的遗传易感性以及研究如何更好地支持 PM 监管标准制定的方法。模型练习可以探索有毒物质相互作用与多样性途径，从而了解暴露和宿主差异性的结合会如何组合得到哮喘风险的分布。在没有这种认知的情况下，关于诱导或加剧哮喘的化学物质在群体水平上没有阈值剂量–反应关系并且普遍是低剂量线性的假设是合理的。

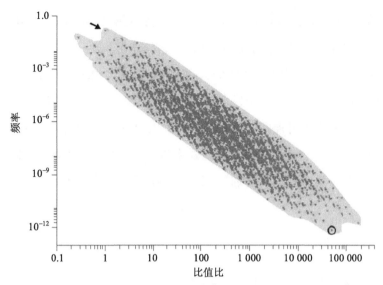

图 5-14　与哮喘相关的基因多态性对人体哮喘易损性的影响

注：假设 16 个基因突变计算出的比值比和频率，每个点代表一个独特的组合。参考基因型（箭头）的
比值比是 1，所有变异型（圆）组成的组合处于另一极端。

来源：Demchuk 等（2007）。

1,4-二氧己环（二恶烷）案例研究

当流行病学数据不足时，很难回答关于脆弱性和背景暴露的诊断问题。未暴露动物
的毒性背景率和剂量–反应关系的形状可以表明背景或内源性过程在评估低剂量线性可
能性方面是否重要。人群中的差异性会预计比实验室中和暴露于可控条件下的测试菌株
的差异性大得多，因此在得出总体结论时反映潜在的人体过程十分重要。不过，动物研
究在评估对照组中与年龄相关的且自发的毒性时通常比评估未暴露或参考人群时更加
全面。因此，动物毒性研究可以提供重要的关于低剂量线性的见解。

一个例子是 1,4-二氧己环。这种溶剂在肝脏的伊藤细胞（Ito 细胞、贮脂细胞）中产
生被称为肝海绵状血管的组织病理学变化——一种可进展的肝血窦和内皮细胞的炎症
损伤，被认为与啮齿动物中对亚硝胺和其他肝致癌物质的反应有关（Karbe 和 Kerlin

2002；Bannasch 2003）。该终点对 1,4-二氧己环暴露敏感（Yamazaki et al. 1994），是非致癌终点的一个例子。但是，关于它作为前提病变参与肝癌发生的证据，可能导致其用不同的分析框架进行评估（如概念模型 3）。如下所示，对照组雄性有较高发病率（24%），而对照组和最低剂量组的雌性则未发现该病变。肝脏疾病背景发病率和敏感性的特定性别差异反映了大鼠和人类肝癌发病模式，雄性通常比雌性更易受影响（West et al. 2006）。

如图 5-15 所示，雄性毒性终点的高背景率与低剂量时雄性比雌性更陡的剂量-反应曲线相关；这与基于反应背景率的剂量-反应曲线的预期形状一致。

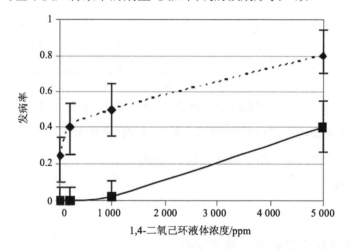

图 5-15　暴露于 1,4-二氧己环的大鼠内肝脏海绵体的剂量-反应关系

注：棒表示 95%置信区间。

来源：改编自 Yamazaki et al. 1994。

在建立人体 PD 差异性分布和评估低剂量线性可能性时，应当考虑在动物研究中观察到的背景过程可能会影响特定有毒物质剂量-反应曲线形状的可能。在由 1,4-二氧己环引起肝脏效应的例子中，肝纤维化和肝硬化前期的人群发现将有助于衡量动物脆弱性结果发生在人体中的相关性。可以检测人体微量肝损伤的诊断方法，如超声检查和肝功能检测，如果进一步开发并适用于健康人群，将有助于探索肝毒性物质的背景脆弱性（Hsiao et al. 2004；Maroni 和 Fanetti 2006）。可以在 1,4-二氧己环毒性潜在机制背景下考虑现有的基本条件及其原因，从而评估剂量反应关系在低剂量下应当视为线性还是非线性。

概念模型 1 的默认建模方法：光气的线性外推

如上所述，在现有疾病过程和其他内源和外源暴露存在的情况下，少量化学暴露可能在低剂量下存在线性剂量–反应关系。因此，解决概念模型 1 化合物的简单方法学默认值是从 POD（例如基准剂量）至低剂量的线性外推。更多关于 MOA 和背景疾病过程与相似作用化学物质之间的化学相互作用的信息使得不同的低剂量外推成为可能。例如，可以调整 POD 或另一特定剂量下的剂量–反应线的斜率，如下面概念模型 3。

非致癌终点的低剂量线性外推通过光气的案例进行说明。这种呼吸道活性毒物在高剂量时会损伤气道，暴露 12 周的大鼠剂量–反应研究报告了对细支气管的炎症和纤维化的影响（Kodavanti et al. 1997；EPA 2005d）。大鼠光气作用的 BMD_{10} 的人体等效浓度（HCE）为 170 $\mu g/m^3$。95%置信区间下限（$BMDL_{10}$）是 30 $\mu g/m^3$。由于研究是亚慢性的而不是慢性的，而研究慢性暴露在于计算替代 RfD，因此进行了调整。

在考虑风险如何在人群中表现时，儿童中 6%的哮喘背景发病率（CDC 2007）是相关的。哮喘患者经历炎症、纤维化和气道重塑来应对环境过敏原和刺激物，因此构成潜在易受光气影响的大量群体。此外，还有许多导致肺部炎症和纤维化的条件（如感染、环境暴露和物质），可能会因为暴露于光气而恶化。因此，具有与概念模型 1 和线性外推至低剂量相一致的背景加和的潜力。关于光气毒性和其他医疗条件中涉及的细胞类型和疾病过程的进一步分析可能会得出另一个发现，但缺乏更明确的信息表明不合理时，可以假设背景加和。

专栏 5-2 显示了将由 EPA 产生的 BMD 线性外推，可以得出 0.008 5 $\mu g/m^3$ 光气暴露的特定风险剂量（中值估计）。理论上来说，该剂量的暴露预计会在 $1/10^5$ 暴露个体中引起炎症和纤维化。基于线性外推，EPA 用 100 倍累积不确定性因子设定的光气 RfC 为 0.3 $\mu g/m^3$，与理论风险 1/3 000（中值估计）相符。外推中的隐含假设是暴露降低 10 倍会导致风险降低 10 倍，以及 $BMDL_{10}$ 以 HEC 换算是人体 10%的效应剂量。可以改进该方法来探索可能由于药代动力学、相关呼吸系统健康状况的发病率和分布以及许多其他因素导致的个体差异性，并探讨不同物种关于光气剂量—效应一致性问题。在这里，对于概念模型 3 来说，重要的问题是在高剂量和低剂量下剂量有效性是否相同。以下章节在概念模型 3 的数学框架下讨论了外推方法。

专栏 5-2　概念模型 1：光气的默认低剂量线性外推

1. 假设所有参数的不确定性可以用对数正态分布来表征，标准偏差用 σ 表示。

2. BMD_{10}（人体等效浓度）= 170 μg/m³，在动物 BMD 中差异性 95%置信区间下限为 30 μg/m³，95%置信区间和中位数的差异为 5.7 倍（因为 5.7=170/30）：

$$\sigma_{Animal\ BMD} = \log(5.7)/1.645 = 0.46$$

（95%置信区间=标准正态分布的中位数 ± 1.645 × 标准偏差。）

3. 人体等效浓度考虑了药代动力学中的物种间差异，而不是药效学。

如 Hattis 等（2002）所述，假设 $\sigma_{logA \to H} = 0.42$

4. 人体 POD 中位数：

如 Hattis 等（2002）所述，通过系数 2 将亚慢性调整为慢性研究：

$$170\ μg/m³ \div 2 = 85\ μg/m³$$

如 Hattis 等（2002）所述，假设调整不确定性（$\sigma_{logSC \to C}^2$）

$$\sigma_{logSC \to C} = \log[2.17] = 0.34$$

5. 人体 POD 的不确定性（$\sigma_{log\ Human\ POD}$）：

$$\sigma_{log\ Human\ POD}^2 = \sigma_{log\ Animal\ BMD}^2 + \sigma_{logA \to H}^2 + \sigma_{logSC \to C}^2$$

$$\sigma_{Human\ POD}^2 = 0.46^2 + 0.42^2 + 0.34^2 = 0.71^2$$

6. 人体 POD 的 95%置信区间下限=

$$（人体\ POD\ 中位数）/10^{[(1.645)(\sigma log\ Human\ POD)]} = 85/10^{[(1.645)(0.71)]} = 85/14.7 = 5.8\ μg/m³$$

7. 导致 $1/10^5$ 人群受特定风险剂量炎症影响的线性外推：

$$特定风险剂量 = 10^{-5} \times （85/0.1）= 0.008\ 5\ μg/m³，下限为\ 0.000\ 58\ μg/m³$$

8. 估计不同剂量的风险，例如，在 0.01 μg/m³ 时，$3/10^5$（中值估计）的人群会受到影响。

5.3.2　概念模型 2：个体和群体中低剂量非线性剂量-反应、独立于背景的低剂量-反应

当有充分证据能够在脆弱性和背景评估的基础上拒绝低剂量线性的可能性时，将采用此方法。如上所述，委员会鼓励机构开展必要的研究，并且开发适当的方法和实践来使用低剂量非线性终点的方法。为了说明该方法，在此列出了使用分布计算的示例，并对一般情况进行样本计算。委员会认识到需要进一步开展工作来开发基础分布，并且需要建立方法以支持其在监管背景中的使用。

用概率方法推导参考剂量

以概率的形式描述非致癌风险的已发表的方法和案例（Gaylor et al. 1999；Evans et al. 2001；Hattis et al. 2002；Axelrad et al. 2005；Hattis 和 Lynch 2007；Woodruff et al. 2007）说明了可用于该概念模型的一般方法或元素。它们可以得到基于最小风险目标的 RfD，例如，超过阈值的特定群体比例，以及估计中的不确定性（如 95% 置信区间内具有阈值反应的人群比例小于 1/100 000）。

一般方法是使用分布对 POD 进行调整来推导基于人体的 POD，然后根据人体在易感性差异的假设从人休 POD 外推至低剂量。图 5-16 展示了如何从动物调整到人体 POD。这里描述的分布有：亚慢性—慢性的调整（如果动物研究小于慢性持续时间）、数据库缺陷和动物到人体的调整，包括 PK 和 PD 的跨物种差异性。如图 5-16 所示，调整分布可以通过统计或数值方法进行卷积，得到总体的调整和不确定性分布。定量考虑调整的不确定性可以定量表达总体调整中的不确定性。调整分布被用来从动物 POD 推导人体 POD 的分布。POD 外推至剂量-反应曲线是由人体差异性驱动，在图 5-16 中分为 PK 和 PD 元素。应用代表这些元素的调整和不确定性分布可以有效地将动物 POD（例如，BMDL 或 ED_{50}，预计影响 50% 受试的有效剂量）转化为人群的概率剂量-反应关系，其置信区间基于调整分布。

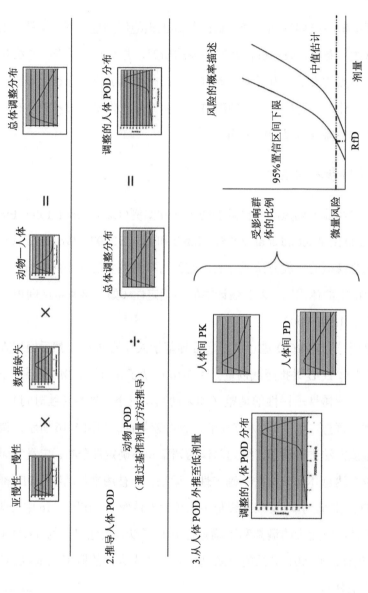

图 5-16 低剂量非线性终点的风险估计推导过程

注：步骤 1 中构建将动物 POD 调整为人体 POD 的分布。步骤 2 中通过物种分布调整动物 POD。步骤 3 中使用人体异性分布从 POD 外推至低剂量，得到反映人群受到暴露和估计中不确定性边界不良影响比例的概率描述，并确定 RfD，即导致最小风险的估计的剂量的估计下限（如 10^{-5} 人群受到影响）。

原则上，可以基于从每个分布中选出的一些较高百分位数值推导 RfD，这会得到单一的估计，与当前的方法类似。但更好的方法是通过概率方法，如蒙特卡洛方法或简单的分析方法（如可用对数正态分布描述调整）来纳入每个部分的所有分布信息。在这种情况下，可以选择 RfD 作为具有确定风险群体的概率分布的置信点，或者可以用反应估计中不确定性的概率分布来描述给定剂量造成的群体风险。

该方法依赖于调整因子的分布。开发方法的研究者已经定义了经验数据库中每个因素的分布，简要总结如下。提供这些分布是为了展示它们是如何得出的，而不是支持任何一个分布或支持 EPA 使用它们。首先描述的是促使动物 POD 调整为人体 POD 的分布，然后描述从人体 POD 外推至低剂量的分布。

将动物POD调整到人体POD的分布

- 亚慢性—慢性因素。比较并且系统分析了来自于包含有 61 种化学物质的数据库的亚慢性和慢性 NOAELs（Weil 和 McCollister 1963；Nessel et al. 1995；Baird et al. 1996）。用对数正态分布拟合数据，几何平均值为 2.01（即亚慢性 NOAEL 通常为 NOAEL 的两倍），几何标准偏差为 2.17（Hattis et al. 2002）。亚慢性—慢性外推的标准 10 倍调整因子大约在分布的 98 百分位数（即第 98 百分位数≈2.01 × 2.17 × 2.17 = 9.5）（Baird et al. 1996；Hattis et al. 2002[1]）。

- 数据库缺陷因素。分析了 35 种具有"完整"毒性试验特征的农药数据，以便于比较生殖、发育和慢性 NOAELs（Evans 和 Baird 1998）。根据添加缺失的数据会造成 POD 多少改变，可以开发缺失的生殖、发育或毒性数据的分布（Hattis et al. 2002）。数据来源受到评估的化学物质类型（农药）和分析终点的限制，但是它提供了开发该因子分布的有效方法。

- 动物到人的外推。将抗癌药物的急性和亚急性毒性的物种间差异进行推广，得到关于非致癌和致癌毒性在动物—人体中差异的结论（Freireich et al. 1966；Travis 和 White 1988；Watanabe et al. 1992；Hattis et al. 2002）。动物—人体的种间分布是从大鼠—小鼠的致癌效力比较中推断出来的，尽管由于基础数据的性质，分

---

① 出版物完整版本可从 http://www2.clarku.edu/faculty/dhattis 获取。更新结果发表在 Hattis 和 Lynch（2007）。

布可能低估了实际的物种差异（Crouch 和 Wilson 1979）。癌症化疗剂的结果可能具有有限的适用性。首先，药物大多是直接作用的，所以 PK 中的物种差异可能不如环境化学物质那么大。其次，结果只针对较少的终点（致死率和耐受剂量），可能不能代表对于环境毒物更多的关键终点的物种差异。再次，结果是针对急性和亚急性暴露的，不能充分代表慢性暴露和更细微终点的物种间差异。事实上，Rhomberg 和 Wolff（1998）表明，在单剂量致死毒性上观察到的物种间比例与亚急性毒性不同。这些作者假设"对于单剂量和重复剂量的暴露方案，不同大小的物种的剂量比例模式应该是不同的，至少对于严重的毒性作用是不同的"。研究的动物种类数量也是制定跨物种外推分布的重要考虑因素（Hattis et al. 2003）。在开发种间分布时，需要进一步探讨所提出的问题，以便在 EPA 评估中应用。

- 人体 POD 推导实例。在上述案例中，对数正态分布取代了不确定性因子，每个因子都是独立的。总体调整计算简单，不需要数字化，例如蒙特卡洛处理。为了获得人体 POD，用动物 POD 除以总体调整因子，为了便于讨论，这里称为"$F_{A \to H \, POD \, Adjust}$"，

$$\text{Human POD} = \text{Animal POD} \div F_{A \to H \, POD \, Adjust}$$

总体调整由 3 部分组成：从动物到人的外推，"$F_{A \to H}$"；从亚慢性到慢性的实验时间，"$F_{SC \to C}$"和数据缺失，"F_{gap}"。因此：

$$\text{Human POD} = (\text{Animal POD}) / (F_{A \to H \, POD \, Adjust}) = (\text{Animal POD}) / (F_{A \to H} \times F_{SC \to C} \times F_{gap})$$

如果每个因子都是正态分布的，$F_{A \to H}$ POD 将被调整为正态分布；当不需要给定的调整时，其因子将会赋值 1。

动物 POD 可以像现在这样建立，或者可以通过与其估计相关的 BMD 分布描述。如果动物 POD 的估计是正态分布或者被认为是常数，那么人体 POD 也会是正态分布。在该案例中，考虑动物 POD 分布。关于如何定义 BMD 以获得连续结果的指南可以促进其目前作为动物 POD 的使用（Gaylor et al. 1998；Sand et al. 2003），可用于此处设想的概率描述。

人体 POD 分布的中位数可以通过将上述等式中因子和动物 POD 用中位数替代计算。

$$\log (\text{Human POD}) = \log \text{Animal POD} - (\log F_{A \to H} + \log F_{SC \to C} + \log F_{gap})$$

在此案例中，假设每个因子是对数分布的：

$$\sigma^2_{\log \text{Human POD}} = \sigma^2_{\log \text{Animal POD}} + \sigma^2_{\log A \to H} + \sigma^2_{\log SC \to C} + \sigma^2_{\log gap}$$

可以很容易的计算置信区间下限。人体 POD 是基于人体差异性信息外推至低剂量的起点。专栏 5-3 提供了一组样本的计算，说明如何进行上述计算得出人体 POD。

专栏 5-3　在概念模型 2 中计算特定风险剂量和置信区间

I. 推导人体 POD

Human POD =（Animal POD）/$F_{A \to H \text{ POD Adjust}}$ =（动物 POD）/（$F_{A \to H} \times F_{SC \to C} \times F_{gap}$）

$\log$（Human POD）=（$\log$ Animal POD）−（$\log F_{A \to H} + \log F_{SC \to C} + \log F_{gap}$）

$\sigma^2_{\log F \text{ Human POD}} = \sigma^2_{\log F \text{ Animal POD}} + \sigma^2_{\log F A \to H} + \sigma^2_{\log F SC \to C}{}^2 + \sigma^2_{\log F gap}$

假设数据缺失无关紧要：

$F_{gap} = 1$，$\sigma_{\log F gap} = 0$

Hattis 等（2002）亚慢性—慢性

$$50\% \ F_{SC \to C} = 2，\ \sigma_{\log F SC \to C} = \log [2.17] = 0.34$$

Hattis 等（2002）针对叠氮化钠，进行的动物到人的调整：

$50\% \ F_{A \to H}$ 为 3.85，95% 置信区间上限为 18.5，因此 $\sigma_{\log A \to H} = \log(18.5/3.85)/1.645 = 0.42$（95% 置信区间=标准正态分布的中位数±1.645 × 标准偏差）。

动物 POD 的差异性：

95% 置信区间下限是中位数的两倍；因此 $\sigma_{\text{Animal POD}} = \log(2)/1.645 = 0.18$

⇒总的人体 POD 差异性：$\sigma^2_{\text{Human POD}} = 0.34^2 + 0.18^2 + 0.42^2 = 0.32 = 0.57^2$

对于 1 mg/kg-d 的动物 POD（ED_{50}）：

人体中位数 POD（ED_{50}）= 1/（$F_{A \to H} F_{SC \to C} F_{gap}$ = 1/（2 × 3.85 × 1）= 0.13 mg/（kg·d）

人体 POD 95% 置信区间下限

=（人体中位数 POD）/$10^{[(1.645)(\sigma \log \text{Human POD})]}$ = $0.13/10^{[(1.645)(0.57)]}$ = 0.015 mg/（kg·d）

II. 推导特定剂量

个体 PK/PD 差异性 [假设 Hattis 等（2002）的分布]：

$\sigma_{logH} = 0.476$（该估计也不确定，几何标准偏差为 1.45）10^{-5} 个体与估计的人体 ED_{50} 相差 4.25 倍的标准偏差：$10^{[(4.25)(0.476)]} = 105$

10^{-5} 风险的中位数剂量：

（中位数 POD）/105 = 0.13/105 = 0.0012 mg/（kg·d）

10^{-5} 风险的 95% 置信区间下限：0.006 μg/（kg·d）（运用蒙特卡洛程序计算，考虑 $\sigma_{Human\ POD}$ 和 σ_{logH} 中的不确定性）。

从人体 POD 外推至低剂量的人体差异性分布

- 个体差异——PK 维度。收集总结了 471 个数据组的血液浓度信息（$AUC^{[1]}$ 和 $C_{max}^{[2]}$），涉及 37 种物质（Hattis et al. 2003）。少数数据组涉及 12 岁以下的儿童。这些包含了幼儿的 PK 数据汇总（Ginsberg et al. 2002；Hattis et al. 2003）被整合以得到群体总的 PK 差异性估计（Hattis 和 Lynch 2007）。这项工作说明了构建针对特定年龄组和清除机制的 PK 差异性分布的可行性。PK 参数来源于儿童和成人的血液浓度数据，并根据物质、清除途径或受体的类型进行编辑（Ginsberg et al. 2002）。由于这些数据来自受试者健康受损、治疗组的特征可能相似的临床环境，因此数据可能不能代表公众。但是，研究人员注意到数据库和体外肝样本中代谢酶的形态发生学模式具有相似性，表明物质研究的结果可能是可推广的。
- 个体差异——PD 维度。从包含 97 组数据的数据库来看，Hattis 等（2002）和 Lynch（2007）得出了在以下方面的 PD 差异性的估计：（1）全身吸收后化学物质到达靶位置；（2）每次给药的参数变化，活性位点的剂量–反应关系（如与尿镉浓度相关的 β-2-微球蛋白渗漏到尿液中）；（3）功能储备，许多 PD 数据库中固有的

---

① AUC 是浓度—事件曲线下现实化学物质在特定区域内完整时间过程的面积，通常用于表示随时间积分区域的总剂量。
② C_{max} 是给药后特定区域中获得化学物质的最大浓度。

一个因素，但是在人体中不能直接测量。Hattis 等（2002）将第一个列出的部分作为 PD 的组成部分，而不是 PK 的差异性，因为它与到达的特定器官、细胞类型或亚细胞成分相关，而这在基于生理的药物动力学模型中通常不会涉及。将这些组成部分的人体差异性结合起来估计总的人体 PD 差异性。

- 人类个体差异性的总体分布。对于此处的案例，总的人类个体差异性用中位数为 1 的对数正态分布描述，对数（底数是 10）标准偏差是 σ_{logH}。Hattis 等（2002）根据不同物质的一般全身毒性效应的数据得出了 PK 和 PD 组分的这一分布，几何标准偏差为 2.99（σ_{logH} = 0.476；$10^{0.476}$ = 2.99），表明中位数和上 98 百分位数个体的敏感性相差 9 倍。人体反应的差异性因化学物质而异。对于一些化学物质，中位数和 98 百分位数个体的差异超过 9 倍；而对另一些化学物质，可能较低。Hattis 和 Lynch（2007）也描述了差异性估计的不确定性。σ_{logH} 估计值为 0.476，几何标准偏差为 1.45。由于这些差异性的表征受到估计值基于较少数据的限制，因此不确定性估计可能具有向下的偏差。

特定风险剂量和置信区间的计算

可以用人体差异性分布从人体 POD 推导剂量–反应曲线，如专栏 5-3 的计算所示。这些计算表明一般情况下动物 ED_{50} 的中位数是 1 mg/（kg·d）。

在专栏 5-3 中，如 Hattis 等（2002）和 Evans 等（2001）所述，将 ED_{50} 选为 POD。由于 ED_{50} 是动物剂量–反应曲线的中心，测量的不确定性较小，它不像在分散尾部的反应那样受到动物间差异性的严重影响。此外，在许多动物实验数据集中，ED_{50} 不太可能受到用于分析其他相关效应水平数据的剂量–反应模型的影响。但是，还有其他因素，如个体间差异性以及其在剂量–反应关系中发挥作用的程度。EPA 实施方法必须开发为非线性终点风险外推选择 POD 的过程。

理想情况下，人类 PK 和 PD 分布可以通过特定化学物质数据得出人群的可能差异。但是，这种类型的信息通常是缺乏的。因此，需要基于替代化学物质和终点的一般分布。相关化学物质和关注终点的具体分布是可能的。默认分布的第一级可能建立在不同结构化学物的广泛列阵上，这些化学物质在不同类型的系统中用于不同终点而测试。Hattis 等（2002）主要收集和分析临床数据，这是表征人体 PD 差异性的良好初始工作。但是，鉴于研究数据有限，该工作和相关实践能否完全捕捉 PD 差异性依然值得考虑。关于少数人的数据可能是一个有用的开始，但是只能提供很少的总体人体差异性信息。即使将多项研究结合列出更多的人群数据，仍然可能无法获取由于年龄、遗传、饮食、健康状况、医疗和暴露于其他物质差异引起的广泛的 PD 差异性。

通过应用与关注化学物质同类的原型化学物质的 PD 差异性信息，可以实现更大的相关性。当结构系列中一种特定有毒物质的数据库很大时，可以根据第 6 章描述的相对效力方法将该信息用于其他系列。如果原型和关注的化学物质的毒性终点匹配良好，类似的类比也可用于评估人体间的 PD 差异性。例如，在基于 β-2-微球蛋白渗漏评估中，肾脏对镉的反应的人体差异性可能与其他危害肾脏的重金属（如汞和铀）相关（Kobayashi et al. 2006）。另一种可能性是，人体差异性程度可以从群体暴露与环境混合物的研究中获取。暴露标志物，例如多环芳烃（PAHs）的暴露标志物尿 1-羟基芘可能与有效内剂量标志物（如体积大的 DNA 加和物和尿致突变性）和效应标志物（如外围淋巴细胞中的染色体损伤）相关。评估焦炭炉工人、公交车司机和一般人群摄入炭烤肉或吸入香烟烟雾中的这些标志物，为推断出响应致癌物 PAHs 的个体差异性提供了数据库（Santella et al. 1993；Kang et al. 1995；Autrup et al. 1999；Siwinska et al. 2004）。

因此，以人体间 PD 差异性为代表的数据缺失表明，关键需要挖掘现有的流行病学文献、设计暴露标志物和效应的标志物都被用来描述相似暴露人群健康后果敏感性差异的新的研究。

可能会出现上述方法可用于推导 RfD 的情况。但是，有时候会有明确定义的敏感亚群。农药甲草胺的 RfD 是基于狗的溶血性贫血（EPA 1993）；除了由于遗传性状（如葡萄糖-6-磷酸脱氢酶缺乏症）而风险较高的种群（Sackey 1999）之外，人类溶血性贫血的背景发病率通常非常低。在这种情况下，需要侧重于描述敏感亚群风险的分析（图 5-12）。

5.3.3　概念模型 3：低剂量线性个体和群体剂量–反应关系

与癌症和其他复杂毒性过程一样，线性剂量–反应过程控制个体的剂量–反应关系，因此群体的剂量–反应关系也是低剂量线性。这与之前的两个概念模型不同，它描述了在有阈值的个体中发生剂量–反应关系时的群体剂量–反应分布。下面介绍了遵循这一概念模型的默认分析方法。它强调在剂量–反应关系中对不确定性进行概率描述，并强调对暴露于相同剂量的个体差异性进行描述。

方法

和上述其他案例一样，剂量–反应分析方法开始于人体 POD 分布的推导。当从动物数据推导时，人体 POD 基于动物 POD 和调整因子的分布，例如种间差异和少于终身的研究时间。这里，POD 取自拟合可观察到的响应范围下限的剂量的模型，并且不使用 ED_{50}。通过线性外推估计比中位数个体 POD 低的剂量下的风险，即假设剂量低于 POD 时，风险线性下降。但是，如第 4 章所述（表 4-1），暴露于相同剂量的人将有不同的风险。在给定剂量下，可以基于描述人体差异性的分布估计个体风险的范围。个体剂量–反应关系可以计算群体的剂量–反应曲线。剂量–反应评估方法通过 4-氨基联苯的案例说明的，见图 5-17。

方法的含义

功能上，该方法将以两种基本方式来改变低剂量线性致癌物质的剂量–反应特征。首先，将会对人体 POD 中的不确定性进行明确表征，其中人体 POD 解释了跨物种外推的不确定性和对剂量–反应数据的统计拟合的不确定性。EPA 可以选择报告特定的百分位数值，例如第 95 个百分位的上限。EPA 可以将与剂量 D 相关的人群过量癌症风险作为超额危险度（归因危险度）的合理上限，同时考虑群体剂量–反应关系中的不确定性和个体剂量–反应关系中的差异性。易感性为 95%或更大的个体的超额危险度的估计也可以单独报告。

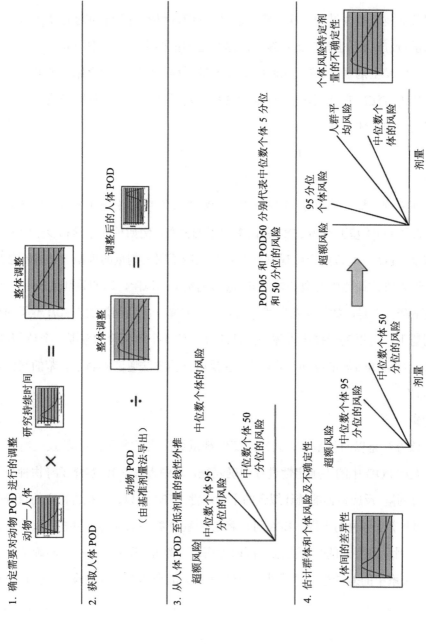

1. 确定需要对动物 POD 进行的调整

2. 获取人体 POD

3. 从人体 POD 至低剂量的线性外推

4. 估计群体和个体风险及不确定性

图 5-17 推导群体和个体风险估计以及动物数据估计不确定性的步骤

注：第 1 步需要推导调整分布，将动物 POD 转换为人体 POD。第 2 步根据分布推导人体 POD。第 3 步是从 POD 线性外推至中位数个体的低剂量，人体 POD 的下限用于推导中位数个体的风险上限。第 4 步需要应用个体差异性分布估计群体中位数个体的平均风险和不同敏感性个体的风险，以及不确定性估计。

其次，当潜在的差异性分布右偏时，如对数正态分布的情况，分析得到的群体风险估计将大于中位数个体的估计值。平均值或"预期值"将会超过中位数，这取决于易感性的个体差异性分布的假设形状。

癌症易感性中个体差异性的推荐默认值

假设对数正态分布的假设是合理的，正如第 4 章提供的一系列例子所示，中位数和 95 百分位数个体差异的假设系数为 10～50。这一差异明显大于当前癌症风险评估中的隐含假设的系数 1。在没有进一步的研究能够得出更精确的分布值或特定化学物质信息时，委员会建议 EPA 在癌症风险评估中采用默认分布或固定调整值。系数 25 是中位数和 95 百分位个体在低剂量线性情况下癌症敏感性的合理假设默认值，默认对数分布也是。系数 25 可以分解为药代动力学差异性因子 10 和药效学差异性因子 2.5。对于一些化学物质，如下面的 4-氨基联苯案例，由于个体间的 PK 不同，差异性可能更大。在致癌过程中，由于长时间延迟和多种决定因素，PD 差异性可能远大于建议的默认值。PD 差异将包括 DNA 修复和错误修复在个体中的不同程度、突变细胞监视、附加突变的积累和参与恶性化进展的其他因素。

非致癌终点的一个普遍假设是个体差异的总系数为 10——PK 差异的不确定性因子为 3.2 或 4，PD 差异的不确定性因子为 3.2 或 2.5（EPA 2002a；IPCS 2005）。对于遗传毒性代谢活化致癌物质，Hattis 和 Barlow（1996）仅考虑活化、解毒和 DNA 修复，发现中位数和 95 百分位个体的 PK 差异性更大，超过系数 10。这个系数是一个中心估计，一些化学物质表现出更大的 PK 差异性，另一些较小。在 4-氨基联苯案例中，其他生理因素，如膀胱中的储存会导致 PK 在人体中的差异性。

建议的默认值 25 将会导致增加的群体风险（平均风险）是中位数个体风险的 6.8 倍：对于对数正态分布，平均数与中位数的比值是 $\exp(\sigma^2/2)$。当 95 百分位数与中位数比值是 25 时，σ 是 1.96 [$=\ln(25)/1.645$]，平均值是中位数的 6.8 倍。如果中位数个体的风险估计是 10^{-6}，并且有 100 万人暴露时，预期的癌症病例是 6.8 而不是 1.0。

因此，根据这一新的默认值，中位数个体的数值将按照目前的癌症风险评估方法提供；默认系数是 25，平均值将高于 6.8。通过显示中位数和平均群体风险以及风险管理考虑的个体风险范围来在癌症风险评估中表示个体差异性是十分重要的。

案例研究：4-氨基联苯

4-氨基联苯是人类膀胱癌的已知病因，它曾被用作染料的中间体和橡胶抗氧化剂，但在大量工人中发现膀胱癌后，限制了其使用。目前的暴露主要是由吸烟引起的，这会增加 2～10 倍的膀胱癌风险。该化合物与膀胱 DNA 结合，并在多种测试系统中产生突变，包括人体细胞培养。它具有低剂量线性特征，是暴露于相对较低剂量的吸烟者和最近在洛杉矶暴露于环境烟草烟雾的从不吸烟的女性膀胱癌的原因（Jiang et al. 2007）。该化合物已经被广泛研究，发现在活化和解毒中具有显著的个体差异，并且在解毒效率更低的慢速乙酰化者中观察到较高的风险，解毒效用减弱（Gu et al. 2005；Inatomi et al. 1999）。这被用来说明当具备合理的高质量数据时，如何在剂量–反应评估中解决人体差异性。

估计人体对4-氨基联苯易感性的差异性

Bois 等（1995）利用人体在 PK 和生理处理 4-氨基联苯时的差异数据，模拟了人体癌症风险的个体异质性。简单来说，虽然最近还发现涉及其他酶（Tsuneoka et al. 2003；Nakajima et al. 2006），但是通常认为该化合物通过 CYP1A2 进行 N-羟基化。主要的解毒途径是 N-乙酰化。为了模拟药代动力学个体间的差异性，描述吸收、分布、活化、解毒和尿道排泄的参数根据文献中发现的人类范围而变化，模拟了近似致癌物形成的分布及其与膀胱 DNA 的结合。后者可用于描述由于生理和 PK 因素导致的易感性的差异，如图 5-18 所示。

DNA 结合分布仅在结合点之前解释人体差异，而不能解决 PD 差异，因此，DNA 结合分布可能被认为是总体人体差异的不足表征。图 5-18 所示的基于 PK 分布的上限和下限不同于几何平均值，系数分别为 16 和 26。由于人与人之间的 PD 差异，人体间差异性的分布将大于基于 PK 的分布。

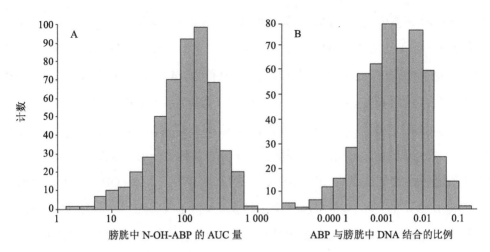

图 5-18 A，膀胱近端致癌物质的 AUC 以每 500 人纳克每分钟为单位。B，假定膀胱的比例边界，表明由于 PK 和生理参数引起的敏感性差异，95%置信区间上限的几何平均值 0.003 4 的 16 倍，是置信区间下限的 26 倍

来源：Bois et al. 1995，转载许可；版权 1995，Risk Analysis。

对于 4-氨基联苯的案例研究，为了说明将差异性纳入癌症剂量–反应模型，假定评估范围为 50 的个体差异性（95 百分位数与中位数之间的比例）。它反映了药代动力学中位数个体和 95 百分位数个体敏感性之间 20～30 的系数，以及与致癌作用中 PD 差异相关的差异性系数的适中因子。如上所述，这可能有所低估，在本案例研究的计算中假定的范围 50，相应的几何标准偏差是 10.8，自然对数的标准偏差是 2.38（σ_{lnH}），10 为底的对数是 1.03。

推导4-氨基联苯中位数个体POD和斜率

尽管人类膀胱癌风险与 4-氨基联苯之间存在已知的因果关系，但职业研究中的人体暴露估计可能不足以建立可靠的剂量–反应关系，并且和此处一样，评估可能必须基于动物数据。将动物试验中观察到的敏感位点，如进行灌胃的雌性小鼠的肝脏肿瘤，与剂量–反应模型拟合，得到 ED_{10} 为 0.1 mg/（kg·d），95%置信区间下限为 0.070 mg/（kg·d）。假设不确定性符合对数正态分布，那么这大致对应于 0.9 的 $\sigma_{logAnimal\ POD}$。对于跨物种外推将动物 POD 调整至人体 POD，如果人体剂量随体重的 3/4 按比例减小，则假定剂量具有相同的效力。如上所述，可以获得关于不同物种的急性和亚急性毒性数据。Hattis 等（2002）从这些数据中得出 $\sigma_{logA \rightarrow H}$ 的不确定性估计值为 0.416，并且还发现另外一个小因素稍微增加了合理的不确定性的估计值。然而，对于由更加持久和复杂的生物过程造成的致癌终点，可以预测该数值大大低估了实际的不确定性。尽管如此，这里的示例还是采用了这种方法，并意识到估计可能偏低。假设人体和小鼠的体重分别为 70 kg 和 0.025 kg，则跨物种调整比例的中位数是 7.3 [即（70/0.025）$^{(1-0.75)}$]。因此，人体 POD 中位数是 0.014 mg/（kg·d）（0.1/7.3），POD 的剂量–反应曲线斜率是 7.5 [mg/（kg·d）]$^{-1}$ [−ln（0.9）/0.014]。置信区间将考虑由于将数据拟合到剂量反应模型、跨物种外推和其他因素导致的不确定性。为了便于说明，这里考虑了前两个因素，$\sigma_{Human POD}$ 是 [（$0.09^2 + 0.42^2$）1/2]，结果是 0.43，中位数个体 POD 的 95%置信区间下限是 0.003 mg/（kg·d）（$0.014/10^{1.645\sigma}$ = 0.014/5.1），上限是 38 [mg/（kg·d）]$^{-1}$ [（7.5）（5.1）]。

推导4-氨基联苯个体和群体剂量–反应关系

根据上述个体差异性估计，可以用这些函数的不确定性估计来估算群体和个体百分位数的剂量–反应关系。群体剂量–反应曲线的斜率可以从给定剂量的个体平均风险计算。对于一个对数分布变量，平均值 μ 从中位数推导，包括一个简单的计算 [μ =（中位数）（exp{$\sigma^2/2$}），其中 σ 以基本单位 e 表示，"exp{$\sigma^2/2$}" 表示 e 为底数，{$\sigma^2/2$}为指数]；在这种情况下，根据人类个体差异性估计，σ_{lnH} = 2.38，平均效力是 126 [mg/（kg·d）]$^{-1}$ [（7.5）（exp{$2.38^2/2$}）=（7.5）（16.9）]。在低剂量下，通过将群体效力乘以剂量计算群体风险。这个估计的不确定性是通过考虑调整因子和 POD 模型拟合的不确定性得出的。

在低剂量下，通过将剂量乘以 376 [mg/（kg·d）]$^{-1}$ [376 =（7.5）（50）] 得到 95 百分位数个体的风险，与 10^{-5} 风险相关的 95 百分位数敏感群体剂量为 3 μg/kg（即[14 μg/kg]/50）。该剂量估计的不确定性边界将由人体 POD 分布给出，用 $\sigma_{HumanPOD}$ 表示。该个体置信区间下限将由上述 σ 确定（如 95%置信区间下限是 [（3 μg/（kg·d））/$10^{1.645\sigma_{Human POD}}$ = 0.6 μg/（kg·d）]）。这个例子并没有获取所有的不确定性来源，只是用于说明该方法。

概念模型 3 的数学框架

有毒物质给定剂量 D 的人体低剂量风险[1]可以表示为

$$\text{Risk}_H = \text{Slope}_H D = (\text{Slope}_{BMD} F_{H-A})\ D \qquad (1)$$

Risk_H 在这里指超过背景的递增风险，或者称为"额外风险"。在当前实践中，Slope_{BMD} 是在 BMD 时剂量–反应关系的斜率[2]。跨物种因子 F_{H-A} 调整与暴露于相同剂量的动物相比人体效应的差异，通常大于 1。如上所述，F_{H-A} 通常表达为两个因素：一个考虑药代动力学中动物—人体的差异，另一个表示药效学中动物—人体的差异（$F_{H-A} = F_{H-APK} F_{H-A\ PD}$）。这是将动物斜率（如［mg/（kg·d）］$^{-1}$）转换为人体斜率的方式之一，可以认为是从动物的中位数到人体的中位数。在使用药代动力学中的跨物种差异推导 Slope_{BMD} 的情况下，F_{H-A} 可以用 F_{H-APD} 表示。

根据数据的性质和分析的目标，等式 1 中的每个因素都可以表示一个模型，单个数字或分布。也可以通过一些暴露分布纳入暴露的差异性（例如，$D \sim G_D$（ ））。以 F_{H-A} 作为分布（如 $F_{H-A} \sim G_{H-A}$（ ））可以解决剂量外推或动物—人体外推的不确定性。区分个体间风险的差异性——也就是人与人之间的风险差异——和不确定性非常重要，这描述了我们对风险知识的匮乏。这样做的目的是可以有"对 y 百分位个体，风险效应不会超过 x，置信区间是 z1～z2"这样的表述。4-氨基联苯案例提供了如何做到这一点的示例。

在某些情况下，作为默认值，以数学的对数正态分布描述风险 H 的不确定性很方便，并且合适，例如，如果等式 1 中的每个因子的不确定性可以用正态分布表示，在这种情况下，等式 1 可以重新表示为

$$\text{Log Risk} = \log \text{Slope}_{BMD} + \log F_{H-A} + \log D \qquad (2)$$

---

[1]　如果拟合定量线性回归模型，超过剂量—反应范围的风险（π_D）可以用 $\pi_D = 1 - \exp(-\beta_0 - \beta_1 D)$ 得出。额外风险（ER）可以定义为 $\text{ER}(D) = (\pi_D - \pi_0)/(1 - \pi_0)$。该模型减少 $\text{ER}(D) = 1 - \exp(-\beta_1 D)$。对于特定的基准反应（BMR），在模型中 BMD 定义为 $\text{BMD} = -\ln(1 - \text{BMR})/\beta_1$，当额外风险和剂量之间的关系为二次时，$\pi_D = 1 - \exp(-\beta_0 - \beta_1 D - \beta_2 D^2)$。

[2]　Slope_{BMD} 可以定义为在 D=BMD 处 ER(D) 曲线正切线的斜率，即在 D=BMD 时评估的 $\text{Slope}_{BMD} = \text{ER}(\text{BMD}) = d/dD[\text{ER}(D)]$。对于在定量线性模型背景下定义的 ER(D)，将在估计的 BMD 处的 $\text{Slope}_{BMD} = \text{ER}'(\text{BMD}) = \beta_1 \exp(-\beta_1 \text{BMD})$ 降低。但是，为了简单和透明，可以使用以下近似：$\text{Slope}_{BMD} = \text{BMR}/\text{BMD}$，其对应于连接(BMD, BMR) 和 (0,0)的线的斜率。

简化后为

$$\sigma^2 = \sigma_{logSlope}{}^2 + \sigma_{logF}{}^2 + \sigma_{logD}{}^2 \qquad (3)$$

σ_{logD} 在更大程度上表示暴露的差异而不是不确定性，因此它不会如上所述纳入其中，而是分别跟踪，与下面所述的人体易感性分布相结合。4-氨基联苯案例说明 PK 因子的差异性会如何导致某些人的风险大大高于其他人，以及如何定量考虑。将人体 PD 差异性正式引入数学描述更具有挑战性，在下面的案例中，假设是默认分布。对 y 百分位数个体的风险可以描述为

$$Risk_{H\,yth} = Slope_{BMD}F_{H\text{-}A}DV_{H\,yth} \qquad (4)$$

其中，V_{Hyth} 是指描述 y 百分位数个体与中位数个体比例的 y 百分位分布。如果 V_{Hyth} 的不确定性和其他要素的不确定性用对数正态分布描述，则总体不确定性用 σ^2 表示，并增加一个术语——$\sigma_{logV}{}^2$，添加到式（3）中。

多种依赖剂量的作用模式

最近 EPA（2001c）针对饮用水的消毒副产物氯仿的剂量–反应评估中假定，持续或重复的细胞毒性之后的再生性增生可能是啮齿动物生物测定中观察到的肾脏和肝脏癌症的原因。建议使用暴露率（MOE）方法评估对该物质的致癌暴露。但是，EPASAB（2000，p.12）指出，对于观察到的肾细胞癌"遗传毒性可能造成低剂量的剂量–反应"，并呼吁机构通过"开发合理的方法估计'遗传毒性'组分对致癌活性最可能的潜在贡献的上限"解决混合作用模式的一般问题。

终点与多个 MOAs 相关的化学物质的剂量–反应分析具有挑战性。EPA（2005b）《致癌物质风险评估指南》（pp.3-22）指出：

如果在单个肿瘤位点存在多种作用模式，一种线性一种非线性，则用两种方法区别和考虑不同剂量范围内每种作用模式的各自贡献。例如，一种物质在高剂量主要通过细胞毒性作用，在较低剂量通过致突变性作用、但不会发生细胞毒性。对低响应水平建模有助于估计高剂量作用模式中不太重要的剂量下的反应。

虽然氯仿可能是这种情况，但该机构还是决定采取低剂量非线性方法来表征与化学

物质相关的风险，并应用非致癌 RfD 方法。在氯仿的情况下，高剂量的斜率不能很好地表示低剂量斜率。对于个体反应中具有低剂量线性且高剂量反应可能受到非线性 MOA 的显著影响的情况，无论概念模型 2 还是从高剂量 BMD 预测低剂量风险的方式都不令人满意。在这种情况下，建议采用其他默认方法。

在低剂量下，预计线性 MOA 将占主导地位。修正因子 M_S 可以解释斜率的变化。调整因子将基于对机制的理解。在这种情况下，风险（即上述定义的"额外风险"）可表示为

$$Risk_H = [Slope_H]\ D = [Slope_{BMD}M_SF_{H-A}]\ D \tag{5}$$

其中，$Slope_{BMD}$、F_{H-A} 和 D 的定义如式（1），$Slope_{BMD}$ 的估计如上。

对于 4-氨基联苯，M_S 的值为 1，；对于氯仿，值可能小于 1，并且可能成为有争议的对象。尽管如此，M_S 提供了一种在有强力的证据表明观察到的高剂量斜率高于低剂量斜率的情况下解决潜在低剂量线性的手段。

M 和"剂量与剂量率效能因子"的目的一样，用于调整在相对较高剂量下观测到的剂量–反应曲线的斜率，从而预测低剂量的辐射风险（ICRP 1991；EPA 1998；NRC 1998b；ICRP 2006；NRC 2006c；Wrixon 2008）。单一的物质可能存在多种毒性机制，其中一些机制可能具有非线性剂量–反应特征，或者所谓的剂量依赖性转换（Slikker et al. 2004）。在考虑 M 值时，需要在影响这些毒性机制的背景暴露和疾病过程的背景下考虑剂量依赖性转换。M 的选择将会成为科学政策的需求。

5.4　实施

委员会意识到统一的框架产生了风险评估过程中额外的数据和分析需求。数据和分析的开发需要时间，开发实施策略就很重要了。委员会注意到，通过建立默认分布，可以在短期内实施框架。对于非致癌终点，默认值将为建立 RfD 和表征非致癌风险提供概率基础；对于癌症风险表征，它们能够纳入人体间的差异性。在外推中不采用不确定性因子的默认点估计而使用默认分布进行调整改进了差异性和不确定性的表达，并且提供

了进一步改进和激励收集分析现有信息及产生针对特定外推需求的新数据的机会。随着经验的积累，指南对于帮助应用默认值和确保实施框架的一致性十分重要。在制定指导方针时，委员会鼓励大家关注第 6 章所述的关于默认值使用的问题，以及在应用指南解决早期癌症敏感性时为确定遗传致癌物的诱变 MOA 采用的方法（见上文"作用方式评估"一节的讨论）（EPA 2005c）。委员会用概念模型和案例计算说明了本章提出的观点。假设和简化是用来使示例易于理解和清晰的，而不是用来规定任何特定的方法或数值。

表 5-1 总结了统一框架中的重要方面包括数据需求、默认值作为更好研究和更明确分布的临时占位符的潜在效用以及实施。在剂量—反映评估中经常出现的一些其他来源的不确定性和差异性不是拟议的统一框架所特有的，所以在表中没有涉及；一些相关问题和默认值方法见第 6 章。

表 5-1　建立默认值实施剂量–反应关系统一框架的潜在方法

分析步骤	数据需求	检验和实施问题	近期建立默认值的潜在方法
跨物种外推	比较啮齿动物和人对有毒物质的相对敏感性	从默认点估计向分布改进增加了复杂性，并遇到数据限制；关于急性和亚急性效应和直接作用药物的文献主要用于比较，被研究的少数人群不能代表全体人群	将默认分布建立在大量具有关于啮齿动物和人类（药物试验、临床毒理学和流行病学研究）类似终点的数据和解决数据缺失的调整的物质和有毒物质样本上；寻求特定类别化学物质的特定分布并比较特定啮齿动物（小鼠对比大鼠对比仓鼠）和人类；如果不能导出覆盖 PK 和 PD 的总体分布，则考虑使用体重比例来外推 PK；制定默认分布描述体重比例的不确定性
人类个体间 PK 的差异性	不同生命阶段、疾病状态、遗传多样性、物质相互作用的 PK 差异	很难获取关于易感性群体（如儿童）的 PK 数据库；默认值主要基于药物文献，也存在局限	基于药物文献的对比得出 PK 差异性的默认分布，并且尽可能地针对特定的酶途径、受体类型和化学物质类型；使用 PBPK 贝叶斯和蒙特卡洛方法来评估酶途径差异性对总体 PK 差异性的影响；考虑调整来解决推导中的小样本和其他偏差

分析步骤	数据需求	检验和实施问题	近期建立默认值的潜在方法
人类个体间 PD 的差异性	群体中与各种类型的终点包括癌症相关的 PD 的差异	人类的 PD 反应可能差异很大，尤其是在难以研究的群体中（如儿童、老人）；如何考虑和整合临床、前体和其他上游终点以及如何区分 PK 和 PD 的差异性上不明确	将默认值分布建立在来自药物测试和高质量流行病学研究的广泛的人体反应、化学物质和终点的基础上；使用背景暴露和脆弱性信息建立默认值；尽可能建立针对特定化学物质类型、终点（如癌症、内分泌和急性毒性）和各人类的分布；考虑调整解决推导中的小样本和其他偏差
背景暴露	具有相似 MOA 化学物质的低剂量相互作用研究	人群有很多背景暴露；很难确定 MOAs；当确定 MOAs 时，不同剂量和剂量比例以及不同物种、年龄和器官下与其他化学物质的相互作用很难预测；机制和相互作用数据有限	制定指南判断背景暴露（和脆弱性）在拒绝低剂量线性时是否足够不重要；当拒绝时，用概率方法建立 RfD，采用个体差异和其他分布
背景脆弱性 [a]	关于化学暴露和疾病过程的敏感流行病学和机制研究；生物监测数据	人群有大量的退行性和疾病过程；很难对特定 MOA 的相关性进行排序；关于化学物质疾病相互作用的数据不足	建立指南判断背景脆弱性、条件和暴露是否对拒绝低剂量线性足够不重要；当拒绝时，用概率方法建立 RfD，采用个体差异和其他分布
低剂量外推默认值	确定化学物质目标效应和与背景过程相互作用的 MOA 信息	很难在相关测试系统中获得低剂量数据；化学物质可能有混合的 MOAs；不同的模型可能同样适用于高剂量数据，但在低剂量时有差异	除非有充足的数据支持其他方法，否则继续使用致癌物质具有低剂量线性反应的假设；制定非致癌低剂量反应指南和由于背景加和脆弱性（概念模型 1）而进行线性外推的指南；正式采用遗传毒性化学物质（染色体断裂剂，诱变剂）会通过诱变 MOA 引起癌症的假设
低剂量线性斜率因子——M 调整	人体和动物研究大范围的剂量–反应数据，相关的机制数据	来自流行病学和毒理学研究的数据有限；需要知道如何运用生物学模型考虑机制数据	根据机制因素和人体动物观察开发一系列默认值 M 因子，以应用于不同情境中（如饱和现象或影响一些遗传毒性活性的化学物质致癌性的高剂量细胞毒性）

[a] 对内源性因素（如年龄、性别、基因、之前存在的健康缺陷和疾病）和外源性因素（暴露于制剂）的易感性和暴露的差异性。

可以设计一个实施计划来逐步实现统一框架。制订计划的一些考虑和建议见表 5-1。默认分布最初可以基于数据集，这些数据集可以根据调整或其他分布假设来解释从少数人群、化学物质案例研究和大量群体的终点得到的推论。随着收集的数据越来越多以及对差异性的理解越来越深入，默认分布的不确定性会降低。新兴的技术，例如毒理基因组学和高通量测序将会突出处于关键时刻的疾病因果关系和毒物作用路径，有助于纳入背景加和性和差异性成分。实施计划应与研究议程相关，随着时间推移，它能够改进剂量–反应评估的分布方法。最后，为了实施统一的框架，显然需要 EPA 的指南，该指南应当包括实施背景暴露和脆弱性评估、背离线性默认值、为分析建立分布、模型选择等。指南和政策的制定和推出是实施计划的重要组成部分，也是利益相关方参与、科学同行评审、中期纠正错误的开始和步骤的重要机会。

5.5 结论和建议

5.5.1 结论

本章回顾了目前用于表征化合物致癌和非致癌终点剂量–反应关系的范式，得出以下结论：

- 剂量–反应分析中致癌和非致癌后果的分离是人为的，因为非致癌终点能在群体水平上甚至在某些情况下的个体水平上没有阈值或低剂量非线性。类似地，致癌物质的 MOA 各有不同，需要灵活但一致的分析框架。这种区分不仅在科学上不合理，也会导致不可取的风险管理后果，包括对非致癌终点的关注不足，特别是在费用—效益分析方面。

- 当前 RfD 的提法是有问题的，因为将其作为了有无监管重要性风险的决定因素，而且缺乏不同剂量下的风险定量描述。它阻碍了风险–风险和风险—效益比较以及风险管理决策，没有最充分利用现有的科学证据。

- 癌症风险评估通常缺乏个体间差异性的定量描述。这导致群体风险范围的描述不完整。非致癌风险评估涉及个体间的差异性，但是癌症风险评估通常没有；这反映了人体癌症易感性不变的隐含默认值（见第 4 章和第 6 章）。关于线性剂量–反应外推程序有遗漏（EPA 2005b）的观点不受支持，并且提出除了高剂量和低剂量外推外不应该与描述个体之间风险差异的需求相混淆的单独考虑。目前《致癌物质指南》（EPA 2005b）中采用的方法只有在识别了特定化学物质的敏感亚群时，才会考虑差异性，这一方法由于缺乏特定化学物质的数据而具有局限性。它还忽略了可感知的人体个体间敏感性差异的科学知识（表 4-1），在没有特定化学物质数据时，这是关于差异性一般假设的基础。关于儿童的补充指南（EPA 2005c）是正确方向上的重要一步，但是一般人群的差异性也要解决。

- 不确定性因子通常用于调整，但是调整的准确度未知。不确定性因子包括不确定性和差异性调整的要素。需要用将要素透明区分的分布替代默认因子。需要表征 PK 和 PD 差异性、跨物种剂量调整和缺乏敏感性研究的调整的默认分布，作为研究改进的开端。

- 委员会认为用"安全系数"表征非致癌风险评估中不确定性因子是不恰当的，存在误导性。"不确定性因子"也不恰当，因为它没有反映因子应当要反映的差异性和调整因素。

- 基本的科学和风险管理考虑指向统一致癌和非致癌方法的需求，其中化学物质被纳入同一个分析框架而不考虑后果的类型。终点之间存在重要的差异，但是在这一分析框架中，可以得到致癌和非致癌终点在群体增加特定风险时相应的剂量，这将为风险管理决策增加透明度和定量结果。其他的改变有重新定义 RfD。委员会意识到风险估计和由此得到的特定风险的 RfD 通常是不确定的。尽管如此，这仍然是对由传统 BMD 和不确定性因子方法得出的 RfDs 的改进。结果更加透明，展示了差异性和不确定性，并且随着更多数据的获得更易于改进。此外，风险（以及伴随的不确定性）不仅体现在 RfD 上，随着剂量的连续变化也是风险效益分析的重要进展。

- 委员会发现，通用的分析框架最好地反映了基础科学。该框架的主要元素见图 5-8，主要包括：

——对于会影响到化学物质人体剂量–反应关系和人体脆弱性的 MOAs、脆弱性群体、背景暴露和疾病过程的系统评估。其中，包括评估潜在背景暴露和过程（例如，危害和修复过程、疾病和衰老）。这些背景暴露和过程与化学物质 MOAs 相互作用，促进有毒物质反应的差异性和脆弱性，并导致线性低剂量的群体剂量–反应关系。

——选择针对个体和群体剂量–反应关系的概念模型。本章描述了下面三点：

i 低剂量非线性个体响应，依赖背景的低剂量线性群体反应。

ii 独立于背景的低剂量非线性个体和群体反应。

iii 低剂量线性个体和群体反应。

——选择最能反映 MOA 和背景因素的概念模型和剂量–反应方法以及风险管理所需的风险表征形式。在可行的情况下，还应选择得到风险和不确定性定量描述的方法。

- 框架的关键优点是：

——定量和概率形式的风险描述。RfD 重新定义为特定风险剂量（例如，与特定终点 1/100 000 风险相关的剂量），可以在高于或低于 RfD 的剂量下估算风险。这使得风险权衡和成本–效益分析可以更加正式的纳入所有终点。

——表征关键终点的差异性和不确定性。这将解决风险中群体异质性的问题，并为信息价值和其他需要不确定性估计的确定优先事项的分析提供信息。差异性和不确定性的来源及其在推导风险估计值方面的定量贡献将更为透明，这反过来又能定量表征这些效益的不确定性。

——这是一种定量描述暴露变化中的健康效益的方法。这样可以直接比较这些变化的成本和它们带来的好处。

——决策灵活性更高的基础。风险管理者可以采用目前监管决策中 RfD 使用的相同方式来使用特定风险的 RfD。但是，会有附加的定量风险信息伴随着 RfD，包括高于或低于 RfD 的风险和不确定性估计。这样可以更有效地考虑风险–风险和风险—效益分析中的选择和权衡。

- 框架的关键缺点是：

——需要加强分析来详细考虑可能增加相关暴露和导致差异性的背景因素。这可能会增加分析的复杂性，对传达分析及其结果构成挑战。风险评估者和风险管理者都需要进行培训。机构已经在一些评估中纳入了这些要素（EPA 2001b；EPA 2004），并且在案例研究中探讨了其他要素（Axelrad et al. 2005；Woodruff et al. 2007）。EPA 实验室还开展了研究以支持委员会设想的表征。因此，EPA 具有开发这些方法的内部能力。实现充分利用还需要进一步的发展和员工培训。机构外部的风险评估团体提供了上述提到的几个案例，也是进一步开发案例和扩展方法学的资源。机构在翻译风险信息及将其应用于决策方面也具有大量的专业知识。目前采用的风险管理方法可能需要调整以充分利用新的信息，风险管理者需要就如何更好地利用最新的不同风险表征方面接受培训。

——由于框架要素的建立需要依据的数据存在局限，必然需要建立默认值。根据分析水平的不同，关于背景暴露、与基线老化和疾病过程的相互作用及个体间的差异性的特定化学物质信息的应得到进一步完善。当毒理学和风险评估资源面临决策中风险评估作用不断扩大但缺乏许多化学物质的基本毒理学信息的挑战时，这个问题就会出现。当可以开发支持新的改进方法的生物学和测试具有极大的科技创新时，这个问题同样会出现（NRC 2006d，2007a，2007b）。

- 建立合理的科学支持的默认值方法（例如，对具有背景加和的化学物质线性外推至低剂量）和默认值分布（例如，个体间差异性）来实施框架会鼓励对支持风险评估的科学进行研究和良性的讨论。由此产生的默认方法是第 6 章中描述的风险评估默认值使用的预期改进的一部分。建立默认值的过程可以更好地了解如何使用特定化学物质的信息为毒性测试和低剂量外推提供信息。

5.5.2　建议

委员会将统一框架的建议分为短期建议和长期建议。如果短期建议实施，委员会预计未来的 2～5 年会取得重大进展，长期建议取得实质性进展的时间范围进一步延长，为 10～20 年。

短期建议

- 委员会建议在对新的化学物质进行评估或综合风险信息系统或项目办公室重新评估旧的化学物质或纳入比较成本–效益分析时，应当逐步实施剂量–反应评估的统一框架。应将最初的测试案例用作概念证明。委员会建议采用灵活的方法，在统一的框架中使用不同的概念模型，如本章中提出的三个概念模型。这种方法需要

——将概率和分布方法纳入被认为是低剂量非线性响应的物质的剂量–反应分析中，然后根据概率描述重新定义 RfD。

——评估每种化学物质的 MOA、背景暴露和疾病过程和脆弱人群。根据图 5-8 所示的统一框架，这将增加一个剂量–反应分析步骤，在这个步骤中将通过分析目标群体的背景暴露和脆弱性来决定基于概念模型的分析方案。

——纳入背景加和来解释

- 同一化学物质或具有类似作用化学物质（包括内源）的其他暴露来源。
- 化学物质 MOA 和导致背景易损性分布的相关疾病或老化过程之间的相互作用。

——为评估 MOA、背景暴露和疾病过程、脆弱群体、选择概念模型构建指南和默认值。委员会建议假设致癌和非致癌反应的默认选项是线性的。根据推荐的 MOAs 和背景评估，在背景不太可能是风险的重要因素的情况下，可以选择一种替代的分析方案（概念模型 2）。

——将人体的差异性正式引入癌症剂量–反应模型和风险表征。这需要特定化学物质的分布或使用默认差异性分布。委员会建议随着分布的开发，EPA 采用了假设为对数正态分布的个体间差异的默认值，并立即明确解决癌症响应估计中的人体差异性。一个合理的假设是，95%上限的人的敏感性是中位数的人的 10～50 倍。

- 委员会建议 EPA 开展案例研究探索新的统一框架的使用。案例研究的目的并不是简单地比较当前的方法和新的框架，而是用于探索和获得框架在 MOA、易损

性和背景评估方面的经验；使用差异性（如遗传多样性、疾病和与衰老相关的易损性）和 RfD 推导中的协同暴露的改进信息；将差异性纳入癌症风险分析；对剂量–反应关系进行定量不确定性表征。

- 委员会建议 EPA 收集流行病学、药学文献和临床毒理学的信息，用它们来开发人体间 PK 和 PD 差异性的默认分布。表 5-1 列出了一些可能方法。

- 委员会建议机构制定默认值调整的分布，这个分布能够定量表征在剂量–反应评估中关键的不确定性的典型调整，包括 PK 和 PD 的跨物种外推和给药途径、给药间隔（如亚慢性到慢性）和数据缺失之间的外推。表 5-1 列出了一些可能的方法。鼓励最大限度地使用现有的人体数据库。可以检查个体的生物标志物测定等具有明确定义的暴露信息，以便于理解响应中的异质性。可以用这些数据库建立适用于一系列化学物质（具有相似结构、MOA、靶点和效应）的差异性分布，提高对人体间 PD 差异性的理解。

- 机构应当制定在统一的框架下正式的剂量–反应分析指南。例如，开展背景脆弱性和暴露评估、MOA 评估、默认剂量–反应建模、不使用默认值的特定化学物质分析将会需要这个指南。

- 委员会建议，在为剂量–反应评估中使用的不同调整开发默认分布时，应当为其分配准确的标签（如人体差异性分布）。这将减少通常与使用"不确定性因子"一词相关的误解转移到新的默认分布的可能。

- 委员会建议在未来的 5 年，EPA 通过从生物医学文献种收集数据和开发大量的人体脆弱性信息并且重点关注可能与具有普遍暴露和高优先级的化学物质的 MOAs 相互作用的疾病（如肺、心血管、肝脏和肾脏疾病以及各种癌症）来进一步解决脆弱性问题。这可能需要与临床医生、生物化学家、流行病学家和其他生物医学专家合作，开发临床疾病前期生物标志物，作为有毒物质 MOAs 脆弱性的上游指标。

长期建议

- 委员会建议 EPA 扩大其对脆弱性和易感性的研究。机构可以自行开展研究，也可以和其他机构协调围绕脆弱性的决定因素和能够更准确考虑脆弱性的方法开展更深入的研究。这需要使用流行病学研究探讨已有疾病和群体中的脆弱个体会如何影响有毒物质的响应。可以开发脆弱性标志物和效应标志物作为预测筛选指标用于暴露群体。当使用暴露生物标志物进行分析时，它们可用于评估人体暴露—反应关系和个体间的差异性。例如国家健康和营养调查以及环境和公众健康跟踪等区域和国家的数据库，可以被用来评估具有背景脆弱性或背景暴露的人是否面临有毒物质暴露风险增加的情况。这项工作可以得到脆弱性分布，可用于剂量–反应评估。药物遗传学和多态性探针可以被纳入流行病学研究，以探索群体中关键个体的易感因素及其在人群中的频率。动物模型，例如转基因小鼠，可用于确定特殊基因及其多样性在决定风险中的重要功能性意义。

- 委员会建议使用系统生物学技术进行计算研究，以分析"组学"终点如何为表 5-1 所列出的分布发展提供信息。例如，来自于基因组学终点高通量筛选的分析数据可以得到能够解释的疾病脆弱性的上游指标。可以用适合作为群体疾病生物标志物的连续参数来描述导致病理状况或功能损失的生物化学过程。这些方法还可提供反映毒性物质 MOA 关键步骤的、可解释的生物化学终点。

- 委员会建议探索具有相似或不同 MOAs 但是影响同样毒理学过程的化学物质暴露的相互作用。这些研究可以进一步改善对背景加和问题的理解。研究还将影响到关于混合暴露和联合暴露的方法，以及关于在给定风险评估情况下假设效应加和（现在在非致癌风险评估中假设）、剂量加和或一些其他特征是否合适的问题的解决方法。

参考文献

[1]　Angelosanto, F.A., G.R. Blackburn, C.A. Schreiner, and C.R. Mackerer. 1996. Benzene induces a dose-responsive increase in the frequency of micronucleated cells in rat Zymbal glands. Environ. Health Perspect. 104(Suppl. 6):1331-1336.

[2]　Autrup, H., B. Daneshvar, L.O. Dragsted, M. Gamborg, A.M. Hansen, S. Loft, H. Okkels, F. Nielsen, P.S. Nielsen, E. Raffn, H. Wallin, and L.E. Knudsen. 1999. Biomarkers for exposure to ambient air pollution—comparison of carcinogen-DNA adduct levels with other exposure markers and markers for oxidative stress. Environ. Health Perspect. 107(3):233-238.

[3]　Axelrad, D.A., K. Baetcke, C. Dockins, C.W. Griffiths, R.N. Hill, P.A. Murphy, N. Owens, N.B. Simon, and L.K. Teuschler. 2005. Risk assessment for benefits analysis: Framework for analysis of a thyroid-disrupting chemical. J. Toxicol. Environ. Health A. 68(11-12):837-855.

[4]　Axelrad, D.A., D.C. Bellinger, L.M. Ryan, and T.J. Woodruff. 2007. Dose-response relationship of prenatal mercury exposure and IQ: An integrative analysis of epidemiologic data. Environ. Health Perspect. 115(4):609-615.

[5]　Baird, S.J.S., J.T. Cohen, J.D. Graham, A.I. Shiyakhter, and J.S. Evans. 1996. Non-cancer risk assessment: A probabilistic alternative to current practice. Hum. Ecol. Risk Asses. 2(1):79-102.

[6]　Bannasch, P. 2003. Comments on 'R. Karbe and R. L. Kerlin. (2002). Cystic Degeneration/Spongiosis Hepatis [Toxicol. Pathol. 30(2):216-227].' Toxicol. Pathol. 31(5):566-570.

[7]　Bois, F.Y., G. Krowech, and L. Zeise. 1995. Modeling human interindividual variability in metabolism and risk: The example of 4-aminobiphenyl. Risk Anal. 15(2):205-213.

[8]　Boutet, K, J.L. Malo, H. Ghezzo, and D. Gautrin. 2007. Airway hyperresponsiveness and risk of chest symptoms in an occupational model. Thorax 62(3):260-264.

[9]　Brouwer, A., M.P. Longnecker, L.S. Birnbaum, J. Cogliano, P. Kostyniak, J. Moore, S. Schantz, and G. Winneke. 1999. Characterization of potential endocrine-related health effects at low-dose levels of

exposure to PCBs. Environ. Health Perspect. 107(Suppl. 4):639-649.

[10] CDC (Centers for Disease Control and Prevention). 2007. Asthma: Asthma's Impact on Children and Adolescents. U.S. Department of Health and Human Services, Centers for Disease Control and Prevention, Washington, DC [online]. Available: http://www.cdc.gov/asthma/children.htm [accessed Sept. 14, 2007].

[11] Crofton, K.M., E.S. Craft, J.M. Hedge, C. Gennings, J.E. Simmons, R.A. Carchman, W.H. Carter Jr., and M.J. DeVito. 2005. Thyroid-hormone-disrupting chemicals: Evidence for dose-dependent additivity or synergism. Environ. Health Perspect. 113(11):1549-1554.

[12] Crouch, E., and R. Wilson. 1979. Interspecies comparison of carcinogenic potency. J. Toxicol. Environ. Health 5(6):1095-1118.

[13] Crump, K.S., D.G. Hoel, C.H. Langley, and R. Peto. 1976. Fundamental carcinogenic processes and their implications for low dose risk assessment. Cancer Res. 36(9 Pt. 1):2973-2979.

[14] Daniels, M.J., F. Dominici, J.M. Samet, and S.L. Zeger. 2000. Estimating particulate matter-mortality dose-response curves and threshold levels: An analysis of daily time-series for the 20 largest U.S. cities. Am. J. Epidemiol. 152(5):397-406.

[15] de Meer, G., D.S. Postma, and D. Heederik. 2003. Bronchial responsiveness to adenosine-5'-monophosphate and methacholine as predictors for nasal symptoms due to newly introduced allergens: A follow-up study among laboratory animal workers and bakery apprentices. Clin. Exp. Allergy 33(6):789-794.

[16] Demchuk, E., B. Yucesoy, V.J. Johnson, M. Andrew, A. Weston, D.R. Germolec, C.T. De Rosa, and M.I. Luster. 2007. A statistical model for assessing genetic susceptibility as a risk factor in multifactorial diseases: Lessons from occupational asthma. Environ. Health Perspect. 115(2):231-234.

[17] Dominici, F., A. McDermott, S.L. Zeger, and J.M. Samet. 2003. National maps of the effects of particulate matter on mortality: Exploring geographical variation. Environ. Health Perspect. 111(1):39-43.

[18] Dubowsky, S.D., H. Suh, J. Schwartz, B.A. Coull, and D.R. Gold. 2006. Diabetes, obesity, and

hypertension may enhance associations between air pollution and markers of systemic inflammation. Environ. Health Perspect. 114(7):992-998.

[19] EPA (U.S. Environmental Protection Agency). 1993. Alachlor (CASRN 15972-60-8). Integrated Risk Information System, U.S. Environmental Protection Agency, Washington, DC [online]. Available: http://www.epa.gov/iris/subst/0129.htm [accessed Sept. 12, 2007].

[20] EPA (U.S. Environmental Protection Agency). 1998. Health Risks from Low-Level Environmental Exposure to Radionuclides. Federal Guidance Report No.13 -Part 1, Interim Version. EPA 402-R-97-014. Office of Radiation and Indoor Air, U.S. Environmental Protection Agency, Washington, DC. January 1998 [online]. Available: http://homer.ornl.gov/VLAB/fedguide13.pdf [accessed Aug. 7, 2008].

[21] EPA (U.S. Environmental Protection Agency). 2000a. Benchmark Dose Technical Guidance Document. EPA/630/ R-00/001. Risk Assessment Forum, U.S. Environmental Protection Agency, Washington, DC. October 2000 [online]. Available: http://www.epa.gov/ncea/pdfs/bmds/BMD-External_10_13_2000.pdf [accessed Jan. 4,2008].

[22] EPA (U.S. Environmental Protection Agency). 2000b. Risk Characterization Handbook. EPA 100-B-00-002. Office of Science Policy, Office of Research and Development, U.S. Environmental Protection Agency, Washington, DC. December 2000 [online]. Available: http://www.epa.gov/OSA/spc/pdfs/rchandbk.pdf [accessed Jan. 7,2008].

[23] EPA (U.S. Environmental Protection Agency). 2001a. Trichloroethylene Health Risk Assessment: Synthesis and Characterization. External Review Draft. EPA/600/P-01/002A. Office of Research and Development, Washington, DC. August 2001 [online]. Available: http://rais.ornl.gov/tox/TCEAUG2001. PDF [accessed Aug. 2, 2008].

[24] EPA (U.S. Environmental Protection Agency). 2001b. Water Quality Criterion for the Protection of Human Health: Methylmercury, Chapter 4: Risk Assessment for Methylmercury. EPA-823-R-01-001. Office of Science and Technology, Office of Water, U.S. Environmental Protection Agency, Washington, DC. January 2001 [online]. Available: http://www.epa.gov/waterscience/criteria/methylmercury/pdf/ merc45. pdf [accessed Aug. 6, 2008].

[25] EPA (U.S. Environmental Protection Agency). 2001c. Chloroform (CASRN 67-66-3). Integrated Risk Information System, U.S. Environmental Protection Agency, Washington, DC [online]. Available: http://www.epa.gov/iris/subst/0025.htm [accessed Sept. 12, 2007].

[26] EPA (U.S. Environmental Protection Agency). 2002a. A Review of the Reference Dose and Reference Concentration Processes. EPA/630/P-02/002F. Risk Assessment Forum, U.S. Environmental Protection Agency, Washington, DC. December 2002 [online]. Available: http://cfpub.epa.gov/ncea/cfm/recordisplay.cfm?deid=55365 [accessedJan. 4, 2008].

[27] EPA (U.S. Environmental Protection Agency). 2002b. Guidance on Cumulative Risk Assessment of Pesticide Chemicals That Have a Common Mechanism of Toxicity. Office of Pesticide Programs, U.S. Environmental Protection Agency, Washington, DC. January 14, 2002 [online]. Available: http://www.epa.gov/pesticides/trac/science/cumulative_guidance.pdf [accessed Jan. 7, 2008].

[28] EPA (U.S. Environmental Protection Agency). 2004. Exposure and Human Health Reassessment of 2,3,7,8-Tetrachlorodibenzo- p-Dioxin (TCDD) and Related Compounds, NAS Review Draft. EPA/600/P-00/001Cb. National Center for Environmental Assessment, Office of Research and Development, U.S. Environmental Protection Agency, Washington, DC [online]. Available: http://cfpub.epa.gov/ncea/cfm/recordisplay.cfm?deid=87843 [accessed Aug. 6, 2008].

[29] EPA (U.S. Environmental Protection Agency). 2005a. Approaches for the Application of Physiologically Based Pharmacokinetic (PBPK) Models and Supporting Data in Risk Assessment. External Review Draft. EPA/600/ R-05/043A. National Center for Environmental Assessment, Office of Research and Development, U.S. Environmental Protection Agency, Washington, DC. June 2005 [online]. Available: http://cfpub.epa.gov/ncea/cfm/recordisplay.cfm?deid=135427 [accessed Jan. 22, 2008].

[30] EPA (U.S. Environmental Protection Agency). 2005b. Guidelines for Carcinogen Risk Assessment. EPA/630/P- 03/001F. Risk Assessment Forum, U.S. Environmental Protection Agency, Washington, DC. March 2005 [online]. Available: http://cfpub.epa.gov/ncea/cfm/recordisplay.cfm?deid=116283 [accessed Feb. 7, 2007].

[31] EPA (U.S. Environmental Protection Agency). 2005c. Supplemental Guidance for Assessing Susceptibility for Early-Life Exposures to Carcinogens. EPA/630/R-03/003F. Risk Assessment Forum, U.S. Environmental Protection Agency, Washington, DC. March 2005 [online]. Available: http://cfpub. epa.gov/ncea/cfm/recordisplay.cfm?deid=160003 [accessed Jan. 4, 2008].

[32] EPA (U.S. Environmental Protection Agency). 2005d. Toxicological Review of Phosgene (CAS 75-44-5) In Support of Summary Information on the Integrated Risk Information System (IRIS). EPA/635/ R-06/001. U.S. Environmental Protection Agency, Washington, DC. December 2005 [online]. Available: http://www.epa.gov/iris/toxreviews/0487-tr.pdf [accessed Aug. 7, 2008].

[33] EPA (U.S. Environmental Protection Agency). 2006a. Background on Risk Characterization. Technology Transfer Network, 1999 National-Scale Air Toxics Assessment, U.S. Environmental Protection Agency, Washington, DC [online]. Available: http://www.epa.gov/ttn/atw/nata1999/riskbg. html [accessed Sept. 10, 2007].

[34] EPA (U.S. Environmental Protection Agency). 2006b. Harmonization in Interspecies Extrapolation: Use of BW¾ as Default Method in Derivation of the Oral RfD. External Review Draft. EPA/630/R-06/001. Risk Assessment Forum Technical Panel, U.S. Environmental Protection Agency, Washington, DC. February 2006 [online]. Available: http://cfpub.epa.gov/si/si_public_record_Report.cfm? dirEntryID= 148525 [accessed Aug. 7, 2008].

[35] EPA (U.S. Environmental Protection Agency). 2006c. Toxicological Review of Dibutyl Phthalate (Di-n-Phthalate) (CAS No. 84-74-2) In Support of Summary Information on the Integrated Risk Information System (IRIS). NCEA-S-1755. U.S. Environmental Protection Agency, Washington, DC [online]. Available: http://cfpub.epa.gov/ncea/cfm/recordisplay.cfm?deid=155707 [accessed Dec. 10, 2007].

[36] EPA SAB (U.S. Environmental Protection Agency Science Advisory Board). 2000. Review of the EPA'S Draft Chloroform Risk Assessment. EPA-SAB-EC-00-009. Science Advisory Board, U.S. Environmental Protection Agency, Washington, DC. April 2000 [online]. Available: http://yosemite. epa.gov/sab/sabproduct.nsf/D0E41CF58569B1618525719B0064BC3A/$File/ec0009.pdf [accessed Jan. 22, 2008].

[37] EPA SAB (U.S. Environmental Protection Agency Science Advisory Board). 2002. Workshop on the Benefits of Reductions in Exposure to Hazardous Air Pollutants: Developing Best Estimates of Dose-Response Functions. EPA-SAB-EC-WKSHP-02-001. Science Advisory Board, U.S. Environmental Protection Agency, Washington, DC. January 2002 [online]. Available: http://yosemite.epa.gov/sab/ sabproduct.nsf/34355712EC011A358525719A005BF6F6/$File/ecwkshp02001+appa-g.pdf [accessed Jan. 22, 2008].

[38] Evans, J.S., S.J.S. Baird. 1998. Accounting for missing data in noncancer risk assessment. Hum. Ecol. Risk Assess. 4(2):291-317.

[39] Evans, J.S., L.R. Rhomberg, P.L. Williams, A.M. Wilson, and S.J.S. Baird. 2001. Reproductive and developmental risks from ethylene oxide: A probabilistic characterization of possible regulatory thresholds. Risk Anal. 21(4):697-717.

[40] Freireich, E.J., E.A. Gehan, D.P. Rall, L.H. Schmidt, and H.E. Skipper. 1966. Quantitative comparison of toxicity of anti-cancer agents in mouse, rat, hamster, dog, monkey, and man. Cancer Chemother. Rep. 50(4):219-244.

[41] Gaylor, D., L. Ryan, D. Krewski, and Y. Zhu. 1998. Procedures for calculating benchmark doses for health risk assessment. Regul. Toxicol. Pharmacol. 28(2):150-164.

[42] Gaylor, D.W., R.L. Kodell, J.J. Chen, and D. Krewski. 1999. A unified approach to risk assessment for cancer and noncancer endpoints based on benchmark doses and uncertainty/safety factors. Regul. Toxicol. Pharmacol. 29(2 Pt 1):151-157.

[43] Ginsberg, G, D. Hattis, B. Sonawane, A. Russ, P. Banati, M. Kozlak, S. Smolenski, and R. Goble. 2002. Evaluation of child/adult pharmacokinetic differences from a database derived from the therapeutic drug literature. Toxicol. Sci. 66(2):185-200.

[44] Gray, L.E., J. Ostby, J. Furr, C.J. Wolf, C. Lambright, L. Parks, D.N. Veeramachaneni, V. Wilson, M. Price, A. Hotchkiss, E. Orlando, and L. Guillette. 2001. Effects of environmental antiandrogens on reproductive development in experimental animals. Hum. Reprod. Update 7(3):248-264.

[45] Gu, J., D. Liang, Y. Wang, C. Lu, X. Wu. 2005. Effects of N-acetyl transferase 1 and 2 polymorphisms

on bladder cancer risk in Caucasians. Mutat Res. 581(1-2):97-104.

[46] Hass, U., M. Scholze, S. Christiansen, M. Dalgaard, A.M. Vinggaard, M. Axelstad, S.B. Metzdorff, and A. Kortenkamp. 2007. Combined exposure to anti-androgens exacerbates disruption of sexual differentiation in the rat. Environ. Health Perspect. 115(Suupl.1):122-128.

[47] Hattis, D. 2008. Distributional analyses for children's inhalation risk assessments. J. Toxicol. Environ. Health Part A 71(3):218-226.

[48] Hattis, D., and K. Barlow. 1996. Human interindividual variability in cancer risks-technical and management challenges. Hum. Ecol. Risk Assess. 2(1):194-220.

[49] Hattis, D., and M.K. Lynch. 2007. Empirically observed distributions of pharmacokinetic and pharmacodynamics variability in humans: Implications for the derivation of single point component uncertainty factors providing equivalent protection as existing RfDs. Pp. 69-93 in Toxicokinetics and Risk Assessment, J.C. Lipscomb, and E.V. Ohanian, eds. New York: Informa Healthcare.

[50] Hattis, D., A. Russ, R. Goble, P. Banati, and M. Chu. 2001. Human interindividual variability in susceptibility to airborne particles. Risk Anal. 21(4):585-599.

[51] Hattis, D., S. Baird, and R. Goble. 2002. A straw man proposal for a quantitative definition of the RfD. Drug Chem. Toxicol. 25(4):403-436.

[52] Hattis, D., G. Ginsberg, B. Sonawane, S. Smolenski, A. Russ, M. Kozlak, and R. Goble. 2003. Differences in pharmacokinetics between children and adults. II. Children's variability in drug elimination half-lives and in some parameters needed for physiologically-based pharmacokinetic modeling. Risk Anal. 23(1):117-142.

[53] Hsiao, T.J., J.D. Wang, P.M. Yang, P.C. Yang, and T.J. Cheng. 2004. Liver fibrosis in asymptomatic polyvinyl chloride workers. J. Occup. Environ. Med. 46(9):962-966.

[54] IARC (International Agency for Research on Cancer). 2000. Di(2-ethylhexyl)phthalate. Pp. 41-148 in Some Industrial Chemicals. IARC Monographs on the Evaluation of Carcinogenic Risks to Humans Vol. 77. Lyon: IARC.

[55] IARC (International Agency for Research on Cancer). 2006. Preamble. IARC Monographs on the

Evaluation of Carcinogenic Risks to Humans. International Agency for Research on Cancer, World Health Organization, Lyon [online]. Available: http://monographs.iarc.fr/ENG/Preamble/CurrentPreamble. pdf [accessed Aug. 6, 2008].

[56] ICRP (International Commission on Radiological Protection). 1991. 1990 Recommendations of the International Commission on Radiological Protection. ICRP Publication 60. Annals of the ICPR 21(1/3). New York: Pergamon.

[57] ICRP (International Commission on Radiological Protection). 2006. Low Dose Extrapolation of Radiation-Related Cancer Risk. ICRP Publication 99. Annals of the ICPR 35(4). Oxford: Elsevier.

[58] Inatomi, H., T. Katoh, T. Kawamoto, and T. Matsumoto. 1999. NAT2 gene polymorphism as a possible marker for susceptibility to bladder cancer in Japanese. Int. J. Urol. 6(9):446-454.

[59] IPCS (International Programme for Chemical Safety). 2005. Guidance for the use of data in development of chemical- specific adjustment factors for interspecies differences and human variability. Pp. 25-48 in Chemical-Specific Adjustment Factors for Interspecies Differences and Human Variability: Guidance Document for Use of Data in Dose/Concentration-Response Assessment. Harmonization Project Document No. 2. International Programme for Chemical Safety, World Health Organization, Geneva [online]. Available: http://whqlibdoc.who.int/publications/2005/9241546786_eng.pdf [accessed Aug. 6, 2008].

[60] Ito, Y., O. Yamanoshita, N. Asaeda, Y. Tagawa, C.H. Lee, T. Aoyama, G. Ichihara, K. Furuhashi, M. Kamijima, F.J. Gonzalez, and T. Nakajima. 2007. Di(2-ethylhexyl)phthalate induces hepatic tumorigenesis through a peroxisome proliferator-activated receptor alpha-independent pathway. J. Occup. Health. 49(3):172-182.

[61] Jeong, Y.C., N.J. Walker, D.E. Burgin, G. Kissling, M. Gupta, L. Kupper, L.S. Birnbaum, and J.A. Swenberg. 2008. Accumulation of M(1)dG DNA adducts after chronic exposure to PCBs, but not from acute exposure to polychlorinated aromatic hydrocarbons. Free Radic Biol. Med. 45(5):585-591.

[62] Jiang, X, J.M. Yuan, P.L. Skipper, S.R. Tannenbaum, and M.C. Yu. 2007. Environmental tobacco smoke and bladder cancer risk in never smokers of Los Angeles county. Cancer Res. 67(15):7540-7545.

[63] Kang, D.H., N. Rothman, M.C. Poirier, A. Greenberg, C.H. Hsu, B.S. Schwartz, M.E. Baser, J.D. Groopman, A. Weston, and P.T. Strickland. 1995. Interindividual differences in the concentration of 1-hydroxypyreneglucuronide in urine and polycyclic aromatic hydrocarbon-DNA adducts in peripheral white blood cells after charbroiled beef consumption. Carcinogenesis 16(5):1079-1085.

[64] Karbe, R., and R.L. Kerlin. 2002. Cystic degeneration/Spongiosis hepatis in rats. Toxicol. Pathol. 30(2):216-227.

[65] Klaunig, J.E., M.A. Babich, K.P. Baetcke, J.C. Cook, J.C. Corton, R.M. David, J.G. DeLuca, D.Y. Lai, R.H. McKee, J.M. Peters, R.A. Roberts, and P.A. Fenner-Crisp. 2003. PPARalpha agonist-induced rodent tumors: Modes of action and human relevance. Crit. Rev. Toxicol. 33(6):655-780.

[66] Kobayashi, E., Y. Suwazono, M. Uetani, T. Inaba, M. Oishi, T. Kido, M. Nishijo, H. Nakagawa, and K. Nogawa. 2006. Estimation of benchmark dose as the threshold levels of urinary cadmium, based on excretion of total protein, beta2-microglobulin, and N-acetyl-beta-D-glucosaminidase in cadmium nonpolluted regions in Japan. Environ. Res. 101(3):401-406.

[67] Kodavanti, U.P., D.L. Costa, S.N. Giri, B. Starcher, and G.E. Hatch. 1997. Pulmonary structural and extracellular matrix alterations in Fischer F344 rats following subchronic phosgene exposure. Fundam. Appl. Toxicol. 37(1):54-63.

[68] Kramer, C.B., A.C. Cullen, E.M. Faustman. 2006. Policy implications of genetic information on regulation under the Clean Air Act: The case of particulate matter and asthmatics. Environ. Health Perspect. 114(3):313-319.

[69] Laprise, C., L.P. Boulet. 1997. Asymptomatic airway hyperresponsiveness: A three-year follow-up. Am. J. Respir. Crit. Care Med. 156(2 Pt. 1):403-409.

[70] Lutz, W.K. 1990. Dose-response relationship and low dose extrapolation in chemical carcinogenesis. Carcinogenesis 11(8):1243-1247.

[71] Lutz, W.K. 2001. Susceptibility differences in chemical carcinogenesis linearize the dose-response relationship: Threshold doses can be defined only for individuals. Mutat. Res. 482(1-2):71-76.

[72] Maroni, M., A.C. Fanetti. 2006. Liver function assessment in workers exposed to vinyl chloride. Int.

Arch. Occup. Environ. Health 79(1):57-65.

[73]　Metzdorff, S.B., M. Dalgaard, S. Christiansen, M. Axelstad, U. Hass, M.K. Kiersgaard, M. Scholze, A. Kortenkamp, and A.M. Vinggaard. 2007. Dysgenesis and histological changes of genitals and perturbations of gene expression in male rats after in utero exposure to antiandrogen mixtures. Toxicol. Sci. 98(1):87-98.

[74]　Nakajima, M., M. Itoh, H. Sakai, T. Fukami, M. Katoh, H. Yamazaki, F.F. Kadlubar, S. Imaoka, Y. Funae, and T. Yokoi. 2006. CYP2A13 expressed in human bladder metabolically activates 4-aminobiphenyl. Int. J. Cancer 119(11):2520-2526.

[75]　Nessel, C.S., S.C. Lewis, K.L. Stauber, and J.L. Adgate. 1995. Subchronic to chronic exposure extrapolation: Toxicologic evidence for a reduced uncertainty factor. Hum. Ecol. Risk Assess. 1(5):516-526.

[76]　NRC (National Research Council). 1993. Pesticides in the Diets of Infants and Children. Washington, DC: National Academy Press.

[77]　NRC (National Research Council). 1994. Science and Judgment in Risk Assessment. Washington, DC: National Academy Press.

[78]　NRC (National Research Council). 1998a. Assessment of Exposure-Response Functions for Rocket-Emission Toxicants. Washington, DC: National Academy Press.

[79]　NRC (National Research Council). 1998b. Health Effects of Exposure to Low Levels of Ionizing Radiations: Time for Reassessment? Washington, DC: National Academy Press.

[80]　NRC (National Research Council). 2000. Copper in Drinking Water. Washington, DC: National Academy Press.

[81]　NRC (National Research Council). 2006a. Assessing the Human Risks of Trichloroethylene. Washington, DC: The National Academies Press.

[82]　NRC (National Research Council). 2006b. Health Risks for Dioxin and Related Compounds. Washington, DC: The National Academies Press.

[83]　NRC (National Research Council). 2006c. Health Risks from Exposures to Low Levels of Ionizing

Radiation: BEIR VII. Washington, DC: The National Academies Press.

[84] NRC (National Research Council). 2006d. Toxicity Testing for Assessment of Environmental Agents: Interim Report. Washington, DC: The National Academies Press.

[85] NRC (National Research Council). 2007a. Toxicity Testing in the Twenty-First Century: A Vision and a Strategy. Washington, DC: The National Academies Press.

[86] NRC (National Research Council). 2007b. Applications of Toxicogenomic Technologies to Predictive Toxicology and Risk Assessment. Washington, DC: The National Academies Press.

[87] Peel, J.L, K.B. Metzger, M. Klein, W.D. Flanders, J.A. Mulholland, and P.E. Tolbert. 2007. Ambient air pollution and cardiovascular emergency department visits in potentially sensitive groups. Am. J. Epidemiol. 165(6):625-633.

[88] Rhomberg, L.R., and S.K. Wolff. 1998. Empirical scaling of single oral lethal doses across mammalian species based on a large database. Risk Anal. 18(6):741-753.

[89] Sackey, K. 1999. Hemolytic anemia: Part 1. Pediatr. Rev. 20(5):152-158.

[90] Samoli, E., A. Analitis, G. Touloumi, J. Schwartz, H.R. Anderson, J. Sunyer, L. Bisanti, D. Zmirou, J.M. Vonk, J. Pekkanen, P. Goodman, A. Paldy, C. Schindler, and K. Katsouyanni. 2005. Estimating the exposure–response relationships between particulate matter and mortality within the APHEA multicity project. Environ. Health Perspect. 113(1):88-95.

[91] Sand, S.J., D. von Rosen, and A.F. Filipsson. 2003. Benchmark dose calculations in risk assessment using continuous dose-response information: The influence of variance and the determinants of a cut-off value. Risk Anal. 23(5):1059-1068.

[92] Santella, R.M., K. Hemminki, D.L. Tang, M. Paik, R. Ottman, T.L Young, K. Savela, L. Vodickova, C. Dickcy, R. Whyatt, and F.P. Pcrcra. 1993. Polycyclic aromatic hydrocarbon-DNA adducts in white blood cells and urinary 1-hydroxypyrene in foundry workers. Cancer Epidemiol. Biomarkers Prev. 2(1):59-62.

[93] Schwartz, J., and A. Zanobetti. 2000. Using meta-smoothing to estimate dose-response trends across multiple studies, with application to air pollution and daily death. Epidemiology 11(6):666-672.

[94] Schwartz, J., F. Laden, A. Zanobetti. 2002. The concentration–response relation between $PM_{2.5}$ and daily deaths. Environ. Health Perspect. 110(10):1025-1029.

[95] Schwartz, J., B. Coull, F. Laden, and L. Ryan. 2008. The effect of dose and timing of dose on the association between airborne particles and survival. Environ. Health Perspect. 116(1):64-69.

[96] Siwinska, E., D. Mielzynska, L. Kapka. 2004. Association between urinary 1-hydroxypyrene and genotoxic effects in coke oven workers. Occup. Environ. Med. 61(3):e10.

[97] Slikker, W. Jr, M.E. Andersen, M.S. Bogdanffy, J.S. Bus, S.D. Cohen, R.B. Conolly, R.M. David, N.G. Doerrer, D.C. Dorman, D.W. Gaylor, D. Hattis, J.M. Rogers, R. Setzer, J.A. Swenberg, and K. Wallace. 2004. Dosedependent transitions in mechanisms of toxicity. Toxicol. Appl. Pharmacol. 201(3):203-225.

[98] Subramaniam, R.P., P. White, V.J. Cogliano. 2006. Comparison of cancer slope factors using different statistical approaches. Risk Anal. 26(3):825-830.

[99] Travis, C.C., R.K. White. 1988. Interspecific scaling of toxicity data. Risk Anal. 8(1):119-125.

[100] Tsuneoka, Y., T.P. Dalton, M.L. Miller, C.D. Clay, H.G. Shertzer, G. Talaska, M. Medvedovic, and D.W. Nebert. 2003. 4-aminobiphenyl–induced liver and urinary bladder DNA adduct formation in Cyp1a2(–/–) and Cyp1a2(+/+) mice. J. Natl. Cancer Inst. 95(16):1227-1237.

[101] Watanabe, K., F.Y. Bois, L. Zeise. 1992. Interspecies extrapolation: A reexamination of acute toxicity data. Risk Anal. 12(2):301-310.

[102] Weil, C.S., D.D. McCollister. 1963. Safety evaluation of Chemicals: Relationship between short- and long-term feeding studies in designing an effective toxicity test. Agr. Food Chem. 11(6):486-491.

[103] West, J., H. Wood, R.F. Logan, M. Quinn, and G.P. Aithal. 2006. Trends in the incidence of primary liver and biliary tract cancers in England and Wales 1971-2001. Br. J. Cancer 94(11):1751-1758.

[104] Wolf, C.J., G.A. LeBlanc, L.E. Gray Jr. 2004. Interactive effects of vinclozolin and testosterone propionate on pregnancy and sexual differentiation of the male and female SD rat. Toxicol. Sci. 78(1):135-143.

[105] Woodruff, T.J., E.M. Wells, E.W. Holt, D.E. Burgin, D.A. Axelrad. 2007. Estimating risk from ambient concentrations of acrolein across the United States. Environ. Health Perspect. 115(3):410-415.

[106] Wrixon, A.D. 2008. New ICRP recommendations. J. Radiol. Prot. 28(2):161-168.

[107] Yamazaki, K, H. Ohno, M. Asakura, A. Narumi, H. Ohbayashi, H. Fujita, M. Ohnishi, T. Katagiri, H. Senoh, K. Yamanouchi, E. Nakayama, S. Yamamoto, T. Noguchi, K. Nagano M. Enomoto, and H. Sakabe. 1994. Two-year toxicological and carcinogenesis studies of 1, 4-dioxane in F344 rats and BDF1 mice: Drinking studies. Pp. 193-198 in Proceedings of the Second Asia-Pacific Symposium on Environmental and Occupational Health, 22-24 July, 1993, Kobe, Japan, K. Sumino, and S. Sato, eds. Kobe: International Center for Medical Research Kobe, University School of Medicine.

[108] Zanobetti, A., J. Schwartz, D. Gold. 2000. Are there sensitive subgroups for the effects of airborne particles? Environ. Health Perspect. 108(9):841-845.

第 6 章

默认值的选择和使用

如第 2 章所述，国家研究委员会报告《联邦政府中的风险评估：过程管理》（又称"红皮书"）（NRC 1983）的作者建议联邦机构制定统一的风险评估参考指南。编制这些指南是为了在可用备选方案中证明和选择机构风险评估可用的假设。"红皮书"委员会认识到，以纯粹的科学区分现有的方案是不可能的，一般需要根据委员会提到的风险评估政策要素［后来通常被称为科学政策（NRC 1994）[①]］来选择普遍使用的方案。委员会认为机构需要具体说明普遍使用的备选方案，以避免操纵风险评估结果，确保风险评估过程具有高度一致性。

现在出现在 EPA 风险评估指南中以及根据这些指南开展的风险评估中的具体推断选项，被称为默认选项，或者简单称为默认值。"红皮书"委员会将默认选项定义为"在没有相反数据情况下，根据风险评估政策是最佳选择"的推断选项。正如《风险评估中的科学和判断》（NRC 1994）的作者所发现的，EPA 所选择的许多关键推断选项，虽然对于每种毒性物质来说不能证明其是"正确的"，但都有相对较强的科学基础。因为普遍适用的默认值是必需的，所以默认值的最终选择涉及政策要素。自 1983 年以来，EPA 更新了默认值，并提供了更为详细的选择默认值的解释，强调其理论和证据基础以及会影响选择的政策和行政因素（EPA 2004a）。

---

① 通常意义上来说，"红皮书"委员会并没有在科学政策狭义的描述风险评估政策要素时使用短语"风险评估"。委员会将风险评估中的政策因素和与风险管理相关的政策因素区分开来。

"红皮书"强调了对普遍适用的默认值以及灵活运用默认值的需求。因此，"红皮书"和《科学和判断》指出在特定物质情况下，科学数据可以揭示运用普遍适用默认值的风险评估中一个或多个信息缺失。特定物质的数据可能会表明给定默认值不可用，因为它与数据不一致。特定物质的数据并不表明在通常情况下选择默认值是不合适的，但能表明其在特定情况下并不适用。因此，出现了基于特定物质数据的特定物质背离默认值的情况。关于证明这种背离需要多少数据、数据类型是什么的问题已经引起了很多的争论和讨论，委员会在本章将解决这一问题。EPA 最近改变了其对"背离默认值"问题的看法，本章从审查这一与中心主题相关的观点开始。

6.1　现行 EPA 默认值政策

委员会意识到默认值是风险评估中最有争议的方面之一。因为委员会认为默认值永远都是风险评估过程的必要过程，所以审查了 EPA 现行的默认值政策，首先着眼于理解其应用、优点和缺点，以及如何改进当前的默认值系统。

EPA 在《风险表征手册》（EPA 2000a）阐述了其现行默认值政策的转变，写道：

对一些常见的重要数据缺失，机构或特定项目的风险评估指南提供了默认假设或默认值。风险评估人员在决定依据默认假设之前，应仔细考虑所有可用数据。如果使用默认值，风险评估应当参考解释默认假设或默认值的机构指南（p. 41）。

EPA 员工手册中题为《风险评估原则和实践》（EPA 2004a）的文件反映了机构实践中关于默认值的进一步转变：

EPA 当前的做法是开展风险评估时首先审查所有相关和可用的数据。当特定化学物质或特定场地数据不可获得（即存在数据缺失）或不足以估计参数或解决范例时，EPA 会使用默认值以便继续开展风险评估。根据这一做法，EPA 只有确定风险评估在某一点数据不可用时才会调用默认值，这不同于先选择默认值然后使用不同于它们的数据的方法（p. 51）。

EPA 修订的癌症指南（EPA 2005a）强调该政策与 EPA 的使命是一致的，并明确规定了适用于癌症风险评估的一般政策：

随着对致癌作用越来越多的了解，这些癌症指南在遵循全面科学原则的同时，采用了默认值符合 EPA 保护人体健康使命的观点。这些癌症指南并没有将默认选项视为新科学信息证明偏差的起点，而是将所有与评估癌症风险相关的可用信息的关键分析视为在缺少关键信息的情况下因需要解决不确定性问题而调用默认选项的起点（pp. 1-7）。

这些声明反映了机构关于目前风险评估中科学数据和分析优先地位的观点；机构承诺在选择默认值之前审查所有相关的和可获得的数据。委员会一直在努力理解当前政策对于风险评估过程在文字解释和应用方面意味着什么。缺乏明确性可能导致多种解释。它提出了关于风险决策政策实施的问题。对委员会强力支持的现有科学进行更有力的审查是很困难的；但是，委员会担忧没有明确的关于科学应评估到何种程度的指南，开放性的方法会导致延期，降低默认值和最终决策程序的可信度。委员会注意到风险表征手册（EPA 2000a）提供了一些关于规划和范围界定阶段需要识别关键数据缺失并避免风险评估过程延期的声明，但是此类声明不足以解决目前政策带来的新问题：

在规划和范围界定过程中的另一个讨论涉及识别关键数据缺失和关于如何填补数据需求的思考。例如，你是否可以短期内通过使用现有数据、中期内采用当前可用的测试方法进行测试提供关于感兴趣物质的数据、长期内构建关于暴露和效应的更好更实际的认知以及更实际的测试方法来满足信息需求？为了保持 [透明度、清晰度、一致性和合理性] TCCR，除非完成更多研究，否则必须注意不能通过延迟环境决策而使得风险评估失败（p. 29）。

该政策乍一看颇具吸引力：它创建了两阶段的过程，要求机构充分重视所有可用和相关科学信息，在缺乏一些所需信息时使用默认值而不是用不确定性强制结束评估和相关监管决策。但仔细检查会发现当前的政策存在一些缺点。

6.1.1 对现行 EPA 默认值政策的担忧

根据实施情况，2004 年《员工手册》（EPA 2004a）和 2005 年癌症指南（EPA 2005a）中所述的现行政策的立场与之前的政策大相径庭。该政策没有从代表全面检查"所有相关的可获得科学信息"的默认值开始，而是在没有选择性和将数据与默认值比较的情况下，推动每次评估对数据以及其所支持的参考范围进行全面的特别检查来反映其合理性。这样就没有真正的默认值了，每个推断都是随时可以被替换的。根据定义，无论是否基于特定化学信息或更一般的信息，对证据的全面评估可以确定最佳可用假设。因此，EPA 比以往承担了更大的责任，即建立现有科学不需要使用与默认值不同的推论。此外，还需要承诺首先"审查了所有相关可用数据"。对某些化学物质而言，这可能意味着检索、分类和对成千上万参考值的充分考虑，其中许多都是没有用处但仍然"相关的"。如下所述，这也可能导致重启一些基于特殊背景的通用默认值的基础。这些可能性将使决策更容易受到挑战和延迟，从而影响环境保护和公众健康。从实际管理的角度来看，考虑"所有相关可用数据"的任务对负担过重、资源不足还努力满足危害和剂量–反应信息分析需求的 EPA（EPA SAB 2006，2007）而言是不可能完成的（Gilman 2006；Mills 2006）。它也可能对联邦和州级别的其他机构的监管和风险管理工作产生深远的影响。并且，在数据库支持不同于默认值的推断而不仅仅用数据替代默认值的情况下，政策的含义并不明确。[①]

6.1.2 有效的默认值政策需要什么?

　　当前和之前的 EPA 默认值政策都提出了一个关键问题:机构应当如何确定可用的数据是否"有用",即它们能不能支持默认值之外的替代的推论? 这个问题强调了需要制定指南来实施默认政策并评估其对风险决策以及需要开展的保护环境和公众健康工

[①]　委员会的一名委员认为,新的 EPA 政策并不明确,而是代表了这是一种明确的、令人不安的转变,它改变了一个已有几十年历史的系统,这个系统对可靠的科学信息进行了恰当的评估,并避免了在每次新的风险评估时都必须重新检查通用信息而造成的瘫痪。在审议期间,该委员认真听取 EPA 使其上述措辞的意图明确无误的两项内容:(1) EPA 将"数据"和推论视为两个可以相互比较的概念,前者应当胜过后者(例如,委员听到新政策要否定之前使用的"没有数据,只有默认值的风险评估");(2) 政策转变的目标是"减少对默认值的依赖"(EPA SAB 2004a;EPA 2007d)。

　　委员会委员质疑了这些前提。首先,委员认为"数据"和默认值对立化的概念存在两个问题。委员认为,逻辑问题是 EPA 面临的选择是模型(推论、假设),这些模型本身不是"数据"而是使数据有意义的方法。例如,一些生物化学反应的数据可能表明特定啮齿动物肿瘤通过一种机制不会在人体中起作用。但是,EPA 的任务是是否假设啮齿动物肿瘤是相关的,如果没有适当的理论反驳,数据是支持的。没有阐述另外的假设,EPA 不能对数据进行相关处理。委员认为,EPA 新制度的更重要的实践问题是,在特定化学物质或特定场地数据"不可用"时"重新使用默认值"忽略了已经支持 EPA 在过去 30 年选择的大部分默认值的大量数据(通过理论基础的推论可以解释)。为了不"调用"默认值而做出公正决策,支持啮齿动物肿瘤反应无关的推论的数据要与通常支持这一反应通常相关的默认推论相关的数据进行权衡(Allen et al. 1988),支持癌症剂量反应非线性的数据需要与支持一般认为的线性的数据相权衡(Crawford and Wilson 1996),关于药代动力学参数的数据要与支持生物种间异速增长模型推算法的数据和理论权衡(Clewell et al. 2002)等。换句话说,除了生物测定数据之外,任何特定化学物质的数据都有"数据缺失",如 EPA 现在声称的,这意味着大量的数据支持了一个经过时间检验的关于如何解释这些生物测定的推论,没有相反的数据存在,因为在这种情况下不存在相反的合理推论。简而言之,委员会成员认为,大多数通用的风险评估默认值并不是"没有数据而导致的推论",而是"由于信息而被普遍认可的推论"。

　　因此,委员会成员认为,EPA 本着"减少对默认值的依赖"的目标是有问题的;它提出了为什么科学监管机构想要减少其对这些由众多实质理论和证据支持的推论的依赖这一问题。更糟糕的是,委员会委员发现,似乎在默认值和替代模型的比较开始之前就存在偏见,如果 EPA 通过对默认模型做出裁决来完成其部分任务,那么"对所有可用信息的批判性分析"可能会因为对默认值事实上是正确的结论的排斥而预先确定。

　　委员会成员肯定赞成在一般情况下,EPA 减少对过时、错误或正确的默认值的依赖,但是在特定情况下,识别这些不好的假设正是"红皮书"、《科学和判断》和本报告中建议的不使用默认值的系统。EPA 应当修改其语言以表明对默认值前瞻性的质疑在科学上并不合适。因此,委员会认为,本章中的建议是否适用于 EPA 取决于其是否相信它"已经超出默认值"。评估每个风险表征的每个推论仍需要本章中推荐的基本规则,向相关方展示 EPA 如何决定哪些数据"可用"或哪些推断是恰当的。委员会成员督促 EPA 描述哪些证据将决定如何做出这些判断,以及如何解释和质疑这些证据,EPA 当前的政策避开了这些任务。

作的影响。委员会并没有进行详细的评估，但是对最近一些评估的粗略审查显示了对每个风险评估可用数据的详细介绍和分析，明确确定不支持用推论替代诸如低剂量线性和跨物种风险比例等默认值的数据，但是到目前为止还没有全面重新考虑通用的默认值。无论如何解释 EPA 目前的默认值政策，有效的政策都需要标准来指导风险评估人员考虑那些会使数据不可用或无法支持推论替代默认值而需要调用默认值的因素。

因此，会出现以下情况：

- 当风险评估中的步骤需要的推论超出了可从现有数据明确得出的推论或以其他方式弥补共同数据缺失时，需要保持默认值。

- 应当提供标准，以判断在特定情况下数据是否足以支持直接使用默认值或支持推论代替默认值。

可用于替代默认值的"数据"取决于所讨论的特定默认值的作用。例如，一些关于暴露的默认值很容易从观察中推断，在这个意义上，它是"可测量的"，但是生物学终点的许多默认值仍然基于科学和政策判断。后一类默认值是本报告的重点。

容易观察和测量的默认值，例如每天吸入的空气量或每天消耗的水的升数，可以使评估易于管理或一致，但是不能支持超出现有数据或容易观察到现象的推论，因此它们通常不难证明。用（差异性分析的）分布或基于研究数据的特定数值替代它们的决策往往没有那么多争议。

相比之下，涉及科学和政策判断的默认值，例如啮齿动物癌症发现在预测低剂量人体风险时的相关性，通常被用来得出"超出数据"的推论，即超出可以直接用科学研究观察到的内容。下一节给出了与危害识别和剂量–反应评估步骤相关的重要默认值的例子。当潜在的生物学知识不确定或不存在时，就需要进行推论。事实上，即使经过多年的研究，对关键生物学现象仍然缺乏根本理解。但是，在某些情况下，通常关于药代动力学（PK）行为和毒理学行为模式的研究"数据"，可以支持不同于默认值中隐含的推论。确定这些"数据"是否能够支持不同的推论通常很困难且很有争议。本章的重点在于在具有大量不确定性的情况下被选为"推论"的默认值，而不在于那些被用来代表观测到的参数或填补容易观察到的现象的数据缺失的默认值。

在本章的讨论中，为简化介绍，委员会使用术语"背离"来表明其关于使用基于特定物质的数据的推断而不是默认值的观点。本报告中使用的"背离"在一定意义上与特定情况下的决策相关，例如数据是否足以支持不同于默认值的推论，是否可以不必采用默认值。意识到解释 EPA 政策的挑战，委员会根据其职责，在当前 EPA 政策背景下提供了讨论和建议。

6.2　EPA 默认值的系统

6.2.1　明确的默认值

EPA 的机构报告、员工手册、程序手册和指导文件中包含其风险评估中使用的推论系统。这些材料提供了一些关于解释各种类型科学数据库的优点和局限性以及数据整合方面的建议和信息，包括一组数据是否支持默认值或替代推论，以及风险评估方法。指南主要关于癌症（EPA 2005a）、神经毒性（EPA 1998a）、发育毒性（EPA 1991a）和生殖毒性（EPA 1996）的风险评估；蒙特卡洛分析（EPA 1997）；化学混合物评估（EPA 1986，2000b）；参考剂量（RfD）和参考浓度（RfC）过程（EPA 1994，2002a，2002b）；以及如何判断关于公鼠肾脏肿瘤（EPA 1991b）或啮齿类动物甲状腺肿瘤（EPA 1998b）数据是否与人体相关（专栏 2-1 和表 D-1）。毒性指南文件还确定了指南涵盖的评估中常用的一些默认值。表 6-1 和 6-2 列出了致癌物和非致癌物风险评估中的一些重要默认值。

表 6-1　EPA 致癌物质风险评估明确的默认假设示例

问题	EPA 默认值方法
人群到人群的外推	"当暴露人群的致癌效应源于暴露于某种制剂时，默认选项是由此产生的数据可以预测任何其他相同暴露人群的癌症。"（EPA 2005a，p. A-2） "当暴露人群中没有发现致癌效应时，这些信息本身通常不足以得出制剂对这些人群或其他潜在暴露人群包括对易感亚群或生命阶段没有致癌危险的结论。"（EPA 2005a，p. A-2）

问题	EPA 默认值方法
从动物到人的外推	"动物癌症研究中的积极效应表明正在研究的物质可能对人体具有潜在的致癌效应。"（EPA 2005a，p. A-3） "当在开展情况良好的两种或多种适当物种的动物癌症研究中没有发现致癌效应，并且没有其他信息支持物质具有潜在的致癌性时，这些数据在没有相反人体数据的情况下，为物质可能不会造成人体致癌效应的结论提供基础。"（EPA 2005a，pp. A-4）
跨物种、年龄组和性别的代谢途径的外推	"在癌症危害和风险的物种间外推方面，代谢基本途径和产生的代谢产物在组织中是相似的。"（EPA 2005a，p. A-6）
跨物种、年龄组和性别的毒性动力学外推	"作为经口暴露的默认值，成人人体等效剂量根据另一物种的数据，按照体重的 3/4 作为比例因子对动物的口服剂量进行调整后得到的值。儿童也使用同样的因子，因为这比使用儿童体重更具有保护性。"（EPA 2005a，p. A-7）
剂量–反应关系的形状	"当所有可用数据的权重评估不足以建立肿瘤位点的作用模式，且基于可用数据在科学上合理时，线性外推常被用作默认方法，因为通常认为线性外推是一种保护健康的方法。在没有确定作用模式的情况下，一般不使用非线性方法。如果有显著生物支持的替代方法可用于相同的肿瘤反应，并且没有科学共识支持单一方法，则评估可以基于多种方法提供结果。"（EPA 2005a，pp. 3-21）

表 6-2　EPA 非致癌物质风险评估明确的默认值示例

问题	EPA 默认值方法
相关的人体健康终点和从动物到人的外推	"在推导 RfD 或 RfC 时被用来确定 NOAEL，LOAEL 或基准剂量的效应，是在最适当或没有这些信息的最敏感的哺乳动物中的最敏感的不良生殖终点（即临界效应）。"（EPA 1996，p. 77）
考虑人体和动物测试物种之间差异的调整	因子是 1、3 或 10（EPA 2002a，pp. 2-12）
人体间的异质性	因子是 1、3 或 10（EPA 2002a，pp. 2-12）
剂量–反应关系形状	"在定量的剂量–反应评估中，除非作用模式或药效学信息另有说明，否则假设非致癌健康效应具有非线性剂量–反应关系。"（EPA 1996，p. 75）
人体风险评估	根据考虑的适当不确定性因素，例如，LOAEL 与 NOAEL 大小相比，种间差异，或人群间异质性等划分出发点（NOAEL，LOAEL 或基准剂量）得到"对人类一生没有明显有害效应风险的人群（包括敏感亚群）每天暴露量估计（不确定性跨度可能是一个数量级）"（EPA 1998a，p. 57）

6.2.2 缺失的默认值

除了明确承认的默认值外，EPA 还依赖于一系列隐含的或"缺失的"默认值[①]——有时会对风险表征产生很大影响的假设。为了完成风险评估，无论是否明确表示，每个"推论空白"都必须用一些假设"连接"。在每个领域中都会出现类似于缺失的默认值的假设。例如，当不存在关于一对变量之间任何关系的信息时，通常将它们视为相互独立的变量。这个假设可能是合理的，但它对分析施加了严格的条件：变量之间的相关系数恰好为 0，而不是任何–1~1 之间的数值。

在 EPA 的风险评估实践中使用缺失的默认值已经根深蒂固，就像 EPA 已经明确选择了相同的假设。委员会建议 EPA 系统地审查风险评估过程，确定用缺失的默认值填补推论空白的关键情况，审查其依据，并考虑如果这一默认值不够合理时的替代方案。

委员会特别关注两类缺失的默认值。一是尚未在流行病学或毒理学研究中被充分研究的物质，在风险评估中没有被充分包含或者甚至被排除在外。通常，风险表征中没有描述这些物质可能带来的潜在风险，所以它们的存在在决策中往往不重要。除了很少的例外（如二噁英类化合物），通常认为它们没有风险，不用受到 EPA 空气、饮用水和危险废物场地项目的监管。除了极少数例外，EPA 认为所有成年人通过线性行为模式（MOA）对致癌物质具有相同的易感性（见第 5 章最近的案例，EPA 2007a）。表 6-3 列出了 EPA 其他明显的缺失的默认值。

表 6-3　EPA "默认" 剂量–反应评估的"缺失的"默认值示例

- 对于低剂量线性物质，所有人在同一生命阶段具有相同的易感性（估计值基于生物测定数据）（EPA 2005a）。机构假设线性外推程序考虑了人体差异性（第 5 章中解释），但是在预测风险时并没有正式考虑人体差异性。对于低剂量非线性物质，RfD 由人体间差异性的不确定性因子 1~10 得出（EPA 2004a，p. 44；EPA 2005a，pp. 3-24）。

[①] 《风险评估中的科学和判断》（NRC 1994）创造了"缺失的默认值"这一术语描述 EPA 使用没有明确解释的事实假设。这些事实假设也被认为是"隐含的默认值"。

- 常规慢性啮齿动物研究的癌症发生率在物种剂量当量调整后被视为人体终身暴露效应的代表（EPA 2005a）。对于通过致突变作用模式运行的化学物质，在对早期敏感性进行调整后就会维持不变（EPA 2005b）。这就假设（1）人类和啮齿动物具有相同的"生物钟"，即啮齿动物和人体一生暴露于相同（物种校正）的剂量会具有相同的癌症风险；（2）仅在成年期和中老年期（EPA 2002a，p. 41），慢性啮齿动物生物测定的剂量才代表啮齿动物一生的暴露。

- 物质在子宫内没有致癌活性。虽然机构注意到，在子宫内的活性是一个问题，但是默认方法不考虑子宫暴露的致癌活性，来自子宫暴露的风险也没有计算（EPA 2005b；EPA 2006a，p. 29）。

- 不同年龄对未确定为诱变剂的已知或可能的致癌物质的易感性没有差异（EPA 2005b）。

- 非线性致癌物和非致癌物与背景暴露和宿主易感性无关（详见第 5 章）。

- 除了一些例外，缺乏足够的流行病学和动物生物测定数据的化学物质被视为没有癌症风险，不值得监管关注。它们通常被归为"信息不足以评估致癌潜力"一类（EPA 2005a，Section 2.5）；因此，不进行致癌剂量–反应评估（EPA 2005a，pp. 2-3）。综合风险信息系统和临床同行评审的毒性值基于非致癌终点，并没有呈现癌症风险评估。

EPA 使用的明确和缺失的默认值，都是机构面对能够阻止特定因果模型验证的固有科学局限性时促进人体健康风险评估方法的基石。了解 EPA 关于默认值的政策和做法的复杂性是评估 EPA 不确定性管理的核心。

6.3 使用默认值而引入的复杂性

国家研究委员会（NRC 1994）指出，尽管 EPA 已经证明一些默认值的选择，但是其中许多都没有经过机构完整的审查。在机构《致癌物质风险评估指南》（EPA 2005a）中，更充分地阐述了许多默认值的基础。EPA 默认值的选择一直存在争议，在《风险评估中的科学和判断》（NRC 1994，第 6 章和附录 N-1 和 N-2）中有描述。因为默认值的选择涉及科学和风险评估政策的结合，所以争议在所难免。一些人认为，EPA 在每次选择默认值时都过于"保守"，导致人体风险明显高估（OMB 1990；Breyer 1992；Perhac 1996）。其他人认为，考虑到围绕风险评估的大量科学不确定性、有毒物质暴露和反应的人体差异性以及各种具有"不保守"偏差的缺失的默认值，风险的高估在 EPA 实践中并不常见，并且可能发生风险低估（Finkel 1997；EPA SAB 1997，1999）。EPA（2004a，p. 20）指出，化学混合物的保守风险估计值之和在相对较小的程度上夸大了风险（2～5倍）。一般来说，基于动物外推的估计值通常与基于流行病学研究的估计值一致（Allen et al. 1988；Kaldor et al. 1988；Zeise 1994），在一些情况下，人体数据表明基于动物的估计对总群体而言并不保守（见第4章）。

无论如何，委员会认为任何一套默认值都包含着平衡高估和低估风险的潜在错误的价值判断，即使判断表明这种两者之间的平衡并不重要。因此，问题不在于是否接受模式选择中隐含的价值体系，而在于EPA的评估准备反映哪些价值。《风险评估中的科学和判断》部分委员认为在选择默认值时，风险评估政策应当寻求"合理的保守主义"①而不是设法强加替代的价值判断，即模型应当努力平衡高估或低估的误差（Finkel 1994）；其他人认为，相对的科学合理性只能用于管理默认值的选择和不使用默认值的动机（McClellan和North 1994）。EPA（2004a，pp. 11-12）承认：

EPA努力通过确保风险不会被低估来充分保护公众和环境健康。但是，由于关于什么是"适当的"保护有许多观点，有些人可能认为支持特定保护级别的风险评估"过于保守"（即高估风险），而另一些人会认为"不够保守"（即低估风险）……

即使有最佳的成本–效益解决方案，在一个多元化社会中，一些人仍会承受不成比例的成本而另一些人将会享受不成比例的效益（Pacala et al. 2003）。因此，社会中不同阶层将不可避免地以不同观点看待EPA的公众健康和环境保护方法。

除了关于"保守的"默认值应当是怎样的争论之外，关于其使用和完整的不确定性表征之间也存在紧张的关系。例如，可以想象去除默认值，并使用一系列合理的假设替代。但是，这样做可能产生广泛的风险估计值，没有办法明确区分其相对科学价值，使得结果对在各种风险评估方案中进行决策选择这一目的毫无用处（见第8章）。如上所述，使用默认值可以改善这一问题，但是以只报告与现有科学知识一致的部分风险评估为代价。在某些情况下，使用默认值会夸大整个范围的中心趋势；在另外的情况下，它

---

① 这种保守主义的使用目的是描述风险评估中使用假设和默认值可能夸大真实但未知的风险的情况。它源于公共卫生的格言：当科学不确定时，基于它的判断应当站在公众健康保护的立场上。

会低估中心趋势。如下所述，这个陷阱很重要，因为围绕大多数风险管理决策是无处不在的权衡。

EPA 如何回应关于改进默认值系统的建议揭示了三个相关问题。首先，虽然 EPA 对少数特定默认值提供了一些特定指南（见下文），但是机构还没有颁布清楚的、通用的指南，说明需要何种程度的证据来证明应该使用特定化学物质的证据而不使用默认值。

其次，作为目前使用默认值实践的一部分，EPA 通常不会量化由于相互竞争、貌似合理的因果模型存在而导致的风险或 RfD 估计的总体不确定性部分。EPA 在其各种指导文件和审查中为许多默认值提供了科学依据（例如，EPA 1991a，2002b，2004a，2005a，2005b）。在某些情况下，它已经说明了默认值是合理的，但是不能说明默认值与合理替代模型产生的风险或 RfD 估计之间的差异。表 6-1 和表 6-2 列出了 EPA 使用的明确默认值。一个值得关注的例子是在没有迹象表明 MOA 会引入非线性时，使用线性无阈值剂量-反应关系来推断低于起始点的癌症风险。这一假设是基于机制假设和经验证据的。"低剂量非线性"致癌物和没有确定的致癌物属性的化学物质仍遵循类似阈值的剂量-反应关系[①]，即使是在氯仿的案例中，也需要承认不能排除包括基因毒性在内的多种作用模式（EPA SAB 2000，p. 1；EPA 2001，p. 42）。尽管对于许多机制（如受体介导）而言，存在内源性和外源性物质导致群体中出现与正在研究的有毒物质相同的疾病过程，但还是假设非线性效应独立于背景过程（见第 5 章）。

EPA 风险评估指南认为默认值是不确定的（EPA 2002a，2005a）。实际上，机构通过定性讨论解决不确定性。但是，EPA 因为没有定量描述与替代假设相关的风险估计值范围而受到了批评（NRC 2006a），同时各种论坛上都鼓励 EPA 制定方法学和数据来定量描述剂量-反应模型的不确定性（EPA SAB 2004b；NRC 2007a）。

再次，EPA 没有建议一套明确的标准以便于在替代假设的证据十分充足而不用引入默认值时使用。EPA（2005a，pp. 1-9）指出，"由于多种类型的数据、分析和风险评估以及决策者多样化的需求，为调用默认选项的决策的每一步制定标准既不可能也不可

---

① 机构最近的癌症和非癌症指南并没有严格的假设生物阈值，因为"在低剂量下很难根据经验区分真实的阈值和剂量—反应曲线"；而是将剂量—反应关系认为是低剂量非线性的（EPA 2005a）。

取"。委员会认同将对默认值的评估减少到只有一张清单，这一观点既不可能也不可取。但是，没有建立明确的指南详细来说明不使用默认值必须解决的问题以及必要的证据类型可能会产生一些不利的后果。缺乏明确的标准可能会降低进一步研究的动力（Finkel 2003）。没有关于使用替代假设标准的指南，相关方很难了解机构所需的科学信息类型，并且缺乏明确标准可能会使得决定新的研究数据（而不是默认值）是否有用的流程看起来很随意。委员会认为，决定保留或不使用默认值的明确证据标准可以使所有这一流程对所有参与的利益相关方更加透明、一致和公正，并且增强他们对流程的信任。EPA 的案例（见下文）表明明确不使用默认值的标准是可行的。

根据默认值得出的风险估计集中在科学合理的风险估计值范围内。但是，由于一些默认值可能高估一种化学物质的风险，而另一些可能低估风险，因此当这些估计值会影响风险管理决策时，EPA 需要注意默认值对风险估计值的影响。干预措施通常涉及到权衡，正在考虑的权衡（例如在生产过程中用一种化学物质替代另一种）可能得到风险估计值，其健康保护性取决于估计中使用的默认值。一个例子就是鱼类的汞和 PCBs 的暴露风险以及食用鱼类的营养价值之间的权衡（Cohen et al. 2005）。

当比较化学物质风险时，机构可以通过确保默认值的一致使用，最大限度地减少默认值的不同的效应。当将化学物质风险和其他不受到默认值影响的因素比较时，EPA 应当强调定量表征默认值对不确定性的贡献（如下所述）。

6.4　EPA 默认值方法的改进

本节介绍了委员会关于改进如何选择、使用和修改默认值的建议。这些建议包括继续并扩大使用最先进的科学选择、证明和适当修改 EPA 的默认假设；制定明确的标准来确定什么时候支持替代假设的证据是足够充分到可以不用引入默认值的，并制定各种科学标准确定替代假设何时达到这一标准；明确现有假设或制定新的默认值解决缺失的默认值，例如对信息有限的化学品进行处理，就好像它们会造成的风险不需要监管机构采取行动；当 EPA 确定替代模型已经充分开发和验证，可以和默认值一起得到风险时，可以定量来自多个模型（假设）的风险估计结果。

6.4.1　充分利用当前科学来定义默认值

应当定期审查 EPA 风险评估中选择的和机构指南中描述的默认值，以确定其与不断变化的科学之间保持一致。与选择默认值相关的科学知识的进步通常与对特定物质的研究有关，这些研究为替代模型对这些物质的适用性提供了真知灼见。随着知识的积累，它可能指出需要修改整类相关物质甚至所有物质一个或多个默认值。因为一般的科学认知是不断演变的，因此 EPA 保持对默认值的依据进行评估至关重要。第 5 章提供了一个例子，这个例子展示了 EPA 如何评估和修改默认剂量–反应评估假设，以考虑对剂量–反应评估如何依赖于对特定化学物质或具有相似 MOAs 的化学物质的个体差异和背景暴露的日益增长的理解。

描述默认值的指南应当包括对证明默认值在各种情况下合理的基础科学的详细描述。例如，啮齿动物致癌测试与人体风险假定的相关性可以通过哺乳动物物种间高度一致的遗传学和啮齿动物是人类疾病过程的有用模型的实证证据得到证明。这些文件还应当包括在任何特定情况下默认值适用的已知和可能的局限性。在前面的例子中，局限性可能包括啮齿动物和人类在器官敏感性和酶途径上的差异。文件应当系统地建立不使用默认值的理由。

没有任何一个以其科学优势而进行评估的可能推断选项是具有高度的普适性的，但是必须从中选择默认值。如"红皮书"所述，选择默认值需要引入"风险评估政策"的要素。EPA 应当最大限度地利用现有科学，并明确规定其最终选择默认值的依据。当考虑用新的默认值代替当前的默认值时，应当采用相同的流程。

6.4.2　不使用默认值的明确标准

根据"红皮书"关于灵活使用 EPA 推断指南的建议，EPA 在几个具体情况下接受了默认值的替代方案。例如，在过去 10 年里，基于生理学的药代动力学（PBPK）模型取得的重大进展，机构发现这些模型对于替代跨路径和跨物种外推的默认值十分有用。

例如，在机构对 1,1,1-三氯乙烷的毒理学综述中（EPA 2007a），它评估了发表在同行评审期刊上的 14 个 PBPK 模型，选择被认为是支持力度最大的模型，运用该模型结果评估 1,1,1-三氯乙烷在动物和人之间在药代动力学行为方面的差异。通常默认的用于从动物结果外推到人类的不确定因子（UF）是 10，这是由两个因子为 3 的默认值假设得到：一个是 PK 差异，另一个是药效学（PD）差异。[①]在 1,1,1-三氯乙烷评估草案中，机构用 PBPK 模型的结果代替了默认不确定因子 3；但是在没有关于 PD 差异性的信息时，仍然采用默认不确定因子 3。这个例子反映了机构对用可靠科学信息减少风险评估模型不确定性的价值的认可。

在最近的另一个案例中（专栏 6-1），EPA 在建立硼的 RfD 时采用特定化学物质的 PK 和生理数据推导出两个 UF（从动物外推到人类以及人体差异性）。

这些案例表明 EPA 在特定情况下会不采用默认值；但是，委员会认为 EPA 和研究机构将会从制定这些不采用默认值的明确标准中受益。

专栏 6-1 硼：使用数据推导的不确定性因子

几十年来，EPA 一直致力于在风险评估中表征不确定性。在大多数涉及非致癌健康效应的情况下，采用默认不确定性因子解释亚慢性暴露数据到慢性暴露数据的转换、数据库充分性、从最低可观测效应水平到无可观测不良影响水平外推、种间外推和人体差异性。数据库不足往往迫使机构依赖于默认假设弥补数据缺失。在硼的风险评估案例中，数据可以获得，所以 EPA 可以采用"数据推导方法"制定不确定性因子。该方法"采用可获得的毒代动力学和毒性动力学数据确定不确定性因子，而不是依赖标准的默认值"（Zhao et al. 1999）。硼的案例说明了机构围绕数据推导不确定性因子的开发和使用的问题。

在没有核实具体情况的前提下，委员会注意到在硼的风险评估中，可用数据将不

---

① 关于 PK 和 PD 对个体异质性的贡献类似的假设可能并不正确。Hattis 和 Lynch (2007)认为 PD 因素可能更重要。

确定性因子从 100 降至 66，降低了 1/3，这是采用特定化学物质的药代动力学和生理数据推导得到的因子（DeWoskin et al. 2007）。具体来说，使用怀孕大鼠和怀孕人群研究肾清除率数据来确定数据驱动的种间药代动力学的调整值，并使用孕妇的肾小球过滤率差异性制定种内药代动力学调整的非默认值。

风险评估中使用的数据推导的方法得到风险评估的三名外部评审员的大力支持（见 EPA 2004b，p. 110）：

三位评审员都同意关于大鼠和人类清除硼的新的药代动力学数据应当被用来推导不确定性因子而不是默认因子。意见包括指出 EPA 应当努力使用实际数据，而不是默认因子，并且使用清除率数据是 EPA 推导不确定性一般方法的重要一步。

数据推导不确定性因子的使用并没有引起争议，如 2004 年《风险政策报告》中所述："环保人士认为，EPA 面对科学不确定性时，正在减少使用已经建立的安全因子的长期做法。'我们主要关心的是，这代表着 EPA 远离默认值传统概念并向如果默认值是必要的且有数据支持才使默认值的这一概念迈出了重要一步'"，一位自然资源保护委员会的科学家说道。"EPA 可能会使用'零碎的证据'支持一种化学物质和另一种化学物质一样，减少重要的安全因子"（《风险政策报告》2004，p. 3）。

制定明确的不采用默认值的标准需要两个部分：一个"证据标准"规定 EPA 如何考虑与默认值相关的替代假设，以及 EPA 将用于衡量替代模型是否符合证据标准的具体科学标准。

证据标准

由于 EPA 已经投入精力来选择当前的默认值并且默认值与风险评估流程具有一致性，因此在特定情况下使用默认值的替代假设将面临巨大的阻碍，需要特定理论和证据的支撑。委员会建议 EPA 在确定替代假设"明显更好"[①]，也就是其合理性明显超过默

[①] 在法律上，"超出合理怀疑"的标准将会是"明显更优"。术语"明显更优"不应定量解释，但委员会指出，统计 P 值也可以作为类比。例如，只有当 $P<0.05$ 时，拒绝支持替代值，否则可以认为替代假设"明显优于""默认值"。

认值的合理性时，才采用替代假设代替默认值。

判断替代假设的具体标准

评估替代假设是否明显好于默认值时要解决的科学问题取决于要弥补的特定推论空白。委员会建议 EPA 建立针对特定问题弥补推论空白的标准。需要制定标准的重要问题包括衡量不同物种间剂量的 PBPK 模型、动物肿瘤与人类的相关性以及人体和动物之间 PD 的差异。其中许多问题与第 5 章中描述的统一致癌和非致癌剂量–反应模型相关。

EPA 针对具体情况已经建立了不使用默认值的标准。下面有三个例子。委员会指出，这些案例的出发点都是建立不使用默认值的标准；它们的使用并不意味着委员会同意每个细节。

啮齿动物甲状腺滤泡性肿瘤的低剂量外推。1998 年，EPA 针对何时以及如何背离一种导致啮齿动物甲状腺滤泡性肿瘤的物质在人体中有线性剂量–反应关系这一默认假设制定了指南（EPA 1998b）。该指南明确表示，当可以证明特定啮齿动物致癌物不具有致突变性，且其作用是破坏垂体—甲状腺轴，以及除了抗甲状腺活性外没有 MOA 能够解释观察到的啮齿动物肿瘤的形成时，EPA 将会考虑暴露率而不是线性方法。EPA 随后提出了八个标准来确定该物质是否破坏了垂体—甲状腺轴，并说明了必须满足前五个的前提（剩下的三个是"可选的"）。

动物α2μ-球蛋白致癌物与人类的相关性。在排除通过α2μ球蛋白 MOA 作用的物质暴露发生肾肿瘤的相关性的标准情况下，EPA 制定了不采用动物肿瘤与人类风险相关这一默认值的明确标准。EPA（1991b）指定了替代默认值必须满足的两个条件。首先，对于相关物质，α2μ-球蛋白必须显示参与肿瘤发展。对于这种情况，EPA 要求有以下三个发现（p. 86）："（1）处理组的雄性大鼠肾小管上皮细胞内玻璃样小滴变性的数量和体积增加"，"（2）在玻璃样小滴中聚积的蛋白质是α2μ-球蛋白"以及"（3）存在其他与α2μ-g肾病相关的病理损伤序列"。如果满足第一个条件，EPA 表示必须建立α2μ-球蛋白导致肾病的程度的对应关系。确定它是观察到的肾病的主要原因，是确定其与人类相关这一默认假设的基础。EPA 表明（p. 86）这一步"需要大量的数据库，并且不局限于雄性大鼠的有限信息。例如，需要小鼠和雌性大鼠的癌症生物测定数据，以证明肾脏肿瘤具有雄性大鼠特异性。"EPA 列出了有用的数据类型，例如，表明相关化学物质在 NBR 大鼠（不产生大量α2μ-球蛋白）中没有引起肾脏肿瘤的数据，证明该物质与α2μ-球蛋白的结合是可逆的证据，P2 段肾小管持续细胞分裂是典型的α2μ-球蛋白导致肾癌的作用模式的数据，类似于其他已知的α2μ-球蛋白 MOA 物质的结构活性关系数据，缺少遗传毒性的证据，以及肾脏癌症仅在雄性大鼠中为阳性、在小鼠和雌性大鼠中为阴性的结果（EPA 1991b）。

《食品质量保护法》规定的安全系数为 10[①]的适用性。EPA 在设定农药暴露限值时，为了保护婴儿和儿童，确定安全系数为 10，这是一个说明机构如何建立流程定期确定数据是否充足可以不采用默认值的案例。1996 年《食品质量保护法》（FQPA）要求使用安全系数为 10，除非 EPA 有充足的证据表明不同的数值更合适［§408（b）（2）（c）］。EPA 农药项目办公室（EPA 2002b）制定了系统的证据权重方法，涉及一系列因素，包括产前毒性和产后毒性，剂量–反应关系的性质、PK 和 MOA。在框架基础上，EPA 发现在 59 例中有 48 例不需要采用 10 的安全系数（在 NRC 2006b 中审查）。

委员会的评估

这些例子为机构制定标准化方法以便于放弃默认值提供了一个开端。基于这些例子的改进将会更加具体化这类足以证明放弃默认值的证据。

例如，EPA 关于导致滤泡性肿瘤的化学物质的指南。EPA1998b（p. 21）第 2.2.4 节要求"给出化学物质足够的信息以确定垂体—甲状腺功能造成主要影响的部位"，但是 EPA 并没有说什么样数量和质量的信息对研究者而言"足以"做出决定。此外，"维持垂体—甲状腺稳态，预计导致肿瘤形成的步骤不会发展，肿瘤发展的几率可以忽略不计"的重要说法在整篇文献中指普通人群，不涉及个体间体内平衡的差异性。

EPA 提出了不使用 FQPA 提供的 10 的安全系数的指南（EPA 2002b）。指南包括需

---

① 在第 5 章，委员会对"安全系数"一词进行了例外处理，但是在此处使用是为了避免与 EPA 术语混淆。

要考虑的问题清单和要评估的证据类型。一些指南对不使用默认值的评估提出了具体要求，例如，在人体或超过一种物种中发现的效应会反对不使用默认值，如年轻人没有成人从化学物质不良影响中恢复那么快的发现也是一样。相比之下，一些指南缺乏具体要求。特别是在动物中观察到的支持效应的人体相关性的 MOA 反对脱离默认值；如果它能阐明支持人体相关性的 MOA 发现，指南将会更有用。

委员会建议 EPA 审查那些运用特定物质数据并且没有引入默认值的情况，并列出表征这些不使用默认值的原则。这些原则可用于制定更通用的指南来确定数据何时能够明确支持推论替代默认值。

6.4.3 制定替代（或明确）缺失假设的默认值：毒性数据不足的化学物质案例

EPA 应努力制定明确的默认值来代替缺失的默认值。在尽可能的情况下，采用新的明确的默认值表征与其使用相关的不确定性。尽管仍有缺失的默认值，但是本节重点关注"未经检验的化学物质假设"并概述了一种表征未检验或未充分检验化学物质毒性的方法。[①]该方法试图在收集足够的信息来尽可能减少不确定性以使结果更有用和使该方法适用于表征大量化学物质之间寻求平衡。

在没有数据的情况下得出特定化学物质定量毒性估计值，EPA 认为这些化学物质虽然有风险，但在空气、饮用水和危险废物项目中不需要监管措施。就致癌物质而言，EPA 不赋予化学物质致癌强度系数，从而含蓄地像其他不会产生癌症风险那样对待它，例如，化学物质的证据符合致癌物质指南中"信息不足以评估致癌潜力"的标准（EPA 2005a，pp. 1-12；EPA 2005a，pp. 1-12）。对于非致癌终点，EPA 的实践中限制不确定性因子的乘积不超过 3 000。当需要更大的数值解决不确定性时（例如，当"超过四个外推区域都存在不确定性"时［EPA 2002a，p. xvii］），EPA 将得不出 RfD 或 RfC。现在的大多数化学物质缺乏制癌斜率因子、RfD、RfC 或这些的组合。

---

① 第 5 章涉及其他缺失默认值，包括在没有特定化学物质数据时，EPA 将人群所有成员视为对通过线性 MOA 作用的致癌物质具有同样的易感性。

关于许多化学物质不构成监管所需的风险的有效假设，可能在各种情况下破坏决策，因为不可能有效评估生产过程中与一种化学物质替代一种化学物质相关的净健康风险和效益，或者解释存在大量没有经过流行病学或毒理学研究的未检验化学物质（例如，超级基金场地）的风险估计。

制定缺乏特定物质信息的化学物质剂量–反应关系分布，可以构建一系列分层的默认分布。该方法基于这样一种观点：对于所有化学物质而言，关于剂量–反应关系的不确定性分布可能具有规律。该流程首先选择一系列致癌和非致癌终点，对所讨论的未知物质采用化学效力完全分布（包括数据驱动的零效力概率）。然后通过使用各种类型和不同程度的中间毒性信息缩小初始分布。

在简单的层次上，有关化学结构信息可用于构建化学物质，就像 EPA 利用化学结构和物理化学特性进行定量结构活性关系（QSAR）分析，用于生产前通知和建立从具有代表性的数据丰富的化学物数据中获得的毒性参数值的分布［《有毒物质管理法》（TSCA）第 5 节新增化学物质项目（EPA 2007b）］。

在下一个层次上，可以通过纳入毒理学测试和其他模型或实验数据来进一步完善分布，以此来创建化学类别。这种做法弥补了美国和经济合作与发展组织的高产量化工项目（OECD 2007）中的数据缺失。这些项目已经创建了化学物质类别以帮助估计项目中短期毒性测试的实际值，但是其基本概念可用于开发其他慢性毒性终点的致癌效力或剂量–反应参数分布。未来，在越来越了解毒性网络和毒性通路后，中间机制的测试结果可能有助于选择终点和估计效力分布。有一些关于如何充分利用观察到的制癌效力和短期毒性值之间的相关性的描述，例如最大耐受剂量（Crouch et al. 1982；Gold et al. 1984；Bernstein et al. 1985）和急性 LD_{50}（Zeise et al. 1984，1986；Crouch et al. 1987）。该方法可以更新和扩展以便于纳入其他来自于结构活性和短期测试的毒性数据。EPA 正在建立促进此类发展的数据库（EPA 2007c；Dix et al. 2007）；国家研究委员会（NRC 2007b）主张最终依靠中高通量测序来进行风险评估。最后，最复杂的层次通过类似目前外推法的方法对结构类似于已经开展很好研究的物质的化学物质，例如多环芳烃和二噁英等化学物的毒性效力分布进行开发（Boström et al. 2002；EPA 2003；van den Berg et al. 2006）。

这样，在尚未完全了解传统剂量–反应评估精确含义的阶段，机构可以利用多种情况下产生的丰富的中间毒性数据。EPA 长期可以基于中间测定的结果开发概率分布，并且随着更多的数据可用，化学物质的效力分布将会变窄。

这些方法有一些局限性。现在，它们是基于已经在长期生物测定中测试的化学物质的结果。如果长期生物测试已经与毒性指标相关，则未经检验的化学物质的结果的一般会高估未经检验的化学物质的毒性。创建未知化学物质的效力分布必须包括对零效力概率的数据库的估计，以减少系统高估的可能性。需要对效力估计的不确定性进行表征，但是应当通过此方法的概率性质来更好的表征。缺乏足够的数据来估计各种终点的效力分布是一个严峻的挑战。建立这样的数据库对致癌和少数非致癌终点是可行的，但是对许多非常关注的终点，例如发育神经毒性、免疫毒性和生殖毒性等是不可行的。这一系统的全面实施将需要 10～20 年的时间进行数据和方法的开发。委员会督促 EPA 运用现有数据和美国及国际化学物质优先级设立项目正在获取的丰富的中间毒性数据，开发这一系统所需的方法（EC 1993，1994，1998，2003；65 Fed. Reg. 81686［2000］；NRC 2006b）。

必要时，EPA 可以根据这些信息对监管方案的预期收益产生的潜在影响将工作重点放在建立缺失的默认信息上。这最可能对那些暴露水平会根据监管方案明显变化的化学物质（例如，用其他有更严格控制标准的化学物质代替一种化学物质）和物理化学性质会增加其相对毒性的化学物质产生重大影响。

6.5　针对替代模型进行多重风险表征

目前默认值的管理类似一种全有或全无的方法，因为 EPA 不管机构采用默认值还是代替默认值的假设通常都会对一组假设的剂量–反应关系进行定量化。针对模型的不确定性进行了定性讨论；EPA 讨论了竞争假设的科学价值。

从长远来看，委员会期望开展改进模型不确定性描述的研究（见第 4 章）。在短期内，当已经报道的证据足以支撑替代假设的风险估计时，可以采用敏感性分析。该方法需要开发一个判断这一分析何时应当开展的标准框架。目的并不是呈现全面的可能风险估计，而是为风险管理人员提供少量的示范、合理的案例，使其了解因为考虑除默认值以外的假设而产生的额外不确定性。委员会认识到缺乏与默认值相关的科学知识时很难给替代估计分配概率，并且意识到需要开展更多的工作来推进用更合理的方法模拟不确定性（见第 4 章）。

　　报告替代风险估计的标准应当不如建议使用替代假设代替默认值的"明显更优"的标准更严格。委员会认为如果替代风险估计相比于基于默认值的风险估计更合理，那么应当报告替代风险估计。可比性的标准并不意味着替代方案必须与默认值一样合理；替代风险估计是有意义的，因为其提供了权衡与解决给定风险的干预措施或方案相关影响的信息，即使它们的概率小于 50%，风险管理者也对可能的结果感兴趣。然而，可比性标准确实排除了可能有效但基于假设的风险估计，这些假设基本上不如默认值合理。目的是确保风险管理者考虑一套值得管理的风险估计值，并且防止可能无效的风险估计值混淆视听。归根结底，使得"可比性"这一术语具有操作性取决于 EPA 决定其愿意接受风险评估忽视真实风险的概率有多大。EPA 应考虑制定指南，明确指导风险评估者在"高风险"评估情况下，也就是存在与减少目标风险相关的潜在重要的抵消性风险或经济成本的情况下，提出更广泛的风险估计。指南应当考虑到开发更广泛信息的分析成本，包括可能的额外延迟（见第 3 章信息价值的讨论）。

　　如在"明显更优"的替代默认值的标准的例子中，机构应建立评估合理性的指南，颁布具体的标准说明替代假设"相比之下更合理"。EPA 应将没有满足"合理"标准的替代风险估计排除在考虑之外，因为这会分散对具有合理水平科学依据的可能性的注意。具体来说，委员会不建议 EPA 定期（拟制报表）报告化学物质的评估风险"几乎为零"，除非有科学证据表明这一概率达到了合理的水平。根据拟议的方法，风险评估者将尽可能地描述替代假设的科学价值以及使假设相比于默认值"更合理"的因素（和使其没有满足"明显更优"标准的因素）。这种表征将确定与默认值相关的风险估计，并将估计结果作为风险管理适当基础。尽管如此，风险评估还要报告少量其他的合理示范评估以传达与首选的风险估计值相关的不确定性。该建议符合国家研究委员会鼓励 EPA 在风险评估中报告与替代假设相应的风险估计值的建议（NRC 2006a）。

替代风险估计值的详细程度和科学支撑水平应当符合风险评估要解决问题的类型（见第 3 章）。如果与评估的干预措施相关的权衡是适度的，则对于干预措施的区分不需要太详细。例如，在维持默认值作为主要估计计算指定风险时，在没有关于该范围内替代值相对合理性的详细信息的情况下，提供一系列风险估计值就足够了；然后可以将这些信息用于筛查评估，确定面对不确定性时可以强力确立的可取方案。由于并不可能总是知道要评估哪些方案，不确定性的简单表征可以为之后替代方案的评估提供很好的开端。在所有情况下，不确定性表征的细化可以根据需要以迭代的方式进行，以便于解决更为严重的权衡或评估最初未考虑的方案和权衡。关键是要评估的方案会驱动评估所需的详细程度（见第 3 章）。

6.5.1 多重风险表征的优点

为除默认值以外的模型提供全面的风险表征，对风险评估过程有一定好处。在最终的风险评估结果中保留替代的风险估计值会使风险管理者以更广泛的视角来了解风险管理方案之间的权衡。但是，重要的是，任何针对风险评估结果范围的评估都要考虑 EPA 保护公众健康和环境的职责。委员会建议 EPA 不使用默认值时，要量化使用替代假设的影响。特别是 EPA 应当描述如何使用默认值，以及所选择的替代方案会如何影响正在考虑的风险管理方案的风险估计值。例如，如果没有使用默认值的风险评估发现相比于化学物质 B，在生产过程中化学物质 A 的风险最低，那么它应当描述如果使用默认值哪种化学物质风险更低。

重要的是 EPA 应当强调只有一个假设值的风险表征和风险管理优先考虑。如果替代假设"相比之下是合理的"，那么必须强调默认值并给予尊重。拟议的方法更全面地表征了风险估计中的不确定性。如第 3 章所述，确定最合适的行动方式取决于与风险估计值相关的不确定性程度。在框架下（第 8 章），当存在多个控制方案和多种因果模型时，强调模型不确定性有助于找到最佳选择。关于不使用默认值的明确标准可以鼓励第三方来研究，因为他们知道哪些数据会影响风险评估过程。最终，该方法有助于确定研究需求的优先级，并将其作为信息价值分析的重要组成部分（见第 3 章）。

6.6 结论和建议

EPA 目前的默认值政策首先需要评估所有相关和可获得的数据，只有确定数据不可获得或不可用时才考虑使用默认值。与判断现有数据是否足以不使用默认值相比，其实践情况并不清楚。无论如何，都需要在需要推论或填补常见数据缺失的风险评估步骤中保持默认值。在特定情况下，需要有标准来判断数据是否足以支持不同于默认值的推论（或数据是否足以证明不需要使用默认值）。委员会建议 EPA 描述哪些证据可以确定如何做出这些判断，以及如何解释和质疑这些证据。提供可靠一致的方法来判断默认值对于建立一个支持监管决策的风险评估过程至关重要。

委员会提出以下建议强化 EPA 对默认值的使用：

- EPA 应继续且扩大使用最好的最先进的科学支持或修订其默认值。委员会不愿明确修改这些默认值的时间表。EPA 在为这些修订设置优先事项时应考虑：（1）当前默认值与现有科学不一致的程度；（2）修订默认值对风险估计值的改变程度；（3）受默认值修订影响的公众健康（或生态）的风险估计值的重要性。

- EPA 应致力于制定明确声明的默认值来替代隐含或缺失的默认值。关键的优先事项是制定默认值方法，以支持缺乏特定化学物质信息的化学物质进行风险评估，表征对癌症的个体易感性（见第 5 章）并制定剂量–反应关系。针对数据不足的化学物质建立剂量–反应关系，目前可获取的信息只能在癌症方面有所进展，在一些非致癌终点方面进展有限。EPA 应当利用美国及国际优先项目已经获得的数据来制定方法，在未来 10~20 年内建立全面的系统。必要时，EPA 可以优先考虑其信息最可能影响监管方案预计效益的目标化学物质。

- 未来 2~5 年，EPA 应当针对证明使用替代假设代替默认值所需的证据的水平制定明确的标准。委员会建议，只有当替代假设合理性的证据明显优于默认值的证据时，才能不使用默认值。除了使用替代假设所需证据水平的通用标准外，EPA 还应描述针对每个特定默认值使用替代假设时必须解决的具体标准。

- 当没有一个替代的风险估计值能有足够的合理性水平来证明可以替代默认值时，EPA 应当表征与使用默认值相关的不确定性的影响，表征应当尽量是定量的。在未来 2～5 年，EPA 应当制定关于替代值列表的标准，将注意力局限于其合理性至少可以和默认值相比的假设上。其目的并不是呈现全面的可能风险估计，而是为风险管理人员提供少量的示范、合理的案例，使其了解因为考虑除默认值以外的假设而产生的额外不确定性。委员会认识到缺乏与默认值相关的科学知识时很难给替代估计分配概率，并且意识到需要开展更多的工作来推进用更合理的方法模拟不确定性。

- 当 EPA 选择不使用默认值时，它应当量化使用替代假设的影响，包括描述如何使用默认值以及选择的替代方案将如何影响正在考虑的风险管理方案的风险估计值。

- EPA 需要更明确地阐述默认值政策，并针对其实施和评估其对风险决策的影响以及其保护环境和公众健康的工作提供指南。

参考文献

[1]　Allen, B.C., K.S. Crump, A.M. Shipp. 1988. Correlations between carcinogenic potency of chemicals in animals and humans. Risk. Anal. 8(4):531-544.

[2]　Bernstein, L., L.S. Gold, B.N. Ames, M.C. Pike, D.G. Hoel. 1985. Some tautologous aspects of the comparison of carcinogenic potency in rats and mice. Fundam. Appl. Toxicol. 5(1):79-86.

[3]　Boström, C.E., P. Gerde, A. Hanberg, B. Jernström, C. Johansson, T. Kyrklund, A. Rannug, M. Törnqvist, K. Victorin, R. Westerholm. 2002. Cancer risk assessment, indicators, and guidelines for polycyclic aromatic hydrocarbons in the ambient air. Environ. Health Perspect. 110(Suppl. 3):451-488.

[4]　Breyer, S. 1992. Breaking the Vicious Circle: Toward Effective Risk Regulation. Cambridge, MA: Harvard University Press.

[5]　Clewell, H.J. III, M.E. Andersen, H.A. Barton. 2002. A consistent approach for the application of

pharmacokinetic modeling in cancer and noncancer risk assessment. Environ. Health Perspect. 110(1):85-93.

[6] Cohen, J., D. Bellinger, W. Connor, P. Kris-Etherton, R. Lawrence, D. Savitz, B. Shaywitz, S. Teutsch, G. Gray. 2005. A quantitative risk-benefit analysis of changes in population fish consumption. Am. J. Prev. Med. 29(4):325-334.

[7] Crawford, M., R. Wilson. 1996. Low-dose linearity: The rule or the exception? Hum. Ecol. Risk Assess. 2(2):305-330.

[8] Crouch, E.A.C., J. Feller, M.B. Fiering, E. Hakanoglu, R. Wilson, L. Zeise. 1982. Health and Environmental Effects Document: Non-Regulatory and Cost Effective Control of Carcinogenic Hazard. Prepared for the Department of Energy, Health and Assessment Division, Office of Energy Research, by Energy and Environmental Policy Center, Harvard University, Cambridge, MA. September 1982.

[9] Crouch, E., R. Wilson, L. Zeise. 1987. Tautology or not tautology? Toxicol. Environ. Health 20(1-2):1-10.

[10] DeWoskin, R.S., J.C. Lipscomb, C. Thompson, W.A. Chiu, P. Schlosser, C. Smallwood, J. Swartout, L. Teuschler, A. Marcus. 2007. Pharmacokinetic/physiologically based pharmacokinetic models in integrated risk information system assessments. Pp. 301-348 in Toxicokinetics and Risk Assessment, J.C. Lipscomb and E.V. Ohanian, eds. New York: Informa Healthcare.

[11] Dix, D.J., K.A. Houck, M.T. Martin, A.M. Richard, R.W. Setzer, R.J. Kavlock. 2007. The ToxCast program for prioritizing toxicity testing of environmental chemicals. Toxicol. Sci. 95(1):5-12.

[12] EC (European Commission). 1993. Commission Directive 93/67/EEC of 20 July 1993, Laying down the Principles for the Assessment of Risks to Man and the Environment of Substances Notified in Accordance with Council Directive 67/548/EEC. Official Journal of the European Communities L227:9-18.

[13] EC (European Commission). 1994. Commission Regulation (EC) No. 1488/94 of 28 June 1994, Laying down the Principles for the Assessment of Risks to Man and the Environment of Existing Substances in Accordance with Council Regulation (EEC) No793/93. Official Journal of the European Communities

L161:3-11 [online]. Available: http://www.unitar.org/cwm/publications/cbl/ghs/Documents_2ed/ C_Regional_ Documents/85_EU_Regulation148894EC.pdf [accessed Jan. 25, 2008].

[14] EC (European Commission). 1998. Directive 98/8/EC of the European Parliament and of the Council of 16 February 1998 Concerning the Placing of Biocidal Products on the Market. Official Journal of the European Communities L123/1-L123/63 [online]. Available: http://ecb.jrc.it/legislation/ 1998L0008EC. pdf [accessed Jan. 28, 2008].

[15] EC (European Commission). 2003. Technical Guidance Document in Support of Commission Directive 93/67/ EEC on Risk Assessment for New Notified Substances and Commission Regulation (EC) 1488/94 on Risk Assessment for Existing Substances, and Directive 98/8/EC of the European Parliament and the Council Concerning the Placing of Biocidal Products on the Market, 2nd Ed. European Chemicals Bureau, Joint Research Centre, Ispra, Italy [online]. Available: http://ecb. jrc.it/home.php?CONTENU=/DOCUMENTS/TECHNICAL_GUIDANCE_DOCUMENT/EDITION_2/ [accessed Jan. 28, 2008].

[16] EPA (U.S. Environmental Protection Agency). 1986. Guidelines for the Health Risk Assessment of Chemical Mixtures. EPA/630/R-98/002. Office of Research and Development, U.S. Environmental Protection Agency, Washington, DC. September 1986 [online]. Available: http://www.epa.gov/ncea/raf/ pdfs/chem_mix/chemmix_1986.pdf [accessed Jan. 24, 2008].

[17] EPA (U.S. Environmental Protection Agency). 1991a. Guidelines for Developmental Toxicity Risk Assessment. EPA/600/FR-91/001. Risk Assessment Forum, U.S. Environmental Protection Agency, Washington, DC. December 1991 [online]. Available: http://www.epa.gov/NCEA/raf/pdfs/devtox.pdf [accessed Jan. 10, 2008].

[18] EPA (U.S. Environmental Protection Agency). 1991b. Alpha-2μ-Globulin: Association with Chemically-Induced Renal Toxicity and Neoplasia in the Male Rat. EPA/625/3-91/019F. Prepared for Risk Assessment Forum, U.S. Environmental Protection Agency, Washington, DC. February 1991.

[19] EPA (U.S. Environmental Protection Agency). 1994. Methods for Derivation of Inhalation Reference Concentrations and Application of Inhalation Dosimetry. EPA/600/8-90/066F. Environmental Criteria

and Assessment Office, Office of Health and Environmental Assessment, Office of Research and Development, U.S. Environmental Protection Agency, Research Triangle Park, NC. October 1994 [online]. Available: http://cfpub.epa.gov/ncea/cfm/recordisplay.cfm?deid=71993 [accessed Jan. 24, 2008].

[20] EPA (U.S. Environmental Protection Agency). 1996. Guidelines for Reproductive Toxicity Risk Assessment. EPA/630/R-96/009. Risk Assessment Forum, U.S. Environmental Protection Agency, Washington, DC. October 1996 [online]. Available: http://www.epa.gov/ncea/raf/pdfs/repro51.pdf [accessed Jan. 10, 2008].

[21] EPA (U.S. Environmental Protection Agency). 1997. Guiding Principles for Monte Carlo Analysis. EPA/630/ R-97/001. Risk Assessment Forum, U.S. Environmental Protection Agency, Washington, DC. March 1997 [online]. Available: http://www.epa.gov/ncea/raf/montecar.pdf [accessed Jan. 7, 2008].

[22] EPA (U.S. Environmental Protection Agency). 1998a. Guidelines for Neurotoxicity Risk Assessment. EPA/630/ R-95/001F. Risk Assessment Forum, U.S. Environmental Protection Agency, Washington, DC. April 1998 [online]. Available: http://www.epa.gov/NCEA/raf/pdfs/neurotox.pdf [accessed Jan. 24, 2008].

[23] EPA (U.S. Environmental Protection Agency). 1998b. Assessment of Thyroid Follicular Cell Tumors. EPA/630/ R-97-002. Risk Assessment Forum, U.S. Environmental Protection Agency, Washington, DC. March 1998 [online]. Available: http://www.epa.gov/ncea/pdfs/thyroid.pdf [accessed Jan. 25, 2008].

[24] EPA (U.S. Environmental Protection Agency). 2000a. Risk Characterization Handbook. EPA-100-B-00-002. Office of Science Policy, Office of Research and Development, U.S. Environmental Protection Agency, Washington, DC. December 2000 [online]. Available: http://www.epa.gov/OSA/spc/ pdfs/ rchandbk.pdf [accessed Feb. 6, 2008].

[25] EPA (U.S. Environmental Protection Agency). 2000b. Supplementary Guidance for Conducting Health Risk Assessment of Chemical Mixtures. EPA/630/R-00/002. Risk Assessment Forum, U.S. Environmental Protection Agency, Washington, DC. August 2000 [online]. Available: http://www. epa.gov/ncea/raf/pdfs/chem_mix/chem_mix_08_2001.pdf [accessed Jan. 7, 2008].

[26] EPA (U.S. Environmental Protection Agency). 2001. Toxicological Review of Chloroform (CAS No.

67-66-3) In Support of Summary Information on the Integrated Risk Information System (IRIS). EPA/635/R-01/001. U.S. Environmental Protection Agency, Washington, DC. October 2001 [online]. Available: http://www.epa.gov/iris/toxreviews/0025-tr.pdf [accessed Jan. 25, 2008].

[27] EPA (U.S. Environmental Protection Agency). 2002a. A Review of the Reference Dose and Reference Concentration Processes. Final report. EPA/630/P-02/002F. Risk Assessment Forum, U.S. Environmental Protection Agency, Washington, DC. December 2002 [online]. Available: http://www. epa.gov/iris/ RFD_FINAL%5B1%5D.pdf [accessed Jan. 14, 2008].

[28] EPA (U.S. Environmental Protection Agency). 2002b. Determination of the Appropriate FQPA Safety Factor(s) in Tolerance Assessment. Office of Pesticide Programs, U.S. Environmental Protection Agency, Washington, DC. February 28, 2002 [online]. Available: http://www.epa.gov/oppfead1/trac/ science/determ.pdf [accessed Jan. 25, 2008].

[29] EPA (U.S. Environmental Protection Agency). 2003. Exposure and Human Health Reassessment of 2,3,7,8- Tetrachlorodibenzo-p-Dioxin (TCDD) and Related Compounds. NAS Review Draft. National Center for Environmental Assessment, Office of Research and Development, U.S. Environmental Protection Agency, Washington, DC. December 2003 [online]. Available: http://www.epa.gov/NCEA/ pdfs/dioxin/nas-review/ [accessed Jan. 9, 2008].

[30] EPA (U.S. Environmental Protection Agency). 2004a. Risk Assessment Principles and Practices: Staff Paper. EPA/100/B-04/001. Office of the Science Advisor, U.S. Environmental Protection Agency, Washington, DC. March 2004 [online]. Available: http://www.epa.gov/osa/pdfs/ratf-final.pdf [accessed Jan. 9, 2008].

[31] EPA (U.S. Environmental Protection Agency). 2004b. Toxicological Review of Boron and Compounds (CAS No. 7440-42-8) In Support of Summary Information on the Integrated Risk Information System (IRIS). EPA 635/04/052. U.S. Environmental Protection Agency, Washington, DC. June 2004 [online]. Available: http://www.epa.gov/iris/toxreviews/0410-tr.pdf [accessed Jan. 25, 2008].

[32] EPA (U.S. Environmental Protection Agency). 2005a. Guidelines for Carcinogen Risk Assessment. EPA/630/ P-03/001F. Risk Assessment Forum, U.S. Environmental Protection Agency, Washington, DC.

March 2005 [online]. Available: http://cfpub.epa.gov/ncea/cfm/recordisplay.cfm?deid=116283 [accessed Feb. 7, 2007].

[33] EPA (U.S. Environmental Protection Agency). 2005b. Supplemental Guidance for Assessing Susceptibility for Early-Life Exposures to Carcinogens. EPA/630/R-03/003F. Risk Assessment Forum, U.S. Environmental Protection Agency, Washington, DC. March 2005 [online]. Available: http://cfpub.epa.gov/ncea/cfm/recordisplay.cfm?deid=160003 [accessed Jan. 4, 2008].

[34] EPA (U.S. Environmental Protection Agency). 2006. Modifying EPA Radiation Risk Models Based on BEIR VII. Draft White Paper. Office of Radiation and Indoor Air, U.S. Environmental Protection Agency. August 1, 2006 [online]. Available: http://www.epa.gov/rpdweb00/docs/assessment/white-paper8106.pdf [accessed Jan. 25, 2008].

[35] EPA (U.S. Environmental Protection Agency). 2007a. Toxicological Review of 1,1,1-Trichloroethane (CAS No. 71-55-6) In Support of Summary Information on the Integrated Risk Information System (IRIS). EPA/635/ R-03/013. U.S. Environmental Protection Agency, Washington, DC. August 2007 [online]. Available: http://www.epa.gov/IRIS/toxreviews/0197-tr.pdf [accessed Jan. 25, 2008].

[36] EPA (U.S. Environmental Protection Agency). 2007b. Chemical Categories Report. New Chemicals Program, Office of Pollution Prevention and Toxics, U.S. Environmental Protection Agency [online]. Available: http://www.epa.gov/opptintr/newchems/pubs/chemcat.htm [accessed Jan. 25, 2008].

[37] EPA (U.S. Environmental Protection Agency). 2007c. Distributed Structure-Searchable Toxicity (DSSTox) Database Network. Computational Toxicology Program, U.S. Environmental Protection Agency [online]. Available: http://www.epa.gov/comptox/dsstox/ [accessed Jan. 25, 2008].

[38] EPA (U.S. Environmental Protection Agency). 2007d. Human Health Research Program: Research Progress to Benefit Public Health. EPA/600/F-07/001. Office of Research and Development, U.S. Environmental Protection Agency, Washington, DC. April 2007 [online]. Available: http://www.epa.gov/hhrp/files/g29888-gpi-gpo-epabrochure.pdf [accessed Oct. 21, 2008]

[39] EPA SAB (U.S. Environmental Protection Agency, Science Advisory Board). 1997. An SAB Report: Guidelines for Cancer Risk Assessment. Review of the Office of Research and Development's Draft

Guidelines for Cancer Risk Assessment. EPA-SAB-EHC-97-010. Science Advisory Board, U.S. Environmental Protection Agency, Washington, DC. September 1997 [online]. Available: http://yosemite. epa.gov/sab/sabproduct.nsf/6A6D30CFB1812384852571930066278B/$File/ehc9710.pdf [accessed Jan. 25, 2008].

[40] EPA SAB (U.S. Environmental Protection Agency, Science Advisory Board). 1999. Review of Revised Sections of the Proposed Guidelines for Carcinogen Risk Assessment. Review of the Draft Revised Cancer Risk Assessment Guidelines. EPA-SAB-EC-99-015. Science Advisory Board, U.S. Environmental Protection Agency, Washington, DC. July 1999 [online]. Available: http://yosemite.epa. gov/sab/sabproduct.nsf/857F46C5C8B4BE4985257193004CF904/$File/ec15.pdf [accessed Jan. 25, 2008].

[41] EPA SAB (U.S. Environmental Protection Agency, Science Advisory Board). 2000. Review of EPA's Draft Chloroform Risk Assessment. EPA-SAB-EC-00-009. Science Advisory Board, U.S. Environmental Protection Agency, Washington, DC. April 2000 [online]. Available: http://yosemite. epa.gov/sab/sabproduct.nsf/D0E41CF58569B1618525719B0064BC3A/$File/ec0009.pdf [accessed Jan. 25, 2008].

[42] EPA SAB (U.S. Environmental Protection Agency, Science Advisory Board). 2004a. Commentary on EPA's Initiatives to Improve Human Health Risk Assessment. Letter from Rebecca Parkin, Chair of the SAB Integrated Human Exposure, and William Glaze, Chair of the Science Advisory Board, to Michael O. Levitt, Administrator, U.S. Environmental Protection Agency, Washington, DC. EPA-SAB-COM-05-001. October 24, 2004 [online]. Available: http://yosemite.epa.gov/sab/ sabproduct. nsf/36a1ca3f 683ae57a85256ce9006a32d0/733E51AAE52223F18525718D00587997/$File/sab_com_05_001.pdf [accessed Oct. 21, 2008].

[43] EPA SAB (U.S. Environmental Protection Agency, Science Advisory Board). 2004b. EPA's Multimedia, Multpathway, and Multireceptor Risk Assessment (3MRA) Modeling System. EPA-SAB-05-003. Science Advisory Board, U.S. Environmental Protection Agency, Washington, DC [online]. Available: http://yosemite.epa.gov/sab/sabproduct.nsf/99390EFBFC255AE885256FFE00579745/$File/SAB-05-0

03_unsigned.pdf [accessed Jan. 25, 2008].

[44] EPA SAB (U.S. Environmental Protection Agency, Science Advisory Board). 2006. Science and Research Budgets for the U.S. Environmental Protection Agency for Fiscal Year 2007. EPA-SAB-ADV-06-003. Science Advisory Board, Office of the Administrator, U.S. Environmental Protection Agency, Washington, DC. March 30, 2006 [online]. Available: http://www.epa.gov/science1/pdf/sab-adv-06-003.pdf [accessed Dec. 5, 2007].

[45] EPA SAB (U.S. Environmental Protection Agency, Science Advisory Board). 2007. Comments on EPA's Strategic Research Directions and Research Budget for FY 2008. EPA-SAB-07-004. Science Advisory Board, Office of the Administrator, U.S. Environmental Protection Agency, Washington, DC. March 13, 2007 [online]. Available: http://www.epa.gov/science1/pdf/sab-07-004.pdf [accessed Dec. 5, 2007].

[46] Finkel, A.M. 1994. The case for "plausible conservatism" in choosing and altering defaults. Appendix N-1 in Science and Judgment in Risk Assessment. Washington, DC: National Academy Press.

[47] Finkel, A.M. 1997. Disconnect brain and repeat after me: "Risk Assessments is too conservative." Ann. N.Y. Acad. Sci. 837:397-417.

[48] Finkel, A.M. 2003. Too much of the "Red Book" is still (!) ahead of its time. Hum. Ecol. Risk Assess. 9(5): 1253-1271.

[49] Gilman, P. 2006. Response to "IRIS from the Inside." Risk Anal. 26(6):1413.

[50] Gold, L.S., C.B. Sawyer, R. Magaw, G.M. Backman, M. de Veciana, R. Levinson, N.K. Hooper, W.R. Havender, L. Bernstein, R. Peto, M.C. Pike, and B.N. Ames. 1984. A carcinogenic potency database of the standardized results of animal bioassays. Environ. Health Perspect. 58:9-319.

[51] Hattis, D., M.K. Lynch. 2007. Empirically observed distributions of pharmacokinetic and pharmacodynamics variability in humans: Implications for the derivation of single point component uncertainty factors providing equivalent protection as existing RfDs. Pp. 69-93 in Toxicokinetics and Risk Assessment, J.C. Lipscomb, and E.V. Ohanian, eds. New York: Informa Healthcare.

[52] Kaldor, J.M., N.E. Day, K Hemminki. 1988. Quantifying the carcinogenicity of antineoplastic drugs.

Eur. J. Cancer Clin. Oncol. 24(4):703-711.

[53] McClellan, R.O., D.W. North. 1994. Making full use of scientific information in risk assessment. Appendix N-2 in Science and Judgment in Risk Assessment. Washington, DC: National Academy Press.

[54] Mills, A. 2006. IRIS from the Inside. Risk Anal. 26(6):1409-1410.

[55] NRC (National Research Council). 1983. Risk Assessment in the Federal Government: Managing the Process. Washington, DC: National Academy Press.

[56] NRC (National Research Council). 1994. Science and Judgment in Risk Assessment. Washington, DC: National Academy Press.

[57] NRC (National Research Council). 2006a. Health Risks from Dioxin and Related Compounds: Evaluation of the EPA Reassessment. Washington, DC: The National Academies Press.

[58] NRC (National Research Council). 2006b. Toxicity Testing for Assessment of Environmental Agents: Interim Report. Washington, DC: The National Academies Press.

[59] NRC (National Research Council). 2007a. Quantitative Approaches to Characterizing Uncertainty in Human Cancer Risk Assessment Based on Bioassay Results. Second Workshop of the Standing Committee on Risk Analysis Issues and Reviews, June 5, 2007, Washington, DC [online]. Available: http://dels.nas.edu/best/risk_analysis/workshops.shtml [accessed Nov. 27, 2007].

[60] NRC (National Research Council). 2007b. Toxicity Testing in the Twenty-first Century: A Vision and a Strategy. Washington, DC: The National Academies Press.

[61] OECD (Organisation for Economic Co-operation and Development). 2007. Guidance on Grouping Chemicals. Series on Testing and Assessment No. 80. ENV/JM/MONO(2007)28. Environment Directorate, Joint Meeting of the Chemicals Committee and the Working Party on Chemicals, Pesticides and Biotechnology, Organisation for Economic Co-operation and Development. September 28, 2007 [online]. Available: http://appli1.oecd.org/olis/2007doc.nsf/linkto/env-jm-mono(2007)28 [accessed Jan. 25, 2008].

[62] OMB (Office of Management and Budget). 1990. Current Regulatory Issues in Risk Assessment and Risk Management in Regulatory Program of the United States, April 1, 1990-March 31, 1991. Office of

Management and Budget, Washington, DC.

[63] Pacala, S.W., E. Bulte, J.A. List, S.A. Levin. 2003. False alarm over environmental false alarms. Science 301(5637):1187-1188.

[64] Perhac, R.M. 1996. Does Risk Aversion Make a Case for Conservatism? Risk Health Saf. Environ. 7:297.

[65] Risk Policy Report. 2004. EPA Boron Review Reflects Revised Process to Boost Scientific Certainty. Inside EPA's Risk Policy Report 11(8):3.

[66] van den Berg, M., L.S. Birnbaum, M. Denison, M. De Vito, W. Farland, M. Feeley, H. Fiedler, H. Hakansson, A. Hanberg, L. Haws, M. Rose, S. Safe, D. Schrenk, C. Tohyama, A. Tritscher, J. Tuomisto, M. Tysklind, N. Walker, and R.E. Peterson. 2006. The 2005 World Health Organization reevaluation of human and mammalian toxic equivalency factors for dioxins and dioxin-like compounds. Toxicol. Sci. 93(2):223-241.

[67] Zeise, L. 1994. Assessment of carcinogenic risks in the workplace. Pp. 113-122 in Chemical Risk Assessment and Occupational Health: Current Applications, Limitations and Future Prospects, C.M. Smith, D.C. Christiani, and K.T. Kelsey, eds. Westport, CT: Auburn House.

[68] Zeise, L., R. Wilson, E.A.C. Crouch. 1984. Use of acute toxicity to estimate carcinogenic risk. Risk Anal. 4(3):187-199.

[69] Zeise, L., E.A.C. Crouch, R. Wilson. 1986. A possible relationship between toxicity and carcinogenicity. J. Am. Coll. Toxicol. 5(2):137-151.

[70] Zhao, Q., J. Unrine, M. Dourson. 1999. Replacing the default values of 10 with data-derived values: A comparison of two different data-derived uncertainty factors for boron. Hum. Ecol. Risk Asses. 5(5):973-983.

第 7 章

累积风险评估的实施

7.1　简介和定义

在前几章，委员会提出修改多个风险评估步骤，以更好地了解与暴露于个别化学物质相关的健康风险，包括不确定性和差异性的表征。这反映了 EPA 和其他机构的许多风险评估实践的重点，通常集中在监管要求或独立行动方案背景下评估与个别化学物质相关的风险上，例如发放工业设备的空气许可证。

然而，鉴于同时暴露于多种化学和非化学压力源和其他因素可能影响脆弱性，利益相关方群体（特别是受环境暴露影响的社区）越来越担心，这种狭隘的关注点不能准确捕捉与暴露相关的风险。更一般来说，风险评估的主要目的应是向决策者通报各种减少环境暴露策略的公众健康影响，忽略上述因素不能提供准确区分竞争方案所需的信息。如果没有额外的修改，风险评估可能会与很多决策背景并不相关，其应用可能加剧风险评估者和利益相关方之间的信任和沟通缺失。

为了解决这些复杂的问题，EPA 制定了《累积风险评估框架》（EPA 2003a）。累积风险是指综合暴露于多种制剂或压力源的风险的总和，其中聚集暴露是通过所有路径和方式以及来自各种给定物质或压力源的所有来源的暴露。化学、生物、辐射、身体和心理压力都被认为会影响人体健康，并可能在多压力源、多效应评估中得到解决（Callahan

和 Sexton 2007）。因此，累积风险评估是多种制剂或压力源造成的健康或环境综合风险的分析、表征和量化（EPA 2003a）。

如最近的文章（Callahan 和 Sexton 2007）所述，EPA 累积风险评估范式和传统人体健康评估存在四个主要区别：

- 累积风险评估不一定是定量的。
- 根据定义，累积风险评估中评估了多种压力源的综合影响，而不是只关注单一化合物。
- 累积风险评估关注基于群体的评估，而不是基于源的评估。
- 累积风险评估超出了化学物质的范畴，包括社会心理、身体和其他因素。

此外，EPA 定义的累积风险评估范式明确包括初始规划、范围界定和问题构建阶段（EPA 2003a），这也是委员会之前在第 3 章提到的风险评估的重要组成部分。这需要在流程早期将风险管理者、风险评估者和各种利益相关方集合在一起，确定需要考虑的主要因素、决策背景、时间安排和相关的分析深度等问题。规划和范围界定确保在评估范围内提出正确问题，并考虑合适的压力因素（NRC 1996）。

委员会认为累积风险评估的概念框架和扩大的定义将会使风险评估与决策者和受影响群体关注的问题更相关。累积风险评估的许多组成部分（如规划和范围界定或明确考虑脆弱性）原则上应被视为风险评估的标准特征。但是，实际上，EPA 现在开展的评估不符合机构框架所认为可能的和所支持的，本章旨在改进机构实践。

本章详细考虑了可能需要开展累积风险评估的一些具体原因，因为风险管理需求将为分析框架必要的修订提供信息。首先，即使关注的监管决策与解决单一暴露路径的单一化学物质的策略相关，也需要考虑其他化合物和其他因素为决策提供信息。忽视那些影响与关注化学物质相同的毒理学过程的多种制剂和压力源，以及忽略背景过程可能会导致风险评估在没有这些阈值的情况下假设人群阈值。第 5 章，在很大程度上已经解决了涉及评估背景暴露和脆弱性因素的需求的问题，以便于确定这些因素可能会使得另一种非线性的作用模式（MOA）线性化的可能性。除了注意它是累积风险评估的关键组成部分并且需要重要的暴露评估和流行病学与毒理学数据之外，本章不再详细讨论这一问题。

其次，如上所述，EPA 要解决的越来越多类型的问题都需要累积风险评估的工具和概念。关注环境毒物的群体通常希望知道环境因素是否可以解释观察到的或假设的疾病趋势，或者特定设施是否与重要的健康负担相关（以及特定的干预措施是否可以减轻这些负担）。标准的风险评估方法在脆弱群体和多种共同暴露环境下的相关性正受到利益相关方的挑战，尤其是那些对环境正义感到担忧的人（Israel 1995；Kuehn 1996）。解决这些问题需要具有同时评估多种物质或压力源的能力（不是在独立的情况下，而是在其他群体暴露和风险因素背景下考虑暴露）。此外，EPA 和其他利益相关方面临的许多决策涉及权衡以及多种风险因素之间的相互作用，任何分析工具都必须合理解决这些因素。

虽然我们在本章中提出修改累积风险评估的框架和实践，从而帮助 EPA 和其他相关方确定高风险群体，区分竞争方案，但是我们认识到累积风险评估的主题提出了关于风险评估和其他表明与风险相关的决策的证据之间的界限的重要问题。随着考虑的压力源和终点数量和类型的增加，必须决定哪些维度应被视为 EPA 和其他机构界定和使用的风险评估的组成部分，哪些维度应被视为可以表明风险管理决策的辅助信息但本身不是风险评估组成部分。这在一定程度上是语义的区别，但是定义界限对于阐述改进 EPA 风险分析方法的建议至关重要。同样，必须根据决策背景决定给定的累积风险评估所需的复杂程度和定量化水平。本章强调能够量化化学物质和非化学压力源暴露相关的人体健康效应的方法，但是我们注意到，累积风险评估涉及定性分析，并不一定都是定量的（EPA 2003a；Callahan 和 Sexton 2007），因为这些分析有时足以区分互相竞争的风险管理方案。

另一个边界问题涉及累积风险评估能够产生有用信息的背景。一些群体或其他利益相关方关心的问题，即使使用了解决累积风险的精细技术，不能也不应该通过风险评估来回答。例如，"导致我们社区最严重健康问题的环境污染物来源是什么？"或"我们采用什么样的干预策略最能改善社区健康？"等问题在原则上可以用风险评估方法回答，但是"我们的社区还应该再建立一个污染设施吗？"或"低收入群体比高收入群体距离环境污染源更近，是否应当有减缓措施？"等问题已经超出了累积风险评估可以单独回答的范畴。明确累积风险评估可以回答和不能回答的问题类型对于提炼累积风险评估工具和考虑补充分析帮助决策至关重要。

我们将在本章简要讨论 EPA 开发和应用的累积风险评估的关键环节，重点在问题背景、使用的分析方法和可能需要的改进等内容。我们考虑从生态风险评估和社会流行病学等领域提出方法，根据大量压力源和终点构建累积风险模型，同时将重点放在与 EPA 相关的决策上。最后提出委员会认为如何进一步发展累积风险评估的具体指南，包括使用清晰一致的术语；整合化学和非化学压力源相互作用的方法；使用生物监测、流行病学和监测数据；开发更简单的分析工具支持更广泛的分析；以及利益相关方参与整个累积风险评估的相关需求。

7.2　累积风险评估的历史

EPA 最近开发了正式的累积风险评估框架，但相关活动已经开展了几十年。这个历史概述并不是详尽无遗的，其目的是为了说明在不同时期 EPA 不同办公室解决累积风险问题的不同方法。

EPA 累积风险评估早期应用之一是超级基金项目。由于重点关注特定的危险废物场地而不是单一化合物，风险评估需要获取同时暴露的健康效应。EPA 颁布了重点关注化学混合物处理方法的指导文件（EPA 1986），这些文件并不详细，但确定了通用的方法。即首先寻找关于所关注的混合物健康效应的证据；如果没有此类信息，则考虑类似混合物的效应；如果信息可用，则解决两种物质的相互作用；最后如果没有之前可用的信息，则假设具有加和性。1986 年指南还区分了剂量加和（如果关注的化合物具有相同的 MOA 和相同的健康效应，则合适）和反应加和（假设 MOA 独立）。一些复杂混合物，例如柴油排放和多氯联苯，或类似的混合物的数据是可获得的；但是大多数情况下，假设相同的 MOA 时默认是剂量加和。化学混合物的分析只是累积风险评估的一个部分，超级基金风险评估并没有超出这一范畴，但是早期的评估有助于确定考虑多种压力源的理由和框架。

同样，1996 年《安全饮用水法》修正案要求考虑饮用水中的化学混合物，明确规定 EPA 要开展"制定新的复杂混合物研究方法……尤其是确定影响单个化学物质或微生物剂量–反应关系形状的协同作用或拮抗作用的前情"（Pub. L. No. 104-182，104th Cong. [1996]）的研究。这些方法最常用于消毒副产物（DBPs）：表征暴露于多种具有相同 MOA、同样基于生理学的药代动力学模型的 DBPs 的多种途径，风险表征使用相对效力因子整合各部分（Teuschler et al. 2004）。虽然已经完全构建了整体暴露评估体系，整合具有类似 MOAs 的化学物质的剂量加和和有不同 MOAs 的反应加和有助于扩大评估范围，但是累积风险评估的范围并没有考虑非化学压力源，对协同作用或拮抗作用的深入了解仍然很少。定量化不确定性也很少，并且只对风险评估的一些部分进行了差异性评估（例如，食物和水消费的异质性，而不是脆弱性）。

累积风险评估的一个重要例子与《食品质量保护法》（FQPA）相关，该法明确要求 EPA 评估多路径暴露于农药的总暴露量，并考虑具有同样 MOAs 的农药的累积暴露效应（Pub. L. No. 104-170，104th Cong. [1996]）。迄今为止完成的关键工作包括有机磷（OP）农药的累积风险评估（EPA 2006a）。鉴于 OP 农药有共同的 MOA（抑制胆碱酯酶活性），因此在此类所有农药的评估中使用了累积风险评估。偏离单一化学物质风险评估的分析组分包括考虑各种暴露途径的协同暴露（即对于给定的食品，哪些农药很可能一起被发现）、考虑跨多个途径的总体暴露、计算相对效力因子从而计算累积非致癌危害指数等。这项工作是迄今为止进行的最详细和最全面的累积风险评估。但是，没有证据可以确定剂量加和性的潜在偏差，将药代动力学明确纳入剂量–反应评估，或考虑非化学压力源的相互作用或除了婴儿和儿童强制安全系数 10 以外的脆弱性。此外，不确定性的定量化并不广泛，而对个别暴露路径的暴露率计算使得在各种暴露水平下量化危害大小难以实现（见第 5 章）。一般来说，由于 FQPA 的结构和农药数据的可获得性，同行评审文献中与累积风险评估相关的出版物都集中在农药的健康风险上。

EPA 累积风险评估最后一个例子是国家范围的空气毒理学评估，试图评估全美范围内空气有毒物质联合暴露的致癌和非致癌健康影响。最近的评估（EPA 2006b）考虑了 177 种空气有毒物质，在国家排放清单基础上使用空气扩散模型评估浓度，将浓度与人群暴露相关联来评估健康风险。根据 EPA 综合风险信息系统数据库和其他资源的单位吸入风险单独计算每种化合物的癌症风险；不考虑协同作用和拮抗作用。通过估计参考浓度（RfCs）并加入具有类似不良影响（不一定有相似的 MOAs）的个别化合物的危害商确定非致癌效应。因此，这个分析中清楚地捕捉了多种制剂和压力源，但是，和之前的应用一样，并没有引入超出简单加和的证据，并没有考虑非化学压力源或脆弱性，也没有提供广泛的不确定性。该研究也是当前和修改的非致癌风险框架中表征多种化合物暴露的一个重要案例：丙烯醛浓度超出了美国大多数人群的 RfC，这意味着其他呼吸道刺激物（尽管低于其个体 RfCs）也被认为是群体健康风险的因素。

因此，部分由于 EPA 历史上面临的风险管理问题和监管问题，到目前为止，累积风险评估主要集中于总体暴露评估，通常不考虑非化学压力源。但是，在 EPA 部门和其他对环境正义感兴趣的利益相关方群体中，有关累积风险评估的讨论主要集中于方法学的不同层面，并超出了总体化学物质暴露的问题。例如，2004 年，国家环境正义咨询委员会（NEJAC）的报告提供了关于 EPA 在重点关注环境正义下实施《累积风险评估框架》概念的长期和短期行动的指南（NEJAC 2004；Hynes 和 Lopez 2007）。其中最重要的见解是：

- 需要区分累积风险和累积影响；虽然该报告没有明确定义这两个词，但是两者在整个报告中都有提及。
- 在群体评估背景下考虑非化学压力源很重要。
- 脆弱性作为累积风险评估的关键组成十分重要，其中包括敏感性和易感性差异、暴露差异、准备应对环境危害反应的差异，以及从危害或应激效应中恢复能力的差异。
- 社会参与研究对实施累积风险评估的重要性，既要建立能力，还要将本地数据和知识纳入分析。
- 需要避免严重拖延决策的分析复杂性，同时也需要所有利益相关方可以使用的有效筛选与确定优先级的工具的价值，在短期内不太可能定量评估领域中还需要必要的定性信息。

NEJAC 报告强调了社区面临的风险，因此有一些部分（如基于社区的参与性研究）并不适用于国家层面或其他广泛的累积风险评估。虽然累积风险评估和基于社区的风险评估有很多共同点，但它们仍有区别。NEJAC 报告强调的其他内容（例如，明确考虑脆弱性，让风险分析复杂程度适合决策背景）超出了累积风险评估的范围，可以概括为所有形式的风险评估，如前面章节所述（如第 3 章和第 5 章）。无论如何，NEJAC 报告强调多个利益相关方认为 EPA 所说的累积风险评估的潜力尚未实现，主要原因是，除了总体化学暴露评估之外的许多维度尚未被正式纳入。

与这些问题相关的是 EPA 最近基于社会风险评估开发工具和技术的工作，包括评估"社会再生环境行动计划"（EPA 2008a）。社会可获得基于风险优先级确定的资源和简化方法（EPA 2004），但是这些方法并没有考虑累积风险的关键维度，如非化学压力源、脆弱性或多暴露路径。

在 EPA 之外运用累积风险评估一般概念的最终情景，是评估与环境和其他风险因素相关的全球疾病负担。由于它主要关注多因素的全球风险排名（包括许多非环境压力源），可能与 EPA 没有直接关系，但是它提供了一些与分析挑战相关的额外经验教训和考虑各种风险因素的评估的潜在信息价值。正如 Ezzati 等（2003）所述，全球疾病负担分析估计与各种危险因素相关的人群归因分数，被定义为如果暴露的给定风险因素降低至替代暴露情景，那么可能发生的人群疾病或死亡率降低的比例。所涉及的风险因素与饮食、身体活动、吸烟和环境以及职业暴露相关。由于考虑因素的数量以及制定适用于多个国家的指标的需求（Ezzati et al. 2003），与任何个别风险因素相关的方法都相对简单。例如，根据颗粒物浓度估计与城市空气污染相关的疾病负担，以及美国死亡率队列研究中的浓度—反应函数适用于分析中包含的所有国家。分析方法考虑了风险因素之间的潜在相互作用，并区分了风险因素通过中间因素介导产生直接效应，效应改变发生以及效应独立但暴露相关的情况。分析表明，可以采用相对简化的暴露和剂量–反应评估方法得到关于疾病模式和方法相对贡献的认识，并借此考虑风险因素之间的相互作用。但是，值得注意的是，使用归因危险度方法时，很可能对因素进行错误表征（Cox 1984，1987；Greenland 和 Robins 1988；Greenland 1999；Greenland 和 Robins 2000），并且这些问题在考虑控制策略边际效益时会更加重要。

总之，在过去的 20 年，EPA 和其他机构运用累积风险评估的情况日益增多，并且鉴于最近《累积风险评估框架》的开发以及 EPA 各部门对此的兴趣增大，其应用有望增长。这些研究通常全面地模拟总体暴露分布（尽管对不确定性的标准有限），也制定了合理评估多种具有相似 MOAs 化学物质造成的累积风险的方法（通常适当处理协同作用和拮抗作用）。但是，累积风险评估尚未达到上述定义所隐含的潜力；非化学压力源、脆弱性、背景过程和关注累积暴露效应的利益相关方感兴趣的其他因素通常没有合理地被正式考虑。利益相关方的参与并不如指南在大多数上述应用中的最佳表现那么全面，并且尚未允许社区参与到甚至简化的累积风险评估之中（筛选方法通常仅限于单一媒介和标准风险评估实践）。累积风险评估还可用于确定基准暴露造成的风险，而不是各种风险管理策略的效益，并且这一使用对所开发的方法及其解释有影响。

一些遗漏可以归因于以下原因：如果遵循了标准的风险评估范式，在评估基础疾病病程和脆弱性维度地同时考虑多种化学、物理和社会心理暴露可能很快在分析上难以处理，这是因为计算量和重要的暴露和剂量反应数据存在缺失的可能性。这意味着需要以迭代风险评估的思想简化风险评估工具，并强调累积人体健康风险评估可以从诸如生态风险评估和社会流行病学等领域中学到很多，这些领域不得不解决那些与评估各种压力源对于确定的人群或地理区域影响相关的类似问题。在理论上需要扩大的累积风险评估的范围包括许多 EPA 标准实践、专业知识和监管职能以外的要素，所以显然需要仔细界定如何最适当地考虑非化学压力源和脆弱性。下一节介绍了可用于扩大的累积风险评估范围同时考虑及时性以及 EPA 监管职责的方法，一部分通过开发筛选工具，另一部分围绕明确的风险管理目标进行分析。

7.3 累积风险评估的方法

从上述定义和案例可以看出，累积风险评估具有广泛的范围和极其宏大的任务。事实上，很难想象风险评估中认定暴露于具有相似 MOAs 的物质或压力的效应（如第 5 章所述）或确定促进受影响人群给定暴露脆弱性的特征不重要。这在风险管理的背景下尤为突出，其中许多化学和非化学压力源都可能同时受到影响。从风险评估者的角度来看，关键的挑战是设计适合累积风险评估背景的分析范围和复杂程度。遵循下面列出的方法会使 EPA 纳入上述累积风险评估的维度。

文献中提出了几种一般方法；最合适的方法显然是由问题和决策背景驱动的。Menzie 等（2007）运用来自生态风险评估的方法开发了一种应用类型——基于效应的评估。在这种情况下，流行病学分析或一般监测数据表明确定的人群的风险可能会增加，分析的目的是确定哪种压力源会影响观测到的效应。基于效应的评估是回顾性的，因此不适合整合到权衡各种控制方案的风险管理框架中；但是，在某些情况下，策略将围绕特定的终点制定，并且许多方法可以推广到其他方法（包括下面提到的基于压力源的评估）。

Menzie 等建议风险评估者从建立考虑可能与健康后果或其他感兴趣的效应相关的压力源子集的概念模型开始。这一步与第 5 章提出的 MOA 评估步骤吻合，包括 MOA 评估、背景和脆弱性评估和概念模型选择，但是开始于健康后果而不是个别化学物质。Menzie 等提出的下一个步骤是筛选评估，以确定最有可能对观测效应产生重大影响的因素的可控数量；这部分基于与参考值的简单比较或与利益相关方的讨论，并且这可能是规划和范围界定分析的关键要素。之后单独评估压力源，然后在不考虑相互作用的情况下结合，最终考虑相互作用和部分对于标准流行病学技术的依赖。虽然这种方法和流行病学评估有许多共同特征，但是与提出开展正式特定场地流行病学调查并不相同。在许多社区，流行病学调查没有足够的统计效力将确定的环境暴露与观测到的健康后果相关联。但是，流行病学的概念有助于构建分析，并提供对值得更仔细考虑的压力源子集的见解，可以从之前开展的流行病学研究中获得的知识。这种方法的主要价值在于它强调了表征可能影响感兴趣的健康后果的协同暴露和背景过程的必要，以及开展初步的筛查评估以构建分析容易处理的模型的必要。

风险管理更常见的方法是基于压力源的评估，其中，累积风险评估并不是由关于解释观察到的或假设的健康影响的压力源的问题引起的，而是由关于一组确定压力源的效应问题（通常在前瞻性评估中）引起的。基于压力源的评估往往出现在面向源的分析中，利益相关方希望评估一个源的效应（或解决源的控制策略的效益），但是要考虑所有的具有相似健康效应的化学和非化学压力源。该框架（Menzie et al. 2007）开始于概念模型，需要进行筛选评估，然后考虑个别压力源以及压力源之间的相互作用，但是基于压力源的评估是从压力源以及确定受到这些压力源影响的群体和终点开始的。上述 MOA 评估步骤对于这一过程至关重要，因为它们有助于表征感兴趣的终点、相关的压力源以及影响压力反应差异性的因素。

对可能减少一些分析挑战的累积风险评估方法的重要修改，涉及围绕风险管理方案评估的方向，而不是对问题的表征（见第 8 章对拟议框架更广泛的讨论）。上述方法和之前的大多数案例将有助于确定哪些最关注的压力源与确定亚群的确定后果相关，或者在同时暴露于多个压力源的情况下疾病负担是怎样的。但是，当累积风险评估能够提供关于替代控制方案的健康影响信息时，其对于社会和决策者而言都是最有价值的。例如，社会可能会选择饮用水消毒的替代品，重要的是要考虑所有消毒副产物浓度变化的影响，考虑同时暴露于多种水生病原体，考虑接触关键物质的所有路径，并确定脆弱群体。许多分析工具是相似的，但是在决策背景下，不同因素可能与基准情况下考虑的因素的边际相关或受其影响，需要包含的重要压力源也有所不同。换句话说，只有压力源在估计或解释方面影响控制策略的预计效益时，才包含这一压力源。原则上，关注与风险管理策略相关的压力源将有助于确保了解非化学压力源影响的同时，分析符合 EPA 关注化学或生物压力源的职责。Menzie 等面向区分风险管理方案的修改后的基于压力源的范式见表 7-1。

遵循这一方法有几个附带的好处。例如，评估背景暴露和脆弱性因素不仅可以在委员会对致癌和非致癌剂量–反应评估范式修订之后进行累积风险评估（第 5 章），还能够提供可用于环境公平分析的信息，重点关注结果的不公平并且有助于将风险评估和环境公平纳入单一的分析框架（Levy et al. 2006；Morello-Frosch 和 Jesdale 2006）。暴露和脆弱性评估的地理空间组成可以展现在地图上，向参与社会风险整个分析过程的利益相关方传递关键信息。如上所述，最重要的是该方法可能需要正式地模拟一部分压力源；剩下的有助于对背景过程的一般了解，但是并不需要进行定量表征来确定风险管理方案的效益。

表 7-1　Menzie 等（2007）面向区分风险管理方案的基于压力源的累积风险评估方法修改版

第 1 步：

- 制定一个概念模型用于分析主要关注的压力源（压力源可能受到任何正在研究的风险管理方案的显著影响）。这一模型包含 MOA 评估，暴露于可能影响相同健康后果的化学和非化学压力源的背景评估，以及考虑到有关化学物质可加的人群潜在疾病病程的脆弱性评估。
- 识别受这些压力源影响的受体和终点。
- 在初步规划和范围界定时，回顾概念模型和压力源、受体和利益相关方关注的终点。

第 2 步：

- 使用流行病学和毒理学证据和筛查水平的效益计算，对累积风险评估需要包括哪些压力源进行初步的评估。收集利益相关方的反馈并且审查和重新评估分析的规划和范围界定。
- 将评估重点放在有助于风险管理方案中的关注终点的压力源上（例如，在成本效益分析中导致货币化效益显著变化的压力源或影响确定高风险亚群的压力源），并且不同控制策略对这些应急预案的影响是不同的，或会影响到受到不同影响压力源的效益。

第 3 步：

- 评估不同风险管理方案的效益，并对不确定性进行适当表征，包括量化个别压力源的效应以及对任何可能的相互作用进行边界计算。

第 4 步：

- 根据其他经济、社会和政治因素，如果第 3 步足以区分风险管理方案，那么可以结束分析；否则，要据此需要改进分析，考虑各压力源之间的潜在相互作用。

　　尽管好处显而易见，但是很明显自下而上的基于压力源的方法和自上而下的基于效应的方法都存在局限。在累积风险评估中，虽然上述方法有助于保持对关键压力源的关注，但是问题的范围和复杂性会很快超出基于压力源的分析的能力。鉴于这些分析挑战，有人认为，即使风险管理决策通常基于压力源，但是基于效应的分析会更加实际。然而，效应的大小和微妙性通常超出了标准流行病学工具的范围。基于压力源和基于效应的分析的相对影响明显取决于包括决策背景和地理分析规模的问题构建。

　　此外，虽然拟议的方法提供了关于复杂系统如何系统地评估以便于开发易于分析的累积风险评估的指南，但是数据限制可能使某些累积风险评估的定量分析不切实际。在生态风险评估中，在相对风险模型（RRM）中使用的排序方法解决了多种化学和非化学压力源的累积效应可能不可行的事实。开发 RRM 用于同时评估多个不同压力源对多个受体在景观规模上具有异质性的环境中的风险并进行比较。1997 年，它首次开发了用于阿拉斯加 Valdez 港的化学压力源的生态风险评估（Landis 和 Wiegers 1997），后来成功应用于各种规模的生态系统和其他压力源和终点的风险评估（Landis et al. 2000；Obery 和 Landis 2002）。其具体优势之一是能够将利益相关方的价值观纳入具有多种压力源、栖息地和受体的多个地理区域的风险评估中。虽然最初是为了生态学而设计的，但是在其灵活的框架中很容易纳入对人体的风险的评估之中。

同样，在社会流行病学领域，应用基于多种感兴趣风险因子进行求和二分类法（例如，对于给定风险因素，如果比平均值多一个标准偏差则是 1，否则为 0）的累积风险模型，解决了同时暴露于多个物理和社会环境因素的复杂性。这些指标被认为不能获取各种因素的相对权重，但是它们可以避免多个乘法交互模型，并且表明比单一风险因子模型更能预测健康终点（Evans 2003）。当数据充足时，基于相对风险的更精细的方法会比基于暴露的简单分布更有用。

这些方法的缺点是它们注重排名和评分系统，而这些权重不一定与相对危险度一一对应，这使得"不同的风险管理策略导致不同的风险因子降低组合，而没有一种策略会可以使所有风险因子更大减少"的情况难以解释。应谨慎地考虑和实施在风险评估核心组成部分中摆脱定量化风险表征的做法，因为在决策背景下所得到的评估的适用性和可解释性可能具有严重的局限性。至少应该估计排序方法对关键输入假设的敏感性，并且在定量信息可获取的情况下，这些方法有助于组织信息和确定是否可以轻松选择一个方案还是需要更复杂的分析来区分这些方案的初始评估。

7.4　关键问题和建议的修改措施

EPA 的累积风险评估范式认识到一个重要的问题，并提供了一个有用的概念框架，但是仍然存在重大的逻辑障碍，现有框架在很大程度上不能解决一些核心问题。例如，如 EPA（2003a）所述，市场上大约有 20 000 种农药产品，《有毒物质控制法》清单上有 80 000 种化学物质，这使得解释所有相关的协同作用和拮抗作用并不现实。更广泛地说，累积风险评估需要除化学毒性和 MOAs 以外的广泛信息，包括总体暴露数据和关于群体特征和非化学压力源的信息。因此，EPA 在《累积风险评估框架》中总结道："确定关键信息和研究需求可能是许多累积风险评估工作的主要成果"（EPA 2003a，p. xii）。

这一说法是正确的，它反映了风险评估的一个重要目的（提供关于区分风险管理方案要解决的关键不确定性的见解），但是这也意味着对于近期决策而言，累积风险评估在很大程度上不能提供信息。鉴于从许多利益相关方角度提出的问题具有显著性，这是一个值得关注的问题。委员会认为，结论低估了不太复杂但是范围更广的风险评估的价值，并且忽视了侧重于社会具体减缓措施的分析相比于表征疾病负担的相对贡献者的工作可能范围会更窄（表 7-1）的问题。也就是说，虽然理论上存在许多暴露的组合，但是只有一个子集与明确定义问题的各种干预措施的选择相关。

下面，我们提出了一系列短期和长期的工作，重点是在环境决策背景下提高累积风险评估效用的措施。

7.4.1　明确术语

虽然 EPA 所阐述的累积风险的定义是全面的，并且是经过精心设计的，但事实上如定义所说的累积风险评估（包括非化学压力源和脆弱性）在机构内并没有实行，这引出了在近期如果不修改当前实践，定义是否符合实际的问题。虽然《累积风险评估框架》是在近期发布的，但是与累积风险相关的研究和监管行动已经开展了几十年，除了少数情况下的化学压力源，其他几乎没有进展。此外，EPA 办公室和不同利益相关方群体考虑累积风险评估的方式有很大差异，这表明需要进一步明确其目标和范围。

我们建议 EPA 对累积风险评估、累积影响评估和基于社会的风险评估明确定义并进行概念区分，这些概念有重叠，但是在许多讨论中是混合的。虽然已经定义（CEQ 1997）了这些术语并且最近在讨论（NEJAC 2004），但是 EPA 对边界和重叠程度清晰一致的解释将有助于减少关于任何给定风险评估的预期范围的混淆。

委员会建议将累积风险评估定义为在考虑脆弱性和背景暴露等因素的情况下，评估一系列压力源（化学和非化学）以尽可能定量化表征人体健康或生态效应。累积影响评估将考虑更广泛的终点，包括对历史资源、生活质量、社会结构和文化习俗的影响

（CEQ 1997），其中一些可能没有遵循《联邦政府中的风险评估：过程管理》（NRC 1983；"红皮书"）中的范式量化，并且超出了本报告的范围。基于社会的风险评估将遵循基于社会参与研究（CBPR）的实践和原则，包括社会在整个评估过程中的积极参与（Israel et al. 1998）。

虽然这些在概念上有所不同，但是在实践中将会有重叠。例如，虽然原则上基于社会的风险评估不能解决累积风险，但是在累积风险评估中使用 CBPR 方法通常是可取的，并且累积风险评估（例如根据 FQPA 开展农药分析）不会一直遵循 CBPR 方法。类似地，累积影响评估通常包括累积风险评估和其他因素的结果；但是，根据决策的性质，定量累积风险的部分在累积影响评估中可能存在或多或少的意义。

上述累积风险评估的定义在功能上与《累积风险评估框架》（EPA 2003a）中累积风险评估和加州环保局的累积影响评价[①]（CalEPA 2005）的功能相同。这种术语的差异进一步强调明确定义的必要性。此外，虽然最好将定量信息作为主要的健康风险评估结果，但是通常在不能完全定量时，提供关于潜在健康效应的定性信息以及区分在累积影响评估中考虑的和对于当前决策很重要的无数其他效应可能带来的健康效应的术语往往是有用的。

我们进一步建议 EPA 仅将"累积风险评估"一词用于在某种程度上考虑 EPA 累积风险评估定义中提到的所有部分的分析。没有考虑非化学压力源、只考虑了一部分暴露路径和途径的分析或者没有考虑脆弱性的分析都不应被称为累积风险评估。这并不意味着所有累积风险评估会正式量化所有这些方面，但是如果初始筛选评估或定性检查表明对于给定的决策背景，没有必要考虑非化学压力源、脆弱性或特定暴露路径，最终的风险评估也不需要包含这些，那么认为这是累积风险评估。这似乎在很大程度上是语义的区别，但是它强调了累积风险评估的主要目的和目标，并鼓励 EPA 和其他调查者在与监管决策相关的背景下制定解决上述要素的方法。委员会意识到这些修改后的定义可能

[①] 根据加州环保局的定义，累积影响是指在一定地理区域内由于综合排放造成的暴露、公众健康或环境效应，包括来自各种源的环境污染，无论是单一的还是多媒介，常规的、意外的或以其他方式排放。影响将考虑敏感群体和社会经济因素、适用性和数据可获取程度（CalEPA 2005）。

与 FQPA 和其他地方的语句背道而驰；这可能会使新定义在短期内不切实际，但是机构内的这种不一致加强了更明确定义的需要。根据这些修改后的定义，EPA 和其他机构许多之前的评估更适合被表述为混合风险评估，因为它们考虑了同一类型多种化学物质的总体暴露，但是没有考虑上述其他部分。要明确的是，这并不意味着这些评估工作做得不好或者没有为政策决策提供信息，因为对化学混合物影响的分析有很大的效用，而不只是回答累积风险评估提出的相同问题。

更一般来说，EPA 应强调即使是累积影响评估也不能弥补社会关心的环境风险和 EPA 及其他利益相关方做出的决策之间的缺失。一些社区主要关注环境暴露的累积负担或当地的疾病负担，但是另一些可能更关心选址过程中的不公平现象，从而确保社会经济地位低（低 SES）的群体可以和其他利益相关方一样表达他们的担忧等。其中，一些关心的问题可以通过累积影响评估解决，但不完全。EPA 应当意识到，累积影响评估可能为与后果相关的问题提供大量信息，但是它本身不能解决关于过程的问题（虽然如下文所述，利益相关方参与是累积风险评估和累积影响评估的关键部分，可以帮助解决一些流程问题）。明确累积影响评估会不会有用的决策背景，从所有利益相关方的角度提供更实际的期望。

7.4.2　综合非化学压力源

尽管根据定义，累积风险评估会考虑社会心理、身体和其他因素，但是 EPA 的累积风险评估都没有正式包含非化学压力源。这在很大程度上可能因为数据不足以及许多非化学压力源超出了 EPA 的监管要求，但是省略这些意味着累积风险评估的范围比原来预期的或许多利益相关方期望的要窄。此外，如上述疾病负担的全球分析所示，一系列饮食、身体和社会心理的风险因素的影响数据和关于许多这些压力源的广泛暴露数据都是可获得的。此外，虽然系统复杂，数据可获得性有限制，但生态风险评估通常采用在单一评估中同时考虑多个化学和非化学压力源的方式。本节我们给出了 EPA 包含非化学压力源的一些数据源的案例，并用一个案例证明包含非化学压力源的累积风险评估的效用。

　　最初是建议 EPA 开发数据库和默认方法，从而在没有特定群体数据的情况下纳入关键的非化学压力源。从暴露的角度看，并行的工作是《暴露参数手册》（EPA 1997），它整合了来自不同源的广泛数据，允许对确定亚群的活动模式和摄入率进行默认估计。EPA 应努力整合并开发与暴露于其影响与关键化学压力源类似的健康终点的非化学压力源相关的数据库，使得这些因素能够随时纳入特定群体的累积风险评估。重点应放在关键亚群分布的表征以及对于因素之间相关性的评估上，从而使评估更实际。对于一些因素（例如，吸烟、饮食和饮酒），可以从国家健康和营养调查（NHANES）等其他来源获得广泛信息，但是需要以合适的格式进行编辑和处理，从而适用于累积风险评估。例如，累积风险评估可能需要关于暴露于化学和非化学压力源（横向或纵向）之间的相关性的信息，在其他用途上通常不会计算和编辑此类信息。诸如温度和湿度（可能与空气污染效应相互作用）等因素以及各种病原体也具有容易获得的数据集，并需要额外的分析以被纳入累积风险评估。总之，EPA 应与拥有更多非化学压力源专业知识的其他机构和组织共同建立这些数据库。

　　对于其他因素（如社会心理压力）来说，可能需要额外的方法学研究和数据收集工作。随着个别压力源暴露的量化成为可能，EPA 应编制关于社会经济地位（SES）的相关数据，以此作为许多个别风险因素的替代（O'Neill et al. 2003），相较于查看所有相关的个别风险因素并整合来说，这是更直接测量脆弱性的合理方法。关键是了解 SES 和暴露相关活动之间的相关性，以及 SES 作为效应修饰剂对给定化学压力源和健康后果之间关联的影响程度。这些工作可能超出 EPA 近期的专业知识和职能范围，所以应当利用其他机构（如 CDC）和利益相关方的知识。

　　纳入非化学压力源还需要关于不同类型暴露的作用模式的信息。EPA 不仅要重点关注物质动力学和药效学模型以及通常用于化学物质 MOA 测定的方法（遵循第 5 章提出的修改方法），还应在可获取的情况下充分利用流行病学的效应修饰证据。例如，有流行病学研究通过 SES（如与颗粒物相关的死亡风险）证明了不同的相对危险度或吸烟和化学暴露（如氡）之间的相互关系。通过考虑社会经济因素和压力源，可以看出流行病学证据的重要性，而这些证据不能仅来自于生物测定的数据。虽然直接的流行病学证据可能不适用于特定化学物质，但是相似化学物的知识可以提供关于化学和非化学压力源之间相互关系的有效默认值。本章后面会详细讨论流行病学在累积风险评估中的重要性。

为了说明累积风险评估如何能够在重点关注于研究中被风险管理策略影响的一系列压力源的同时获取主要的化学和非化学压力源，我们提供了一个说明性的案例。假设关注的风险管理决策与各种减少机场排放对周边社区公众健康效应的策略相关。一些策略（例如改变燃料成分或控制技术）只会影响空气污染暴露和相关的健康风险，而另一些（如改变飞行路径或跑道使用）也会影响噪声暴露和相关的社会心理压力。委员会发现这一案例并不完全符合 EPA 的监管要求，并将跨越多个机构的管辖范围；这个案例只是在于说明累积风险评估需要采取的步骤。

根据表 7-1 提出的范式，围绕风险管理方案的、基于压力源的评估第一步需要建立概念模型，以便于提供关于关注的各压力源及其与感兴趣的健康后果之间的联系的见解。考虑到重点是要评估拟议风险管理策略的效益而不是疾病负担的评估，要关注的压力源应当既包括受到潜在风险管理策略不同影响的压力源，又包括不会受到策略影响但对风险估计产生定量影响的压力源。

在这种情况下，很明显，将社会心理压力作为重要的非化学压力源，至少在两个维度上是很重要的。首先，了解空气污染暴露减少的影响是否完全取决于社会心理压力（与噪声和其他原因相关）至关重要。只要社会心理压力水平会影响空气污染变化的效应（即通过促进背景过程或作为效应修饰），即使不影响社会心理压力，这些对于干预措施也十分重要。其次，建立干预措施和社会心理压力水平之间的定量关系至关重要，其可以作为针对空气污染物排放的风险管理战略的潜在优势。如果空气污染的影响与社会心理压力水平无关，那么干预措施将不会对社会心理压力产生任何不同影响，那么在这一决策背景下，即使它是一般疾病负担的重要促进者，它也不是需要考虑的重要压力源。

考虑到这一结构，表 7-1 中的方法涉及 MOA 评估，并考虑可能影响相同健康后果的背景暴露。对这一情况的综合评估超出了本报告的范围，但是有一个例子将心血管疾病作为关注的重要终点，将高血压作为各种压力源和这一终点的联系机制。之前的研究

（Evans et al. 1998）已经证明，机场噪声和相关压力可能使血压升高（协同肾上腺素、去甲肾上腺素和皮质醇）。空气污染同样与血压相关（Künzli 和 Tager 2005），这表明这两种暴露都对模型很重要，即可以将高血压和心血管终点联系起来，也可以选择高血压本身作为量化切点。此外，需要对风险管理策略和暴露于空气污染和噪声之间的关系建模。按照概念模型，这一点相对明确：模拟机场活动对噪声的影响非常容易（可以假设为与机场相关的社会心理压力的替代），上述研究可以将噪声与血压等关键的和健康相关的终点联系起来。因此，基于生理学的概念模型可以很容易地将非化学压力源纳入累积风险评估中。

　　这一案例被简化了，并没有正式按照表 7-1 的所有步骤；例如，表征群体血压的基线分布是必要的，同样也需要表征压力源可能促成的基础疾病过程的分布。上述方法可能会产生很多问题，例如仅关注已经知道并且可以量化的途径以及真实案例可能很复杂，这涉及多个联邦机构。虽然存在这些问题，但是这一简单的例子表明该方法具有一般可行性，并且强调对具体风险管理策略的关注将大大缩小分析范围。通常，相比于化学压力源，非化学压力源可以获取更多的流行病学证据，所以在许多情况下，包含非化学压力源是合理的。

　　如上所述，纳入非化学压力源并正确使用，则可以获得更具信息性的评估，从而相应做出更好的决策，而如果使用不当，则会导致风险评估信息减少。不同风险因素的信息不应当仅仅用于对 EPA 面临的决策而言无法提供信息的风险比较。例如，如果输入的累积风险评估不是用于决定替代风险管理策略的影响，而是确定社区疾病负担的促进者，那么分析会发现吸烟比室外暴露与空气有毒物质带来更大的疾病负担。即使不考虑这种比较的风险沟通限制（鉴于风险的不同性质），从 EPA、行业或其他机构决策的角度来看，这些比较在很大程度上也不能提供有效信息。换句话说，很难想象 EPA 必须决定是否要求工业设施安装污染控制设备或者说服其他机构为戒烟工作增加资金的场景。第 8 章中提出的详细框架可以避免这一问题，因为它侧重于实现既定目标（即功能单位的定义）的方案，使这些疾病负担的比较不太相关。除了化学物质以外的压力源可能在社区疾病负担中占相当大的部分，这一简单事实本身并不意味着减少化学物质暴露会产生超过成本的净效益，并且强调分析的比较维度只会扩大风险评估者和社会利益相关方之间的鸿沟。这并不是说试图通过与其他风险因素比较来区分风险评估结果的风险沟通工作没有意义，而只是强调这种比较不应成为累积风险评估的主要目的。

此外，特别是社会心理压力等非化学压力源，其分析边界需要仔细设定。如果工业设施或其他环境问题是社会压力源，那么控制策略既可以减少化学暴露，还能减轻社会心理压力（假设受影响的社区认为减排具有重要性和实质性）。最近，有毒物质和疾病登记处（ATSDR）（Tucker 2002）强调生活在危险废物场地附近的社会心理影响，并且需要在修复决策中考虑社会心理因素，虽然这些因素很少被正式量化或表征。这就提出了一个更广泛的问题，与环境暴露相关的压力是否应当作为量化干预措施效益的一部分"计入"。计算这些效益在原则上能够提供更精确的效益估计，但是可以想象一个极端的情况，一个社区非常关心饮用水中的化学物质，它对健康没有直接效应，但是干预措施可以通过减少社会心理压力得到健康效益。这在某种程度上比安慰剂效应更加重要，但是很难估计与控制良性化学物质相关的健康效益。通过构建良好的问题范围和制定风险管理方案可以避免这些极端的情况，但是这一案例强调了利益相关方在风险评估多个阶段参与的重要性。

最后，即使按照表7-1分步进行，将所有相关的化学和非化学压力源相加也可能使评估的分析很难开展，并且不可能在有限的时间内完成，也会妨碍决策准时完成。除了限制要考虑的压力源的数量，还需要相对简单的风险评估方法能够及时解决压力源；这部分将在后面详细讨论。

总的来说，虽然在很多情况下不能满足特定场地数据的需求，但是将非化学压力源纳入累积风险评估的方法在短期内是可行的。我们建议 EPA 在可以获得充分的流行病学或药代动力学和药效学数据以便于了解化学压力源之间相互作用的情况下，按照 Menzie 等（2007）阐述的分级策略以及表7-1重新定位的关注区分风险管理方案的策略，开始解决非化学压力源。应开发关于暴露模式和化学压力源之间合理相互作用的数据库和默认方法。从长远来看我们建议 EPA 和其他机构投入与化学和非化学压力源之间相互关系的研究，包括流行病学调查和药代动力学或药效学或其他类型的相关研究。应通过未决定的风险管理决策告知研究方向，其中机构要确定具体情况下阻碍决策的关键数据缺失，而不是广泛考虑可能被调查的化学和非化学压力源的所有组合。

7.4.3　生物监测的作用

如最近总结的（Ryan et al. 2007），生物监测在累积风险评估中有重要作用，暴露标志物、易感标志物和效应标志物发挥重要作用。例如，如果认为多种压力源会影响乙酰胆碱酯酶的抑制性（即在有机磷农药情况下），同时收集化合物的特异性生物标志物，有机磷的非特异性生物标志物和效应标志物可以提供关于这些暴露共同效应的知识。收集生物样本可以对同时暴露于多个压力源的情形进行表征，这是通过单独模拟暴露于每种化合物很难精确确定的。

Ryan 等（2007）认为累积风险评估框架中生物监测的主要能力是将疾病负担分解为具体的风险因素并且推断不同源和不同途径的贡献。前者为基于效应或疾病负担的评估提供了一条路径，后者原则上可以为基于压力源的和之后重点关注干预措施的累积风险评估提供信息。

生物监测数据的局限性是难以将生物标志物与个体排放源的贡献联系起来。即使针对确定亚群很好地表征了暴露标志物或效应标志物的分布，包括了解了暴露路径和贡献源的种类的了解，也很难模拟少数确定源的排放变化量会如何影响分布。因此，生物标志物适合发展对开发理解和促进基于效应的累积风险评估机制，但是在风险管理背景下直接将其用于基于压力源的累积风险评估存在局限，尤其是暴露的边际变化相对较少的情况。与逆向剂量学相关的研究工作（Sohn et al. 2004；Tan et al. 2006）表明了根据剂量数据重建暴露方法的可能性，但是这种方法不够敏感，无法确定个体设施的排放量的边际变化，因此可能不适合区分狭义的或社区规模的控制策略的风险管理方案。在这种情况下，生物监测作为有效检验模拟剂量或流行病学调查的输入最为有用。

无论如何，疾病控制与预防中心（CDC）的大规模生物标志物数据库"第三次国家人体环境化学物质暴露报告"（CDC 2005）表明，具有美国人群代表性的样本的剂量分布数据越来越多。通过 NHANES 可获得的全套数据还可以提供一种方法来描述化学和非化学压力源的生物标志物之间的相关性，这些压力源的人群学预测因子以及其他可能形成累积风险评估基础的关系。因此，由于成本和有限的可解释性，虽然这似乎不太可能，但是生物标志物可直接用于量化导致暴露边际变化的控制策略的效益，生物标志物研究可以提高对化学和非化学压力源之间关系的理解，并提供关于高暴露群体或源类别贡献的见解，这些都有助于制定有针对性的控制策略。

7.4.4 流行病学和监测数据的作用

由于累积风险评估范式重点关注社区或者确定群体，并且考虑到 SES 和医疗保健的可获得性等非化学压力源，累积风险评估范式通常由流行病学提供信息。事实上，在毒理学研究中，由于存在同时发生的多种协同暴露，因此几乎不可能获得化学和非化学压力源之间的关键相互作用。需要在社区中开展更"实际的"风险评估，这在一定程度上也是对可以在存在背景过程和易损性差异的情况下表征不同的协同暴露效应的更好的流行病学的呼吁。这提出了一个问题，即是否可以获取或开发充分的流行病学信息来使 EPA 得到包括物理、化学、生物和社会因素在内的、具有足够科学合理性的累积风险评估。本节简要介绍了流行病学方法进展的案例，这些方法表明有望改进提高累积风险评估所需的信息基础，同时它描述了监测数据和系统在促进单一化学物质风险转变为累积风险评估中的作用。

首先，必须承认流行病学在累积风险评估方面具有局限性。由于环境暴露相对较低，多种暴露同时发生，统计功效弱，暴露分类不当和其他问题，流行病学通常很难获取主要效应，更不用说获得相互作用的影响。虽然存在这些局限，但是由于物理和化学环境暴露和社会经济压力之间空间和人群一致性的驱动，关于环境压力源和基于地区和基于个体的社会心理压力源之间相互作用的流行病学证据越来越多（IOM 1999；O'Neill et al. 2003；Clougherty et al. 2007）。证据增加了充分记录记录环境和非环境风险因素之间相互作用的历史案例，例如氡气或石棉与吸烟之间的协同作用。此外，根据定义，依赖流行病学会降低预防能力和评估新的压力源对尚未暴露人群风险的能力。流行病学最适合用于针对修复现有问题的累积风险评估，考虑到其重点关注处于风险之中的群体，这将是其最主要的应用。

　　流行病学调查的两个不断扩大类别有助于加强证据基础，表征累积风险评估。流行病学观察性研究中表征暴露和后果的问题日益受到分子流行病学的关注，分析流行病学需要将生理、细胞和分子水平的生物事件纳入流行病学研究。除了要增强对流行病学结果的生物学理解之外，在分子流行病学中使用的生物标志物也可用于一些重建暴露的情况（尽管存在上述限制）。更好的暴露评估与对疾病途径更好的理解相结合有助于减少流行病学研究的错误分类。这提供了更好的统计功效和生物学见解，可以更好地表征风险因素和包括年龄、性别、遗传变异、营养和预先存在的健康损伤在内的造成易损性的因素之间的协同作用。这些研究虽然很难直接用于群体风险定量评估，但是很可能在相对较小的群体中检测到细微的影响，并展示出协同关系的生物学合理性。

　　为累积风险评估提供潜在信息的流行病学调查另一个不同的方向，涉及新兴的社会流行病学领域，社会流行病学揭示了社会因素和群体疾病之间的关系（Kaufman 和 Cooper 1999）。对于"社会因素"作为健康风险预测因素的重要性，几乎没有分歧；这些模式在各种后果中的一致记录是健康和医学科学的重要成就。累积风险评估的重要意义在于正在研究社会因素的生物学基础，并且考虑环境暴露之间相互作用的社会流行病学家目前的工作（Berkman 和 Glass 2000）。除了阐明这些相互作用之外，社会流行病学可以为总体累积风险评估提供方法学教训；如上所述，已经开发了表征累积风险的方法（Evans 2003），解决非稳态负荷（对应激的各种生理反应的长期影响）的研究既考虑了多个压力源的效应，又制定了整合多个后果的非稳态负荷的措施（McEwen 1998）。

　　为了从分子流行病学和社会流行病学的进展和具有潜力降低暴露测量误差的相关科学技术（即环境传感器、生物传感器和地理信息系统）中获益，流行病学研究和风险评估之间需要有更大的相关性，而不是简单地将风险评估作为流行病学结果的最终用户看待。考虑累积风险评估而开展的流行病学研究，可能会采用不需要针对其他目的开展的流行病学研究的暴露评估和分析策略。例如，为了自身利益而开展的流行病学分析将倾向于在存在潜在混淆的情况下消除个人风险因素的贡献，而为累积风险评估而开展的流行病学分析可能会表征在没有进一步分解的情况下定义的"捆绑"暴露风险。

由于风险评估确定了与化学和非化学压力源之间相互作用相关的关键不确定性、拟定了研究议程、并且刺激更多（风险评估）相关的流行病学研究，流行病学和累积风险评估之间的相互作用可以得到加强。一般地，如上所述，EPA 和其他机构应当追求与加强化学和非化学压力源之间相互作用的流行病学见解相关的长期研究议程，在短期内，应努力开发各种流行病学的内部能力以促进新方法和新知识的发展。

虽然流行病学方法可以提高对暴露于多种压力源的效应的认识，但是对于基于效应的评估，可能需要监测数据来识别处于高风险的群体并且表征疾病模式和背景暴露。公众健康系统已经很好地建立了各种疾病的监测体系，包括以多种方式收集数据的监测网络和登记处。例如，几乎所有州都有某种形式的传染病和慢性病的报告法律，要求医院、医生或学校向州或 CDC 报告对公众健康重要的病例。这些信息可以在不同层次的空间分辨率下获得，其中部分受到保密性考虑和所涉疾病的性质和发病率影响。此外，CDC 等联邦机构针对不同地理区域的群体的广泛的疾病和健康状况测定进行了主动监测或被动监测。公众健康监测的一个相对较新的部分涉及生物监测、早期检测异常疾病模式和非传统早期疾病指标，例如药品销售，学校和工作缺勤和动物疾病病例。

监测系统的另一种形式是有毒物质注册。根据超级基金立的法规，ATSDR 建立了国家暴露登记处（ATSDR 2008），其目的是评估不良健康效应和暴露于有害物质之间的关系，特别是慢性健康效应与长期低水平的化学物质暴露之间的关系。例如，NER 的三氯乙烯可用于证明听力损伤和其他情况的比例增加与长期暴露于三氯乙烯是相关的。

这些监测系统在某些情况下具有实际效用，但是在环境风险因素的背景下多个方面都受到限制。特别是关于许多与环境污染物相关的健康后果，如出生缺陷、发育障碍、儿童白血病和狼疮，很少有定期和系统性收集的信息。更普遍的是，许多慢性疾病（如糖尿病和哮喘）没有得到足够重视。此外，在许多数据流中，很难将一个健康信息系统中的群体和其他系统中的群体联系起来。

出于这些原因，CDC 于 2001 年开始开发健康跟踪网络，监测人体健康风险评估可能关注的慢性病的发病率，它被称为环境公共卫生跟踪（EPHT）项目，其目的是提供来自全国网络的综合健康和环境数据信息，它也被当做风险评估和风险管理的基础。EPHT 和传统监测之间的重要区别在于它强调健康、人体暴露和危害信息系统的数据整合，这将会加强风险评估者评估环境因素和健康后果之间的空间和时间联系。如果 EHPT 监测系统与私营保健机构的注册系统相连，则可以更容易获得全面的疾病发病率估计。

累积风险评估过程特别感兴趣的是 EPHT 识别易感群体和为环境流行病学解决化学和非化学压力源而提供重要基础的潜能。开发环境和健康后果之间的联系需要监测系统通常不集的个体层面的数据，所以，对于与 EPHT 项目相关的数据，需要有针对性地研究和方法。总的来说，EPHT 的目标宏大，但资源有限，特别是与数据相关的工作在时间和金钱上花费很大（Kyle et al. 2006）。对 EPHT 投入更多的资源可能是开发累积风险评估或基于社会的风险评估所需的信息库的有用机制。

7.4.5　简单分析工具的必要性

考虑到累积风险评估中要考虑的压力源的暴露途径和类型的广度，很可能在分析上难以实现，从而导致不能及时通知决策。第 4 章和第 5 章提出的采用更先进的剂量–反应评估方法可能会使问题更加棘手。在基于社会的风险评估中，这个问题更加严重，因为要评估的社区数量和环境风险可能会迅速超出开展这些分析可获得的资源，并且 CBPR 的强调意味着分析工具应当容易理解，且社区利益相关方可以实施。应该明确的是，不是所有决策都需要通过最先进的分析方法来提供信息（见第 3 章和第 8 章），正如不是所有的风险管理决策都必然涉及量化累积风险评估所有理论层面。

为了提高累积风险评估的效用，需要提高对相对简单方法的依赖，从而确定是否需要更精细的方法或者信息是否足以为政策决策提供信息。开发更简单的工具似乎与累积风险的复杂性相矛盾，但可以开发能一种方法，以较少的计算负担获得化学与非化学压力源的广度。还需要一些技术来制定指标的技术或可以按照生态风险评估的方式对不同策略的效益分类的排序方法；例如，Thomas（2005）表明，一种基于排序的方法——RRM 可用于分析涉及各种空间规模的多个压力源和受体的替代决策。关键问题是确保在累积风险评估的背景下使用简化的方法保留定量风险评估的关键属性，即考虑暴露和毒性，概率的概念而不仅仅是可能性，以及与健康效应严重性相关的信息。特别是在权衡或比较控制成本的情况下，很难对没有保留这些特征的结果做出解释。

虽然开发更简单的方法并不简单，但是生态风险评估和生命周期分析等领域成功地开发和利用工具解决了类似问题，并且这些方法与累积风险评估相关。有一个关注来自摄入量估计领域的暴露评估案例（Bennett et al. 2002a）。摄入量是指来自确定的源或一类源每单位排放的群体暴露。摄入量通常来自于分散模型，或结合监测数据和排放清单评估得出，这两种情况都与群体模式相关。因此，他们使用暴露的详细信息，但是将这些信息作为单一的无量纲测定整合，直接用于风险评估的解释；在剂量-反应函数在暴露范围内是线性的或明确定义为非线性的情况下，摄入量可用于直接估算群体的健康风险。摄入量随着化合物、源和情景的变化而变化，但是可以根据已知特征的情景外推至尚未研究情境的值（如人群密度）。生命周期分析在更复杂模型不合理和不考虑暴露时且替代方案是优先选择的情况下纳入群体暴露概念时采用了摄入量（Bennett et al. 2002b；Evans et al. 2002）。作为筛选级别风险评估背景下暴露评估简化方法的另一个案例，《社区空气筛选手册》（EPA 2004）中包含根据烟囱特征和与源的距离制定的浓度效应查询表。

虽然这些方法仅针对暴露评估，但是它们为如何将简单的方法用来得到合理及时的见解而不牺牲定量风险评估的关键组成部分提供了很有用的经验教训。使用有限数量的更广泛分析确定未研究情景的相似关系的概念可以扩展到暴露于非化学压力源或化学物之间的相互作用。这可以在没有详细的特定场地数据的情况下提供有效的默认值。因此，委员会建议 EPA 针对分析不太复杂的累积风险评估制定指南和方法，以便用于筛选评估。指南应当深入了解选择适当分析复杂性程度的方法以及推荐的简化风险评估方法，包括暴露评估和剂量-反应评估。选择适当的分析模型将是规划和范围界定以及问题构成步骤的一部分，并且受到当前的风险管理决策和各利益相关方优先关注问题的驱动。换句话说，根据上述案例，只有在没有分配因素的总体群体效益是风险管理者感兴趣的衡量标准时通过采用摄入量来简化暴露评估才有用。需要根据决策背景和感兴趣的结果调整简化的工具。

　　EPA 为了分析不太复杂的累积风险评估而开发的数据库、方法和其他模型资源具有重要的附加效益。如果分析工具更容易理解，或者处于理想状态，那么社会团体和其他利益相关方可以用来快速合理地确定累积风险背景下控制策略的效益，就能大大提高当地社区的参与度。考虑到大量的决策背景和需要的模型类型，这显然很困难，但是在生命周期分析中有实例，其中已经开发出普遍适用的软件包和在线资源，可供缺乏具体学科专业知识的人们使用。下一节将详细讨论增加利益相关方参与累积风险评估的必要性和方法的一般问题。

7.4.6　利益相关方参与的必要性

　　之前的国家研究委员会报告和 EPA 指导文件已经详细讨论了增加利益相关方参与风险评估过程的问题。委员会统一了这些报告中阐述的许多核心原则，例如《认识风险：民主社会中的风险决策信息》（NRC 1996）中阐述的相辅相成的分析-审议过程，以及利益相关方需要参与这个风险评估过程，包括参与规划和范围界定以及问题构建（EPA 2003b）。之前报告的一个重要见解是，利益相关方的参与应远远超过风险沟通或风险表征，应当包括对评估过程的实质性参与（通常遵循 CBPR 原则），明确建立能力来确保所有相关方有平等的机会大力参与协同解决问题（NEJAC 2004）。这不仅仅是改善公共关系和接受风险评估结果的手段，还是提高分析的技术质量、确保风险管理策略合理并很好制定的方式。

　　累积风险评估框架进一步强调了在最初聚集利益相关方，制定明确清晰的项目规划和范围界定，重点关注具体决策问题来指导分析的重要性。但是，累积风险评估增加的复杂性造成了一些重大障碍：如果利益相关方要实质性的参与，所有相关方必须有渠道深入了解相关数据库、模型和信息资源。希望所有利益相关方成为专业的风险评估人员并不现实，但是如上所述，使用更简单的分析工具可以为社区成员和其他利益相关方提供一些必要的资源，帮助他们了解和参与评估的分析部分。

　　除了累积风险评估模型，还需要开发信息资源，使利益相关方能够充分知情从而参与流程。EPA 已经开发了大量的公共资源和数据库，但是没有提供充分的信息使利益相关方理解具体社区或亚群中累积风险的复杂性。例如，EPA 已经公开了环境事实（EPA 2007a）、环境地图（EPA 2006c）和 TRI 探索者（EPA 2007b）等公共资源，提供了关于任何给定邮政编码的关键排放点的位置的广泛信息，关于环境公平评估的信息以及相关浓度数据的链接。但是，这些资源没有一个向利益相关方提供了解他们和化学与非化学压力源相关的累积风险所需的，或者更重要的，与具体控制策略相关的潜在效益的信息或工具。控制策略效益的模拟可能超过了在线资源的范围，但是发达的公开数据库可以为累积风险模型提供基础，为社区理解暴露和基础疾病病程提供信息。以地理信息系统框架将上述环境数据库和监测系统数据相联系是这项工作的良好开端，用高空间分辨率最大限度地了解社区规模的风险。

EPA 有许多和利益相关方参与相关的项目和指导文件（EPA 2008b），其正式评估超出了本章的范围。委员会建议 EPA 开展累积风险评估时，遵循其指南，包括对公众和其他利益相关方参与进行规划和预算，努力识别各相关方，提供经济或技术帮助和资源促进参与，提供信息和外联材料，参与其他活动建立社区参与流程的能力；让公众参与在决策过程实质性输入的阶段，正式评估过程确保利益相关方充分参与的深度和广度（EPA 2003b）。

7.5 建议

委员会建议采取以下短期和长期措施加强累积风险评估区分风险管理方案的效用：

- EPA 应当保持 2003 年框架文件中累积风险评估的核心定义部分，包括规划、范围界定和问题构建阶段；明确考虑易损性；使用筛选工具和其他方法确保分析复杂性符合决策背景。鉴于概念上的相似之处，生态风险评估的分析结构应继续作为人体健康累积风险评估的重要指导。
- EPA 应使用风险决策的修订框架（见第 8 章），重点关注区分风险管理方案，将累积风险评估范围缩小到那些会受风险管理方案影响的压力源，或会改变其他受风险管理方案影响的压力源的风险的压力源。这使得 EPA 决策框架纳入了非化学压力源。对于基于压力源的评估，EPA 应当遵循与行为模式和背景过程相一致的分级评估策略，以确定压力源会大大影响拟议风险管理策略的效益。

- EPA 应明确定义累积风险评估、累积影响评估和基于社会的风险评估并进行概念区分，从而避免给定评估的预计工作范围的混淆。各机构应当统一使用这些定义。

- 在短期内，EPA 应该开发数据库和默认方法，从而在没有特定群体数据时将关键的非化学压力源纳入累积风险评估，考虑暴露模式、相关背景过程的贡献以及与化学压力源之间的相互作用。EPA 应使用国家现有的代表性生物标志物和监测数据库和与非化学压力源相关的数据库来帮助构建方法，并且利用社会流行病学和生态风险评估提供见解。

- 从长远来看，EPA 应当投入项目，建立与化学和非化学压力源之间相互作用相关的内部能力，包括具有足够权力评估相互作用的流行病学和基于生理学的药代动力学和其他相关研究。考虑到需要以适合累积风险评估的方式和方向开展大量流行病学研究，EPA 应当建立各种流行病学学科的内部能力，确保流行病学家和风险评估者进行密切合作。EPA 还应与具有与非化学压力源相关专业知识的联邦机构建立伙伴关系，并与这些机构在跨职权范围的大规模累积风险评估上进行合作。

- 在改进累积风险评估的过程中，EPA 应当重点关注简化分析工具的指南和方法，以便开展筛选水平的累积风险评估，在开展评估中为社区和其他利益相关方提供可使用的工具。这些工具可以作为在当前指南下增强利益相关方参与过程的基础，并且可以通过为非从业人员提供可以使用和解释的累积风险评估模型进行扩展。EPA 应努力确保累积风险评估可以指导未来信息和研究需求、为近期决策提供信息，并意识到决策必须在信息不完整的情况下做出。

参考文献

[1] ATSDR (Agency for Toxic Substances and Disease Registry). 2008. National Exposure Registry [online]. Available: http://www.atsdr.cdc.gov/ner/index.html [accessed Aug. 12, 2008].

[2] Bennett, D.H., T.E. McKone, J.S. Evans, W.W. Nazaroff, M.D. Margni, O. Jolliet, and K.R. Smith. 2002a. Defining intake fraction. Environ. Sci. Technol. 36(9):207A-211A.

[3] Bennett, D.H., M.D. Margni, T.E. McKone, O. Jolliet. 2002b. Intake fraction for multimedia pollutants: A tool for life cycle analysis and comparative risk assessment. Risk Anal. 22(5):905-918.

[4] Berkman, L.F., T.A. Glass. 2000. Social integration, social networks, social support and health. Pp. 137-173 in Social Epidemiology, L.F. Berkman, and I. Kawachi, eds. New York, NY: Oxford University Press.

[5] CalEPA (California Environmental Protection Agency). 2005. Cal/EPA EJ Action Plan Pilot Projects Addressing Cumulative Impacts and Precautionary Approach. California Environmental Protection Agency. March 25, 2005 [online]. Available: http://www.calepa.ca.gov/envjustice/ActionPlan/ [accessed Jan. 28, 2008].

[6] Callahan, M.A., K. Sexton. 2007. If cumulative risk assessment is the answer, what is the question? Environ. Health Perspect. 115(5):799-806.

[7] CDC (Centers for Disease Control and Prevention). 2005. Third National Report on Human Exposure to Environmental Chemicals. U.S. Department of Health and Human Services, Centers for Disease Control and Prevention, Atlanta, GA [online]. Available: http://www.jhsph.edu/ephtcenter/Third%20 Report.pdf [accessed Jan. 24, 2008].

[8] CEQ (Council on Environmental Quality). 1997. Considering Cumulative Effects under the National Policy Act. Council on Environmental Quality, Executive Office of the President, Washington, DC. January 1997 [online]. Available: http://www.nepa.gov/nepa/ccenepa/ccenepa.htm [accessed Jan. 28, 2008].

[9]　Clougherty, J.E., J.I. Levy, L.D. Kubzansky, P.B. Ryan, S.F. Suglia, M.J. Canner, R.J. Wright. 2007. Synergistic effects of traffic-related air pollution and exposure to violence on urban asthma etiology. Environ. Health Perspect. 115(8):1140-1146.

[10]　Cox, L.A., Jr. 1984. Probability of causation and the attributable proportion of risk. Risk Anal. 4(3):221-230.

[11]　Cox, L.A., Jr. 1987. Statistical issues in the estimation of assigned shares for carcinogenesis liability. Risk Anal. 7(1):71-80.

[12]　EPA (U.S. Environmental Protection Agency). 1986. Guidelines for Health Risk Assessment of Chemical Mixtures. EPA/630/R-98/002. Risk Assessment Forum, U.S. Environmental Protection Agency, Washington, DC. September 1986 [online]. Available: http://www.epa.gov/ncea/raf/pdfs/chem_mix/chemmix_1986.pdf [accessed Jan. 7, 2008].

[13]　EPA (U.S. Environmental Protection Agency). 1997. Exposure Factors Handbook. EPA/600/P-95/002F. National Center for Environmental Assessment, Office of Research and Development, U.S. Environmental Protection Agency, Washington, DC [online]. Available: http://www.epa.gov/ncea/efh/ [accessed Jan. 28, 2008].

[14]　EPA (U.S. Environmental Protection Agency). 2003a. Framework for Cumulative Risk Assessment. EPA/600/ P-02/001F. National Center for Environmental Assessment, Risk Assessment Forum, U.S. Environmental Protection Agency, Washington, DC [online]. Available: http://cfpub.epa.gov/ncea/cfm/recordisplay.cfm?deid=54944 [accessed Jan. 4, 2008].

[15]　EPA (U.S. Environmental Protection Agency). 2003b. Public Involment Policy of the U.S. Environmental Protection Agency. EPA 233-B-03-002. Office of Policy, Economics and Innovation, U.S. Environmental Protection Agency. May 2003 [online]. Available: http://www.epa.gov/stakeholders/pdf/policy2003.pdf [accessed Jan. 28, 2008].

[16]　EPA (U.S. Environmental Protection Agency). 2004. Community Air Screening How-To Manual, A Step-by-Step Guide to Using Risk-Based Screening to Identify Priorities for Improving Outdoor Air Quality. EPA 744-B- 04-001. U.S. Environmental Protection Agency, Washington, DC [online]. Available:

http://www.epa.gov/oppt/cahp/pubs/community_air_screening_how-to_manual.pdf [accessed Jan. 28, 2008].

[17]　EPA (U.S. Environmental Protection Agency). 2006a. Organophosphorus Cumulative Risk Assessment-2006 Update. Office of Pesticide Programs, U.S. Environmental Protection Agency, Washington, DC. August 2006 [online]. Available: http://www.epa.gov/pesticides/cumulative/2006-op/index.htm [accessed Jan. 28, 2008].

[18]　EPA (U.S. Environmental Protection Agency). 2006b. 1999 National-Scale Air Toxics Assessment. Technology Transfer Network, U.S. Environmental Protection Agency [online]. Available: http://www.epa.gov/ttn/atw/nata1999/ [accessed Jan. 28, 2008].

[19]　EPA (U.S. Environmental Protection Agency). 2006c. EnviroMapper. U.S. Environmental Protection Agency [online]. Available: http://www.epa.gov/enviro/html/em/ accessed Jan. 29, 2008].

[20]　EPA (U.S. Environmental Protection Agency). 2007a. Envirofacts Data Warehouse. U.S. Environmental Protection Agency [online]. Available: http://www.epa.gov/enviro/ [accessed Jan. 29, 2008].

[21]　EPA (U.S. Environmental Protection Agency). 2007b. TRI Explorer. Toxics Release Inventory, U.S. Environmental Protection Agency [online]. Available: http://www.epa.gov/triexplorer/ [accessed Jan. 29, 2008].

[22]　EPA (U.S. Environmental Protection Agency). 2008a. Community Action for a Renewed Environment (CARE). Office of Air and Radiation, U.S. Environmental Protection Agency [online]. Available: http://www.epa.gov/air/care/index.htm [accessed Jan. 29, 2008].

[23]　EPA (U.S. Environmental Protection Agency). 2008b. Tools for Public Involvement. U.S. Environmental Protection Agency [online]. Available: http://www.epa.gov/stakeholders/ involvework.htm [accessed Jan. 29, 2008].

[24]　Evans, G.W. 2003. A multimethodological analysis of cumulative risk and allostatic load among rural children. Dev. Psychol. 39(5):924-933.

[25]　Evans, G.W., M. Bullinger, S. Hygge. 1998. Chronic noise exposure and physiological response: A prospective study of children living under environmental stress. Psychol. Sci. 9(1):75-77.

[26]　Evans, J.S., S.K. Wolff, K. Phonboon, J.I. Levy, K.R. Smith. 2002. Exposure efficiency: An idea whose

time has come? Chemosphere 49(9):1075-1091.

[27] Ezzati, M., S.V. Hoorn, A. Rodgers, A.D. Lopez, C.D. Mathers, C.J. Murray. 2003. Estimates of global and regional potential health gains from reducing multiple major risk factors. Lancet 362(9380):271-280.

[28] Greenland, S. 1999. Relation of probability of causation to relative risk and doubling dose: A methodologic error that has become a social problem. Am. J. Public Health 89(8):1166-1169.

[29] Greenland, S., J.M. Robins. 1988. Conceptual problems in the definition and interpretation of attributable fractions. Am. J. Epidemiol. 128(6):1185-1197.

[30] Greenland, S., J.M. Robins. 2000. Epidemiology, justice and the probability of causation. Jurimetrics 40(3):321-340.

[31] Hynes, H.P., R. Lopez. 2007. Cumulative risk and a call for action in environmental justice communities. J. Health Disparities Res. Pract. 1(2):29-57.

[32] IOM (Institute of Medicine). 1999. Toward Environmental Justice: Research, Education and Health Policy Needs. Washington, DC: National Academy Press.

[33] Israel, B.A., A.J. Schulz, E.A. Parker, A.B. Becker. 1998. Review of community-based research: Assessing partnership approaches to improving public health. Annu. Rev. Public Health 19:173-202.

[34] Israel, B.D. 1995. An environmental justice critique of risk assessment. New York U. Environ. Law J. 3(2):469-522.

[35] Kaufman, J.S., R.S. Cooper. 1999. Seeking causal explanations in social epidemiology. Am. J. Epidemiol. 150 (2):113-120.

[36] Kuehn, R.R. 1996. The environmental justice implications of quantitative risk assessment. U. Illinois Law Rev. 1996(1):103-172.

[37] Künzli, N., I.B. Tager. 2005. Air pollution: From lung to heart. Swiss Med. Wkly. 135(47-48):697-702.

[38] Kyle, A.D., J.R. Balmes, P.A. Buffler, P.R. Lee. 2006. Integrating research, surveillance, and practice in environmental public health tracking. Environ. Health Perspect. 114(7):980-984.

[39] Landis, W.G., J.A. Wiegers. 1997. Design considerations and a suggested approach for regional and

comparative ecological risk assessment. Hum. Ecol. Risk Assess. 3(3):287-297.

[40] Landis, W.G, M. Luxon, L.R. Bodensteiner. 2000. Design of a relative risk model regional-scale risk assessment with conformational sampling for the Willamette and McKenzie Rivers, Oregon. Pp. 67-88 in Environmental Toxicology and Risk Assessment: Recent Achievements in Environmental Fate and Transport, Vol. 9., F.T. Prince, K.V. Brix, and N.K. Lane, eds. STP1381. West Conshohocken, PA: American Society for Testing and Materials.

[41] Levy, J.I., S.M. Chemerynski, J.L. Tuchmann. 2006. Incorporating concepts of inequality and inequity into health benefits analysis. Int. J. Equity Health 5:2.

[42] McEwen, B.S. 1998. Protective and damaging effects of stress mediators. N. Engl. J. Med. 338(3):171-179.

[43] Menzie, C.A., M.M. MacDonell, M. Mumtaz. 2007. A phased approach for assessing combined effects from multiple stressors. Environ. Health Perspect. 115(5):807-816.

[44] Morello-Frosch, R., B.M. Jesdale. 2006. Separate and unequal: Residential segregation and estimated cancer risks associated with ambient air toxics in U.S. metropolitan areas. Environ. Health Perspect. 114(3):386-393.

[45] NEJAC (National Environmental Justice Advisory Council). 2004. Ensuring Risk Reduction in Communities with Multiple Stressors: Environmental Justice and Cumulative Risks/Impacts. National Environmental Justice Advisory Council, Cumulative Risks/Impacts Working Group. December 2004 [online]. Available: http://www.epa.gov/enforcement/resources/publications/ej/nejac/nejac-cum-risk-rpt-122104.pdf [accessed Jan. 29, 2008].

[46] NRC (National Research Council). 1983. Risk Assessment in the Federal Government: Managing the Process. Washington, DC: National Academy Press.

[47] NRC (National Research Council). 1996. Understanding Risk: Informing Decisions in a Democratic Society. Washington, DC: National Academy Press.

[48] Obery, A.M., W.G. Landis. 2002. A regional multiple stressors assessment of the Codorus Creek watershed applying the relative risk model. Hum. Ecol. Risk Assess. 8(2):405-428.

[49]　O'Neill, M.S., M. Jerrett, I. Kawachi, J.I. Levy, A.J. Cohen, N. Gouveia, P. Wilkinson, T. Fletcher, L. Cifuentes, J. Schwartz. 2003. Health, wealth, and air pollution: Advancing theory and methods. Environ. Health Perspect. 111(16):1861-1870.

[50]　Ryan, P.B., T.A. Burke, E.A. Cohen Hubal, J.J. Cura, T.E. McKone. 2007. Using biomarkers to inform cumulative risk assessment. Environ. Health Perspect. 115(5):833-840.

[51]　Sohn, M.D., T.E. McKone, J.N. Blancato. 2004. Reconstructing population exposures from dose biomarkers: Inhalation of trichloroethylene (TCE) as a case study. J. Expo. Anal. Environ. Epidemiol. 14(3):204-213.

[52]　Tan, Y.M., K.H. Liao, R.B. Conolly, B.C. Blount, A.M. Mason, H.J. Clewell. 2006. Use of a physiologically based pharmacokinetic model to identify exposures consistent with human biomonitoring data for chloroform. J. Toxicol. Environ. Health A 69(18):1727-1756.

[53]　Teuschler, L.K., G.E. Rice, C.R. Wilkes, J.C. Lipscomb, F.W. Power. 2004. A feasibility study of cumulative risk assessment methods for drinking water disinfection by-product mixtures. J. Toxicol. Environ. Health A 67(8-10):755-777.

[54]　Thomas, J.F. 2005. Codorus Creek: Use of the relative risk model ecological risk assessment as a predictive model for decision-making. Pp. 143-158 in Regional Scale Ecological Risk Assessment: Using the Relative Risk Model, W.G. Landis, ed. Boca Raton, FL: CRC Press.

[55]　Tucker, P. 2002. Report of the Expert Panel Workshop on the Psychological Responses to Hazardous Substances. Office of the Director, Division of Health Education and Promotion, Agency for Toxic Substances and Disease Registry, Atlanta, GA [online]. Available: http://www.atsdr.cdc.gov/HEC/PRHS/psych5ed.pdf [accessed Oct. 19, 2007].

第 8 章

提高风险评估效用

委员会主要负责提出改进 EPA 风险评估的方法。如第 1 章所述，我们侧重于两个广泛的改进标准。第一个改进标准涉及风险评估的技术层面，在第 4~7 章中已经讨论。第二个涉及风险评估更有效地为风险管理决策提供信息。EPA 风险评估本身并不是目的，而是制定最有效的利用资源来保护公众和生态健康的手段。在第 3 章中，委员会表明必须加强对风险评估规划的关注，确保风险评估的程度和复杂性（其"设计"）与决策目标相一致。如第 3 章和第 7 章所述，EPA 生态风险评估指南（EPA 1998）和累积风险评估指南（EPA 2003）中提高了对规划和范围界定以及问题构建的关注，这为提高相关性从而提高风险评估产品效用提供了机会。

环境问题以多种形式出现，新的环境问题也在不断出现。一些范围很大，涉及多个潜在危害源和多种从源到大量人群或生态群体暴露的途径。另一个极端是，问题可能只涉及一个危害来源和单一暴露途径，影响相对较少的群体（如生产工人）。在某些情况下，一个问题涉及整个产品或产品线的生命周期；另一些情况下，它可能与 EPA 对新农药或食品与药品管理局对新食品成分的批准相关，两者均会受到高度具体的立法需求驱动。社区对附近源的排放越来越关注，对于各种产品在国际商务中的安全性的担忧也越来越普遍。所有这些问题的共同点是其源于环境并且会对人体健康或生态系统带来潜在威胁；许多不仅涉及化学物质，还涉及生物、辐射和物理物质及其潜在相互作用。环境问题的范围日益扩大，包括寻找更可持续的资源利用和产品制造方法，这一标准包括健康和环境因素，但也包括其他因素。此外，EPA 的决策通常需要考虑成本，效益和风险–风险权衡等难题。例如，第 7 章中讨论的大部分内容表明了目前方法在用于累积风险和群体风险等复杂问题时会遇到的困难。

随着 EPA 面临的问题和需要做出的决策的复杂性增加，风险评估也提出了需要与问题明确相关的挑战。当然，这意味着风险评估者提出的问题既要与面临的问题和决策相关，又要足够全面，从而确保风险管理最佳可行方案得到充分考虑。本章为提高风险评估效用，对问题、方法和决策过程的制定和应用提供了指南；虽然指南的许多要素在短期内适用，但是我们更关注未来长期内的适用。

8.1 超越"红皮书"

第 1 章和第 2 章讨论了《联邦政府中的风险评估：过程管理》（又称"红皮书"）（NRC 1983）中描述的模型；在该模型中，风险评估在研究与风险管理之间占据一席之地。风险评估一直被视为一个框架[①]，其中，复杂且经常不一致，总是不完整的研究信息得到解释并以有效的形式展示给风险管理者。"红皮书"委员会主要关注确定风险评估和识别完成评估所需的步骤。它还关注确保风险表征（第四步也是最后一步）忠于基础科学及其不确定性。最后，也是最重要的，委员会关注保护风险评估，使其免受政策制定者和其他利益相关方的不当干扰，以及免受区分评估和管理、制定风险评估指南以及阐述和选择"推断选项"（默认值，见第 2 章和第 6 章）的建议的影响。"红皮书"的这些建议已经为全世界的监管和公众健康官员和许多利益相关方提供了 25 年的明确指导。

因为"红皮书"的主要建议涉及定义、风险评估的内容、指南和默认值的需求和评估和管理的概念区分，委员会支持保留并推进。我们的许多建议也是推进"红皮书"（1994 年国家研究委员会《风险评估中的科学和判断》报告）中建议的这些方面。

在风险评估被认为与许多重要决策越来越不相关，或者导致长期科学辩论和监管僵

---

① "框架"一次在这里指整个决策过程，其中风险评估只是一个要素。如第 1、2 章和"红皮书"所述，风险评估有其自己的框架。

局的情况下，这种看法可能来自于对"红皮书"的解释，它在呈现委员会关于首选决策过程的指南时进行了概念的区分和剥离。事实上，"红皮书"对"流程"关注的重点在于保护风险评估的完整性，委员会几乎没有讨论应当如何安排决策的所有要素从而做出好的决策。委员会没有讨论通过何种流程使风险评估达到最大的相关性，确定何种程度的科学深度匹配决策背景，或利益相关方会如何影响风险评估在具体决策背景下关注的具体问题。这些不是"红皮书"委员会的核心问题，但它们显然是风险评估演变的现实问题。

8.2　最大化风险评估效用的决策框架

为了确保风险评估对风险管理决策最有用，风险评估需要解决的问题必须在开展评估之前提出，并且与风险评估者传统意义上回答的问题不同。要处理的问题越复杂，方面越多，就越需要以这种方式运作。在上文提到，"红皮书"框架的目的并不是确定复杂决策的最佳过程，而是确保风险评估和风险管理的概念区分。这里提出了一个基于风险的决策框架（图 8-1，"框架"），对"红皮书"中遗漏的内容提出了指导。本报告的主要目的是确保风险评估对决策最有用；如上所述，这将完成改进风险评估的第二个标准。鉴于对分析工作适用于决策范围和内容的反复强调，框架还要确保第 4~7 章中推荐的方法学得到更有效的利用。本节提供了框架的一些背景，下一节会详细全面地描述。

解释框架与传统的评估—管理关系的基本差异，最简单的方法是首先看看每个过程的开始和结束。我们一开始假设，除非 EPA 注意到潜在危害的"信号"，否则不会有任何模型进行分析，不需要任何决策。信号可以以多种形式传达，但是通常会涉及一系列对人体或环境健康造成威胁的环境条件。传统的过程接收信号并立即开始质疑，这些信号造成一个或多个不良健康（或生态）效应的可能性和后果是什么？相反，框架（图 8-1）接受信号并质疑，哪些方案可以减少已经识别的危害或暴露，以及如何利用风险评估评估各种方案的优点？

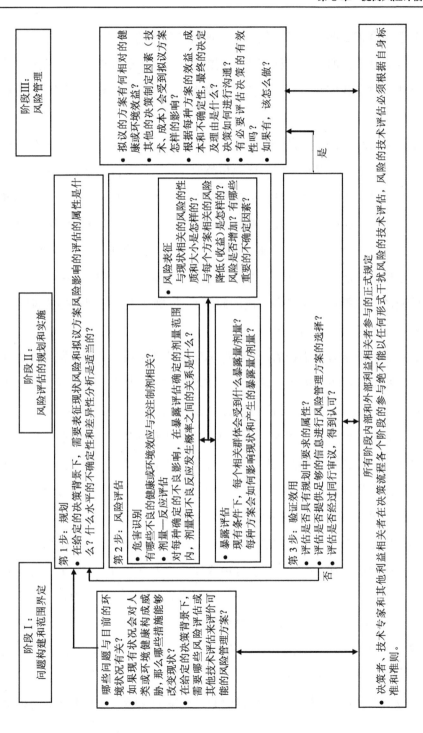

图 8-1 风险评估效用最大化的风险决策框架

后一类问题的调查立即将注意力集中在处理潜在问题的方案——风险管理方案上。通常认为这些方案是潜在的干预措施，即旨在提供充分的公众健康和环境保护以及符合支持决策标准的行动。我们注意到，在大多数情况下，"不需要干预措施"是需要明确考虑的方案之一。

在框架中，风险评估要提出的问题来自于早期考虑需要判断备选方案相对优点所需的风险评估类型。通过审查现有评估的选项和类型，可以扩大备选方案的范围从而包含其他的可能干预措施。风险管理需要在实施和做出适当的评估后在方案中做出选择。评估风险以外的风险管理相关因素，例如成本、技术可行性和其他效益，也需要及早规划。

在图 8-1 的框架中，风险评估除了要审查与每个拟议的干预措施相关的风险降低（和可能的增加）之外，通常还需要审查与"不干预"方案相关的风险。需要妥善拟定因备选方案产生的问题（包括足够精确和广泛的问题），以确保没有忽视重要的风险问题；这需要一系列不受不必要限制的方案。

正如第 3 章和其他地方所强调的，没有尽早仔细地考虑决策背景，风险评估者就无法确定评估类型和支持决策所需的科学深度（或者事实上，如图 3-1 所示，风险评估是否是合适的决策支持工具）。没有这样明确的背景，评估通常会缺乏明确的停顿点并产生当前决策不必要的辅助分析（例如，很详细的定量不确定性分析），不必要地延长决策过程（第 4 章）。通过重点关注早期细致的问题构建和管理问题的方案，实施框架可以在很多方面提高风险评估的效用。事实上，没有这一框架，风险评估可能会解决错误的问题，产生的结果也可能不能解决风险管理者的需求。

该框架的基础是重新审查"红皮书"中的一个误解，即评估者不应受到其分析的要支持的具体决策问题的束缚。相反，它声称风险评估如果不是有助于区分考虑风险（通常是非风险）因素的风险管理方案，则几乎是没有用处的，甚至可能是浪费资源的。更重要的是，如果提供风险评估信息来证明其如何影响竞争选项的价值，而不是其如何揭示独立的物质或"问题"，框架应确保改进决策本身。要明确的是，框架保持了"红皮书"中阐述的风险评估和风险管理的概念区分，并且保留了不允许操纵风险评估计算从而支持预定的政策方案的目标。实施用于评估风险管理方案的风险评估绝不会受到风险管理者偏好的影响。

拟议的决策框架与已经在各个领域使用几十年（Raiffa 1968；Weinstein et al. 1980；Lave 和 Omenn 1986；Lave et al. 1988；Clemen 1991）的众所周知的决策分析过程十分类似，其中各种具体政策方案的效用都是根据其所带来的效益来评估的。同样，Finkel（2003）；Hattis 和 Goble（2003）；Ashford 和 Caldart（2008）等也强调了需要确保在分析中考虑各种政策方案。委员会意识到以前的许多报告和指导文件，以及 EPA 在某些背景下的实践都在一定程度上预料到了这一框架。例如，《风险评估中的科学和判断》（NRC 1994）强调"风险评估本身是一个工具，而不是目的"，并建议将资源重点放在获取能够"帮助管理者选择备选方案中的最佳行动方案"的信息上。1996 年国家研究委员会《认识风险：民主社会中的风险决策信息》（NRC 1996）报告强调"风险表征应当是决策驱使的活动，为解决问题提供方案"。后一篇报告还呼吁关注问题构建，明确方案选择步骤，从流程最初阶段就关注利益相关方的代表性。该框架还建立在 1997 年《风险评估和风险管理总统/国会委员会》（PCCRARM 1997）报告的建议上，并超出了其范畴，它要求进行六阶段的风险管理框架工作：在广泛的背景下构建问题，分析风险，确定方案，做出正确的决策，采取措施实施决策，对措施有效性实施评估。而另一个国家研究委员会报告《评估拟议空气污染规章的公众健康效益》（NRC 2002），重点评估空气污染规章的效益，强调 EPA 应对多种监管方案进行各种成本-效益分析，从而充分利用通过定量风险获得的见解。但是，这些建议都没有系统考虑将风险管理方案提前至 EPA 风险评估开始阶段，这正是我们建议的关键的程序变更。下面将详细阐述，本委员会认为框架比之前的建议和当前的做法提前了一步，可以实现的多个目标：

- 系统地确定风险评估者在决策过程最早阶段应当评估的问题和方案。
- 将评估的影响范围扩大到单个终点（如癌症、呼吸问题和个体物种）的要评估效应的范围，包括健康状况和生态保护等更广泛的问题。
- 创造机会将监管政策和其他扩大环境保护的决策方案和策略相结合（例如，经济激励、公私伙伴关系、能源和其他资源效率、物质替代、公众意识和产品管理项目）。

- 满足逐渐增多的在环境决策中个人和机构角色不断扩大的决策者（如政府机构、私营企业、消费者和各种利益相关方组织）的需求。
- 提高各级决策者对风险评估优势和局限性的认知。

我们将在后面的章节拓展其中一些目标。首先，我们提出框架并讨论其关键要素。

8.3   框架概述

图 8-1 显示了框架的三个主要阶段：加强问题构建和范围阶段、规划和实施风险评估以及风险管理。虽然图 8-1 侧重于委员会负责的规划和风险评估的开展，但风险评估和评估风险管理方案所需的其他技术和成本评估是在流程的评估阶段进行的。保证这些评估的科学完整性至关重要；技术指南需要实现这一目标，也要确保流程遵循这些指南。同时，意识到仅仅是研究数据可获得，可以进行评估并不能开展风险评估和其他技术评估也很重要；在拟议框架下，只有在理解原因并明确其所需的技术水平时，才能开展评估。

如果在框架内开展评估，其效用将得到加强。鉴于我们提出的统一的剂量-反应评估方法（第 5 章）或化学和非化学压力源的累积风险评估方法（第 7 章），该框架强调这些方法学进步不应发生在真空中，如果将其明确关联并为风险管理决策提供信息将是最有价值的。

值得强调的是，我们对框架的推广侧重于提高风险评估的效用，以支持更好的决策。如前所述，框架的目的是提供"红皮书"中没有提出的指南。

8.3.1   框架要素：流程图

在本节，我们将概述框架每个要素的内容。每个要素都涉及一组离散活动，在图 8-1 和专栏 8-1～专栏 8-5 中详细描述。第 9 章介绍了与框架实施相关的制度问题。

专栏 8-1　风险决策框架中使用的关键定义

问题：可能对人类或生态系统健康造成威胁的任何环境条件（产品制造方法、制造设备附近的住宅、暴露于消费品、农药的职业暴露、鱼暴露于制造废水、跨境或全球环境挑战等）。假设早期筛查的风险评估可用于识别问题或消除担忧。

风险管理方案：可能改变环境状况、减少可能威胁、提供附加好处的任何干预措施（制造过程的改变、环境标准的制定、警告的制定、经济激励的使用、自愿倡议等）。任何给定的问题都有几个可能的风险管理方案。在大多数情况下，"不干预"是其中一个选项。

生命周期分析：用于评估和管理与产品制造、分销、使用和处置每个阶段相关问题的正式流程。它包括以上定义的问题，还可以包括资源使用和可持续性等问题的评估。

群体：任何一般或职业群体或非人类生物群体。

制剂：任何化学（包括物质和营养）、生物、放射性或其他物理实体。

媒介：空气、水、食物、土壤或与身体直接接触的物质。

风险情景：可能造成人体或生态系统健康风险的物质、媒介和群体的组合。

效益：与干预措施相关的健康和环境属性的变化（积极或消极）。通常，风险评估会估计与问题相关的疾病、损伤或死亡案例数，相当于消除问题的效益。任何没有消除风险而降低风险的干预措施将会根据现状与采取干预措施后剩余风险的差异估算效益。

利益相关方：任何可能受到识别问题（定义见上）影响的个体或组织。利益相关方包含社会团体、环境组织、学术界、行业、消费者和政府机构等。

专栏 8-2 风险决策框架第一阶段（问题构建和范围界定）

识别风险管理方案和所需评估

1. 要调查的问题是什么？其来源是什么？

2. 管理与问题相关的风险有什么可能的机会？是否考虑了包括立法要求在内的各种可能方案？

3. 评估现有情况需要何种类型的风险评估和其他技术以及成本评估？各种风险管理方案会如何改变现状？

4. 除了健康和生态系统威胁，还需要考虑哪些其他影响？

5. 如何使用评估来支持决策？

6. 完成评估所需的时间安排是怎样的？

7. 开展评估需要什么资源？

专栏 8-3 风险决策框架第二阶段（规划和实施风险评估）

第一步：规划风险评估

1. 所需风险评估的目的是什么？

2. 需要调查哪些具体的风险情景（物质、媒介和群体，包括对背景暴露和累积风险的考虑）？

3. 哪些情景与现有的情况和应用每个风险管理方案后的情况相关？如何评估？

4. 需要何种程度的风险量化和不确定性/差异性分析？

5. 是否需要考虑生命周期影响？

6. 是否存在严重的数据偏差阻碍所需评估的完成？如果是，要怎么做？

7. 其他技术分析的选择（技术可行性、成本等）如何为风险评估提供信息？如何确保与其他分析人员的沟通？

8. 应采取哪些程序确保风险评估有效地进行，并确保与决策策略，包括时间要求相关？

9. 已经制定了哪些程序确保风险评估遵照适用的指南开展？

10. 同行评审所需的水平和时间是怎样的？

第二步：风险评估

1. 危害识别

- 每种关注的物质有哪些不良的健康或环境影响？
- 支持每种效应分类的科学证据的权重是什么？
- 哪些不良影响会是风险的决定因素？

2. 暴露评估

- 对于正在研究的物质，在当前情况下，每类相关人群产生的暴露和相应剂量是多少？
- 关于每个拟议风险管理方案会如何改变当前情况和暴露/计量结果，技术分析（专栏 8-4）揭示了什么？

3. 剂量–反应评估

- 对每个确定的不良影响，剂量与在暴露评估确定的剂量区域内发生不良影响的概率的关系是什么？

4. 风险表征

- 对每个群体而言，与当前情况相关的风险的性质和大小是什么？
- 每个风险管理方案会如何改变风险（增加和减少）？
- 关注的群体和亚群体的个体风险分布是什么？每个方案的效益分布是什么？
- 考虑危害、剂量–反应评估和暴露评估的证据权重分类，与风险表征相关的科学可信度是怎样的？
- 什么是重要的不确定因素？其会如何影响风险结果？

第三步：确定风险评估的效用

- 评估是否具有规划中的属性？
- 评估是否能提供足够的信息区分风险管理方案？
- 评估是否得到同行评审的认可？是否明确解决了所有同行评审的意见？

专栏 8-4 风险决策框架需要的其他技术分析

- 每个拟议风险管理方案如何改变当前情况？其不确定性程度如何？
- 除了直接影响当前情况的效应以外，还有哪些重要的影响（例如，通过生命周期分析揭示）？
- 不干预改变当前情况及拟议风险管理方案的相关成本是多少？
- 成本分析中的不确定性和成本分布中的差异是什么？
- 评估是否符合规划阶段的要求？

专栏 8-5 风险决策框架第三阶段（风险管理）的要素

风险管理方案的分析

- 拟议风险管理方案的健康或环境效益是什么？其他决策因素（技术、成本）受到拟议方案怎样的影响？
- 根据风险管理者的偏好，不确定性程度是否可以充分地表明任何方案都优于"无干预"策略？
- 使用什么标准评估拟议方案的相对优点（例如，风险管理者是否考虑群体效益，低于预期水平的降低，或公平性考虑）？

风险管理决策

- 什么是首选的风险管理决策？
- 拟议决策在科学、经济、法律方面是否合理？
- 如何实施？
- 如何沟通？
- 有必要评估决策的有效性吗？该怎么做？

8.3.2　框架的范围和关键术语的定义

从框架要素中描述活动的术语的定义（专栏 8-1）可以看出，该框架旨在实现广泛的适用性。

阶段 I　问题构建和范围界定

两种活动与风险决策框架（图 8-1）的第一阶段相关：问题构建和同时（及递进）识别风险管理方案以及评估和区分方案所需的技术分析类型，包括风险评估。第一阶段的预期内容按照一系列要考虑的问题在专栏 8-2 中列出。[①]

与上市前产品批准（如新型农药）相关的机构决策取决于对毒理学和暴露数据的长期要求，还需要建立好风险评估指南和上市前获批的标准。这些既定的要求可以说是构成这类决策第一阶段规划的内容，委员会认为没有必要改变现在的安排；但是我们确实注意到，图 8-1 中拟议的框架符合这类特定的监管决策。

阶段 II　规划和实施风险评估

风险评估旨在评估第一阶段提出的风险管理方案，并在第二阶段实行。第二阶段由三个部分组成：规划、评估和确认评估效应（见专栏 8-3）。

第二阶段的第一部分需要制定一套详细的必要风险评估项目。除非明确风险评估旨在回答具体问题，并确定适合决策背景的技术详细程度和不确定性与差异性分析，否则不应当开展风险评估。要关注规划，确保最有效地使用资源，并使风险评估对决策者最相关。风险评估规划阶段要解决的典型问题见专栏 8-3，第 1 步（规划）。

通常需要其他技术分析来评估具体干预措施如何影响当前情况；通过这类分析开发的信息（见专栏 8-4）必须传达给风险评估人员，以便评估这些干预措施对风险的影响。

一旦规划完成，就要开展风险评估（第二阶段，第 2 步）。风险评估通常依据机构指南开展。指南应当包括默认值和不使用默认值的明确标准，以及其他在本报告中建议

[①] 委员会承认，在完成适当的问题构建和范围界定后，可能会有不需要风险评估的情况出现。

的要素，包括不确定性评估、统一的致癌和非致癌剂量-反应方法，和累积或群体风险评估（第4～7章）。

风险评估一旦完成，就需要评估框架产生的效用（第二阶段，第3步）。因此，衡量风险评估是否具有规划中要求的属性、是否能区分风险管理方案对于确定它对决策是否有用十分必要。如果评估在问题构建和风险管理方案方面不够充分，那么框架需要重新回到规划阶段。如果充分，则进入框架的第三阶段。

阶段Ⅲ 风险管理

在框架第三阶段，评估了拟议风险管理方案的相对健康或环境效益，也评估了其他与决策相关的因素。立法要求对决策也至关重要。

第三阶段的目标是通过风险评估充分为决策提供信息从而达成决策。应说明做出这一决策的理由，并充分阐明风险信息和其他相关因素。讨论用于制定决策的所有信息中的不确定性如何影响这些决策至关重要。专栏8-5列出了对风险管理至关重要的一些问题。

8.3.3 利益相关方参与

框架的一个关键特征是利益相关方的参与。早期关于风险评估的国家研究委员会报告和其他专业报告的持续主题，以及许多评论者在提交给委员会的意见中强烈回应的都与整个决策过程中利益相关方没有一直充分参与相关。委员会认为没有这种参与就无法确保决策过程令人满意；事实上，没有这样的参与会导致不可避免的缺陷。

图8-1强调，通过底部的方框，可以横跨三个阶段。此外，两端的箭头目的是表示分析者和利益相关方之间充分的沟通，这是双向的，对确保支持决策的分析的效率和相关性至关重要。利益相关方的充分参与和与政策技术评估人员之间的充分沟通很难实现，但是这是成功的必要条件。是时候建立正式的流程确保风险评估各阶段实施利益相关方的有效参与了。

对于许多需要EPA行动的给定问题，肯定会有一些相关方试图影响机构工作。一些利益相关方希望确保机构能够关注特定问题，并充分构建问题。另一些希望机构考虑各种可能的管理方案，有时包括不属于传统监管考虑范围内的方案。还有一些人认为自己的提议能够提升机构风险评估的实力。当然，许多相关方都在努力影响最终决策。

在机构行动会产生法规的情况下，正式的程序要求公众提出拟议规章意见。很明显，这种类型的利益相关方参与很重要，但是它并不适用于正式的规章制定，通常只有在决策过程结束时才能使用。本委员会和之前提到的机构（第 2 章）建议 EPA 制定正式的程序来收集图 8-1 所示的三个决策阶段的所有利益相关方观点；在这一过程中需要考虑利益冲突。很好地明确利益相关方参与的时间从而满足决策时间表至关重要。此外，有效的利益相关方参与必须考虑奖励措施，使受影响的群体和处于劣势的利益相关方公平参与。

8.4　框架提供的其他改进措施

在框架下运行可以在技术方面有所改进（包括经济和其他非风险因素），还能通过开展正式和非正式的信息价值考量（第 3 章）来提升风险评估的基础研究。但是，框架带来的主要进展包括通过提高风险评估提供的预期来改进风险决策的质量。该框架可以解决一些人对当前系统将大量精力用于分析和比较问题而不是推进解决问题的决策的不满。该框架的其他重要优点包括：

1. 它增强并补充了风险评估实践中的相关趋势。如第 3 章和第 7 章所述，需要设计风险评估以便更好地为风险决策的技术方面和最终决策背景提供信息。EPA《累积风险评估框架》（EPA 2003）和《生态风险评估指南》（EPA 1998）认可了这一方法，并强调在没有风险管理的情况下，无法确定评估的合适范围或解决程度。该框架通过将风险管理方案的开发纳入评估规划之前的正式步骤推进规划阶段，从而充分获取重要的权衡和跨媒介公布，推进风险评估的发展。此外，第 5 章和其他地方提出的将方法学的发展直接纳入拟议框架，是为了向风险管理者就具体决策的健康风险影响提供更多的视角。相关趋势涉及生命周期评估的发展，其中包括风险评估的许多方面，但也评估了涉及能源使用、耗水量以及其他确定技术、工业过程和产品消耗自然资源或产生污染等确定倾向的特点的、广泛的问题。"生命周期"一词是指包括所有商业阶段——原料开采、制造、分销、使用，以及所有干预运输阶段，为替代方案提供平衡客观的评估。规划生命周期评估的关键部分是"功能单位的确定"，其中根据实现所需终点（如生成千瓦时的电力）的能力比较各种替代方案。该方法强调需要了解正在研究的过程或产品的目标、扩大范围、并重视新颖的方法和风险管理方案，包括考虑污染防治工作。该框架建立在这些重要的趋势上，强调风险评估的目的是为风险管理者提供必要的信息区分不同风险管理方案，生命周期和功能单位思维（如果不是分析本身）将有助于各种方案的开发。

2．它更容易识别"局部最优"决策。该框架难以平均预测不兼容模型的基本数学误差，因而有助于确定局部最优决策（例如，降低给定化合物所带来风险的策略之间的选择）。例如，如果有默认值估计（包括参数不确定性，也许存在与模型相关的不确定性但很小）预测特定物质的风险是 X，有一个可信的替代模型（专家权重为 1–p）假设风险为 0，那么就认为风险的"最佳估计值"是 pX。在传统范式中，如果风险评估报告"最佳估计值"是 pX，决策者可能倾向于将基准风险确定为 pX。遵循图 8-1 会提前提出选择，向所有利益相关方强调关键不确定性可能意味着根据关键风险评估假设选择不同的方案。在这种情况下，风险表征更有可能采用"风险是 X 的概率是 p，这种情况下优先选择方案 B；风险是 0 的概率是 1–p，这种情况下优先选择方案 C"的形式声明。因此，按照框架运作有时能避免混淆"预期值决策"（一个连续但有争议的方法）与"按照预期值做出决策"（一个不正确不稳定的方法，见专栏 4-5）。常规框架不反对仔细考虑不确定性，但是图 8-1 中的框架有助于确定关键不确定性影响风险管理决策的程度，并对风险管理者和其他利益相关方对这些问题的不确定性进行定位。

3．它更容易识别并转向"全局最佳"决策。更广泛地说，该框架开辟了超越战略选择之外的前景，制定、评估并选择单一物质的替代策略来实现最小净风险的目标。如上述功能单位的定义，这涉及将当前环境决策视角从主要单一问题和风险增量扩大到解决比较和累积风险、成本和效益、生命周期风险、技术改革和公共价值观等问题。我们认为，通过考虑风险–风险权衡和评估风险管理方案可以解决工业流程带来的风险，而通过独立于可行的控制手段研究风险不能。虽然扩大的范围可能超出 EPA 决策的范围（考虑现有规章，在实际意义上超出或根据机构的权限在理论意义上超出），但是功能单位的考量有助于避免仅考虑代表谷峰的局部最优，这将促进机构间主动和策略性的开发，并鼓励 EPA 与其他联邦机构（反之亦然）合作，开展更多干预措施，提高效率并尽可能减少不利的风险–风险权衡。总之，该框架允许 EPA 合理使用不确定性知识比较方案，并使其能够（在合理范围内）扩大一系列备选方案。

4. 它提供了改善公众参与的机会。该框架可以通过研究风险扩大调查的重点，这些研究由关于效力、归趋和迁移、行为模式等高度技术型的讨论所主导，制定了评估替代的干预措施，这些干预措施更利于获得，并成为利益相关方参与的感兴趣的平台。利益相关方（如当地社区）也可能将效益、成本和风险方案实施的具体信息带入讨论。这一过程将承认政府和非政府决策者的角色、关系和能力，确保风险评估满足其需求。委员会意识到，如果没有其他政府机构和其他组织的参与，在许多情况下有效实施框架是不可能的。

5. 它在分析中更加突出经济学和风险–风险权衡。虽然许多监管、立法和逻辑限制同时符合成本控制和利益的考量，但是该框架在适当可行时鼓励在各学科之间使用类似的方法（例如，明确纳入不确定性和差异性，开发默认值和经济分析中的背离标准），并促进风险评估者和监管经济学家之间的合作。如上所述，该框架还将考虑评估中主要的潜在风险–风险权衡，因为初步规划和范围界定阶段以及制定正在研究的风险管理方案将促使对受每个方案影响的暴露情况的明确讨论。

在附录 F 中，委员会提出了三个案例说明了如何通过实施风险决策框架提高风险评估实用性。①

---

① 附录 F 中的三个案例指设计发电、饮用水系统的决策支持和工作场所和一般环境中二氯甲烷暴露的控制。这些都是程序化的案例，旨在说明应用风险决策框架如何得到不同于应用传统风险评估的过程和结果。

8.5 框架带来的其他问题

该框架有许多可取的属性，可以使风险评估为决策提供最大限度的信息，但是也存在各种问题。一些问题是概念错误，一些是需要解决的法律问题。我们在此讨论各种批评，考虑其潜在的影响。

问题1：在许多情况下，EPA由于监管机构将方案限制在狭窄的范围内，或在一开始并不清楚问题是否足够严重到需要干预措施或者存在潜在的干预措施，所以该框架可能会浪费时间开展不必要的评估。

该问题有一定的合法性，但是该框架并不排除风险评估仅仅用于确定问题的潜在大小或在严重限制解决方案的情况下比较方案影响。对于前者，框架旨在一方面持续关注问题，另一方面关注干预措施，采用选择一个就不选择另一个的错误的二分法。委员会认为，目前使用风险评估不成比例地强调解剖风险而不是实施干预措施，但是不需要（也不应该）摆脱中间立场。至于后者，在监管要求排除考虑各种风险管理方案的情况下，EPA可以正式评估要考虑的方案，运用框架来确定当前的限制因素在多大程度上排除了更好的风险管理策略。至少，框架强调 EPA 在制定风险方案时需要考虑风险权衡和替代策略。

问题2：该框架可能会加剧"分析瘫痪"的问题，一方面因为分析负担会随着评估多种方案的需求而增加，另一方面因为风险评估可能表明不确定性太大而不能在各方案中做出区分。

委员会早些时候提出，框架重点关注区分风险管理方案所需的信息而不是关注"获取正确数字"所需的信息，这将有助于结束风险评估。但是，有人认为需要在多个潜在的风险管理方案之间定量化效益，包括考虑权衡和跨媒介，这将大大扩大给定评估的分析需求，尤其是对于简单评估中的不确定性对方案的区分而言很重要。这是一个重要的问题，但是对于具有相似范围的任何风险评估来说，都需要许多更复杂的分析内容（例如，累积风险评估和多媒介暴露）。无论所考虑的风险管理方案如何，一旦构建模型正确评估一个方案的效益，评估多种风险管理方案的边际时间应当较小。此外，如果在风险基础上，不确定性太大而不能区分方案，这也就意味着在风险管理决策中其他因素十分重要或者需要进一步的研究。

问题 3：该框架不会得到更好的决策和公众健康保护，因为过程不能为竞争的利益集团提供平等的基础。

虽然委员会建议通过早期制定风险管理方案来加强公众参与，减少利益相关方之间的不对称，但是鉴于政治权利和获取信息的不平衡，利益相关方"在会议上"获得选择权的能力仍然存在不对称。更一般来说，如果不恰当地限制一系列评估方案，则可能出现操纵框架的情况。此外，框架并没有减少风险评估的重要性，所以技术上的不平衡将依然存在。这一问题与框架相关，但是并不是由框架引入的，而是由于结合政府、社会和行业讨论且有严重经济和公众健康效应的决策引起的。如果利益相关方团体拥有足够的技术专业知识（可以通过 EPA 和其他机构的努力获得，并且随时间发展），且 EPA 正式以书面形式解决所有建议的方案（可以通过量化评估，也可以通过量化讨论其他方案如何严格主导从而不需要考虑），只要利益相关方参与所有过程，框架就可以改进当前的实践。操纵的可能性不是由框架产生的，事实上，是被框架减少的：风险管理者现在可以通过要求风险评估者评估预先选择的控制方案的效益隐性减少选项组，而一个明确构建一系列广泛选项的公共过程似乎更可取。作为框架制定和实施的一部分，EPA 应为第一阶段方案制定相关的步骤确定指南，重点关注利益相关方参与和透明化选择研究的风险管理方案的正式过程。

问题 4：该框架打破了风险评估和风险管理的界限，为操纵创造了可能性。

框架允许评估者看到决策者面临的选择并不意味着他们将参与风险管理，也不意味着决策者将有权利或机会在分析中强加他们的意愿。该框架允许风险评估确定哪些方案在不确定性、差异性和公众偏好方面表现最佳，但不会在分析中强加风险评估者的偏好。在框架中，实施评估方案时有明确的风险评估指南（例如，第 3、5、7 章）仍然有重要意义。增加风险评估者和风险管理者之间的互动需要进一步保证确定或优先选择的方案不会偏离风险评估，乃至风险管理者影响风险评估内容以支持优先选择的风险管理方案。确保连续风险评估—风险管理讨论的评估完整性，基本上取决于 EPA 和应用风险评估的组织维持有效的管理体系。管理过程应具有以下要素：

- 角色和责任的明确和说明。风险评估者和风险管理者理解其角色的程度以及在履行其职责的基础上进行评估的程度将有助于减轻对科学或政策相关评估的潜在妥协的担忧。

- 更高的透明度。更广泛地利用关于风险评估和政策审议中所用的假设和所做的判断的信息本身就防止滥用的一项重要保障。

- 记录过程。在风险评估—风险管理所有重要的阶段，都需要有适当的文件记录规章和过程的里程碑，以及相关的信息基础。

- 监督和定期审查。EPA 应每年提交选定的决策来单独进行审查，以确保风险评估—风险管理过程的完整性，独立的评审人员应发布调查结果的公开报告。

如上所述，当前（概念或制度）评估和管理之间的"防火墙"可能会出现问题。使得不清楚情况的风险管理者仍然拥有选择权，并可以命令分析者"让风险更小（更大）"。保护风险评估过程免于任何形式的操纵，无论是否与框架相关，都应当到位；委员会似乎认为，强调风险管理方案的过程在定义上需要更广泛的参与，这意味着更"阳光"，"红皮书"委员会担心的操纵也很少有机会发生。

8.6 结论和建议

框架的一些特征在 EPA 项目中比较明显，但是其全面实施将需要大量的过渡阶段。委员会认为风险评估作为决策支持工具，其长期的效用需要 EPA 使用拟议框架（或类似框架），因此督促机构开始转变。将过渡过程设想为需要精心挑选的"示范项目"的试验和开发期，从而说明框架的应用或许是可取的。选择完全适用（在所有阶段都有正式和有时限的利益相关方）于框架的几个重要环境问题可以为机构评估者、管理者和利益相关方构建良好的学习期。可以记录这些示范项目的教训来改进框架及其应用，委员会坚持认为，逐步采用这一框架将大大提高风险评估的分析能力和效用，并能够向更广泛的受众揭示这种能力和效用；从而提高其可信度和普遍接受度。

总之，我们的建议如下：

- "红皮书"中介绍的风险评估技术框架应当保持不变，但是应纳入更广泛的框架，使风险评估主要有助于区分风险管理方案。

- 风险决策框架（图 8-1）的核心要素应该是问题构建和范围界定阶段，是确定备选风险管理方案的阶段，是在当前情况和拟议方案下使用风险评估方案确定风险的规划和评估阶段，也是整合风险和非风险信息为方案选择提供信息的管理阶段。

- EPA 应制定与框架相关的多个指导文件，包括框架本身更广泛的开发（采取明确步骤确定风险评估的适当范围）、各阶段利益相关方参与的正式规定，以及确保正式评估各种备选方案的方案制定方法。

- EPA 应逐步使用该框架，并开展一系列应用框架的示范项目，确定方法符合机构管理者需求的程度，以及作为修订方向的结果，风险管理结论会有怎样不同。

参考文献

[1] Ashford, N.A. C.C. Caldart. 2008. Environmental Law, Policy, and Economics: Reclaiming the Environmental Agenda. Cambridge: MIT Press.

[2] Clemen, R.T. 1991. Making Hard Decisions: An Introduction to Decision Analysis. Boston: PWS-Kent Pub. Co.

[3] EPA (U.S. Environmental Protection Agency). 1998. Guidelines for Ecological Risk Assessment. EPA/630/R- 95/002F. Risk Assessment Forum, U.S. Environmental Protection Agency, Washington, DC. April 1998 [online]. Available: http://oaspub.epa.gov/eims/eimscomm.getfile?p_download_id=36512 [accessed Feb. 9, 2007].

[4] EPA (U.S. Environmental Protection Agency). 2003. Framework for Cumulative Risk Assessment. EPA/600/ P-02/001F. National Center for Environmental Assessment, Risk Assessment Forum, U.S.

Environmental Protection Agency, Washington, DC [online]. Available: http://cfpub.epa.gov/ncea/cfm/recordisplay.cfm?deid=54944 [accessed Jan. 4, 2008].

[5] Finkel A.M. 2003. Too much of the [National Research Council's] 'Red Book' is still ahead of its time. Hum. Ecol. Risk Assess. 9(5):1253-1271.

[6] Hattis, D., R. Goble. 2003. The Red Book, risk assessment, and policy analysis: The road not taken. Hum. Ecol. Risk Assess. 9(5):1297-1306.

[7] Lave, L.B., G.S. Omenn. 1986. Cost-effectiveness of short-term tests for carcinogenicity. Nature 324(6092): 29-34.

[8] Lave, L.B., F.K. Ennever, H.S. Rosenkranz, G.S. Omenn. 1988. Information value of rodent bioassay. Nature 336(6200):631-633.

[9] NRC (National Research Council). 1983. Risk Assessment in the Federal Government: Managing the Process. Washington, DC: National Academy Press.

[10] NRC (National Research Council). 1994. Science and Judgment in Risk Assessment. Washington, DC: National Academy Press.

[11] NRC (National Research Council). 1996. Understanding Risk: Informing Decisions in a Democratic Society. Washington, DC: National Academy Press.

[12] NRC (National Research Council). 2002. Estimating the Public Health Benefits of Proposed Air Pollution Regulations. Washington, DC: The National Academies Press.

[13] PCCRARM (Presidential/Congressional Commission on Risk Assessment and Risk Management). 1997. Framework for Environmental Health Risk Management-Final Report, Vol. 1. [online]. Available: http://www.riskworld.com/nreports/1997/risk-rpt/pdf/EPAJAN.PDF [accessed Jan. 4, 2008].

[14] Raiffa, H. 1968. Decision Analysis: Introductory Lectures on Choices under Uncertainty. New York: Random House.

[15] Weinstein, M.C., H.V. Fineberg, A.S. Elstein, H.S. Frazier, D. Neuhauser, R.R. Neutra, B.J. McNeil. 1980. Clinical Decision Analysis. Philadelphia: W.B. Saunders.

第 9 章

改进的风险决策

风险决策框架旨在通过增加风险评估对决策者的价值、扩大利益相关方参与，并更充分地向公众、国会和法院提供 EPA 决策基础信息来改善风险评估。这需要建立在 EPA 决策实践的基础上，扩大考虑方案，还要制定长期的更新战略。为了构建这一战略，本章列举了成功过渡到框架的三个先决条件：

- 采用过渡规则。管理当前 EPA 和其他机构风险评估和风险管理决策最成功的经验和实践，是将机构领导和员工引入到新的问题和流程以及将新的原则和实践整合到第 8 章概述的框架中提供模型。

- 管理制度流程。管理问题需要考虑实施框架的法律障碍，组织结构的变化，以及加强机构能力，如技能、培训和其他形式的知识建设和资源。

- 提供领导和管理。这一过渡需要 EPA 领导层、政府行政和立法部门和主要利益相关方的支持，包括指导和资源。

这些相关的实施建议意味着委员会承认、整合、评估并解释框架中所要求的信息给 EPA 各种风险评估和决策过程带来了重大变化。框架的一些方面（如新的沟通和参与方法）短期内可能不需要重新投资；但是，对于像 EPA 这样庞大而多样化的机构，资金、时间和人员等资源的可获得性和分配是支持第 8 章[①]所述的机构范围内变更制度安排的

---

① 为了满足当前风险评估实践的需求，最近国会有关削减预算对 EPA 能力影响的证据推动了委员会的建议（Renner 2007）。预算削减造成在政府和 EPA 战略规划和年度预算过程没有关注资金和人员配置的情况下，机构难以实施本报告中建议的改进分析以及新的数据更详实的框架。

核心方面。对所有企业而言，资金是一个限制速度和决定质量的步骤。

9.1　过渡到风险决策框架

　　提高风险评估的效用包括前期问题构建和范围界定，并对大量方案进行规划，这需要有几个实际步骤来确保风险评估者和风险管理者对其角色和职责有明确认知，有充分的指南对其进行有效管理。一开始，EPA 应当审查与本报告建议的决策过程相关的关键功能和属性。虽然许多活动是可比较的（如危害评估和剂量–反应评估），其他方面，例如生命周期评估，在许多机构项目中是新内容，需要将其纳入评估风险和管理方案的过程中。

　　历史上，即使 EPA 风险评估通常与决策相关，但是国家研究委员会风险评估报告提出的指南主要是为了改进几乎不关心未来决策的风险评估。该框架侧重于提高风险评估的效用，以便更好地为决策提供信息。为了实施框架，机构需要具有创新性和指导性的指南，让科学家、经济学家、律师、监管人员、高级管理人员和决策者了解其作用，最重要的是要促进他们之间的互动。从 EPA 和其他机构使用的与框架提出过程类似的"成功案例"中得出的原则、案例和实践，为这些指南提供了很好的开端。所选择的框架可以实际说明基于风险的决策场景工作的尤其具有指导意义。

　　该框架推动了对来自经济学、心理学和社会学等 EPA 风险评估通常不涉及的学科领域的风险相关信息的广泛关注和使用。虽然这些领域不是风险评估本身的核心，但是框架在构建风险管理决策中整合了各种信息。加强对这些领域的重视，需要将风险评估法规或政策在历来要求的稳健同行评审实践扩大到成本效益分析、社会影响评估、生命周期分析和相关信息等领域，①目的是让决策者、利益相关方对评估的结果有信心，并了解评估的局限性。改进的同行评审也会增加透明度。

---

① 与传统风险评估一样，同行评审需要由所审查学科的专家开展——针对社会效应的社会学家、针对经济效应的经济学家等。但是，增加多学科的同行评审专家更有意义，可以评估风险和成本效益分析，为不同决策方案提供信息。

9.2 制度流程

该框架为 EPA 提供了审查和重新调整一些制度流程的机会，推动风险评估和其他分析（包括技术的和经济的）使用一致的方法，更好地为 EPA 各种项目的风险管理决策提供信息。需要考虑以下几个过程。

9.2.1 法定权限

委员会认为，它已经实现了其在现有法定权限内通过改进和重新调整制度流程实现重大改进这一目标。委员会提出的关于扩大风险评估活动，以便更加重视累积风险、定量不确定性和差异性分析，以及统一分析致癌和非致癌终点等活动的建议需要科学进步的推动，这符合机构的现有职责；20 多年来，EPA 定期纳入这些科学进步，制定和修订风险评估指南并开展个别评估。

委员会更为深远的建议，例如在流程早期广泛讨论风险管理方案、利益相关方广泛参与整个流程、在众多机构项目中考虑生命周期方法等，可以视为整个机构的常识扩展，而现在的实践仅限于选定的项目或没有均衡或不完整实施的项目。例如，EPA《生态风险评估指南》考虑了框架设想的告知方案的风险评估规划（EPA 1998，p. 10）：

风险评估者和风险管理者都需要考虑实施风险评估解决确定问题的潜在价值。他们探讨了风险程度的已知情况，有哪些管理方案可以减缓或阻止风险，以及实施风险表征与其他已知的解决环境问题的方法相比有哪些优点［重点增加］。

将注意力集中于整合机构实施的与累积风险评估，不使用默认值的标准以及生命周期分析相关的现有指南将在没有新的立法的情况下促进框架的改进。

9.2.2 制度变化

根据 EPA 基于媒介的组织结构，机构决策过程按照特定媒介和法规的环境问题、法律要求、案例法规和程序历史进行区分。这一方法与 EPA 法规类似，但是对环境污染多媒介、累积性风险的特征以及科学问题和监管方案多学科、跨项目、跨机构分析的需求缺乏认识。委员会的主要建议是 EPA 采取一致透明的过程以确保评估正确的问题，这就需要新的协调、沟通和构建环境保护方案框架的方法。

为了使当前的决策流程适应框架，EPA 应当建立由主管部门、环境信息办公室、总法律顾问办公室、研究与开发办公室及其他相关部门环境专业人士组成的方案编制小组。该小组的主要职责包括确定需要进行风险评估的可能决策（或决策类型）、向风险评估者提供待审问题或正在考虑的监管或其他方案[①]的背景信息。为了向 EPA 风险评估者和管理者提供指南，向利益相关方和公众提供信息，基本的小组功能将包括：

- 制定和选择风险评估重点关注事项的标准，以便小组持续关注。
- 确定一套初步的决策方案，识别关键因素并对个体风险评估的范围提出建议。
- 提供机构要解决的问题的明确声明。
- 确保考虑风险权衡。
- 在制定个体风险评估过程中维持跟踪问责制度，并跟踪方案制定过程对决策中使用的每项评估的贡献和影响。

本报告中建议的告知方案流程既识别了监管方案，也识别了非监管方案，使 EPA 能灵活地根据待解决问题的性质和程度狭义或广义地确定方案。每个问题的方案的性质和范围都有所不同。

9.2.3　技能、培训和知识构建

许多风险评估都涉及复杂的、数据密集的和多学科的分析。这些数据来源于高度近亲交配的实验室动物和具有遗传多样性人群的研究，基础监测数据来源于环境媒介和对生化机制、癌症病理学和暴露途径的复杂分析。这种分析需要一支跨学科且科学先进的人才队伍，不仅在基础学科上要有经验，还要在风险评估过程的特定方面具有经验。

例如，定量不确定性分析和累积风险评估可能需要的专业知识在 EPA 不可获得，

---

① 如第 3 章所述，整体过程的迭代性质要求随着风险评估开展，持续评估方案。因此，初始的方案集可以通过修订、删除、添加不断演进。

或者在数量和经验上需要更大的科学团体实施本报告的建议。因此，实施许多委员会的建议需要新的专业知识，EPA 需要扩展其计划来吸取其他联邦机构或私营企业的专业知识。在所有情况下，都必须持续进行培训，以确保工作人员熟悉有助于风险评估和决策的学科进展。

在问题构建和范围界定、规划以及后续决策的核心问题——评估者—管理者讨论中，就风险评估问题对管理者和决策者进行培训至关重要。只有熟悉风险评估问题和方法，流程中的高级参与者才能充分参与。这种培训对于高级机构官员、利益相关方和其他公众之间的沟通也至关重要。对技术人员进行培训，使其了解造成一些风险管理和决策问题的非技术因素同样重要。

9.3 领导和管理

由于开发的框架在机构范围内使用，因此 EPA 高层领导参与框架的开发和实施至关重要。EPA 局长和副局长、国会、其他行政部门（如科技政策办公室、白宫、管理与预算办公室）以及其他联邦机构在内的主要利益相关官方的领导和参与，对改进 EPA 决策制定过程至关重要。

在这方面，领导层对以下管理目标的关注至关重要：

- 制定明确政策提交 EPA，实施风险评估和风险管理的告知方案过程。
- 资助这些政策的实施，包括足以编制指南和其他文件的预算，用于培训 EPA 人员开展实施活动、构建扩大的知识库和机构能力以及更及时地取得成果。
- 采用一套适用于所有计划的评估因素评估政策决策结果和框架效力。

其他活动可以推进机构的项目实施。理想情况下，项目应包括为管理人员和工作人员服务的研讨系统，以创建一种强调获取新知识、专业发展和决策实践的学习文化，以及有效解决问题的工具。在这方面，对实施框架的一致流程的认真承诺包括针对部分高级管理者在个别项目中运用新原则与新实践的成果评估。领导层也将追求与利益相关方组织建立伙伴关系和合作关系，扩大除传统方法之外解决问题的方法。

总体而言，知情以及某些情况下的开创性的治理旨在改进 EPA 的风险评估流程，将评估重点放在相关问题上，防止政治干预或预先设定的政策偏见，并推动更高级别的决策及时性、相关性和影响的监督。本报告为 EPA 重新审视其决策过程、创新改革、考虑 21世纪科学发展、全球市场步伐加快以及当代决策需求带来的变化提供了重大机会。

9.4   结论和建议

委员会负责制定改进 EPA 风险分析方法的科学和技术建议。在评估中，委员会侧重于风险评估的科学基础及其在决策中的作用。

风险评估正处于发展的关键时期，这一基础工具的可信度受到可能从评估结果中获得利益或利益受损相关方的挑战。虽然目前对基于风险的决策需求越来越大，但是风险评估的科学基础和决策背景越来越复杂，风险评估的价值和相关性受到质疑。自 1983年国家研究委员会《联邦政府中的风险评估：过程管理》（又称"红皮书"）（NRC 1983）报告中提出框架以来，风险决策背景已经逐渐演进，现在面临的挑战包括广泛考虑多种健康和生态效应、成本和效益、风险–风险权衡等。由于许多关于风险表征中不良影响、暴露、剂量和响应以及不确定性测定的假设所依据科学性质不断变化，流程也越来越复杂。随着科学的进步，需要考虑风险决策的社会影响以确保风险评估与利益相关方关心的问题相关。

以下结论和建议旨在提供关于改进风险评估科学和技术基础的指南，解决差异性和不确定性的表征，最终将风险分析的重点扩大到制定完善的公众健康和环境决策。实施委员会的建议将有助于确保风险评估符合当前和不断变化的科学认知，并与 EPA 各种风险管理任务相关。

9.4.1   风险评估的设计

规划风险评估以及确保其水平和复杂性与为决策提供信息的需求相一致的过程被认为是风险评估的"设计"。委员会鼓励 EPA 更加关注风险评估形成阶段的设计，特别是 EPA 生态和累积风险评估指南中指出的规划、范围界定以及问题构建（EPA 1998，2003）。良好的设计包括在流程早期让风险管理者、风险评估者和各种利益相关者共同参与，以确定需要考虑的主要因素、决策背景、所需的时间表和研究深度，以确保在评估背景下提出正确的问题。

对规划和范围界定以及问题构建的越来越多的强调使得风险表征更加有用，也更容易被决策者接受（EPA 2002，2003，2004）；然而，在风险表征中纳入这些阶段是不合理的，因为它们缺乏各种 EPA 指导文件（EPA 2005a，2005b）。规划和范围界定的一个重要因素是在合适的决策中定义一套明确的备选方案，应当通过决策者、利益相关者和风险评估者的前期参与强化这一流程，他们可以共同评估流程设计能否解决已经识别的问题。

建议：需要更加关注风险评估早期阶段的设计。委员会建议 EPA 指导文件（EPA 1998，2003）中提出的规划、范围界定和问题制定应当在 EPA 风险评估中以书面形式正式化并进行实施。

9.4.2　不确定性和差异性

解决不确定性和差异性问题对风险评估过程至关重要。不确定性源于知识的缺乏，所以它能被表征和管理，但不能被消除。可以通过使用更多或质量更好的数据来降低不确定性。差异性是人群的固有特征，因为人们在其暴露以及对暴露潜在有害影响的易感性方面存在显著差异。差异性不会减少，但是随着信息的改进，它能够得到更好的表征。

EPA 在处理暴露和剂量–反应评估的不确定性方法和指南之间存在显著差异。EPA 没有统一的方法来解决特定问题所需的复杂程度和不确定性分析程度。表征不确定性的详细程度是否合适仅仅取决于它需要为特定风险管理决策提供信息的适当程度。在风险评估的规划和范围界定阶段，解决不确定性分析的必要程度和性质十分重要。用不同方法处理各风险评估组成的不确定性会使整体不确定性的交流更加困难，有时还可能会产生误导。

虽然有一些例外，如铅、臭氧和硫氧化物，但是在许多 EPA 健康风险评估中，人群易感性的差异性仍然没有得到足够或持续的关注。例如，尽管《2005 年 EPA 癌症风险评估指南》指出易感性取决于人生的不同阶段，但仍需要在实践中加大对易感性的关注，尤其需要关注由年龄、种族或社会经济状况等原因造成更大易感性的特殊群体。委员会鼓励 EPA 推进"在暴露评估和剂量–反应关系中更明确定量化人群差异性"这一长期目标。体现推进这一目标成果的例子是 EPA 提出的针对三氯乙烯风险评估的草案（EPA 2001；NRC 2006），其中考虑了代谢、疾病和其他因素的差异如何造成人们响应暴露的差异。

建议：EPA 应当鼓励风险评估在所有的关键计算步骤（如暴露评估和剂量–反应评估）中表征和交流不确定性和差异性。需要对不确定性和差异性分析进行规划和管理，以反映对风险管理方案间比较评估的需求。短期内，EPA 应采取"分层"的方式来选择不确定性和差异性评估的详细程度，并在规划阶段就应当明确。为了方便风险评估不确定性和差异性的表征和解释，EPA 应当制定指南来明确不确定性和差异性分析所需合适的详细程度，提供识别和解决不同来源的不确定性和差异性的定义和方法。

9.4.3　默认值的选择和使用

不确定性存在于风险评估的所有阶段。EPA 在特定化学物质数据不可获得的情况下，通常需要依靠假设。1983 年"红皮书"建议制定指南，在现有推断选项中进行选择和证明，并且将这些假设（现在称为默认值）用于机构的风险评估中，确保风险评估过程的一致性，避免操纵现象。委员会认可 EPA 在审查与默认值相关科学数据方面的工作（EPA 1992，2004，2005a），但是意识到需要改进机构对它们的使用。一些风险评估的完成具有大量科学争议和延迟，其主要原因是关于数据是否足以支撑默认值或替代方法是否合适的长期争论。委员会认为，风险评估中需要推论的步骤仍然需要维持已有的默认值，并且应该有明确的标准来判断在特定情况下数据是否足以直接使用或支撑默认值下的推论。EPA 大多数情况下并没有明确公布关于需要什么样的证据来证明要使用特定制剂的数据而非默认值的通用导则。同时还有一些加之于 EPA 风险评估实例的默认值（缺失或隐含的默认值）缺少风险评估准则。例如，流行病学或毒理学研究中尚未充分核查的化学物质通常在风险评估中没有得到充分考虑,有的甚至都不予以考虑;由于风险表征中没有相关风险的描述,它们在决策中就被忽视了。这种情况发生在超级基金场地和其他风险评估中,只列出流行病学和毒理学数据推动下进行了暴露和风险评估的相对较少的化学物质。

建议:EPA 应继续并扩大使用最优最新的科学来支撑和修改默认值;应致力于编制有明确表述的默认值,取代隐藏假设;应制定明确的通用标准,判断使用替代假设取代默认值所需的证据。此外,EPA 还应制定用于每个特定默认值替代方案的具体标准。当 EPA 选择不用默认值时,应当将使用替代假设的影响定量化,包括使用默认值和选择的替代假设会如何影响所考虑的风险管理方案的风险评估。EPA 需要更明确地阐明默认值的政策,并就执行政策和评估其对风险决策影响以及对保护环境和公共卫生的努力提供指导。

9.4.4　剂量–反应评估的统一方法

风险评估的一大挑战是采用一致的方法评估不同化学物质,并充分考虑差异性和不确定性,提供对风险表征和风险管理及时、有效和最有用的信息。历史上,EPA 对致癌和非致癌效应的剂量–反应评估方法不同,有人批评这些方法没有提供最有用的结果。因此,非致癌风险一直没有得到重视,尤其是在成本–效益分析中。致癌和非致癌效应的风险评估方法保持一致在科学上是可行的且有待实施。

对于致癌效应,通常假定它没有剂量阈值效应,并且剂量–反应评估集中在量化低剂量的风险,评估给定暴露量的群体风险。对于非致癌效应,假设已经有剂量阈值(低剂量非线性),低于该剂量阈值在暴露群体中不会发生或几乎不可能发生效应;该剂量就是参考剂量(RfD)或参考浓度(RfC),认为是"可能没有明显有害影响的风险"(EPA 2002)。

EPA 对非致癌和低剂量非线性致癌终点的处理,是它在协调致癌和非致癌的剂量反应评估方法的整体策略中的重要一步;然而,委员会发现当前的方法具有科学和实施上的局限性。非致癌效应不一定具有阈值,或是低剂量非线性,并且致癌物质的作用方式各不相同。背景暴露和潜在的疾病过程有助于了解人群本底风险,且可能会使人们关注的群体剂量呈线性。由于 RfD 和 RfC 不能对不同暴露量的风险进行量化,而是在可能的损害和安全之间提供明确的界限，导致它在风险–风险和风险—效益比较以及风险管理决策中的使用具有局限性。癌症风险评估除考虑早期易感性可能存在的差异外，通常不考虑致癌易感性方面的差异。

出于科学和风险管理的考虑，致癌和非致癌相统一的剂量反应评估方法得到支持。因此，委员会建议采用统一的剂量–反应模型，其中包括对基础疾病进程和暴露、可能的脆弱群体、影响化学物质对人体的剂量–反应关系的行为模式的正式的、系统的评估。该方法将 RfD 或 RfC 重新定义为风险特定剂量，提供了特定可信度下预期高于或低于设定的可接受风险的人群百分比信息。风险特定剂量允许风险管理者就该人群百分比衡量替代的风险方案，还允许对不同风险管理方案进行定量的效益估算。例如，风险管理者可以考虑各种由不同污染源控制策略导致的暴露相关的群体风险以及与每种策略相关的效益。委员会认可了 RfD 的广泛应用及其在公共卫生方面的效用；重新定义的 RfD 仍然能够帮助制定风险管理决策。

委员会推荐的统一剂量–反应方法的特点包括使用人类学、动物学、机械学和其他相关研究的一系列数据；表征风险的概率；明确考虑致癌和非致癌终点的人体异质性（包括年龄、性别和健康状况）；表征（尽可能分配）致癌和非致癌终点中最重要的不确定性；评估背景暴露和易感性；尽可能使用概率分布而非不确定性因子；以及对敏感群体的表征。

新的统一的方法需要开发和实施新化学物质的评估和旧的化学物质再评估，包括开发测试案例以进行概念证明。

建议：委员会建议 EPA 在统一的剂量–反应评估框架下实施分阶段考虑化学物质的方法，该框架包括系统评估背景暴露和疾病过程、可能的敏感群体和影响人体剂量–反应关系的行为模式。应当重新定义 RfD 和 RfC，考虑损害的可能性。在进行测试案例时，委员会建议采用灵活的方法，可以在统一的方法中应用不同的概念模型。

9.4.5 累积风险评估

EPA 越来越多地被要求处理广泛的公众健康和环境健康问题，这些问题涉及多重暴露、复杂混合物和具有脆弱性的暴露群体，他们发现利益相关者团体（如受环境暴露影响的群体）通常是当前风险评估中考虑不充分的地方。需要评估 EPA（EPA 2003）中定义的累积风险——评估由多种制剂或压力源的整体暴露造成的综合风险；综合暴露包括通过所有路径、途径和源暴露于给定制剂或压力源。该定义中考虑化学、生物、辐射、身体和心理压力（Callahan 和 Sexton 2007）。

委员会赞扬了机构对丰富风险评估的定义做出的努力，使其更详实并与决策和利益相关者更相关。然而，在实践中，EPA 风险评估通常不符合此方面机构准则中的可行性和方针。虽然累积风险评估已经在各种情况下被使用，但几乎没有考虑非化学压力源、脆弱性和背景风险因素。由于同时考虑了诸多复杂的因素，需要简化风险评估的工具（如数据库、软件包和其他模型资源）来筛查风险评估的级别，使社区和利益相关方开展评估，从而增加利益相关方的参与度。累积人体健康风险评估应当吸取更多生态风险评估和社会流行病学中的见解，因为它们需要应对类似问题。最近国家研究委员会关于邻苯二甲酸酯的报告，解决了与框架相关的问题，在该框架下，可以在同时暴露于多种压力源的情况下开展剂量–反应评估。

建议：EPA 应当利用包括来自生态风险评估和社会流行病学的其他方法，将化学和非化学压力源之间的相互作用纳入评估中；提高生物监测、流行病学和监测数据在累积风险评估中的作用；并为简单的分析工具制定指南和方法来支撑累积风险评估，促进利益相关方更多的参与。短期内，EPA 需要开发数据库和默认方法，以便在没有特定人群数据的情况下将关键的非化学压力源纳入累积风险评估，考虑暴露模式、相关背景过程的贡献以及与化学压力源之间的相互作用。长远来看，EPA 应当投入精力研究与化学和非化学压力源相互作用相关的项目，包括流行病学调查和基于生理学的药代动力学模型。

9.4.6 提高风险评估的效用

鉴于 EPA 当前所面临的问题和决策的复杂性，委员会努力设计了一个更连贯、更一致、更透明的流程，以提供与当前问题和决策相关的风险评估，同时获得更全面的理解以确保考虑最佳的风险管理方案。为此，委员会提出了一个风险决策框架（图 S-1）。该框架包含 3 个阶段：I，问题构建和范围界定，此阶段确定可用的风险管理方案；II，规划和评估，此阶段运用风险评估工具确定现有情况和风险管理备选方案下的风险；III，风险管理，此阶段整合风险和非风险信息，为选择方案提供信息。

该框架的核心是"红皮书"中确立的风险评估模式（阶段 II 的第 2 步）（NRC 1983）。然而，框架与"红皮书"范式的不同之处主要在于第一步和最后一步。框架从潜在的危险"信号"（例如，阳性生物测定或流行病学研究、可疑疾病的暴发或工业污染的发现）开始。在传统范式下的问题是，信号造成的不良健康（或生态）效应的可能性和后果是什么？相反，建议的框架隐藏的问题是，有什么方法可以减少已经识别出的危险或暴露，如何用风险评估来评价各种方案的优点？后一个问题重点关注的是提供充分的公共卫生和环境保护以及确保有充分支持的风险管理方案（或干预措施）。在此框架下，所提出的问题源于早期和仔细规划的评估类型（包括风险、成本和技术可行性）以及评估备选方案相对优点所需的科学深度。风险管理包括在开展适当评估之后选择方案。

该框架以加强问题构建和范围界定作为开始（阶段 I），在此阶段确定了需要在方案中评估和区分的风险管理方案和包括风险评估在内的技术分析类型。阶段 II 由 3 个步骤组成：规划、风险评估和效用认证。规划（第 1 步）的目的是确保风险评估（包括不确定性和差异性分析）的水平和复杂程度与决策目标一致。风险评估（第 2 步）之后，第 3 步评价风险评估是否恰当，是否能够区分风险管理方案。如果认为评估不充分，则需要回到规划阶段（阶段 II 的第 1 步）。否则，将进行阶段 III（风险管理）：为达成决策而评估拟议风险管理方案的相对健康或环境效益。

框架系统地识别了风险评估者在决策的最初阶段应当评估的问题和方案。它扩大了评估的影响范围，不仅包括个人效应（如癌症、呼吸问题和个别物种），还包含了更广泛的健康状况和生态系统保护的问题。它为参与所有过程的利益相关者提供了正式的流程，但有时间限制以确保决策制定。通过使不确定性和选择更加透明化的方式，它增进了各级决策者对风险评估优势和局限性的了解。

委员会注意到流程受到政治干扰的问题，框架保持了"红皮书"中阐述的风险评估和风险管理之间的概念区分。用于评估风险管理方案的风险评估势必不会受到风险管理者偏好的不当干扰。

重点关注早期细致的规划和问题构建以及管理问题方案，框架的实施可以提高决策风险评估的效用。尽管框架的某些内容短期内可以实现，但是其全面实施需要大量的过渡期。EPA 应当开展一系列运用框架的应用示范项目，确定它与机构风险管理者需求的匹配程度、风险管理结论和其实施效果的差异以及措施的有效性，以确保风险管理者和政策制定者不会对风险评估的科学实施产生不利影响。

建议：为了使风险评估对风险管理决策发挥最大的作用，委员会建议 EPA 采用基于风险决策制定的框架（图 9-1），它将"红皮书"的风险评估范式嵌入过程中，包括最初问题的构建和范围界定，确定风险管理方案的流程，并运用风险评估区分这些方案。

9.4.7　利益相关方参与

许多利益相关方认为目前开发和应用的风险评估流程缺乏可信度和透明度，一部分原因是未能让利益相关方在风险评估和决策流程的适当时间点作为积极参与者充分参与其中，而成为结果的被动接受者。之前的国家研究委员会和其他风险评估报告（如 NRC 1996；PCCRARM 1997）以及委员会收到的意见（Callahan 2007；Kyle 2007）都印证了这一问题。

委员会认同需要更多的利益相关者参与，以确保流程更加透明，保障基于风险的决策制定进行得更加有效、高效、可信。利益相关方参与需要成为基于风险决策制定框架的一部分，从问题制定和范围界定开始就需要有他们的参与。

虽然 EPA 大量的项目和指导文件都和利益相关方参与相关，但是重要的是他们需要遵守指南，尤其是在累积风险评估社区参与往往都不充分的背景下。

建议：EPA 应当建立利益相关方参与基于风险的决策框架的正式程序，设置时间限制以确保决策能满足时间安排，并设置奖励措施使包括受影响社区和不太有利人员在内的利益相关方均衡参与。

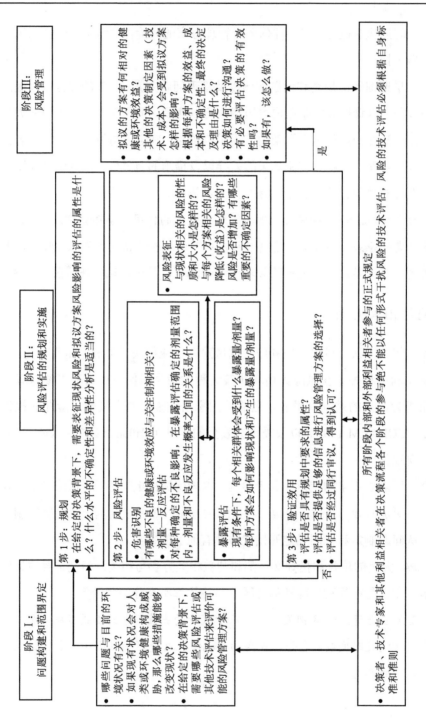

图 9-1 风险评估效用最大化的风险决策框架

9.4.8　能力建设

改进风险评估实践和实施基于风险的决策框架需要长期的项目和承诺来建立必要的信息、技能、培训和其他资源能力以便于改善公众健康和环境决策。委员会建议对 EPA 风险评估工作（例如，实施基于风险的决策框架，强调将问题构建和范围界定作为风险评估的独立阶段，以及更多利益相关方参与）和风险评估技术方面（例如，统一致癌和非致癌剂量-反应评估，关注定量不确定性分析以及开发累积风险评估方法）进行大量修改。这些建议相当于机构风险评估和决策中的"变革文化"转型。

EPA 目前的制度结构和资源可能对建议的执行构成挑战，推动其执行需要在领导、跨学科协调和沟通以及培训方面做出承诺，确保必要的专业知识。只有领导者决定扭转预算编制、人员编制和培训的下降趋势，并制定高质量的基于风险的决策时，才可能实现机构目标。

建议：EPA 应该对其与风险相关的机构和流程进行高级别的战略性重新审查，确保其具备实施委员会关于提升风险评估执行和效用建议的能力，以应对 21 世纪的环境挑战。EPA 应制定能力建设项目，包括实施委员会建议的预算估计，其中应包含过渡并有效实施基于风险的决策框架的预算。

参考文献

[1]　Callahan, M.A. 2007. Improving Risk Assessment: A Regional Perspective. Presentation at the Third Meeting of Improving Risk Analysis Approaches Used by EPA, February 26, 2007, Washington, DC.

[2]　Callahan, M.A., and K. Sexton. 2007. If cumulative risk assessment is the answer, what is the question? Environ. Health Perspect. 115(5):799-806.

[3]　EPA (U.S. Environmental Protection Agency). 1992. Guidelines for Exposure Assessment. EPA600Z-92/001. Risk Assessment Forum, U.S. Environmental Protection Agency, Washington, DC [online]. Available: http://cfpub.epa.gov/ncea/raf/recordisplay.cfm?deid=15263 [accessed Jan. 14, 2008].

[4]   EPA (U.S. Environmental Protection Agency). 1998. Guidelines for Ecological Risk Assessment. EPA/630/R- 95/002F. Risk Assessment Forum, U.S. Environmental Protection Agency, Washington, DC. April 1998 [online]. Available: http://oaspub.epa.gov/eims/eimscomm.getfile?p_download_id=36512 [accessed Feb. 9, 2007].

[5]   EPA (U.S. Environmental Protection Agency). 2001. Trichloroethylene Health Risk Assessment: Synthesis and Characterization. External Review Draft. EPA/600/P-01/002A. Office of Research and Development, Washington, DC. August 2001 [online]. Available: http://rais.ornl.gov/tox/TCEAUG2001. PDF [accessed Aug. 2, 2008].

[6]   EPA (U.S. Environmental Protection Agency). 2002. A Review of the Reference Dose and Reference Concentration Processes. EPA/630/P-02/002F. Risk Assessment Forum, U.S. Environmental Protection Agency, Washington, DC. December 2002 [online]. Available: http://cfpub.epa.gov/ncea/cfm/recordisplay. cfm?deid=55365 [accessed Jan. 4, 2008].

[7]   EPA (U.S. Environmental Protection Agency). 2003. Framework for Cumulative Risk Assessment. EPA/600/ P-02/001F. National Center for Environmental Assessment, Risk Assessment Forum, U.S. Environmental Protection Agency, Washington, DC [online]. Available: http://cfpub.epa.gov/ncea/cfm/ recordisplay.cfm?deid=54944 [accessed Jan. 4, 2008].

[8]   EPA (U.S. Environmental Protection Agency). 2004. Risk Assessment Principles and Practices: Staff Paper. EPA/100/ B-04/001. Office of the Science Advisor, U.S. Environmental Protection Agency, Washington, DC. March 2004 [online]. Available: http://www.epa.gov/osa/pdfs/ratf-final.pdf [accessed Jan. 9, 2008].

[9]   EPA (U.S. Environmental Protection Agency). 2005a. Guidelines for Carcinogen Risk Assessment. EPA/630/ P-03/001F. Risk Assessment Forum, U.S. Environmental Protection Agency, Washington, DC. March 2005 [online]. Available: http://cfpub.epa.gov/ncea/cfm/recordisplay.cfm?deid=116283 [accessed Feb. 7, 2007].

[10] EPA (U.S. Environmental Protection Agency). 2005b. Supplemental Guidance for Assessing Susceptibility for Early-Life Exposures to Carcinogens. EPA/630/R-03/003F. Risk Assessment Forum,

U.S. Environmental Protection Agency, Washington, DC. March 2005 [online]. Available: http://cfpub. epa.gov/ncea/cfm/recordisplay.cfm?deid=160003 [accessed Jan. 4, 2008].

[11] Kyle, A. 2007. Community Needs for Assessment of Environmental Problems. Presentation at the Fourth Meeting of Improving Risk Analysis Approaches Used by EPA, April 17, 2007, Washington, DC.

[12] NRC (National Research Council). 1983. Risk Assessment in the Federal Government: Managing the Process. Washington, DC: National Academy Press.

[13] NRC (National Research Council). 1996. Understanding Risk: Informing Decisions in a Democratic Society. Washington, DC: National Academy Press.

[14] NRC (National Research Council). 2006. Assessing the Human Risks of Trichloroethylene. Washington, DC: The National Academies Press.

[15] NRC (National Research Council). 2008. Phthalates and Cumulative Risk Assessment: The Tasks Ahead. Washington, DC: The National Academies Press.

[16] PCCRARM (Presidential/Congressional Commission on Risk Assessment and Risk Management). 1997. Framework for Environmental Health Risk Management - Final Report, Vol. 1. [online]. Available: http://www.riskworld.com/nreports/1997/risk-rpt/pdf/EPAJAN.PDF [accessed Jan. 4, 2008].

[17] Renner, R. 2007. Budget cut increasingly damaging to EPA. Environ. Sci. Technol. News, May 9, 2007 [online]. Available: http://pubs.acs.org/subscribe/journals/esthag-w/2007/may/policy/rr_EPA.html [accessed Aug. 12, 2008].

附录 A

美国国家环境保护局风险分析方法改进委员会委员简介

    Thomas A. Burke（主席）任约翰·霍普金斯大学彭博公共卫生学院副院长和卫生政策与管理学教授，在环境卫生学系和医学院肿瘤系联合就职。Burke 博士同时还是约翰·霍普金斯大学风险与公共政策研究所所长。其主研究包括环境监测与流行病学，环境污染物的人体暴露评估，环境风险的评估，以及流行病和健康风险评估在公共政策中的应用。在约翰·霍普金斯大学任职之前，Burke 博士曾担任新泽西州卫生部副专员兼新泽西州环境保护部科学与研究处主任。在新泽西州，他领导并参与制定了颇多深刻影响整个美国环境治理系统的提案，例如超级基金，《安全饮用水法》和有毒物质排放清单等。Burke 博士是美国国家环境保护局科学顾问委员会成员，也是美国环境健康中心疾病控制和预防部顾问委员会首任主席，并连任两届美国环境和毒理学研究委员会委员。他曾加入且任职于多个美国国家研究委员会，曾担任环境污染物人体生物监测委员会主席和生物固定污染物和微生物病原体土地治理委员会主席，也是甲基汞毒理学委员会委员。2003 年，他被授予美国国家科学院终身研究员的荣誉。Burke 博士在宾夕法尼亚大学获得流行病学博士学位。

    A. John Bailer 是迈阿密大学数学与统计系特聘教授，动物学系、社会学和老年学系附属会员，斯克里普斯老年学中心研究员。其主研究包括环境和职业健康研究设计和分析以及定量风险预估。Bailer 博士是美国统计协会（ASA）、风险分析协会的会员，并且是 ASA 统计和环境领域杰出成就奖章的获得者。Bailer 博士在多个美国国家研究委员会任职，包括美国航天器暴露指南研究委员会、OMB 风险评估公告审查委员会和化学战药剂低水平暴露毒理学评估委员会。Bailer 博士是美国致癌物报告小组委员会和美国毒理学技术分析报告审查小组委员会成员。Bailer 博士在北卡罗来纳大学教堂山分校获得生物统计学博士学位。

John M. Balbus 是美国环境保护协会首席环境与健康科学家与约翰·霍普金斯大学环境卫生科学系兼任教授。Balbus 医生的专长是流行病学，毒理学和风险分析。他曾在美国乔治华盛顿大学担任 7 年风险科学与公共卫生中心首届主任和环境与职业卫生部门的代理主席，还是该大学的医学副教授。Balbus 医生是美国国家环境保护局（EPA）儿童健康保护咨询委员会委员，儿童自愿化学暴露项目小组核心成员，以及空气毒性研究、计算毒理学研究和气候变化研究委员会委员。他同时在美国环境与毒理学研究委员会任职。Balbus 博士拥有宾夕法尼亚大学的医学博士学位和哈佛大学的学士学位。

Joshua T. Cohen 是塔夫茨医院中心的临床护理与健康政策研究所的副教授。Cohen 博士的研究重点在于将决策分析技术应用于公共卫生风险管理问题，尤其是偏差的定性和分析。他是研究人群消费模式变化下的风险与优势、驾驶过程中使用手机的风险与优势、比较城市公交车使用高级柴油和压缩天然气的成本与对人体健康的影响等项目的主作者。Cohen 博士在美国地区的牛海绵状脑病（"疯牛病"）风险评估中也起了至关重要的作用。Cohen 博士曾担任人体对 TCDD 和相关化合物的暴露和健康评估项目委员会成员和美国国家环境保护局清洁空气技术咨询委员会成员，并对改进技术咨询委员会有关排放单位对铅相关风险的评估进行审查。Cohen 博士在哈佛大学获得决策科学博士学位。

Adam M. Finkel 是新泽西药理牙科大学公共卫生系环境与职业健康方向的教授，也是宾夕法尼亚大学法学院法规计划项目的执行主任。2004—2007 年，Finkel 博士在普林斯顿大学伍德罗·威尔逊公共与国际关系学院担任客座教授。他的研究兴趣包括工作场所和一般环境中人体健康的定量风险评估，法规设计和政策解读，科学诚信问题，人类对致癌物质的敏感性以及职业和环境法律法规和实施方案。1995—2005 年，Finkel 博士任美国职业安全与健康管理局（OSHA）的高级主管，包括 OSHA 的国家法规计划主管以及落基山脉地区六个州（包括丹佛）的 OSHA 首席行政官。他还开发了可以量化风险和成本估算中的不确定性方法并致力于探索易感性，暴露度和其他因素的差异下人们面临的环境和医疗风险的变化。Finkel 博士在哈佛大学公共卫生学院获得环境卫生科学博士学位。

　　Gary Ginsberg 是康涅狄格州公共卫生部环境流行病分部高级毒理学家，同时兼任康涅狄格大学医学院助理临床教授及耶鲁大学医学院兼职教员。Ginsberg 教授主要研究毒物毒理学应用以及空气、水、土壤、食物和工作环境中化学物质人体暴露的风险评估。他为公共卫生部及其他州政府机构提供关于标准制定和场地修复方面的专业技术支持。此外，Ginsberg 教授是美国国家研究委员会环境毒物生物监测委员会的成员，同时也是美国联邦顾问委员会中儿童健康保护机构的成员，该机构直接由美国国家环境保护局（EPA）对接负责。Ginsberg 教授在康涅狄格大学取得毒理学博士学位。

　　Bruce K. Hope 是俄勒冈州环境质量部大气质量分部高级毒理学家。Hope 教授的专业领域包括人类学、生态学及概率风险评估、毒物暴露度建模、大气毒物基准和风险评估策略的开发，以及化学物质扩散传播的健康和环境风险评估。Hope 教授一直是俄勒冈健康与科学大学的兼职教授，他的授课科目包括风险传播、毒理学和风险评估，同时他还是多个美国国家环境保护局数个科学顾问委员会委员。近期，Hope 教授出席了一项针对美国各州环保现状及美国国家环境保护局的环境监管系统建模分析的生态风险研讨会并担任嘉宾。Hope 教授在南加州大学取得生物学博士学位。

　　Jonathan I. Levy 为哈佛公共卫生学院环境健康和政策管理系环境健康和风险评估副教授，同时也是哈佛风险分析中心的成员。他的研究方向包括城市大气污染相关健康风险定量风险评估,公正公平且适用性强的风险评估和收益成本分析的环境量化测量系统开发,城市人群低收入条件下多污染物暴露与接触模型的开发和应用。Levy 教授曾在美国国家研究委员会任委员任职,负责新污染源审查项目中大气固定污染源的影响。Levy 教授在哈佛公共卫生学院取得环境科学和风险评估理学博士学位。

Thomas E. Mckone 是劳伦斯伯克利国家实验室副主管及高级资深科学家,同时也是加州大学伯克利分校公共卫生学院的兼职教授和研究员。Mckone 教授的研究方向包括健康风险评估中多媒介房室模型使用,化学物质在环境中的迁移和转化和污染物通过不同部位及器官(皮肤、肺、消化道)进入人体后的迁移测量和模型建立。为美国加州有毒物质管制部门开发的 CalTOX 风险评估模型是 Mckone 最著名的成就之一。此外,他是众多美国国家研究委员会委员,包括环境决策制定模型原理及标准研究委员会委员,美国国家环境保护局下属人体对 TCDD 和相关化合物的暴露和健康评估项目委员会委员、有毒物质和病原体暴露及人类健康再评估委员会委员。Mckone 教授最近被加州州长 Arnold Schwarzenegger 委派加入加州科学指导专题小组。Mckone 教授现在是风险分析学会委员,曾任国际暴露分析学会主席和国际生命周期启动组织委员会的委员,为促进联合国环境项目、环境毒理学研究和化学学会发展而共同努力。Mckone 教授在加州大学洛杉矶分校取得工程博士学位。

Gregory M. Paoli 为加拿大渥太华风险科学国际中心的共同创始人和主要风险科学家。他在风险分析方法开放和不同领域应用方面有丰富经验,包括微生物、有毒物质,营养危害物、气候变化适应性、大气质量、饮用水、工程设备、风险类取样和检测以及风险比较与评估应用等。他的专业咨询领域还包括政府机构等公共部门的风险传播和风险管控。Paoli 先生曾加入美国国家研究委员会并参与审查"美国农业部大肠杆菌 0157:H7 从源头到餐桌的全过程风险评估"项目。Paoli 先生同时担任多个专家委员会委员和研讨小组会议嘉宾,包括世界卫生组织召集的专家咨询研讨会(JEMRA)、加拿大环境与经济国家圆桌会议意见研讨会、加拿大卫生部抗菌药物耐药性风险评估专家咨询委员会和加拿大标准协会下风险管理技术委员会。Paoli 先生还是《风险分析》编辑委员会和风险分析委员会委员。Paoli 先生在滑铁卢大学取得系统设计工程的应用科学硕士学位。

Charles Poole 为北卡罗来纳大学公共卫生学院流行病学系副教授，曾就职于波士顿大学公共卫生学院。Poole 博士的研究方向包括环境和职业流行病学，研究重点为流行病学方法和原则的学习与应用，包括问题识别、研究设计、数据收集、统计分析以及研究成果的解释和应用。Poole 博士在环境保护局农药和有毒物质办公室担任了 5 年的流行病学家与 10 年的流行病学顾问。Poole 博士是海湾战争与健康医学研究所的成员，该研究所主要负责批阅农药和溶剂的相关文献、评估美国国家研究委员会委员拟议的空气污染条例、饮用水中的氟化物含量和 OMB 风险评估公报所带来的健康风险与效益。Poole 博士在哈佛公共卫生学院获得流行病学博士学位。

Joseph V. Rodricks 是 ENVIRON 国际公司的主创成员之一。Rodricks 博士的专业领域包括毒理学，风险分析及其在相关法规中的使用。他曾出任美国食品药品监督管理局健康管理和毒理学副专员，现在为约翰·霍普金斯大学公共卫生学院的客座教授。Rodricks 博士研究经验丰富，研究领域包括食品、食品成分、空气和水污染、危险废物、工作场所、消费品、医疗器械和药品等。Rodricks 博士曾为制造商、政府机构和世界卫生组织提供专业咨询服务，在专业期刊上发表了 150 多篇关于毒理学和风险分析的文章，并在美国和国际范围内就论文专题发表演讲。Rodricks 自 1982 年以来一直是美国毒理学委员会外交官，曾在多个美国国家研究委员会和医学研究所委员会任职，目前在环境研究和毒理学委员会任职。Rodricks 博士在马里兰大学取得生物化学博士学位。

Bailus Walker, Jr.（IOM）是霍华德大学医学院环境与职业医学方向教授。他的研究方向包括铅毒性，环境中的致癌物质以及社会和经济方面环境风险管理策略。他曾担任马萨诸塞州联邦公共卫生专员和密歇根州公共卫生国家主任。在法规和服务工作中，

Walker 博士曾是美国职业安全与健康管理局（OSHA）健康标准部门主任；在研究和学院工作中，Walker 博士担任奥尔巴尼大学，纽约州立大学奥尔巴尼分校的环境健康和毒理学教授以及俄克拉荷马大学健康科学中心公共卫生学院院长。Walker 博士还曾担任美国有毒物质和疾病登记局科学顾问委员会主席，并且是美国国家医药学图书馆环境健康高级科学顾问。Walker 博士为美国公共卫生协会前任主席，英国皇家卫生学会（英国伦敦）和美国流行病学院的杰出研究员。他同时为美国医学研究所的成员，并在美国国家研究委员会下属环境研究和毒理学委员会（BEST）担任两个任期委员。此外，他还曾在多个美国国家研究委员会中担任要职，包括毒理学委员会主席和对流层臭氧暴露减少导致死亡率风险降低评估分析委员会成员。Walker 博士在明尼苏达大学获得职业和环境医学博士学位。

Terry F. Yosie 为世界环境中心（World Environment Center），即为非保护性、非倡导性、通过促进私营群体与政府和非政府机构合作加强可持续发展的组织的总裁兼首席执行官。2001—2005 年，Yosie 博士担任美国化学理事会护理提案副主席，该提案包括环境与人体健康、系统性安全管理、产品管理与安全和业务价值链等方面。他在环境标准制定中科学信息的管理分析与使用方面拥有约 25 年的专业经验，同时是清洁空气科学咨询委员会的第一任执行董事，主要负责分析审查制定美国空气质量标准的科学依据。1981—1988 年，Yosie 博士担任美国国家环境保护局（EPA）科学顾问委员会主任并参与制定了在环境监管决策中加强使用科学信息与依据的政策和条例。Yosie 博士曾是美国石油学会健康与环境副总裁和 Ruder Finn 咨询公司的执行副总裁并参与负责公司的环境管理业务。同时，他曾在许多美国研究委员会中任职，包括健康影响因素研究所的结构和性能审查委员会委员，重点空气颗粒物研究委员会委员以及环境研究和毒理学委员会委员。Yosie 博士在专业期刊上发表了超过 60 篇公共卫生和环境政策制定中科学依据和信息使用相关专题论文。Yosie 博士于 1981 年在卡内基梅隆大学人文社科学院获得博士学位。

Lauren Zeise 为加州环境保护局生殖与癌症危害评估部门负责人。她目前的工作集中于癌症和生殖危害风险评估、应用方法和累积影响分析以及加利福尼亚环境化学生物监测项目推进。Zeise 博士曾在美国国家环境保护局、世界卫生组织、技术评估办公室和美国环境卫生科学研究所咨询委员会任职。她还曾是美国医学研究所和美国国家研究委员会等多个委员会会员，包括环境风险特征鉴定委员会、环境试剂毒性测试和评估委员会、天然致癌物毒理学比较与研究委员会、含铜饮用水毒理学研究委员会以及美国国家环境保护局课题基金审查委员会等。Zeise 博士是美国国家研究委员会环境研究与毒理学委员会委员，她在哈佛大学获得博士学位。

附录 B

委员会改进 EPA 采用的风险分析方法的任务声明

　　NRC 委员会制定科学和技术建议来改进 EPA 所用的风险分析方法。综合考虑 NRC 和其他机构以往的评估结果与正在开展的研究工作，委员会将对 EPA 现行的风险分析概念和实践进行科学和技术审查。委员会将考虑适用于所有环境媒介（水、空气、食物、土壤）和所有暴露路径（摄入、吸入和皮肤吸收）的污染物风险分析方法。委员会侧重于人体健康风险分析，并将讨论其结果与建议对生态风险分析的广泛影响。在制定建议时，委员会将指出在近期内（2～5 年）可以做出的实际改进以及在长期内（10～20 年）可能做出的改进。委员会将着重关注以下问题：

- 风险分析中越发重要的概率分析手段及专家引导作用。
- 涉及不确定性的各类默认值的科学基础及替代方案。
- 风险分析中所有步骤所导致的不确定性的定量表征。
- 涉及多源、多途径的混合污染物多重暴露累积风险评估方法。
- 受体的差异性，特别是针对敏感亚群及处于关键生命阶段的受体。
- 评估剂量–反应关系的相关生物作用模式，以及不同模式的量化影响。
- 环境迁移与归趋模型、暴露模型、基于生理学的药代动力学（PBPK）模型和剂量反应模型的改进。
- 生态风险分析的概念和实践如何完善人体健康风险分析的概念和实践，反之亦然。

- 推导不确定性因子的科学依据。
- 使用信息价值分析、其他优先项识别技术、相关数据获取手段等以增加风险分析效用。

附录 C

部分 EPA 风险评估重要事件时间表

表 C-1　部分 EPA 风险评估重要事件时间表

里程碑事件与事件	评论 [a]
EPA 1976 《疑似致癌物健康风险和经济影响评估暂行程序与指南》	第一个有害物质的癌症风险"参考"指南。"风险发生的概率多大，及其发生的后果是什么？一种物质成为人体致癌物的可能性多大？如果持续不受监管，该物质可能造成什么样的癌症后果？"
NRC 1983 《联邦政府中的风险评估：过程管理》	为政府风险管理建立了四步法原则（危害识别、剂量反应评估、暴露评估、风险表征）的一份影响深远的风险评估报告。该报告还建议制定统一的参考指南，监管机构应明确区分风险评估和风险管理活动。 风险评估的定义：对人体暴露于环境危害的潜在不良健康效应的表征。
EPA 1984 《风险评估和管理：决策框架》	EPA 针对 NRC（1983）《联邦政府中的风险评估：过程管理》的回应，包括建立风险评估论坛以及制定六项风险评估指南。进一步扩大风险管理活动，包括纳入可用于风险管理的成本–效益工具、加强风险管理沟通、强调决策方法一致性等风险管理原则。推进 EPA 高级管理人员的培训项目，强调风险评估和风险管理活动的区分。 风险评估的定义：在最简单的意义上，有毒污染物造成的群体风险是危害和暴露这两个可测量因子的函数。要造成风险，一种化学物质必须具有毒性（作为内在危害）并以某种程度存在于人类环境中（为人类接触提供机会）。风险评估基于以上两点判断不良影响是否会发生并进行必要的计算以估算总体效应的大小。
1984 《风险评估论坛章程》	1984 年，为响应 NRC（1983）"推进风险评估共识"的建议，风险评估论坛（RAF）得以建立。RAF 召集风险评估专家研究和汇报风险评估问题、制定风险评估指南、针对具体风险评估问题撰写技术小组报告，以及召开同行磋商和同行评审研讨会（EPA 2002a）。

里程碑事件与事件	评论 [a]
OSTP 1985 《化学致癌物：科学及其相关原则的回顾》	报告详细介绍了监管背景下跨机构小组制定的致癌性评估 31 条原则。
EPA 1986a 《备忘录：建立风险评估委员会》	风险评估委员会于 1986 年由 Lee Thomas 建立，旨在"全面监督各机构的风险评估过程，识别其中的问题和困难"，确保 EPA 以标准化且科学可信的方式开展风险评估（EPA 1986a）。
EPA 1986b 《致癌物质风险评估指南》	1986 年的指南旨在回应 NRC（1983）有关细化致癌物质参考指南、纳入自 1976 年上一版指南发布后新出现的概念和方法等有关建议。
EPA 1986c 《致突变物质风险评估指南》	该指南指出，"对化学物质诱变性风险评估的一致方法源于许多法规赋予机构管理潜在诱变剂的权力"（EPA 1986c，p. 2）。 风险评估的定义：风险评估包括危害识别、剂量反应评估、暴露评估和风险表征（NRC 1983）四个部分。危害识别是定性的风险评估，主要为明确化学物质的内在毒性。因此定性的致突变评估明确了一种物质作为人体诱变剂的可能性大小。剩下的三个成分为定量风险评估，它们提供了暴露于物质后对公众健康影响的量化估计。定量致突变风险评估要解决在特定情景下暴露于给定制剂会产生多大致突变危害的问题。
EPA 1986d 《化学混合物风险评估指南》	详细介绍 EPA（2000a）补充更新的复杂化学混合物风险评估方法。
EPA 1987 《未完成的事业：环境问题的比较评估》	评估相对于风险大小和受保护程度的机构资源分配情况。 "许多新的（环境）问题难以估量；许多涉及在难以察觉的低剂量暴露下便可导致癌症和出生缺陷的化学物质；许多涉及从一个环境介质转移到另一个环境介质的持久性污染物，甚至在对一种介质进行控制后仍会导致进一步的危害。考虑到这些问题的复杂性和严重性，EPA 有必要利用有限的资源实现最大的效果。因此，EPA 局长委托高级管理者和技术专家组成特别工作小组协助他和其他决策者完成任务。他们的任务是比较目前与主要环境问题相关的风险"（EPA 1987，p. xiii）。
EPA 1989 《超级基金风险评估指南（RAGS）》	提供在超级基金场地开展特定场地风险评估的指南，其中约有 4 页专门介绍规划和范围界定。参见 EPA 1989 年《超级基金风险评估指南》第一卷——人体健康评估手册 A-E 部分；《基准评估》（EPA 1989），《社区参与》（EPA 1999）；《初步修复目标》（EPA 1991a）；《修复方案》（EPA 1991b）；标准化规划和报告以及皮肤风险评估（EPA 2001）。
NRC 1989 《改进风险沟通》	风险沟通是一个双向的过程，涉及科学家和公众的参与以及他们之间的信息交流。 风险评估的定义：通常指暴露于危害导致的潜在不良影响的表征。 表征暴露于危害的潜在不良影响；包括风险的估计以及测量、分析技术和解释模型中的不确定性；定量风险评估以量化的形式表征风险。

里程碑事件与事件	评论[a]
EPA SAB 1990　《削减风险：确定环境保护的优先事项和策略》	科学咨询委员会对 1987 年《未完成的事业》进行同行评审——"影响环境的国家政策必须比过去更加一体化，更加重视改善环境的机会……在这种情况下，一体化意味着政府机构应当评估大家关心的环境问题，然后面向最严重的问题采取针对性保护措施……环境风险的概念可以帮助国家以统一的、系统的方式制定环境政策"（EPA SAB 1990, pp. 1-2）。
EPA 1990《清洁空气法修正案》	为加快控制大气有毒污染物质，国会改变了 EPA 风险评估导向的方法为技术导向的监管方法。在技术控制手段到位 8 年后，需要强制评估 189 种大气有毒污染物质造成的"剩余风险"。
EPA 1991c《发育毒性风险评估指南》	指南概述了表征环境暴露在人体发育过程中造成的风险的原则和方法。其涉及了母体与发育毒性之间的关系，与发育毒性风险评估有关的健康数据库，发育毒性的参考剂量/参考浓度和基准剂量的使用等。 风险评估的定义：对人体发生毒性的可能性做出科学判断的过程。
EPA 1991d　《α2μ-球蛋白：与雄性大鼠化学诱导的肾毒性和肿瘤的相关性》	EPA 风险评估论坛首次描述没有在人体中发现的动物肿瘤；甲状腺滤泡细胞肿瘤的相关文献在 1998 年出版。
EPA 1992a《风险管理者和评估者的风险表征指南》	机构范围内的指南，包括用于开展评估的数据和方法的可信度的声明；需要在跨机构风险评估项目中保证提供更高一致性和可比性的基础；专业科学判断在总体风险表述中的作用。
EPA 1992b《生态风险评估工作范围的制定》	制定生态风险评估框架。详细描述工作流程，并解释其如何应用于广泛的情况。定义生态风险评估为"评估暴露于一个或更多个压力源而可能发生或正在发生的不良生态效应的可能性的过程"（EPA 1992b）。
EPA 1992c　《暴露评估指南》	适用于人体和野生动物的化学物质暴露指南，提供了暴露评估的一般信息，包括规划、开展暴露评估研究、展示结果和描述不确定性等有关的定义和指南。指出在风险评估中要对暴露评估进行详细说明，包括假设、不确定性及假设和不确定性的合理性。
EPA 1992d　《皮肤暴露评估：原则与应用》	总结水、土壤和蒸汽经皮肤暴露的当前研究知识状况；展示用于评估与上述媒介接触造成的皮肤吸收的方法；阐述相关的不确定性。重点关注废物处理场地或污染土地的暴露评估。
EPA 1993　《备忘录：成立科学政策委员会》	科学政策委员会（SPC）成立于 1993 年，取代了 RAC，并由研究和发展办公室（ORD）的助理局长担任主席。它的任务是扩大使命，"执行来自国家研究委员会和科学咨询委员会等外部咨询机构，以及国会、行业和环境组织、机构员工等的推荐和倡议并确保其能够取得成功。"SPC 为有关机构制定了一系列指导性文件和政策。

里程碑事件与事件	评论 [a]
NRC 1993a 《婴儿和儿童饮食中的农药》	得出结论认为儿童在体重权重下要比成年人消耗更多空气、水和食物，并有更多手到口和物到口等使自身对环境暴露更敏感的行为。本报告出版是促进 1996 年针对农药的《食品质量保护法》出台的因素之一。
NRC 1993b 《风险评估中的问题》	本报告分两部分分析了风险评估中的科学依据、推论假设、监管用途和研究需求。首先，在致癌性的动物生物测定中使用最大耐受剂量解决其是否应当在致癌生物测定中继续使用的问题。其次，衍生于确定癌症风险评估改进方法工作的致癌过程两阶段模型促进了数学剂量–反应模型的发展。
EPA 1994a 《儿童血铅 IEUBK 模型指导手册》	鉴于铅没有参考剂量，EPA 污染场地风险削减目标是完成场地清理后，儿童血铅浓度超标 10μg/dL 的概率小于 5%。血铅浓度与暴露和不良健康效应相关。考虑多媒介暴露情景和毒代动力学，儿童铅的综合暴露吸收生物动力学模型（IEUBK）可用于预测血铅浓度和儿童血铅浓度超过 10μg/dL 的概率。
NRC 1994 《风险评估中的科学和判断》	报告向 EPA 提出了各项建议，其中许多建议指向空气和辐射办公室，包括 EPA 应明确在风险评估中每种默认值的使用，机构应开展不确定性的定量分析，给风险管理者同时提供定性和定量的风险表征，EPA 应明确不确定性，并尽可能充分准确地呈现风险管理决策。 风险评估的定义：风险评估需要对物质危险属性、人体暴露程度、所造成风险表征等信息进行评估。风险评估并不是一个单一的、固定的分析方法。相反，它是一个组织和分析可能的危险活动或在特定情况下能够造成风险的物质的科学知识和信息的系统方法。简言之，根据"红皮书"，风险评估可以分为四个步骤：危害识别、剂量–反应评估、暴露评估和风险表征。
EPA 1994b 《制定吸入参考浓度（RfCs）的临时方法》	提供如何跨物种模拟肺部剂量来设置 RfCs 的指南。该方法考虑了呼吸解剖学、物质的物理化学性质以及等比较肺部毒性入口注意事项。
EPA 1994c 《机构环境监管模拟工作组报告：指导、支持需求、标准草案和章程》	报告结论认为对环境监管模拟的外部同行评审需要培训、额外的技术支持和机构指南。
EPA 1995 《备忘录：EPA 的风险表征政策》	重申该机构 1992 年政策（《风险管理者和风险评估者的风险表征指南》）的原则和指南。政策声明和相关指南旨在"得出风险有关结论时应保证风险评估每个阶段的关键信息都充分利用，并确保该信息从风险评估者传达给风险管理者（决策者），从中级管理层到上级管理层，从机构到公众"（EPA 1995, p. 1）。政策和指南讨论了风险表征的关键方面，包括连接风险评估和风险管理的必要性；讨论了数据的可信度和不确定性及呈现多种形式的风险信息。强调需要采取迭代的风险评估方法。提出要提高风险评估过程中清晰度、可比性和一致性的建议。

里程碑事件与事件	评论[a]
EPA 1996　《生殖毒性风险评估指南》	指南提供了开展生殖毒性风险评估时使用的原则和程序。
1996　《食品质量保护法（FQPA）》节选	通过要求加快许可审查，考虑农药暴露总量（饮用水、住宅、草坪和食品），复杂分析和管理有共同毒性行为模式的化学物质累积风险，进行现代化的农药风险评估。此外，还要求筛选潜在的"内分泌干扰物"。FQPA 还要求 EPA 在数据缺乏的情况下管理农药风险时，应援引额外的 2～10 的安全系数以综合考虑儿童的风险。
1996《饮用水安全法修订案》节选	除技术可行性和成本之外，要求在设定饮用水污染物最大污染水平时明确考虑易受影响的亚群。SDWA 要求筛选和测试"内分泌干扰物"。
NRC 1996　《认识风险：民主社会中的风险决策信息》	建议风险表征定义为"决策驱使的活动，旨在为选择提供信息并解决问题"（NRC 1996，p. 155）。建议在风险评估的初始阶段重视问题的描述。
EPA 1997a《蒙特卡洛分析指导原则》	EPA 认为"给定足够的支持数据和可靠的假设，蒙特卡洛分析这种概率分析技术可成为风险评估中分析差异性和不确定性的可行工具"（EPA 1997a，p. 1）并提出了一套初步原则指导机构使用概率分析工具。
EPA 1997b《EPA 在风险评估中使用概率分析的政策》	包括支持各种表征差异性和不确定性技术使用的指导原则，并确定了八种可接受的条件。这些条件"确保量化不确定性和差异性时有充分科学依据"（EPA 1997b，p. 1）。
PCCRARM 1997a《环境健康风险管理框架》—第 1 卷	委员会的任务是依据 1990 年《清洁空气法修正案》第 303 条的规定，调查各类规制项目中政策的影响，以及风险评估与风险管理是否适当使用。
PCCRARM 1997b《监管决策中的风险评估和风险管理》—第 2 卷	风险评估和风险管理委员会应当推动能够改进风险评估和风险管理的机构政策、立法和私营部门的活动。EPA 在调整概率分析、风险表征和累积风险有关政策时充分考虑了委员会的建议。1996 年《食品质量安全法》和《安全饮用水法修正案》体现了委员会的建议。"为了使风险管理决策更加有效，风险管理者和其他利益相关方需要知道特定情况下会造成什么样的潜在危害，以及人群或环境受到危害的可能性有多大。收集和分析这些信息的过程称为风险评估。风险评估的性质、范围和重点应以风险管理目标为指导"（PCCRARM 1997b，p. 19）。"因此，委员会建议风险评估既应表征风险科学方面的特性，同时应重视其主观、文化和比较等维度［见第 24 页'风险应如何分析？'］。尽管这使风险评估超越了其传统的、相对狭隘的科学范畴，但这些附加维度有助于让所有利益相关方知道影响风险感知的关键因素"（p. 21）。
EPA 1997c《累计风险评估指南》——第一部分，规划和范围界定	1997 年科学政策委员会备忘录指出："该指南指导每个办公室在针对重要风险进行范围界定和规划时考虑累积风险问题，并在相关数据可获得的情况下考虑更广泛的范围，以整合累积风险分析的多个来源、效应、途径、压力源和群体"（EPA 1997d）。

里程碑事件与事件	评论 [a]
EPA 1997e 《暴露因子手册》	手册的目的是："（1）汇总影响环境污染物暴露的人类行为和特征数据，以及（2）这些因子推荐值"。（EPA 1997e，p. 1）
行政命令 13045 1997 《保护儿童免受环境健康风险和安全风险》	对联邦机构和部门的主要指示是"使识别和评估不成比例影响儿童的环境健康风险和安全风险成为重要的优先事项。"指出这些机构应当"确保政策、方案、活动和标准能够解决对儿童造成环境健康风险或健康风险的不成比例的风险"[第 1 节-101（a）（b）]。建立儿童环境健康风险和安全风险工作小组。
EPA 1998a 《神经毒性风险评估指南》	指南提供了评估化学物质暴露导致的神经毒性风险的原则和流程。
EPA 1998b 《生态风险评估指南》	指南对 1992 年所述流程进行小幅修改（制定了生态评估工作范围）。按照 1996 年 NRC 报告《认识风险》建议，其强调了在风险评估时问题描述的重要性。他们指出："规划过程中，风险管理者和风险评估者就风险评估的目标、范围和时间以及可获得的、为实现目标所必需的资源达成共识。他们共同利用地区生态系统、监管要求和公众认可的环境价值等信息来解读生态风险评估中设置的目标……一项生态风险评估的特点直接取决于风险管理者和风险评估者在规划对话中达成的共识，这些共识是规划的产物，它们包括（1）明确建立并阐述管理目标，（2）在管理目标范围内对决策进行表征，（3）就风险评估的范围、复杂性和重点达成一致，此外还包括预期产出和完成评估所需的技术和经济支持"。（EPA 1998b，pp. 13-15）指南指出，风险评估中的许多问题可以追溯到最初的问题描述。 如果前期讨论清楚处于风险中的对象、评估的风险终端，以及如何测量风险、什么构成不可接受的风险等问题，生态风险评估将更容易成功。
NSTC 1999 《联邦政府的生态风险评估》	由环境与自然资源委员会主持的机构间工作小组制定，讨论了联邦政府生态风险评估的主要用途。报告"列举了当前生态风险评估领域（既定用途）、生态风险评估的部分潜在用途、相关生态风险评估和其他可能受益于生态风险评估方法的科学评估等的例子。提出了改进科学，改善信息传递和完善风险管理协调等建议"（NSTC 1999，pp. 5-10）。
EPA 2000b 《风险表征：科学政策委员会手册》	手册为"机构风险评估者和风险管理者提供了统一且集中的风险表征实施指导，有助于风险表征过程透明化，使风险表征结果更清晰、一致和合理"（EPA 2000b，p. vii）。它贯彻了 EPA 1992 年《风险管理者和风险评估者的风险表征指南》和 1995 年《风险表征政策》中的要求。该手册强调风险评估中需要进行规划，明确展示所有相关信息和政策选择，加强差异性和不确定性一般性的指南和两者间的区分。

里程碑事件与事件	评论 [a]
EPA 2000c《基准剂量技术指导文件》	"为应用基准剂量方法确定线性或非线性外推健康效应的数据起点（POD）提供指南。指南讨论了基准剂量和基准浓度（BMDs 和 BMCs）的计算方法，以及其低置信限值、数据需求、剂量–反应分析、报告要求等"（EPA 2000c，p. 1）。此外，指南还提供一种将无可见有害作用水平作为 POD 的替代方法。
EPA SAB 2000《重视综合环境决策》	EPA SAB 的工作，尝试综合生态学、人体健康和经济估价等方法来开展整体评估。
EC 2000《关于风险评估程序协调的第一份报告》	科学指导委员会风险评估程序协调工作组报告，为欧洲委员会在人体和环境健康方面提供咨询。 风险评估的定义：评估特定情况下暴露于风险源后给人体或环境造成不良影响/事件发生的不确定性、可能性和严重性的过程。风险评估包括危害识别、危害表征、暴露评估和风险表征。
EPA 2002b《参考剂量和参考浓度制定流程综述》	提供制定参考值的全面指导，并为 IRIS 推荐不同的暴露指标（亚慢性和急性）。
OMB 2002《OMB 确保和最大化联邦机构传播信息的质量、效用和完整性指南》	建立保障联邦政府使用和传播数据质量的机构范围内的标准。EPA 在同一年根据 OMB 指南发布了自己的信息质量指南（见下文）。
EPA 2002c《确保和最大化 EPA 传播信息的质量、效用和完整性指南》	为回应 OMB 的信息质量指南发布。EPA 的指南讨论了 EPA 制定程序"确保和最大化［EPA］传播的信息的质量"和"EPA 信息产品预传播审查管理机制"（EPA 2002c，p. 3）。
EPA 2002d《OSWER 评估蒸汽从地下水和土壤途径侵入室内空气的指南草案》	"蒸汽入侵指挥发性化学物质从地下迁移到上覆建筑物中的过程。填埋废物和/或污染地下水释放蒸汽中的挥发性化学物质可从地下土壤迁移到上覆建筑的空气中"（EPA 2002d，p. 4）。"在极端情况下，蒸汽可在住宅或建筑物中累积，达到一定程度后可能构成安全危害……［或］急性健康后果"。(p. 5)
EPA 2003a《科学和技术信息质量评估中的一般性评估因素汇总》	制定本文件旨在"帮助公众更好意识到 EPA 在确保和提高可供机构使用的信息质量方面将长期保持兴趣。此外，它进一步补充了《确保和最大化 EPA 传播的信息的质量、效用和完整性指南》（EPA 信息质量指南）。这份对机构相关实践的汇总也是机构工作人员在评估信息质量和相关性时很好的补充资料"（EPA 2003a，p. iv）。
EPA 2003b《累积风险评估框架》	框架提供了开展累积风险评估的统一方法。它区分了评估过程中的基本要素，包括开展和评估累积风险的灵活结构及关键术语的定义。它还描述了累积风险评估的三个主要阶段：规划、范围界定、问题描述；分析；风险表征。视规划和范围界定为与问题描述区分的一项单独活动。

里程碑事件与事件	评论[a]
EPA 2003c 《人体健康研究策略》	策略为 ORD 开展人体健康研究提供了概念框架，以及未来 5～10 年推行的两个战略研究方向：（1）改善人体健康风险评估科学基础的研究，包括致癌和非致癌风险评估，总体和累积风险评估，敏感人群风险评估；（2）风险管理决策中公众健康后果评估的研究。
EPA 2004a 《硼及其化合物》	EPA 在对硼及其化合物的 IRIS 评估中首次提出了包含种间外推的非默认值的经口参考剂量，并首次将种内不确定性因子（UFH）划分为毒代动力学和毒效动力学组分；评估还制定了种内变异性的非默认值（DeWoskin et al. 2007）。
EPA 2004b 《EPA 风险评估原则和实践的审查》	EPA 员工手册包含了如何加强和改进其风险评估实践等的建议。 风险评估的定义：参考"红皮书"，将其定义为"分析信息以确定环境危害是否对暴露人群和生态系统造成不良后果的过程"（EPA 2004b, p. 2）。
EPA 2004c 《空气毒物风险评估参考库》	提供"开展大气有毒物质风险评估的主要方法和技术工具描述。具体而言，手册尝试涵盖评估常见的基础方法：如特定地点（如城市或乡村）的人群如何暴露；会暴露于何种化学物质，暴露程度如何；暴露造成不良健康后果的可能性有多大。这些主题包含不确定性和差异性、基本的毒理学和剂量–反应关系、空气毒物监测和模拟、排放清单编制、多路径风险评估、风险表征等"（EPA 2004c, Vol.1, Part 1, pp. 1-5）。它为规划、范围界定、问题描述提供了详尽的指导，并单独讨论每一项活动。指出"规划和范围界定可能是风险评估过程中最重要的步骤。如果没有充分的规划，大部分风险评估在需要做出风险管理决策时将无法提供有帮助的信息"（EPA 2004c, Vol. 1, Part 2, pp. 5-9）。
EPA 2005a 《致癌物质风险评估指南》	修订致癌指南，引入数据审查机制，考虑了早期暴露（诱变剂引发其他的安全因素）。 没有讨论规划和范围界定或问题描述。 风险评估的定义：第 1～3 页：科学技术办公室（OSTP 1985）和国家研究委员会（NRC 1983, 1994）的出版物提供了风险评估的信息和一般准则。风险评估基于物质性质及其在生物系统中效应的相关可用科学信息，评估其在环境中暴露而可能造成的潜在危害。NRC 在 1983 年和 1994 年的文件中将风险评估信息按照危害识别、剂量–反应评估、暴露评估和风险表征进行组织。这种结构同样出现在本致癌指南中，并更多地强调在评估的每部分对证据和结论表征的重要性。
EPA 2005b 《危险废物燃烧设施人体健康风险评估方案》	该方案阐述了"对《资源保护和恢复法》中危险废物燃烧设施开展多路径、特定场域的人体健康风险评估的方法"（EPA 2005b, p. 1）。没有讨论规划和范围界定或问题描述。

里程碑事件与事件	评论 [a]
扩大 IRIS 项目	项目通过开展毒性评估审查，接受联邦合作伙伴、OMB 和其他相关方的投入，进一步扩大综合风险信息系统（IRIS）项目。（见《风险政策报告》2005a，2005b）
EPA 2005c 《老龄和毒性反应：风险评估的相关问题》	识别数据缺口和研究需求，帮助 ORD 表征老龄化人群暴露于环境有毒物质的风险。
EPA 2006a 《儿童特异性暴露因子手册》	提供关于母乳摄入、食物摄入、土壤摄入、手到口和物体到口活动的儿童年龄组的暴露因子的非特定化学物质数据，例如表面积和土壤黏附、吸入速率、不同位置和各种微环境的持续时间和频率、消费品使用的时间和频率以及体重等皮肤暴露因子。
OMB 2006 《拟议风险评估公告》	为"通过建立统一标准以增强联邦机构风险评估的技术质量和客观性"而制定（OMB 2006, p. 3）。包括开展不确定性分析的科学语言，开展一般性风险评估的七项标准和有影响力风险评估的九项特别标准。 风险评估的定义：风险评估指收集和加工科学信息确定是否存在潜在危害和/或潜在危害对人体健康、安全或环境造成可能风险的程度的文件。
GAO 2006 《人体健康风险评估》	GAO 评估了 1994 年 NRC《科学和判断》发布以来在人体风险评估方面的进展。表明 EPA 通过增强规划评估、采用新方法、制定指导文件、提高其表征不确定性的能力、开始关注累积风险等方式改进了风险评估过程。但是，仍需在规划过程、员工培训和记录分析选项透明度等方面改进。
2006 EPA 改进 IRIS 数据库中估计值的风险范围	研究和发展办公室确定了 IRIS 化学物质风险值数据库的估计值的风险范围制定的优先事项来反映不确定性（见《风险政策报告》2006a，2006b）。
2006　欧洲议会通过 REACH 立法（注册、评估和授权化学物质）	新的化学物质管理（REACH）将评估安全性的重担放在高产量化学物质的行业上。
NRC 2007 《管理和预算办公室拟议风险评估公报的科学审查》	审查 OMB 2006 并建议将其撤销。一个批评是关于 OMB 将风险评估定义为整合科学的文件。建议将其恢复为"红皮书"的"涉及危害识别、剂量–反应评估、暴露评估和风险表征过程"这一定义。
EPA 2006《免疫毒性指南》，制定中	首次解决免疫系统生物学与有毒物质的挑战性问题的工作。
EPA 2006b《环境暴露对儿童健康风险的评估框架》	强调需要考虑全部发育阶段的环境物质潜在暴露并考虑这些暴露可能导致的相关不良健康后果。
EPA SAB 2007 《关于加强风险评估实践和更新 EPA 暴露指南的讨论》	SAB 建议机构"逐步用基于概率方法的系列分布替代当前的单点不确定性因子。"

[a] 包括文件中引用的风险评估定义，说明第 3 章讨论的各种定义。

参考文献

[1] DeWoskin, R.S., J.C. Lipscomb, C. Thompson, W.A. Chiu, P. Schlosser, C. Smallwood, J. Swartout, L. Teuschler, and A. Marcus. 2007. Pharmacokinetic/physiologically based pharmacokinetic models in integrated risk information system assessments. Pp. 301-348 in Toxicokinetics and Risk Assessment, J.C. Lipscomb, and E.V. Ohanian, eds. New York: Informa Healthcare.

[2] EC (European Commission). 2000. First Report on the Harmonisation of Risk Assessment Procedures [online]. Available: http://ec.europa.eu/food/fs/sc/ssc/out83_en.pdf [accessed June 3, 2007].

[3] EPA (U.S. Environmental Protection Agency). 1976. Interim Procedures and Guidelines for Health Risk and Economic Impact Assessments of Suspected Carcinogens. U.S. Environmental Protection Agency, Washington, DC.

[4] EPA (U.S. Environmental Protection Agency). 1984. Risk Assessment and Management: Framework for Decision Making. EPA 600/9-85-002. Office of the Administrator, U.S. Environmental Protection Agency, Washington, DC.

[5] EPA (U.S. Environmental Protection Agency). 1986a. Establishment of the Risk Assessment Council. Memorandum to Assistant Administrators, Associate Administrators, Regional Administrators, and General Counsel, from Lee M. Thomas, Office of the Administrator, U.S. Environmental Protection Agency, Washington, DC. June 30, 1986 [online]. Available: http://www.epa.gov/OSA/spc/pdfs/creation. pdf [accessed Oct. 11, 2007].

[6] EPA (U.S. Environmental Protection Agency). 1986b. Guidelines for Carcinogen Risk Assessment. EPA/630/ R-00/004. Risk Assessment Forum, U.S. Environmental Protection Agency, Washington, DC [online]. Available: http://cfpub.epa.gov/ncea/cfm/recordisplay.cfm?deid=54933 [accessed June 3, 2007].

[7] EPA (U.S. Environmental Protection Agency). 1986c. Guidelines for Mutagenicity Risk Assessment. EPA/630/ R-98/003. Risk Assessment Forum, U.S. Environmental Protection Agency, Washington, DC [online]. Available: http://cfpub.epa.gov/ncea/raf/recordisplay.cfm?deid=23160 [accessed June 3, 2007].

[8]　EPA (U.S. Environmental Protection Agency). 1986d. Guidelines for Chemical Mixtures Risk Assessment. EPA/630/ R-98/002. Risk Assessment Forum, U.S. Environmental Protection Agency, Washington, DC [online]. Available: http://cfpub.epa.gov/ncea/raf/recordisplay.cfm?deid=20533 [accessed June 3, 2007].

[9]　EPA (U.S. Environmental Protection Agency). 1987. Unfinished Business: A Comparative Assessment of Environmental Problems. EPA 230287025a. Office of Policy Analysis, Office of Policy Planning and Evaluation, U.S. Environmental Protection Agency, Washington, DC.

[10]　EPA (U.S. Environmental Protection Agency). 1989. Risk Assessment Guidance for Superfund: Volume I—Human Health Evaluation Manual (Part A). EPA/540/1-89/02. Office of Emergency and Remedial Response, U.S. Environmental Protection Agency, Washington, DC. December 1989 [online]. Available: http://www.epa.gov/oswer/riskassessment/ragsa/pdf/rags-vol1-pta_complete.pdf [accessed June 3, 2007].

[11]　EPA (U.S. Environmental Protection Agency). 1991a. Risk Assessment Guidance for Superfund: Volume I—Human Health Evaluation Manual (Part B, Development of Risk-Based Preliminary Remediation Goals). Interim. Publication 9285.7-01B. EPA/540/R-92/003. Office of Emergency and Remedial Response, U.S. Environmental Protection Agency, Washington, DC. December 1991 [online]. Available: http://www.epa.gov/oswer/riskassessment/ragsb/index.htm [accessed Oct 11, 2007].

[12]　EPA (U.S. Environmental Protection Agency). 1991b. Risk Assessment Guidance for Superfund: Volume I—Human Health Evaluation Manual (Part C, Risk Evaluation of Remedial Alternatives). Interim. Publication 9285.7- 01C. Office of Emergency and Remedial Response, U.S. Environmental Protection Agency, Washington, DC. October 1991 [online]. Available: http://www.epa.gov/oswer/riskassessment/ragsc/ [accessed Oct. 11, 2007].

[13]　EPA (U.S. Environmental Protection Agency). 1991c. Guidelines for Developmental Toxicity Risk Assessment. EPA/600/FR-91/001. Risk Assessment Forum, U.S. Environmental Protection Agency, Washington, DC [online]. Available: http://www.epa.gov/NCEA/raf/pdfs/devtox.pdf [accessed June 3, 2007].

[14]　EPA (U.S. Environmental Protection Agency). 1991d. Alpha2u-Globulin: Association with Chemically Induced Renal Toxicity and Neoplasia in the Male Rat. EPA/625/3-91/019F. Risk Assessment Forum,

U.S. Environmental Protection Agency, Washington, DC.

[15] EPA (U.S. Environmental Protection Agency). 1992a. Guidance on Risk Characterization for Risk Managers and Risk Assessors. Memorandum to Assistant Administrators, and Regional Administrators, from F. Henry Habicht, Deputy Administrator, Office of the Administrator, Washington, DC. February 26, 1992 [online]. Available: http://www.epa.gov/oswer/riskassessment/pdf/habicht.pdf [accessed Oct. 10, 2007].

[16] EPA (U.S. Environmental Protection Agency). 1992b. Developing a Work Scope for Ecological Assessments. Ecological Update. Pub. 9345.0-051. Intermittent Bulletin, Vol. 1(4). Office of Solid Waste and Emergency Response, U.S. Environmental Protection Agency, Washington, DC [online]. Available: http://www.epa.gov/oswer/riskassessment/ecoup/pdf/v1no4.pdf [accessed June 3, 2007].

[17] EPA (U.S. Environmental Protection Agency). 1992c. Guidelines for Exposure Assessment. EPA/600/Z-92/001. Risk Assessment Forum, U.S. Environmental Protection Agency, Washington, DC. May 1992 [online]. Available: http://cfpub.epa.gov/ncea/cfm/recordisplay.cfm?deid=15263 [accessed Oct. 10, 2007].

[18] EPA (U.S. Environmental Protection Agency). 1992d. Dermal Exposure Assessment: Principles and Applications.Interim Report. EPA/600/8-91/011B. Office of Health and Environmental Assessment, U.S. Environmental Protection Agency, Washington, DC [online]. Available: http://rais.ornl.gov/homepage/DERM_EXP.PDF [accessedOct. 10, 2007].

[19] EPA (U.S. Environmental Protection Agency). 1993. Creation of a Science Policy Council. Memorandum to Assistant Administrators, Associate Administrators, and Regional Administrators, from Carol M. Browner, Office of the Administrator, U.S. Environmental Protection Agency, Washington, DC. December 22, 1993 [online]. Available: http://www.epa.gov/OSA/spc/pdfs/memo1222.pdf [accessed June 3, 2007].

[20] EPA (U.S. Environmental Protection Agency). 1994a. Guidance Manual for the IEUBK Model for Lead in Children. EPA OSWER 9285.7-15-1. NTIS PB93-963510. Office of Solid Waste and Emergency Response, U.S. Environmental Protection Agency, Washington, DC [online]. Available: http://www.epa.

gov/superfund/programs/lead/products/toc.pdf [accessed June 3, 2007].

[21]　EPA (U.S. Environmental Protection Agency). 1994b. Interim Methods for Development of Inhalation Reference Concentrations (RfCs). EPA/600/8-90/066A. Environmental Criteria and Assessment Office, Office of Research and Development, U.S. Environmental Protection Agency, Research Triangle Park, NC.

[22]　EPA (U.S. Environmental Protection Agency). 1994c. Report of the Agency Task Force on Environmental Regulatory Modeling: Guidance, Support Needs, Draft Criteria and Charter. EPA 500-R-94-001. Office of Solid Waste and Emergency Response, U.S. Environmental Protection Agency, Washington, DC.

[23]　EPA (U.S. Environmental Protection Agency). 1995. Policy for Risk Characterization at the U.S. Environmental Protection Agency. Memorandum from Carol M. Browner, Office of the Administrator, U.S. Environmental Protection Agency, Washington, DC. March 21, 1995 [online]. Available: http://64.2.134.196/committees/aqph/rcpolicy.pdf [accessed Oct. 10, 2007].

[24]　EPA (U.S. Environmental Protection Agency). 1996. Guidelines for Reproductive Toxicity Risk Assessment. EPA/630/R-96/009. Risk Assessment Forum, U.S. Environmental Protection Agency, Washington, DC [online]. Available: http://www.epa.gov/ncea/raf/pdfs/repro51.pdf [accessed June 3, 2007].

[25]　EPA (U.S. Environmental Protection Agency). 1997a. Guiding Principles for Monte Carlo Analysis. EPA/630/R- 97/001. Risk Assessment Forum, U.S. Environmental Protection Agency, Washington, DC [online]. Available: http://www.epa.gov/NCEA/pdfs/montcarl.pdf [accessed June 3, 2007].

[26]　EPA (U.S. Environmental Protection Agency). 1997b. Policy for Use of Probabilistic Analysis in Risk Assessment at the U.S. Environmental Protection Agency. U.S. Environmental Protection Agency, Washington, DC [online]. Available: http://www.epa.gov/osa/spc/pdfs/probpol.pdf [accessed June 3, 2007].

[27]　EPA (U.S. Environmental Protection Agency). 1997c. Guidance on Cumulative Risk Assessment. Part 1. Planning and Scoping. Science Policy Council, U.S. Environmental Protection Agency, Washington, DC. July 3, 1997 [online]. Available: http://www.epa.gov/osa/spc/pdfs/cumrisk2.pdf [accessed Oct. 10, 2007].

[28]　EPA (U.S. Environmental Protection Agency). 1997d. Cumulative Risk Assessment Guidance—Phase I. Memorandum to Assistant Administrators, General Counsel, Inspector General, Associate

Administrators, Regional Administrators, and Staff Office Directors, from C.M. Browner, Administrator, and F. Hansen, Deputy Administrator, Office of Administrator, U.S. Environmental Protection Agency, Washington, DC. July 3, 1997 [online]. Available: http://www.epa.gov/swerosps/bf/html-doc/cumulrsk. htm [accessed Aug. 13, 2008].

[29] EPA (U.S. Environmental Protection Agency). 1997e. Exposure Factors Handbook, Vols. 1-3. EPA/600/P-95/002F. Office of Research and Development, National Center for Environmental Assessment, U.S. Environmental Protection Agency, Washington, DC [online]. Available: http://www. epa. gov/ncea/efh/ [accessed June 3, 2007].

[30] EPA (U.S. Environmental Protection Agency). 1998a. Guidelines for Neurotoxicity Risk Assessment. EPA/630/ R-95/001F. Risk Assessment Forum, U.S. Environmental Protection Agency, Washington, DC [online]. Available: http://www.epa.gov/ncea/raf/pdfs/neurotox.pdf [accessed June 3, 2007].

[31] EPA (U.S. Environmental Protection Agency). 1998b. Guidelines for Ecological Risk Assessment. EPA/630/R- 95/002F. Risk Assessment Forum, U.S. Environmental Protection Agency, Washington, DC [online]. Available: http://cfpub.epa.gov/ncea/cfm/recordisplay.cfm?deid=12460 [accessed June 3, 2007].

[32] EPA (U.S. Environmental Protection Agency). 1999. Risk Assessment Guidance for Superfund: Volume I—Human Health Evaluation Manual Supplement to Part A: Community Involvement in Superfund Risk Assessments. OSWER 9285.7-01E-P. EPA 540-R-98-042. Office of Emergency and Remedial Response, U.S. Environmental Protection Agency. March 1999 [online]. Available: http://www.epa. gov/oswer/riskassessment/ragsa/pdf/ci_ra.pdf [accessed Oct. 11, 2007].

[33] EPA (U.S. Environmental Protection Agency). 2000a. Supplementary Guidance for Conducting Health Risk Assessment of Chemical Mixtures. EPA/630/R-00/002. Risk Assessment Forum, U.S. Environmental Protection Agency, Washington, DC. August 2000 [online]. Available: http://www.epa. gov/NCEA/raf/pdfs/chem_mix/chem_mix_08_2001.pdf [accessed Feb. 15, 2008].

[34] EPA (U.S. Environmental Protection Agency). 2000b. Risk Characterization: Science Policy Council Handbook. EPA 100-B-00-002. Office of Science Policy, Office of Research and Development, U.S. Environmental Protection Agency, Washington, DC [online]. Available: http://www.epa. gov/OSA/spc/pdfs/

rchandbk.pdf. [accessed June 3, 2007].

[35] EPA (U.S. Environmental Protection Agency). 2000c. Benchmark Dose Technical Guidance Document. EPA/630/ R-00/001. Risk Assessment Forum, U.S. Environmental Protection Agency, Washington, DC [online]. Available: http://www.epa.gov/ncea/pdfs/bmds/BMD-External_10_13_2000.pdf [accessed June 3, 2007].

[36] EPA (U.S. Environmental Protection Agency). 2001. Risk Assessment Guidance for Superfund: Volume I—Human Health Evaluation Manual (Part D, Standardized Planning, Reporting, and Review of Superfund Risk Assessments). Final. Publication 9285.7-47. Office of Emergency and Remedial Response, U.S. Environmental Protection Agency, Washington, DC [online]. Available: http://www.epa.gov/oswer/riskassessment/ragsd/tara.htm [accessed Oct. 11, 2007].

[37] EPA (U.S. Environmental Protection Agency). 2002a. U.S. Environmental Protection Agency Risk Assessment Forum Charter [online]. Available: http://cfpub.epa.gov/ncea/raf/raf-char.cfm [accessed June 3, 2007].

[38] EPA (U.S. Environmental Protection Agency). 2002b. A Review of the Reference Dose and Reference Concentration Processes. EPA/630/P-02/002F. Risk Assessment Forum, U.S. Environmental Protection Agency, Washington, DC [online]. Available: http://www.epa.gov/IRIS/RFD_FINAL%5B1%5D.pdf [accessed Oct 10, 2007].

[39] EPA (U.S. Environmental Protection Agency). 2002c. Guidelines for Ensuring and Maximizing the Quality, Objectivity, Utility, and Integrity of Information Disseminated by the Environmental Protection Agency. EPA/260R- 02-008. Office of Environmental Information, U.S. Environmental Protection Agency, Washington, DC [online]. Available: http://www.epa.gov/QUALITY/ informationguidelines/ documents/EPA_InfoQualityGuidelines.pdf [accessed Oct. 10, 2007].

[40] EPA (U.S. Environmental Protection Agency). 2002d. OSWER Draft Guidance for Evaluating the Vapor Intrusion to Indoor Air Pathway from Groundwater and Soils (Subsurface Vapor Intrusion Guidance). EPA530-D-02- 004. Office of Solid Waste and Emergency Response, U.S. Environmental Protection Agency, Washington, DC [online]. Available: http://www.epa.gov/correctiveaction/ eis/vapor/

complete.pdf [accessed June 3, 2007].

[41] EPA (U.S. Environmental Protection Agency). 2003a. A Summary of General Assessment Factors for Evaluating the Quality of Scientific and Technical Information. EPA 100/B-03/001. Science Policy Council, U.S. Environmental Protection Agency, Washington, DC. June 2003 [online]. Available: http://www.epa.gov/osa/spc/pdfs/assess2.pdf [accessed Oct. 12, 2007].

[42] EPA (U.S. Environmental Protection Agency). 2003b. Framework for Cumulative Risk Assessment. EPA/630/ P-02/001F. Risk Assessment Forum, U.S. Environmental Protection Agency, Washington, DC [online]. Available: http://cfpub.epa.gov/ncea/cfm/recordisplay.cfm?deid=54944 [accessed June 3, 2007].

[43] EPA (U.S. Environmental Protection Agency). 2003c. Human Health Research Strategy. EPA/600/R-02/050. Office of Research and Development, U.S. Environmental Protection Agency, Washington, DC [online]. Available: http://www.epa.gov/nheerl/humanhealth/HHRS_final_web.pdf [accessed June 3, 2007].

[44] EPA (U.S. Environmental Protection Agency). 2004a. Boron and Compounds (CASRN 7440-42-8). Integrated Risk Information System, U.S. Environmental Protection Agency [online]. Available: http://www.epa.gov/iris/subst/0410.htm [accessed June 3, 2007].

[45] EPA (U.S. Environmental Protection Agency). 2004b. An Examination of EPA Risk Assessment Principles and Practices. EPA/100/B-04/001. Office of the Science Advisor, U.S. Environmental Protection Agency, Washington, DC [online]. Available: http://www.epa.gov/OSA/pdfs/ratf-final.pdf [accessed June 3, 2007].

[46] EPA (U.S. Environmental Protection Agency). 2004c. Air Toxics Risk Assessment Reference Library. EPA-453- K-04-001. Office of Air Quality Planning and Standards, U.S. Environmental Protection Agency, Research Triangle Park, NC [online]. Available: http://www.epa.gov/ttn/fera/ risk_atra_main.html [accessed Oct. 10, 2007].

[47] EPA (U.S. Environmental Protection Agency). 2005a. Guidelines for Carcinogen Risk Assessment. EPA/630/ P-03/001B. Risk Assessment Forum, U.S. Environmental Protection Agency, Washington, DC [online] Available: http://www.epa.gov/iris/cancer032505.pdf [accessed June 3, 2007].

[48] EPA (U.S. Environmental Protection Agency). 2005b. Human Health Risk Assessment Protocol for Hazardous Waste Combustion Facilities. EPA530-R-05-006. Office of Solid Waste and Emergency Response, U.S. Environmental Protection Agency, Washington, DC [online]. Available: www.epa. gov/epaoswer/hazwaste/combust/risk.htm [accessed June 3, 2007].

[49] EPA (U.S. Environmental Protection Agency). 2005c. Aging and Toxic Response: Issues Relevant to Risk Assessment. EPA/600/P-03/004A. National Center for Environmental Assessment, Office of Research and Development, U.S. Environmental Protection Agency, Washington, DC [online]. Available: http://cfpub.epa.gov/ncea/cfm/recordisplay.cfm?deid=156648 [accessed Oct. 11, 2007].

[50] EPA (U.S. Environmental Protection Agency). 2006a. Child-Specific Exposure Factors Handbook (External Review Draft). EPA/600/R/06/096A. U.S. Environmental Protection Agency, Washington, DC [online]. Available: http://cfpub.epa.gov/ncea/cfm/recordisplay.cfm?deid=56747 [accessed Oct. 11, 2007].

[51] EPA (U.S. Environmental Protection Agency). 2006b. Framework for Assessing Health Risks of Environmental Exposures to Children (External Review Draft). EPA/600/R-05/093A. National Center for Environmental Assessment, Office of Research and Development, U.S. Environmental Protection Agency, Washington, DC. March 2006 [online]. Available: http://cfpub.epa.gov/ncea/cfm/recordisplay. cfm?deid=150263 [accessed Oct. 11, 2007].

[52] EPA SAB (U.S. Environmental Protection Agency Science Advisory Board). 1990. Reducing Risk: Setting Priorities and Strategies for Environmental Protection. SAB-EC-90-021. Science Advisory Board, U.S. Environmental Protection Agency, Washington, DC. September 1990 [online]. Available: http://yosemite.epa.gov/sab/sabproduct.nsf/28704D9C420FCBC1852573360053C692/$File/REDUCIN G+RISK++++++++++EC-90-021_90021_5-11-1995_204.pdf [accessed Aug. 13, 2008].

[53] EPA SAB (U.S. Environmental Protection Agency Science Advisory Board). 2000. Toward Integrated Environmental Decision-Making. EPA-SAB-EC-00-011. Science Advisory Board, U.S. Environmental Protection, Washington, DC.

[54] EPA SAB (U.S. Environmental Protection Agency Science Advisory Board). 2007. Consultation on Enhancing Risk Assessment Practice and Updating EPA's Exposure Guidance. EPA-SAB-07-003.

Letter to Stephen L. Johnson, Administrator, from Rebecca T. Parkin, Chair, Integrated Human Exposure, Committee and Environmental Health, and Granger Morgan, Chair, Science Advisory Board, U.S. Environmental Protection Agency, Washington, DC. February 28, 2007 [online]. Available: http://yosemite.epa.gov/sab/SABPRODUCT.NSF/55E1B2C78C6085EB8525729C00573A3E/$File/sab -07-003.pdf [accessed Aug. 13, 2008].

[55] GAO (U.S. Government Accountability Office). 2006. Human Health Risk Assessment. GAO-06-595. Washington, DC: U.S. Government Printing Office [online]. Available: http://www.gao.gov/new.items/ d06595.pdf [accessedOct. 11, 2007].

[56] NRC (National Research Council). 1983. Risk Assessment in the Federal Government: Managing the Process. Washington, DC: National Academy Press.

[57] NRC (National Research Council). 1989. Improving Risk Communication. Washington, DC: National Academy Press.

[58] NRC (National Research Council). 1993a. Pesticides in the Diets of Infants and Children. Washington, DC: National Academy Press.

[59] NRC (National Research Council). 1993b. Issues in Risk Assessment. Washington, DC: National Academy Press.

[60] NRC (National Research Council). 1994. Science and Judgment in Risk Assessment. Washington, DC: National Academy Press.

[61] NRC (National Research Council). 1996. Understanding Risk: Informing Decisions in a Democratic Society. Washington, DC: National Academy Press.

[62] NRC (National Research Council). 2007. Scientific Review of the Proposed Risk Assessment Bulletin from the Office of Management and Budget. Washington, DC: The National Academies Press.

[63] NSTC (National Science and Technology Council). 1999. Ecological Risk Assessment in the Federal Government. CENR/5-99/01. Committee on Environment and Natural Resources, National Science and Technology Council, Washington, DC. May 1999 [online]. Available: oaspub.epa.gov/eims/eimscomm. getfile?p_download_id=36384 [accessed June 3, 2007].

[64]　OMB (Office of Management and Budget). 2002. OMB Guidelines for Ensuring and Maximizing the Quality, Utility, and Integrity of Information Disseminated by Federal Agencies. Washington, DC: Office of Management and Budget, Executive Office of the President.

[65]　OMB (U.S. Office of Management and Budget). 2006. Proposed Risk Assessment Bulletin. Released January 9, 2006. Washington, DC: Office of Management and Budget, Executive Office of the President [online]. Available: http://www.whitehouse.gov/omb/inforeg/proposed_risk_assessment_bulletin_010906.pdf [accessed Oct.11, 2007].

[66]　OSTP (Office of Science and Technology Policy). 1985. Chemical Carcinogens: Review of the Science and Its Associated Principles. Washington, DC: Office of Federal Register.

[67]　PCCRARM (Presidential/Congressional Commission on Risk Assessment and Risk Management). 1997a. Framework for Environmental Health Risk Management, Vol. 1. Washington, DC: U.S. Government Printing Office [online]. Available: http://www.riskworld.com/nreports/1997/risk-rpt/pdf/.

[68]　EPAJAN.PDFPCCRARM (Presidential/Congressional Commission on Risk Assessment and Risk Management). 1997b. Risk Assessment and Risk Management in Regulatory Decision-Making, Vol. 2. Washington, DC: U.S. Government Printing Office [online]. Available: http://www.riskworld. com/ Nreports/ 1997/risk-rpt/volume2/pdf/v2epa.PDF [accessed Oct. 11, 2007].

[69]　Risk Policy Report. 2005a. Senators Fear EPA Toxics Review Plan Cedes Science To Outside Groups. Inside EPA's Risk Policy Report 12(27):1, 6.

[70]　Risk Policy Report. 2005b. EPA Plan For Expanded Risk Reviews Draws Staff Criticism, DOD Backing. Inside EPA's Risk Policy Report 12(17):1, 8.

[71]　Risk Policy Report. 2006a. NAS Dioxin Study May Boost Science Chief's Bid for Uncertainty Analysis. Inside EPA's Risk Policy Report 13(29):1, 6.

[72]　Risk Policy Report. 2006b. EPA Science Chief Pushes Plan For Risk Ranges Amid Mixed Responses. Inside EPA's Risk Policy Report 13(5):1.

附录 D

EPA 对特定 NRC 报告建议的响应：政策、活动和实践

　　表 D-1 阐述了 EPA 响应 NRC 的有关建议（NRC 1983，1994，1996）而开展的各种政策和活动。该表并未对所有建议进行全面的综述。相反，它重点展示了从"红皮书"发布以来委员会提出的代表性建议；相关的 EPA 政策反映在指导文件和其他材料中；相关执行活动以及一些指导文件和实施活动的评估汇总在政府问责办公室（GAO）的一份 2006 年的报告中。

　　多份独立的 NRC 国家研究委员会报告和 EPA 文件重复提到了下文的风险分析问题，而每份独立的报告中又有部分不同。因此，表中引用或汇总的段落是高度选择的"快照"，并不是给定报告中指定主题的唯一示例。此外，由于表中对建议的"响应"只考虑了 EPA 在某个时间点能否解决这些问题，所以有人认为它比较松散。为了充分展示感兴趣的话题，委员会建议读者从表中引用页开始阅读，并查找引文的相关信息。还要注意的是，有几项 NRC 国家研究委员会建议和 EPA 政策声明涉及多个主题（例如，"风险表征"和"不确定性"，"模型"和"默认值"）。因此，几个主标题分别讨论了以下几个问题。[1],[2]

---

① 空格只是表明委员会不能轻易识别和区分具有代表性的引文，而不是不存在相关的政策或实施活动。
② 如第 2 章所述，引用的"NRC 1994"（《风险评估中的科学和判断》）报告特别关注了 1990 年《清洁空气法修正案》引起的问题，报告中的许多建议侧重于空气问题。主要针对空气计划的建议表述为"（针对空气计划）"，同样，主要针对 IRIS 计划的建议表述为"（针对 IRIS 计划）"。

- 聚集风险和累积风险

- 默认值和方案

- 风险评估和风险管理的区别和联系

- 科学和科学政策的区分

- 暴露评估（和方法验证）

- 癌症和其他终端的健康风险和毒性评估

- 参考指南

- 机构内部和外部合作

- 风险评估的迭代方法

- 模型和模型验证

- 同行评审和专家小组

- 优先事项确定和数据需求管理

- 问题描述和生态风险评估

- 公众评审和评论；公众参与

- 风险表征

- 与风险管理相关的风险沟通

- 不确定性分析和表征

- 差异性和不同的易感性

表 D-1　EPA 对 NRC 1983—2006 年报告的响应：政策、活动和实践

主题	NRC 报告：建议 [a]	EPA 响应：政策陈述 [b]	EPA 响应：实施活动 [c]
聚集风险和累积风险	NRC 1994 240："EPA 应考虑使用适当的统计（如蒙特卡洛）方法评估暴露于多种化合物的聚集癌症风险。"	EPA 1997a《科学政策委员会备忘录》："该指南要求每个办公室在进行主要风险评估的范围界定和规划时应考虑累积风险问题，并在相关数据可获得的情况下考虑更广泛的范围以整合多个来源、效应、途径、压力源和群体用于累积风险分析。" EPA 1997b 《累积风险评估指南》："机构管理者需要特别强调累积风险（即多个压力源的总体潜在风险）。在每项风险评估的规划和范围界定（PS）阶段需明确界定所评估的风险要素……机构要支持能够帮助提升对累积风险的认知，制定考虑影响人体、动物、植物及其环境的风险多种要素方法的研究。此外，科学政策委员会支持风险评估和风险管理人员举办研讨会，讨论实施机会、问题、解决方案。" EPA 2000a 《开展化学混合物健康风险评估的补充指南》xiv：本指南更新了 1986 年机构关于化学混合物的指南，"利用混合物数据、相似混合物毒理学数据和混合物组分化学物质数据等，描述更详细的化学混合物评估程序。根据风险评估者可用的数据类型进行分类，包含数据丰富到数据不足等情况……对数据情况的预判可能导致用户决定只进行定性分析。这通常发生在数据质量差、可获取定量数据不足、相似混合物的数据不能认为与研究的混合物'足够相似'、无法有效表征暴露、无法满足混合物或其组分毒理学作用的特定方法假设要求等的情况下。当发生这种情况时，风险评估者仍然可以进行定性评估且表征暴露于该混合物的人体健康效应"。	EPA 2003a 人体健康研究策略 E-2："ORD 关于聚集风险和累积风险的研究项目解决了人体实际是暴露于多种来源混合污染物的这一问题。研究为当面对一种污染物多种路径暴露、或多种污染物单一相似暴露模式时的决策提供了科学支持。ORD 还开发了研究人群和社区暴露于可与其他环境压力源相互作用的多种污染物后所受影响的方法。" 此外：研究策略确定了以下与累积风险相关的研究目标："（1）确定用以测量所有相关媒介人体暴露的最佳和最具有成本效益的方法，包括人体的暴露微环境、暴露时间、暴露条件等特定暴露途径测量；（2）开发适合 EPA 和公众评估聚集风险和累积风险的暴露模型和方法，包括环境污染源、环境归趋、具体途径的浓度之间的数学和统计关系；连接剂量和生物标志物暴露数据的模型；评估群体累积风险的方法，包括暴露于非污染物压力源的方法；（3）提供预测混合物中污染物间相互效应的科学依据和综合污染混合物影响和风险的最适方法。"

主题	NRC 报告：建议[a]	EPA 响应：政策陈述[b]	EPA 响应：实施活动[c]
聚集风险和累积风险	NRC 1994 240："EPA 应考虑使用适当的统计（如蒙特卡洛）方法评估暴露于多种化合物的聚集癌症风险。"	EPA 2003b 《累计风险评估框架》xvii："EPA 内用于开展和评价累积风险评估工作一项简单灵活的框架……该框架描述了累积风险评估的三个主要阶段：（1）规划、范围界定和问题描述，（2）分析，（3）风险表征……还讨论了研究需求，包括了解暴露时间及其与效应的关系；了解混合物的组成和毒性；应用风险因子方法；采用生物标志物；考虑非化学压力源造成的危害；综合不同类型风险的方法；以及为累积风险评估指定默认值等。" EPA 2001 和 2002：《实施总体暴露和风险评估的总则》："该文件重点阐述了在更广泛分布的数据，更复杂的暴露评估、方法和工具可得的情况下，开展总体暴露和风险评估的原则……[指南]超越了临时指南，涵盖了在数据可得情况下对所有暴露途径分布数据的使用。分布数据分析（与点估计方法相反）是首选，因为该工具允许评估者更全面地分析分布暴露，反映整个群体的风险，而不仅仅是单一高风险个体的暴露。"（EPA 2001，p. 4）2002 年指南（EPA 2002a, p. ii）"为 OPP 科学家评估和估计多化学物多途径的农药暴露相关的潜在人体风险提供了指导"。 64 Fed. Reg. 38705 [1999]：城市综合空气有毒物质战略涵盖了评估国家和城市区域层面累积风险的指南。它提供了"EPA 为减少空气有毒物质开展的国家层面举措的概述，包括颁布固定源和移动源标准、累积风险相关措施、评估方法、教育宣传等"。"国家空气有毒物质项目包括多项《清洁空气法》（简称法案）授权的权利机关开展的活动，如减少所有来源空气有毒物质排放，包括主要工业源、小型固定源以及汽车和卡车等固定源。通过整合该法案不同部分开展的活动，EPA 能更好解决排放和风险最大地区多种空气有毒物质暴露造成的累积公众健康风险和不良环境影响。"	GAO 2006 50："项目办公室评估累积暴露和聚集暴露效应的范围与每个办公室的监管责任和可获得的数据相关。例如，有害空气污染物办公室定期分析各种排放源，如炼油厂的化学混合物，来监管有害空气污染物。同样，如前文所述，农药项目办公室需要考虑包括食物、饮用水、住宅用途等各种来源和饮食、呼吸、皮肤接触等各种路径的农药暴露。" 注：《有毒物质控制法》没有要求污染预防和有毒物质办公室评估与其他化学物质发生相互作用而生成的新化学物质的风险。办公室还对现有化学物质的风险进行了评估，但是由于没有数据，不能对具有相同作用模式的一类化学物质开展累积风险评估。 GAO 2006 49："空气质量规划和标准办公室管理有害空气污染物的分支部门采用了多暴露途径模型来评估和预测环境化学物质的迁移和行为。[它]包括估算由于污染物从空气迁移到土壤和地表水，随后被植物、动物和人体吸收导致的人体暴露和健康风险的流程。模型特别明确了呼吸；饮用食物、水和土壤；皮肤接触等的暴露估算方法。"

主题	NRC 报告：建议 [a]	EPA 响应：政策陈述 [b]	EPA 响应：实施活动 [c]
聚集风险和累积风险	NRC 1994 240："EPA 应考虑使用适当的统计（如蒙特卡洛）方法评估暴露于多种化合物的聚集癌症风险。"	EPA 2004a：《空气有毒物质风险评估参考库》14-1：指南指出"多途径风险评估通常适用于空气污染物持续存在或释放时可能出现生物蓄积和/或生物放大的情况。这些情况下一般重点关注持久性生物蓄积性有害空气污染物（PB-HAP）（图 14-1），但是特定的风险评估需要考虑其他持续存在并可能出现生物蓄积和/或生物放大的化学物质。在评估这些化合物的风险时，除吸入途径以外，还需要特别考虑涉及空气有毒物质沉积土壤、植物、水中后由生物群摄入，以及人群消费受污染土壤、水体和食物所致暴露等的途径。持久性生物蓄积性物质容易在空气、水、陆地之间迁移。一些可能迁移很远的距离，并在环境中长时间留存。"指南提供了关于规划、范围界定、问题描述、数据分析和风险表征的信息。 EPA 2002a 《具有共同毒性机制的农药化学物质累积风险评估指南》：提供了"OPP 科学家评估多化学物质、多路径农药暴露导致的潜在人体风险的指南……"（p. ii）。"累积风险评估在评估农药风险时发挥重要作用，并使 OPP 做出更充分保护公众健康以及婴儿和儿童等敏感亚群的监管决策……本指南旨在提出 OPP 风险评估人员开展累积风险评估时推荐使用的基本假设、原则和分析框架，同时阐明决策者和公众在开展农药化学物质累积风险评估时应遵循的普适原则和流程"。（p. 7）	GAO 2006 49：EPA 制定了总体风险综合方法（TRIM），并开发了 TRIM 归趋、迁移和生态暴露模型，描述各种固定源释放的空气污染物的迁移及其随时间在水、空气和土壤中的转化。

主题	NRC 报告：建议 [a]	EPA 响应：政策陈述 [b]	EPA 响应：实施活动 [c]
默认值和方案（也参见风险表征、模型和不确定性分析）	NRC 1994 8："EPA 应当继续将使用默认方案作为风险评估方法和模型选择时处理其内在机制不确定性的合理方法。" NRC 1994 8："EPA 应明确规定风险评估中每种默认方案的使用。" NRC 1994 8："EPA 应明确表述每项默认方案的科学和政策依据。"	EPA 2005a 《癌症风险评估指南》附录 A（71 FR 17809-12）：指南"涵盖了癌症风险评估中缺少数据或数据不确定性很大情况下通常采用的［5 项］主要默认方案……这些方案可以帮助利用在经验条件下的观测数据估计事件和后果。" EPA 2004b 51："EPA 当前实践是首先审查开展风险评估时所有相关和可获得的数据。当特定化学物质和/或特定场地数据不可用（例如，存在数据缺失）或不足以估计参数或解决问题时，EPA 使用默认值继续风险评估。按照这一做法，EPA 只有在风险评估中确定数据不可用时才会调用默认值——这不同于先选择默认值然后使用数据替代它的方法。默认值并不是针对特定化学物质或场地，但是与风险评估中的数据缺失相关。它们基于同行评审研究和外推来解决特定数据缺失。这些默认值基于已发表的研究、经验观察、相关观察的外推和/或科学理论。" EPA 1996 《拟议致癌物质风险评估指南》16 FR 18000：风险表征包括"风险估计及其伴随的不确定性，包括数据缺失或不确定时使用关键默认值"。 同样见 17966-17970ff：解释 5 项"主要"默认方案的科学和政策依据。 同样见 17964ff："根据［国家研究委员会关于不使用默认值标准的建议］，下面的讨论展示了……在特定风险评估中使用和不使用默认值的通用政策指南。"	GAO 2006 41："在很大程度上，默认值的使用与 EPA 获取所需数据的能力相关。如前所述，EPA 已针对内部及其授权的研究工作，理解来自实验动物的研究数据的差异性和不确定性，这项研究会进一步降低 EPA 对默认方案的依赖。" GAO 2006 40："1997 年以来完成的大多数 IRIS 评估描述了分析中使用的默认值以及不使用这些默认值的情况。" "尽管默认值使用的透明度愈发得到重视，但 EPA 承认可以更进一步明确默认值是如何制定的，并解释阐述假设的合理性。在其员工手册中，EPA 指出需要确保默认值得到最佳可用数据的支持，并应尽可能增加所用默认值和外推值的确定性和可信度。" EPA 2004a：空气质量规划和标准办公室的空气有毒物质风险评估参考库（EPA 2004a）讨论了在开展风险评估时要使用的默认值。例如，当开展筛选分析时，讨论到："针对暴露途径评估中所识别的完整的或潜在的暴露途径，在筛选分析时需要将暴露时的媒介浓度与（基于保护性的默认暴露假设）'筛选'值和基于特定研究区域条件估计的暴露剂量进行比较。随后评估人员比较估计剂量和健康指南剂量，识别需要进一步评估的物质"。

主题	NRC 报告：建议 [a]	EPA 响应：政策陈述 [b]	EPA 响应：实施活动 [c]
	NRC 1994 8："机构应当考虑进一步明确不使用默认方案下的标准，以便向公众提供更好的指导，减少无依据背离默认值的可能性，否则会削弱机构风险评估的科学性和可信度。同时，机构应当意识到将指南变为死板的规章是不可取的。"	EPA 2005a 《癌症风险评估指南》71 FR 17770ff："这些致癌指南并非将默认值视为风险评估起点并不断根据新的科学信息进行调整，而是将所有致癌风险评估的可用信息作为起点，当需要解决不确定性或关键信息缺失时将默认值作为一种替代方案"。同样见附录 A 17809ff：讨论默认方案和替代方法。EPA 2000b 《风险表征手册》21：指导风险评估人员"描述风险评估中固有的不确定性，以及用于解决这些不确定性或缺失的默认值在风险评估中的地位"。同样见 41："风险评估人员应在决定采用默认值之前仔细考虑所有可获得的数据。如果使用默认值，风险评估过程应当参考用以解释默认值的机构指南。"	
	NRC 1994 186："EPA 有时试图通过达成统一的模型假设，即使所选模型假设并不比替代模型的假设更加科学合理（如用 0.75 的体重权重代替 FDA 的体重假设和 EPA 表面积假设），以'协调'自身和其他机构间，或者其自身不同项目之间的风险评估程序……当几个假设都合理，没有哪个明显更好时，EPA 不应在这些假设中选择一个来'协调'风险评估，而是应当维持自身监管决策的默认值。同时还应声明任何一种方法都可能准确，并将结果作为风险评估中的不确定性呈现，或执行多项评估并说明每个评估的不确定性。但是，'协调'并不是重要的目的，而是当机构间合作选择和验证一套通用的不确定性分布时，有助于而非有害于风险评估的不确定性分析。"	EPA 2005a 《癌症风险评估指南》70 FR 17808："[风险表征]重要的特征包括受到可用数据和知识状况的限制，本身即重要科学问题，当数据存在多种解释方式时[引用省略]如何科学地选择政策。在分析过程中明确讨论了风险评估中数据或默认方案的选择，当这一选择非常重要时需要在摘要中突出显示。"	注：虽然 1996 和 2005 年准则都指出比例因子的问题（分别在 61 FR 17968 和 71 FR 17796），但并不清楚 EPA 是否已如推荐所指出的解决了机构内部协调问题。

主题	NRC 报告：建议 [a]	EPA 响应：政策陈述 [b]	EPA 响应：实施活动 [c]
	NRC 1994 241："EPA 的指南应当明确表述当充足数据（如关于染色体畸变或显性或 X-连锁突变的数据）可能存在时的遗传效应的非阈值低剂量线性的默认方案。这一默认值允许对由于环境化学物质暴露引起的第一代遗传风险进行合理的定量估计。"	EPA 2005a 《癌症风险评估指南》 70 FR 17811："当作用模式表明是线性响应时应使用线性方法，例如，当得出结论即物质直接引起 DNA 变化时，一种相互作用不仅在理论上需要反应，而且可能会添加到正在进行的基因突变中。"	
风险评估和风险管理的区别与联系（同见问题描述）	NRC 1983 7："监管机构应采取措施建立和维护风险评估与风险管理概念之间明确的区分；也就是需要将风险评估中的科学发现和政策启示，与影响监管策略设计的政治、经济和技术因素等明确区分。" NRC 1983 49："两种政策可能会影响风险评估：一种是风险评估过程本身固有的，另一种管理监管方案的选择。后者是风险管理政策，不允许出现影响前者的风险评估政策。"	EPA 1984 3："科学家评估一个风险，找出问题所在。决定如何处理问题的过程则是'风险管理'……清楚区分这两个活动是理解和改进环境决策过程的有益方式。" EPA 1984 30："首先，我们希望获得一个更好更一致的信息库来做出关于控制风险的决策。其次，我们希望适当使用与风险管理相关的各种分析方法来制定环境政策；我们也希望弄清楚通过过去的努力在减少风险方面取得了哪些成绩，以及如何有效管理剩余的重要风险。第三，我们必须和公众交流我们正在做什么，为什么要在风险管理中做这些，以及风险管理方法如何改善 EPA 执行任务的方式。" EPA 1986 《致癌物质风险评估指南》 51 FR 33993："监管决策涉及两个部分：风险评估和风险管理……风险评估的开展将独立于针对监管方案后果的考量。"	局长 William Ruckelshaus 和 Lee Thomas 授权并资助了一系列针对（1）整个 SES 团队和其他高级管理人员和（2）所有项目和区域办公室的机构工作人员的培训项目。培训材料以 Bernard Goldstein 和 Jack Moore 最初编制的材料为基础。该项目投入大量资金，历时 5 年（大约 1987—1992 年），直至今天依然存在并保持更新。

主题	NRC 报告：建议 [a]	EPA 响应：政策陈述 [b]	EPA 响应：实施活动 [c]
	NRC 1994 267："EPA 应当增加风险评估和风险管理之间的制度和知识联系，以便风险评估的科学政策部分和风险管理更广泛的政策目标之间更加协调。这必须以完全保护准确性、客观性和完整性的方式完成风险评估——但是委员会没有发现这两个目标是不相容的。"	EPA 1995a 《机构政策备忘录》："风险表征是风险评估的最后一步，是风险管理的开始和监管决策的基础，但是它只是决策中几个重要的部分之一。作为风险评估的最后一步，风险表征识别和强调了值得注意的风险结论和相关不确定性。EPA 所管理的各项环境法规都要在监管过程的各个阶段考虑其他因素。根据不同法规的授权，决策者评估的技术可行性（如可操作性、检出限度）、经济、社会、政治和法律因素是否需要作为分析的一部分进行监管，如果需要那么程度又如何。因此，监管决策通常基于风险评估的技术分析和来自其他领域的信息组合。" EPA 2002b 《环境风险评估规划和范围界定的经验教训》vi：制定此文件"向机构科学家和管理人员就规划和范围界定方面的经验提供早期反馈意见，自 1997 年'累积风险评估指南——第 1 部分'以来，规划和范围界定就成为开展环境评估的第一步……本手册旨在强调开展环境评估之前进行正式规划和对话可以改进与环境决策有关的最终决策成果，并协调决策者、科学家、经济学家和利益相关方（如果有）所关注问题。本手册也是鼓励机构管理者将规划和范围界定作为 EPA 文化的一部分，特别是开展重大和/或特殊环境评估时"。 EPA 1998，《生态风险评估指南》13："生态风险的特征由风险管理者和风险评估者在规划对话中达成的共识直接决定，这些共识是规划的产物，包括（1）明确建立和阐明管理目标，（2）在管理目标范围内对决策进行表征，（3）就风险评估的范围、复杂性和重点达成一致，包括预期产出和可用于完成该项目的技术和财政支持。"	1985：EPA 建立风险评估论坛，这是由高级科学家组成的机构间常设委员会。1985—2006 年，论坛发表了 50 多篇关于科学政策问题的同行评审报告，为风险评估者、风险管理者和公众提供信息。 EPA 成立了风险管理委员会（RMC），作为一个多功能决策机构整合多个办公室论坛的产出成果。1993 年，RMC 成为科学政策委员会（SPC）；多年来，它已经开展了更广泛的活动。当 RMC 成立时，只有具有科学背景的高级科学管理者和政治任命者才能当选成员；SPC 具有更广泛的基础，但是它是最初 RMC 的延伸。 GAO 2006 29："空气与辐射办公室意识到需要制定规划，并将制定规划指南作为 2004 年发布的《空气有毒物质风险评估参考库》的一部分。EPA 在其 2004 年员工手册中承认，并指出在风险评估开始之前，需要继续加强风险评估者和风险管理者协调一致并自觉规划的重要性。根据 EPA 的要求，风险评估者需要在开发风险管理的早期概述什么将会解决、什么不会解决以及如何开展风险管理。"

主题	NRC 报告：建议 [a]	EPA 响应：政策陈述 [b]	EPA 响应：实施活动 [c]
		EPA 2000b 《风险表征手册》28："规划和范围界定为风险管理者、风险评估者和其他'团队'的成员提供了机会来确定风险评估预期涵盖的内容和解释风险评估信息的用途。在风险评估的规划和范围界定阶段，风险评估者和风险管理者应进行对话确定：a) 开展风险评估的需求（监管要求？公众关注？科学发现？还是其他因素？）；b) 待解决的管理目标、问题和政策；c) 风险背景；d) 工作覆盖范围；e) 当前的知识；f) 可获得的数据是什么，从何获取；g) 关于如何开展风险评估达成一致……；h) 计划如何将结果传达给高级管理人员和公众；i) 其他'团体'成员开展分析所需信息/数据（如经济、社会、法律分析）。"	
科学和科学政策的区分	NRC 1983 153："在机构决定一个物质是否应该作为健康危害进行管理之前，应编写一份详细和全面的书面风险评估报告并接受公开审阅。这个书面评估应当明确区分机构结论的科学依据和政策依据。" NRC 1994 27："科学政策选择不同于和最终决策相关的政策选择……监管机构在开展风险评估时做出的科学政策选择对结果有重大影响……"同样："关于科学政策问题和影响 EPA 风险评估和风险管理实践决策的报告的编制和发布，能够增进机构内部和公众对问题的理解。"	EPA 1996 《拟议致癌物质风险评估指南》61 FR 17968："在动物肿瘤发病率的评估中包含动物研究中观察到的良性肿瘤的默认值表明它们有能力发展成为与之相关的恶性肿瘤。它们将良性肿瘤和恶性肿瘤作为测试物质的代表性反应在科学上是合理的。这是一项科学政策决定，在公共卫生方面比评估中不包含良性肿瘤更为保守。"同样见 17977：这些指南采用了科学政策立场，即动物中的肿瘤发现表明一种物质可能在人体中产生这种作用。 EPA 1998 《生态风险指南》110：风险评估报告应当讨论"用于弥补信息缺失的科学政策判断或默认值以及这些假设的基础。" EPA 2005a 《致癌物质风险评估指南》70 FR 17774："机构充分考虑了将建议的、依赖年龄的致癌物质效力调节因子扩展到作用模式未知的致癌物质的优点和缺点。根据可用数据的分析和管理机构致癌物质风险评估总体方法的长期科学政策立场，EPA 决定建议这些因子只用于通过诱变方式作用的致癌物质。"同样见 17808："[风险表征] 的重要特征包括现有数据和知识状况的限制，重大科学问题以及在数据的替代解释存在时做出重要科学和政策选择。"	

主题	NRC 报告：建议 [a]	EPA 响应：政策陈述 [b]	EPA 响应：实施活动 [c]
暴露评估（和方法验证）	NRC 1994 217："委员会赞同 EPA 使用边界估算值，但是只有在筛选评估确定是否需要进一步分析时使用。对于进一步分析，委员会支持 EPA 根据可用的量度、模型结果或同时基于两者制定的暴露分布。这些分布也可用于估计最大暴露群体的暴露量，例如，最大暴露个体的最大可能暴露量通常是表征暴露个体差异性的累积概率分布的 100[(N−1)/N] 百分位数，其中 N 是用于构建暴露分布的人数。这是一个特别方便的估计方法，因为它独立于暴露分布形状。委员会建议 EPA 明确并一致使用如 100 [(N−1) /N] 的估计法，因为这并非'高于第 90 百分位数'的模糊估计，而是对 CAAA-90 中号召计算'最易暴露于排放的个体'风险的响应（针对空气项目）。"	EPA 1992a [d]《暴露评估指南》第 5.3.4 节："估计暴露和剂量的一个常见方法是进行初步评估或筛选，在这一过程中会使用边界估计值，随后再细化那些无法消除但是不太重要的路径的估计值。" "边界估计方法是假定暴露或剂量方程中一组参数值，这些值会导致所计算的暴露或剂量要高于在实际群体中发生的暴露或剂量。通过该方法计算的暴露或剂量估计值显然超出（高于）实际暴露量或剂量的分布。如果该边界估计值不显著，则在进一步细化分析中可不考虑该途径。" "边界估计有两个重点。首先，边界估计仅提供了一个可以帮助减少需要考虑路径数量的水平。它不能用于确定一条路径是否重要（只能在获取更多信息并完成精细估计之后才能做到），也不能估计实际暴露（因为根据定义它显然在实际分布之外）。其次，当评估中存在特定的暴露情景时，数据、信息和估计的改进可能会随途径而变化，一些在进一步细化后消除，另一些则得到充分的发展和量化。这是评估暴露场景的有效方式，在这种情况下，不要认为边界估计和完全发展途径的估计一样复杂。" 注：1992 年指南不涉及 1994 年建议中 100 [(N−1) /N] 的估计法。	

主题	NRC 报告：建议 [a]	EPA 响应：政策陈述 [b]	EPA 响应：实施活动 [c]
	NRC 1994 218："EPA 应假设当前的人均寿命为个体在高暴露区的居住时间，或假设个体居住时间为一种分布，且保证居住情况的改变不会导致暴露显著降低。同样，EPA 应当对每人每天暴露的小时数进行保守估计，或者制定每人每天在不同暴露环境中停留小时数的分布。这些信息可以通过高暴露地区的邻里调查等方法进行收集。值得注意的是，该分布仅适用于个体风险计算，因为人群总体风险和每个个体暴露的总和是没有关系的（假设风险与暴露线性相关）。"	EPA 2005a 《致癌物质风险评估指南》71 FR 17801："除非在特定情况下有相反的证据，终生累积剂量（表述时按终生累积分配的日均暴露量）将被推荐为测量暴露于致癌物质的适当措施。" EPA 1992a [d] 第 4.3.1 节：《暴露因子手册》（EPA 1989a 更新）包含了关于活动模式公开数据和引用的汇总。需要注意的是，汇总数据和引用的平均值只针对手册中的数据集，对于其他任意给定评估可能适用也可能不适用。" 注：根据评估目标等因素，EFH 的参数选择由评估者决定。	
	"EPA 并没有在其暴露评估指南中详细论述如何保证在数据较少但可靠的情况下，其用于'高风险暴露估计'（HEEE）的点估计技术可以得到所需位置总体暴露分布的估计（根据指南，该分布应高于 90 百分位数但不超出整个分布范围）。"（针对空气项目）	EPA 1992a 第 5.3.5.1 节："一些确定（暴露和）剂量高估计值的替代方法有：（1）如果剂量分布数据充分可获得，则将其直接当做所关注高风险的百分位数，如果可能，应当描述实际的百分位数或者确定超过估计值的高风险人群数，以便让风险管理者知道高风险范围内估计值的位置。（2）如果剂量分布数据不可用，但是用于计算的参数值和剂量数据可用，则可以对分布进行模拟（例如暴露模型或蒙特卡洛模拟）。在这种情况下，评估者可以从模拟分布中获取估计值。	

主题	NRC 报告：建议 [a]	EPA 响应：政策陈述 [b]	EPA 响应：实施活动 [c]
		（3）如果一些构成暴露或剂量方程的变量（如浓度、暴露时间、摄入量或吸收率）的分布信息可以获得，则评估者可以通过满足'高风险'的定义标准在高风险的范围内估计一个值；估计值在分布之内，且确保不会有超过 1/10 的值大于它。评估者通常通过一个或多个敏感变量的最大值或近似最大值来构建这样的估计，而其他变量取其平均值。这种用于计算高风险暴露或剂量估计值的确切方法并不是最重要的；重要的是暴露评估者如何解释他认为估计值在适当的范围内且大小合适的理由。（4）如果几乎没有可用数据，那么很难估计高风险的暴露或剂量。一种已使用过的方法，特别是在筛选评估中使用的，即从边界估计开始，不考虑任何限制，直到评估者认为参数值的组合明显在暴露或剂量分布中。很显然，这一方法有很大不确定性。相关数据的可用性将决定通过简单调整或去除边界估计制定高风险暴露高估计值是否足够简单。这一估计必须满足'高风险'的标准，评估者应解释为什么认为估计值符合标准。"	
	NRC 1994 218："EPA 应提供明确的方法和理由来确定何时使用 HEEE 的点估计法替代全蒙特卡洛（或相似）方法选择所需的百分位数。应更明确地表明这一估计值是如何产生的，提供更多的文件证明点估计方法可以得到更合理一致的所需百分位数，证明当它不同于'最易暴露于排放的个体'预期暴露值时，要选择该百分位数。"（针对空气项目）	注：参见上面方框关于 1992 年《暴露评估指南》的相关指导。	

主题	NRC 报告：建议 [a]	EPA 响应：政策陈述 [b]	EPA 响应：实施活动 [c]
	NRC 1994 240："健康风险评估通常考虑所有暴露于风险中的人的可能暴露途径，且应针对 1990 年《清洁空气法修正案》规定的 EPA 负责监管的化合物普遍开展。虽然机构针对超级基金相关监管法规的风险评估指南可以作为这方面的指导，但是 EPA 应充分利用新的技术发展和多媒介归趋和迁移数据分析的新方法。这将有助于系统设计和测量符合《清洁空气法》要求的多路径暴露。"（针对空气项目）	注：参见《累积风险评估》（EPA 2003b）和《农药累积风险指南》（EPA 2002a）的相关讨论	
	NRC 1994 140："EPA 应明确规定将非吸入途径纳入暴露分析，除非有普遍证据表明，沉积、生物累积和土壤与水分吸收等非吸入路径可以忽略不计。"（针对空气项目）	注：1992 年暴露评估指南没有阻止评估者考虑这些途径，在第 7.3 节，风险评估审查人员被问及"途径分析是否足够全面，确保没有忽略重要途径？例如，在评估受 PCBs 污染的土壤暴露时，暴露评估不应仅限于皮肤接触途径，其他途径如吸入粉尘与蒸汽、或摄入被污染土壤表面径流污染的鲶鱼也应评估，因为它们可能导致相同来源更高水平暴露。"	

主题	NRC 报告：建议 [a]	EPA 响应：政策陈述 [b]	EPA 响应：实施活动 [c]
癌症和其他终点的健康风险和毒性评估	NRC 1994 141："在没有人体证据支持或反对致癌性的情况下，EPA 应当继续基于动物实验数据来估计化学物质的致癌性。但是，如果在实验动物中的作用机制不太可能在人体中作用时，动物实验肿瘤数据不应成为将化学物质分类为人类致癌物的唯一证据；当发现测试物种与人类无关时，EPA 应制定标准，规定何时证据足以证实这一假设，何时应再进一步搜集证据。" NRC 1994 142："应验证药代动力学和药效学数据和模型，持续评估动物生物测定到人类的定量外推，并将其用于风险评估。" NRC 1994 9："EPA 应继续探索并在适当的时候将暴露和生物有效剂量（如剂量达到目标组织）间的关系纳入药代动力学模型。"	EPA 2005a 《致癌物质风险评估指南》 70 FR 17772 第 1.3.3 节："流行病学研究的数据通常用于表征人体癌症危害和风险。"此外："癌症指南强调在得出关于制剂致癌潜力结论的过程中时权衡各方证据非常重要⋯⋯要考虑的证据包括在人体和实验动物中是否发现肿瘤；制剂的化学和物理性质；与其他致癌物质相比，其结构—活动关系如何（SARS）；针对体内或体外潜在致癌过程和作用模式的研究。"同见 17771："在潜在致癌物质评估中使用作用模式是这些癌症指南的重点。"同见 17788-91ff："机体的生物学特性和制剂的化学性质之间的相互作用决定了是否存在不利影响。因此，作用模式分析基于有助于解释制剂对肿瘤发展影响的关键事件的物理、化学、生物信息。对评估中制定的所有信息进行审查可以得出合理的判断。"	

主题	NRC 报告：建议 [a]	EPA 响应：政策陈述 [b]	EPA 响应：实施活动 [c]
	NRC 1994 141："EPA 应当继续使用小鼠和大鼠的研究结果来评估人体化学致癌性的可能性。" NRC 1994 141："鼓励 EPA 和 NTP 使用替代物种验证小鼠和大鼠中获得的结果与人体致癌作用相关这一假设，当对特定化学物质存在特殊敏感性，且需要探索暴年龄效应时，尝试使用幼年的动物。"	EPA 1996 《拟议致癌物质风险评估指南》61 FR 17976："默认值是动物癌症研究中的阳性结果表明正在研究的制剂对人体有致癌潜力。"	注：EPA 是否与 NTP 或其他机构就该问题共同合作测试除小鼠和大鼠以外的物种尚不清楚。
	NRC 1994 142："EPA 应提供关于致癌物质危害的全面叙述性陈述，包括两部分的定性描述：1）一种物质风险的证据强度；2）动物模型和结果与人体的相关性，以及观察到致癌性暴露条件（路径、剂量、时间、持续时间等）与人们可能接触环境的相关性。EPA 应制定一个包含以上两个要素的简单分类方案。建议采用与表 7-1（NRC 1994）相似的方案，且机构应就分类系统寻求国际统一。"	EPA 2005a 《致癌物质风险评估指南》70 FR 17775："癌症指南强调了对危害分析、剂量反应和暴露评估等的总结、表征与陈述应明确有效。这些表征总结了评估结果，以解释证据的程度和权重，要点和选择的原因，证据和分析过程的优缺点，并讨论了值得考虑的备选结论和不确定性［引用 EPA《风险表征手册》］。更完整的细节参与指南的第 5.4 节。" EPA 1996《拟议致癌物质风险评估指南》61 FR 17985："危害分类使用了三种类型的人体致癌潜力描述语……这些描述语只在证据叙述权重的背景下呈现……在描述中使用它们维持并呈现了复杂性这一危害分类的重要组成部分。"	

主题	NRC 报告：建议 [a]	EPA 响应：政策陈述 [b]	EPA 响应：实施活动 [c]
	NRC 1994 10："EPA 应制定一个包含简单分类和叙述性评估两部分的致癌证据分类方案。这两部分至少反映了证据的强度（质量），动物模型和结果与人类的相关性，以及实验暴露（路径、剂量、时间和持续时间）与人类暴露的相关性。"	EPA 2005a 《致癌物质风险评估指南》70 FR 17772 第 1.3.3 节："为了提供另一种形式自由、清晰、一致的叙述表征，标准描述语被作为危害叙述的一部分来描述关于致癌危害潜力证据权重的结论。有五个推荐的标准危害描述语：'对人体致癌''可能对人体致癌''有建议性证据的致癌潜力''评估致癌潜力的信息不充分''不太可能对人体致癌'。每个标准描述语可能适用于多种数据集和证据权重，但仅在证据权重叙述背景下呈现。此外，如癌症指南的第 2.5 节所述，一种物质可能会得到一个以上的结论。"	
	NRC 1994 143："EPA 应继续使用效力估计，即单位癌症风险，估计由于终生暴露于一单位的致癌物质导致癌症可能性的上限。但是，应充分描述效力估计的不确定性。"	同见 70 FR 17811-12：一般来说，线性默认值提供了低剂量潜在风险的上限值，例如 1/1 000 000 到 1/100 000 的风险。同见 17802：评估应当讨论分析中遇到的重大不确定性，如果可能，还应当区分模型不确定性、参数不确定性和人体差异。	
	NRC 1994 13："应当针对每种与暴露相关的肿瘤类型进行致癌效力估计，且这些肿瘤独立的致癌潜能应被最终加总。"	EPA 1996 《拟议致癌物质风险评估指南》126："在分析发生多种肿瘤类型的动物生物测定数据时，这些指南概述了许多要考虑的生物因素和其他因素，以保证利用这些因素能选出最具代表性的生物学响应数据（包括适当的非肿瘤数据）。如指南的第 3 节所述，适当的选择包括使用单个数据集、组合来自不同实验的数据、展示多个数据集的结果、展示基于不同作用模式的多个肿瘤响应分析结果、通过在单个实验中组合动物与肿瘤展示总体响应，以及这些选择的结合。该方法被认为是在合理判	

主题	NRC 报告：建议 [a]	EPA 响应：政策陈述 [b]	EPA 响应：实施活动 [c]
		断后最好地展示了现有数据，包括了生物学和统计学因素。EPA 考虑了汇总肿瘤发病率的方法之后，决定不予采用。虽然多个肿瘤可以是独立的，但是从单一恶性肿瘤不出现转移的意义上来说，并不清楚是否也代表物质的致癌过程是独立不同的效应。在这方面，并不清楚汇总发病率是否要比结合动物和肿瘤或上述提到的其他几个选项能够更好地表示致癌物质的基本作用模式。汇总发病率会导致更高的风险估计，这是在有充分理由的情况下才会出现的一个步骤。" EPA 2005a　《致癌物质风险评估指南》71 FR 17801："当可以制定多个估计值时，应考虑所有数据集，并判断如何最好地表示人体癌症风险。一些展示结果的可选方案包括增加不同肿瘤部位的风险估计"。（NRC 1994）	
	NRC 1994 142："EPA 应当开发基于生物学的定量方法来评估由于化学物质暴露导致的人群非致癌效应的发病率和可能性。这些方法应当包括可能影响风险的作用机制和群体与个体中敏感性差异的信息。"	EPA 2000c　《基准剂量技术指导文件》1："本文件旨在为机构和外部社区提供关于应用基准剂量方法确定线性或非线性健康效应数据外推起点（POD）的指南。指南讨论了基准剂量和基准浓度（BMDs 和 BMCs）及其低置信限值计算、数据要求、剂量－反应分析和报告要求。文件基于当前的知识和理解以及使用此方法获得的经验提供了指导。机构正积极应用这种方法，评估结果以获取将其用于各种终点的经验。"	

主题	NRC 报告：建议 [a]	EPA 响应：政策陈述 [b]	EPA 响应：实施活动 [c]
	NRC 1994 265：［关于 IRIS］，"EPA 应进一步丰富每种化学物质数据文件的参考资料，包含每种化学物质风险评估缺点的信息以及需要弥补这些缺点所需的研究。此外，EPA 应扩大其工作，确保 IRIS 维持高水平的数据质量。IRIS 中的特定化学物质文件中应当包括 EPA 健康风险评估文件，以及机构开展的有关化学物质的其他重要风险评估参考资料和总结、EPA 科学咨询委员会对这些风险评估的审查、机构对 SAB 审查的响应。其他政府机构或私人机构开展的重大风险评估也应得到参考和总结"。		GAO 2006 38："自 1994 年以来，EPA 已经以多种方式改变了 IRIS 的评估过程。例如，现在每个 IRIS 文件都包含针对关键研究的讨论，以及关于决策和评估中使用的默认值的描述。EPA 还扩大了正在开展的 IRIS 评估的审查，例如，内部同行评审者，包括代表项目办公室和区域的 EPA 高级健康科学家审查 IRIS 摘要和附带的详细技术信息。审查后，ORD 发布外部同行评审文件。EPA 在此时向公众提供评估报告，经过同行评审，IRIS 将讨论评审人员提出的关键问题和 EPA 的响应。此外，EPA 还增加了跟踪系统，使得 IRIS 用户能轻松确定个别评估是在何处完成的。" IRIS 跟踪是对 EPA 目前正在进行的 IRIS 评估的状态报告的汇编，详情可以访问 http://cfpub.epa.gov/iristrac/index.cfm。GAO 2006 38："2003 年 9 月，鉴于对 EPA 和国家监管机构依赖潜在过时科学信息的担忧，EPA 完成了国会要求的审查，评估了更新 IRIS 信息的需求。EPA 项目和区域办公室、公众和其他利益相关方的投入表明 EPA 应当将每年完成的新的或更新的评估数量增加到 50 个。到目前为止，EPA 已经大大超出这一目标。根据项目官员介绍，EPA 于 2005 年完成了 8 项 IRIS 评估，项目将在 2006 年完成 16 项，目前正在开展的大约有 75 项评估。"

主题	NRC 报告：建议 [a]	EPA 响应：政策陈述 [b]	EPA 响应：实施活动 [c]
			"2004 年，IRIS 项目还启动了对数据库中尚未进行重新评估的 460 种化学物质的科学文献综述工作，以确定基于新文献的重新评估是否发现物质毒性信息有显著改变。对于综述的 63%的化学物质，没有发现新的重大健康效应。这些文献综述将每年进行一次，并在 IRIS 数据库中注明。一些项目办公室负责维护数据库并不断完善其风险评估。" "EPA 官员表示，诸如评估过程的复杂性、资源限制和广泛的同行评审等因素限制了 EPA 在 2005 年完成更多评估的能力。EPA 将 IRIS 评估的工作人员从 6 个增加到了 23 个，最终可能会增加到 29 个。审查还指出，EPA 需要指派工作人员开展 IRIS 健康评估，为校外研究及合作提供经费，以制定 IRIS 文件并接受外部同行评审。" 同见 39:"空气质量规划和标准办公室（OAQPS）维护着一个由各种来源开发的剂量–反应数值数据库，这些来源包括 IRIS、ATSDR 和加州环保局，为风险评估人员提供参考。当出现更好的数据时，OAQPS 员工会更新此数据库。美国正在开展的有害空气污染物持续综合评估，是国家空气有毒物质评估的一部分，EPA 在 1996 年评估了 32 种空气污染物和柴油废气中的颗粒物。国家评估的目的是识别对人体健康存在巨大潜在危害的空气污染物，其结果有助于确定收集更多数据的优先次序。作为评估的一部分，EPA 编制了一份来自室外的有害空气污染物的国家排放清单，估计了暴露于污染物的群体情况，表征了吸入污染物潜在致癌和非致癌风险。"

主题	NRC 报告：建议 [a]	EPA 响应：政策陈述 [b]	EPA 响应：实施活动 [c]
推断指南	NRC 1983 162："应当制定统一的推断指南供联邦监管机构在风险评估过程中使用。"	EPA 1984 19："鉴于 NAS 制定风险评估指南和程度的建议，我们审查了许多构成风险评估组成部分的技术问题，这些问题极其多样且涵盖范围广。为了解决这些问题，机构计划完成关于以下主题的新的（或修订当前版本）指南：致癌性、致突变性、生殖影响、系统影响、化学混合物和暴露评估。" NRC 1994 5："1986 年，EPA 颁布了风险评估指南，与'红皮书'的建议大体一致。该指南解决了致癌性、致突变性、发育毒性和化学混合物效应的风险评估。指南包含的默认方案本质上是关于如何处理不确定性的政策判断。指南还包括评估暴露和风险所需的各种假设，例如将啮齿动物测试反应转化为人体估计反应的比例系数。" GAO 2006 53："农药项目办公室定期发布'热点表单'，说明如何应用通用指南对农药产品风险评估。此外，空气和辐射办公室建立了空气有毒物质风险评估参考库，提供如何分析有害空气污染物风险的信息。"	注：对所有联邦机构而言，统一"推断指南"（p. 7 ff；建议 5-9，pp. 162-169）这一建议从未真正实施，但是 EPA 在过去 20 年以"风险评估指南"的形式不断对其进行发布和更新。 GAO 2006 52："至少有 2/3 的风险评估者对我们关于使用指南或参考文件的调查做出了回应，表明这些文件对编制风险评估有较大的帮助。此外，使用政策文件的 1/3～2/3 的受访者表示，这些文件在准备风险评估方面具有较大帮助。更具体地说，许多风险评估者认为机构范围的指南和参考文件提供了评估人体健康风险的框架，有助于风险评估的一致性。例如，一些风险评估者提到机构审查/批准程序对支持风险评估工作十分有用。此外，一些风险评估者认为指南和参考文件有助于澄清问题，认为它们是开展评估时的良好数据源。响应我们调查的风险评估者将《致癌物质风险评估指南》作为准备开展人体健康风险评估时最常用的文件。更具体地说，几名风险评估者指出致癌物质指南提供了准备风险评估的有用框架。许多风险评估者评论到机构范围的指南和参考文件很有帮助，且提供了有用的案例。例如，一些风险评估者指出《暴露因子手册》保证了开展暴露评估

主题	NRC 报告：建议 [a]	EPA 响应：政策陈述 [b]	EPA 响应：实施活动 [c]
			的 EPA 办公室之间的一致性，因为它定义了暴露的标准值以及使用这些标准值的理由。另一位评估者认为《参考剂量和参考浓度过程的审查》提供了设置参考值的全面指导并包含了一个案例研究，可作为简明扼要的危害识别模型。虽然对我们调查做出回应的风险评估者认为指导文件通常是有帮助的，但也有许多人对此表示担忧。例如，一些风险评估者认为这些文件太笼统，难以解读。此外，82% 的已有具体办公室指南的风险评估者认为指南对准备风险评估的帮助较小。根据许多风险评估者的意见，具体办公室的指南以与每个办公室特定需求相关的形式提供信息。超过 65% 的风险评估者认为 EPA 和项目办公室在有效传播指南方面作用不大。"
	NRC 1983 163："推断指南应当全面、详细、灵活，应当明确区分风险评估的科学和政策方面。具体来说，它们应具有以下特点： • 应当描述危害识别、剂量–反应评估和风险表征的所有内容，并要求评估者表明他们已考虑了每个步骤的关键部分。	1986-2005：EPA 颁布了致癌、生殖、发育、致突变、神经毒性和生态效应；暴露评估；以及化学混合物的推断指南。1986 年首次颁布了癌症、发育毒性、暴露和化学混合物的四部指南，并已经更新重新发布。请参阅本表格中列出的指南中的内容，了解每个指南的范围和内容。	

主题	NRC 报告：建议 [a]	EPA 响应：政策陈述 [b]	EPA 响应：实施活动 [c]
	• 应提供每一部分如何考虑的详细指南，但如果评估者证明出于科学原因需要例外，则允许灵活处置。 • 应当提供需要实施风险评估政策决策的数据评估部分的具体指南，并且明确区分这些政策决策和科学决策。 • 应提供评估者如何呈现评估结果及不确定性的具体指南。"		
	NRC 1983 166："制定、采用、应用和修订推荐的风险评估推断指南的过程应当反映其科学和政策的双重性质。 • 应建立专家委员会制定监管机构要考虑和采用的推荐指南。委员会建议的指南应确定评估健康风险的科学能力和局限，界定不确定因素，确定替代政策的后果以解决不确定性问题。		注：虽然报告中建议的国会特许委员会没有成立，但 EPA 开展一些类似的推荐活动。 EPA 1984 《风险评估和管理：决策框架》："我们建立了风险评估论坛，为解决重大风险评估问题提供了平台，并确保机构就此类问题达成的共识被纳入风险评估指南中。论坛还为机构科学家提供了固定的时间和地点来讨论风险评估中产生的问题。同行的建议和评论将有助于提高风险评估的质量，同时节省时间和资源。" 风险评估论坛支持的风险评估指南和所有论坛报告均由《联邦公报》中公布的独立小组进行同行评审，参见 70 FR 17766

主题	NRC 报告：建议 [a]	EPA 响应：政策陈述 [b]	EPA 响应：实施活动 [c]
	• 专家委员会报告和建议应提交负责管理评估和采用指南解决危害的机构，机构也许应在有中央协调的情况下，尽可能从符合当前科学认知的方案中选择一个首选方案。采纳的程序应给公众提供评论的机会。 • 政府采用推断指南的过程应确保所有负责任机构之间的指南统一，并且在评估个别危害的风险时应始终遵守。 • 由此产生的统一指南应管理所有采用这些准则的机构的风险评估过程，除非它们被重新审查和修改；它们不应阻止公众在特定情况下对其全面性或适用性提出异议。总之，这些指南具有既定机构程序的地位，而不是具有约束力的规定。 • 应按照专家委员会的意见和建议定期审查指南。修改指南的程序和通过指南一样，应当给所有感兴趣个人和组织提供评论的机会。"		中描述的 2005 年发布的癌症风险评估指南的同行评审过程："1996 年，机构发布了 EPA 1986 年癌症指南的拟议版本并接收公众意见。自 1996 年提案以来，文件已经进行了广泛的公众意见征求和科学同行评审，包括 EPA 科学咨询委员会（由 EPA 儿童健康保护咨询委员会协助）的三次审查。每个风险评估指南的审查程序在本表格列出的参考文件中进行了总结。" GAO 2006 36："除了增强其科学领导能力，EPA 自 1994 年以来也加强了对研究咨询团体的依赖。科学政策委员会和风险评估论坛在推进 EPA 风险评估实践中发挥了关键作用。理事会对现有政策的完备性进行了审查，根据需要制定科学政策，协调 EPA 与方法、模型、风险评估和环境技术等有关的工作。科学政策委员会工作人员协助特设工作组，支持机构内部沟通，参与技术工作组的活动和审议。" "风险评估论坛是 EPA 资深科学家组成的常设委员会，旨在推进机构范围内就有争议的风险评估达成共识，并确保这一共识被纳入指南。"根据机构官员介绍，该论坛是工作人员在项目办公室之间交流和讨论共同风险评估问题的平台。该论坛对 EPA 风险评估的主要贡献之一是发布了一系列风险评估指南。论坛目前正在制定新的指南，例如，与免疫系统不良影响相关的指南。当现有指南需要额外信息时，论坛会发布附加文件。该指南因为封面的颜色而被称为'紫皮书'。

主题	NRC 报告：建议 [a]	EPA 响应：政策陈述 [b]	EPA 响应：实施活动 [c]
	NRC 1983 169："委员会最初建议为癌症风险评估制定、采用指南。之后进一步考虑其他类型的健康效应。为其他健康效应制定一套完整的推断指南可能并不实际。为此，确定科学知识的程度和不确定性、提出处理不确定性的方法将是有效的第一步。"	1986—2005：EPA 颁布了致癌、生殖、发育、致突变、神经毒性和生态效应以及针对暴露和化学混合物的指南。参见此表中的参考文献。	
	NRC 1983 170："机构应当制定暴露评估指南，由于估计不同暴露途径（如通过食物、饮用水和消费品）会存在各种问题，因此针对每个途径都需要单独的指南。"	1986：《暴露指南》颁布。1992 年制定了修订指南。	
	NRC 1994 266："EPA 应当意识到开展风险评估不需要任何具体的方法学，并且最好不要将其视为数字甚至是一份文件，而应视为一种组织潜在危险活动或物质的知识，以促进系统性分析这些活动或物质在特定情况下可能造成风险的方式。因此，广泛认为的风险评估的局限性可以认为是由于当前知识状态局限性造成的。因此，风险评估的指南应当仅仅是指南，而不是要求。EPA 应长期关注如何改进这一评估过程和指南。"	EPA 1986[d]　《致癌物质风险评估指南》51 FR 33993：这些指南描述了制定致癌性风险分析时应遵循的一般框架和评估数据质量、判断癌症危害性质和程度时使用的重要原则……这些指南的目的是充分灵活地适应新知识和新评估方法。	

主题	NRC 报告：建议 [a]	EPA 响应：政策陈述 [b]	EPA 响应：实施活动 [c]
机构内部和外部合作	NRC 1983 160："短期内，当两个或两个以上机构对某需监管的健康危害有兴趣且有管辖权时，应在国家毒理学项目或其他合适组织的主持下开展联合风险评估。联合风险评估由各机构的科学人员编制，并接受其他政府科学家协助。"		GAO 2006 35："2004 年，EPA 和 ATSDR 签署一项正式协议，协调 ATSDR 对特定高污染地区和 EPA 综合风险信息系统（IRIS）数据库开发毒理学评估的工作。EPA、NIEHS 和 ATSDR 共同制定在国家高污染地区发现的大约 275 种有害物质的清单并每年审查，ATSDR 将对其进行毒理学评估。" GAO 2006 36："每个毒理学评估几乎包含关于化学物质的所有知识，包括其危害人体健康或环境的潜力。这些毒理学评估和 EPA IRIS 数据库毒理学评估的区别在于 ATSDR 包含慢性癌症和非致癌效应，以及急性效应，而 IRIS 通常只包含慢性癌症和非致癌效应。" GAO 2006 35："1994 年以来，EPA 已经加强与其他联邦研究人员的正式合作，以更好地利用有限的研究资金，促进数据开发，改善人体健康风险评估。具体来说，EPA 已经与国家环境健康科学研究所（NIEHS）和有毒物质与疾病登记局（ATSDR）等机构建立了联系。例如，1988 年，EPA 与 NIEHS 建立了合作协议，开发一系列关于暴露和儿童健康关系的研究。这项合作共同资助了七所美国大学和一家医疗中心的儿童环境健康研究中心，研究儿童哮喘和其他呼吸系统疾病，以及减少农场儿童农药暴露的方法。" "此外，EPA 与 ATSDR 密切合作，填补研究空白，开发用于风险评估的特定化学物质毒理学研究。" "在每次年度审查中，机构员工可以增加化学物质到清单中，并确定研究优先序，来填补知识空白。在这 275 种化学物质中，大约有 150 种被 EPA 认为有高度优先的需求。"

主题	NRC 报告：建议 [a]	EPA 响应：政策陈述 [b]	EPA 响应：实施活动 [c]
	NRC 1994 138："EPA 应与外部机构开展更多的合作，从而改进总体的风险评估流程以及流程中的每个环节。"		GAO 2006 57："尽管 EPA 办公室间的合作情况有所改善，但一些风险评估者也指出限制合作的两个障碍。具体来说，评估者指出，EPA 办公室之间的优先事项或目标存在矛盾，以及一些办公室沟通不畅妨碍了合作的有效性。例如，虽然一些化学物质由 EPA 内的多个办公室研究，但是各办公室由于法律和职责的巨大差异，在方法和时间安排上也有所不同，因此，一个办公室的优先化学物质可能在另一个办公室不是优先事项，从而妨碍及时的合作。此外，一些风险评估者发现合作具有挑战性，因为他们很难在另一个办公室找到在具体问题沟通上的合适人选。" 同见 57："几位风险评估者提出了几项增进项目办公室、ORD、非 EPA 组织之间沟通的办法。例如，一些风险评估者建议建立更多的机构间工作小组或会议机制，以此作为在制定评估方法过程中解决研究需求、推进信息交流的方式。一些建议建立集中风险评估信息库，促进合作，避免重复他人已经完成的工作。具体来说，一名风险评估者表示，EPA 可以提供不同机构和组织开展工作的集中数据库，例如特定化学物质毒性数据，具体暴露或其他值，以及每个办公室的联系点。"

主题	NRC 报告：建议 [a]	EPA 响应：政策陈述 [b]	EPA 响应：实施活动 [c]
			GAO 2006 37："污染预防和有毒物质办公室与行业有两个合作项目，致力于开发污染物数据以便更好了解风险。第一个是高产量（HPV）挑战项目，该项目于 1998 年年底正式启动，确保向公众提供大约 2 800 种每年生产或进口量超过 100 万磅的化学物质的基础数据。美国化学理事会、环境保护和美国石油学会等不同利益相关方参与了该项目。HPV 挑战项目为包括公众在内的所有利益相关方提供了评论测试和数据汇总的机会，化学物质赞助公司和财团自愿提供公开的筛选数据，使 EPA、行业和其他利益相关方能更有效地衡量 HPV 化学物质的潜在危害。所有评论已经在互联网上公布。截至 2006 年 1 月，EPA 从行业赞助商处得到提供 2 247 种化学物质数据的承诺。第二个项目是志愿儿童化学物质评估项目，目的是提供数据使公众更好了解与特定化学物质暴露相关的儿童潜在健康风险。EPA 要求，制造或进口在各种生物监测项目的人体组织中发现的 23 种化学物质的公司应当自愿赞助试点项目中特定化学物质的评估。35 家公司和 10 家财团自愿赞助 20 种化学物质。该项目在充分听取利益相关方意见和担忧之后才开始执行。在选择试点的 23 种化学物质中，有 9 种已经完成数据收集，11 种正在开展，剩下的 3 种化学物质没有赞助。"

主题	NRC 报告：建议 [a]	EPA 响应：政策陈述 [b]	EPA 响应：实施活动 [c]
风险评估的迭代方法	NRC 1994 14："EPA 应当开发开展迭代风险评估的能力，促使评估的改进，除非（1）风险低于适用的决策水平，（2）科学知识进一步提升后风险的估计值并无显著改变，（3）EPA、排放源或公众认为风险水平不需进一步分析。迭代的风险评估还将确定进一步的研究需求，鼓励监管机构进行研究，而无须对每种化学物质进行昂贵的逐案评估而开展研究提供激励。迭代能够提高风险评估决策的科学基础，同时对诸如保护水平和资源限制等风险管理问题做出回应。" NRC 1994 14："EPA 应当开发和使用迭代的风险评估方法，这将有助于更好地了解风险评估和风险管理之间的关系，使两者适当融合。" NRC 1994 264："EPA 不应该采用分层的风险评估过程，而是应该开发开展迭代风险评估的能力，允许流程改进，直到保守估计风险仍低于适用的决策水平（如 1×10^{-6} 等）；直到进一步的改进不会显著改变风险的估计值；或者直到 EPA、排放源或公众均认为风险不需要进一步分析。"	EPA 1998 《生态风险指南》92："如果风险评估不足以支持管理决策，风险管理者可选择在评估过程的一个或多个阶段进行另一次迭代。重新评估概念模型（相关风险假设）或进行其他研究可能会改善风险估计。" EPA 2005a 《致癌物质风险评估指南》 70 FR 17808："风险评估是一个迭代的过程，从筛选优先事项进行初步评估，再到支持复杂监管决策的全面审查，整个过程的深度和范围不断扩大。默认方案可在任何阶段使用，但主要集中在筛选阶段……主要法规中有将近 30 项需要根据风险、危害或风险评估进行决策……鉴于分析的范围和深度，不是所有的风险表征的覆盖面和深度都相等。" 64 Fed. Reg. 38705［1999］："在分析剩余风险时，我们将根据机构人体健康和生态系统风险评估技术指南和政策来开展风险评估，使用分层的方法，通常首先对源的类别进行筛选评估，仅在筛选评估中确定的风险不可接受的情况下进行精细评估。根据 HAPs 的特点，这些评估将针对单个或多个暴露途径和人体与生态终点。"	GAO 2006 30："一些项目办公室采用迭代或分层的方法开展风险评估……如果这些分析表明风险可能相对较高，则评估者将进行更深入的分析，确定高风险水平是真实的还是由于评估时的保守假设导致的假象。虽然这导致迭代方法被更多地使用，但 EPA 也意识到需要更加明确何时采用这种方法。例如，EPA 可以更加清楚知道何时、为何基于筛选评估结果即可做出风险管理决策，而不需要进行更详细的评估。" GAO 2006 30："当筛选评估确定潜在的重要风险时，EPA 决定是否根据当前的优先事项和可用资源对风险进行适当调整。如果 EPA 决定调整风险，则需要开展更详细更完善的风险评估。改进的程度取决于决策类型、可用资源以及风险管理者的需求。在改进估计后，EPA 对此进行回顾，看看是否足以回答提出的问题。不断地改进直到在有限资源的前提下能够向决策者提供充分信息。修订的癌症指南和 EPA 1995 年《风险表征政策》都支持风险评估的迭代方法。"

主题	NRC 报告：建议[a]	EPA 响应：政策陈述[b]	EPA 响应：实施活动[c]
模型和模型验证	NRC 1994 137："EPA 应当确定方法和模型的预测准确性和不确定性以及风险评估中所用的对支持默认方案十分重要的数据的质量。EPA 和其他组织还应开展替代方法和模型的研究，表明其和默认方案之间的偏差程度，从而以清晰且令人信服的方式提供性能更好和更准确的风险评估。"	GAO 2006 41：EPA 环境监管模拟工作组发布的一份报告结论称对于外部同行评审的环境监管模型，需要培训、技术支持以及机构指南。 EPA 1994a 4，《预测暴露评估的模型验证》："概述了模型验证的方法和程序步骤，定义了验证在开发模型的整体过程中的作用……［文件］讨论了专家意见和定性判断在确定模型验证状态方面的重要作用。最后，它列出了实施判断模型是否有效的协议时所必须的证据的形式。" GAO 2006 42："EPA 还将改进模型的工作纳入其战略研究和实施计划中。例如，在其研究有害空气污染物的规划中，EPA 制定了长期目标，通过急性和慢性暴露以及国家和区域层面多种途径暴露的方法、数据和模型减少风险评估的不确定性。"	已经召集了国家研究委员会委员会"评估与 EPA 决策过程中选择和使用的计算和统计模型相关的不断演进的科学和技术问题。委员会就指南的制定和机构选择和使用模型的想法提供建议……委员会的目标是提供一份报告，以此作为 EPA 监管过程中选择和使用模型的基本指南"。委员会的报告于 2007 年 6 月发布。 GAO 2006 41："1997 年，ORD 和项目办公室举办了一次机构范围的、被称为 2000 模型研讨会的会议，该会议督促遵守现有的建模指南，确立和实施改进机构开发和使用模型的举措，并提出改善机构所使用模型的具体实施计划。" GAO 2006 43："EPA 已经开始采用概率风险评估和作用模式分析等新的风险评估方法。概率风险评估将风险估计的差异或不确定性表征为每个可能后果发生次数的范围或频率分布。在概率风险评估中，风险方程的一个或多个变量，如暴露率被定义为分布而不是一个数字。概率风险评估的主要优点在于它提供了关于差异或不确定程度的定量描述……EPA 目前使用了一系列包含概率分析的模型，并在开发新的模型框架，即多媒介综合模型系统，这将会进一步增强机构概率化地模拟不确定性的能力。"

主题	NRC 报告：建议 [a]	EPA 响应：政策陈述 [b]	EPA 响应：实施活动 [c]
			GAO 2006 41："EPA 在 2000 年通过建立监管环境建模委员会（CREM）来跟进这些活动，促进机构就建模问题（包括建模指南、开发和应用）达成共识，加强建模活动的内部和外部沟通。CREM 支持并加强了项目办公室当前的建模活动，向 EPA 提供了工具支持环境决策，还向公众和 EPA 员工提供了关于 EPA 模型使用的关键问题。2000 年，CREM 发起了机构范围的活动，旨在加强 EPA 监管环境模型的开发、使用和选择。研讨会等活动促进了好的建模实践的讨论，促进了建模指南的发展。" "2003 年，CREM 制定了指南，并创建了 EPA 最常用模型的数据库，被称为模型知识库。" GAO 2006 42："ORD 的一个实验室建立了暴露模型的研究分支，并开发了群体暴露模型，例如通过多种途径吸入和普通以及敏感亚群通过多途径暴露的随机人体暴露和剂量模拟模型。EPA 还开始使用地理信息系统（GIS）呈现空间风险信息。例如，EPA 正在开发一个 GIS 系统，空间呈现了美国所有饮用水及其相关流域风险，以便机构能更好地评估由于相关流域的活动引起的饮用水供应风险。对于有害空气污染物的风险评估，GIS 可以在规划、范围界定和问题构建以及暴露评估和风险表征期间显示和分析数据，GIS 还可以帮助风险管理者和其他利益相关方交流信息。"

主题	NRC 报告：建议 [a]	EPA 响应：政策陈述 [b]	EPA 响应：实施活动 [c]
	NRC 1994 142："EPA 应继续使用线性多阶段模型作为默认方案，但是应制定标准以便于确定何时信息足够充分到可以使用替代的外推模型。"	EPA 1996 《拟议致癌物质风险评估指南》125："EPA 建议不使用计算模型如线性多阶段模型等作为低于观测范围时外推的默认方法，原因是默认外推的基础是考虑作用模式曲线可能形状的理论预测。因此，计算模型看起来比线性外推更复杂，但事实上并没有。在主要默认值的解释中外推是直线的。研讨会的审查人员还对这些准则草案（EPA 1994b）提出了建议。另外，根据作用模式，提出了一种在曲线是非线性情况下使用的边际暴露分析。在这两种情况下，观察到的数据范围在没有生物基础或特殊情况模型的支持数据时通过曲线拟合来建模。"	
同行评审和专家小组	NRC 1983 156："在任何重大监管措施或决策没有开展前，应由独立的科学咨询小组对机构的风险评估进行审查。同行审查可以由已经建立的或当前法律授权的科学小组开展，如果都没有，可由针对此目的而设立的小组开展。"注：根据法律，EPA 需要对某些类别的风险评估进行同行评审，参见 CAA Sec.109，FIFRA，Sec.25（d），SDWA Sec.1412（b）等	EPA 1992b，1994c 《同行评审政策备忘录》："与机构决策相关的科学和技术工作产品通常需要同行评审。总部、区域、实验室和实地部门的机构管理者负责决策是否在特殊情况下开展同行评审，如果开展，还要确定其性质、范围和时间。"（EPA 1994c, p. 2）EPA 2000d 《同行评审手册》第 2 版 viii："同行评审政策和本手册的目的是，通过确保这些决策涉及的科学技术产品得到来自独立的科学和技术专家的适当水平的同行评审来增强机构决策的质量和可信度。"EPA 2002c《确保和最大化 EPA 传播的信息的质量、效用和完整性指南》：讨论"确保和最大化［EPA］传播的信息"和"EPA 信息产品预传播审查的行政机制"的程序。	GAO 2006 26："除了加强其科学领导能力，EPA 自 1994 年以来还增强了其对科学咨询团体的依赖。"2003 年，EPA 研究和发展副主任和科学顾问 Paul Gilman 表示，"在我们数据库中列出的 800 多种产品，有些在 2002 年正在接受同行评审或在未来几年需要进行同行评审，大约 450 项需要外部同行评审；67 项内部评审；225 项需要同行评议的期刊审查；为了平衡，审查机制尚未确定（产品完成几年后会成为典型）"（Gilman 2003, p. 6）。

主题	NRC 报告：建议 [a]	EPA 响应：政策陈述 [b]	EPA 响应：实施活动 [c]
		EPA 2003c 《评估科学和技术信息质量的一般评估因素的汇总》iv："旨在提高公众对 EPA 在确保和提高可供机构使用的信息质量方面的持续兴趣。此外，它还补充了《确保和最大化 EPA 传播的信息的质量、效用和完整性指南》（EPA 信息质量指南）。对机构实践工作的汇总也是机构工作人员的额外资源，因为他们不论来源而评估了信息的质量和相关性。"	"更加关注工作产品：2002 年 OSP（科学政策办公室）审查了 859 项工作产品。其中，过去一年完成了 113 项；273 项确定为未来某一时间需要同行评审（根据产品的开发地点，通常在未来 1~3 年内开展）；362 项是科学文章或几篇文章的汇编，提交相关科学期刊；还有 111 项通常由于其重复性或常规性，不被认为是同行评审的备选。按照总共 859 项里 111 项'不需要同行评审'，可以看出近 90%的科技工作产品需要接受内部或外部同行评审"（p. 7）。"通过对 ORD 领导的办公室同行评审规划的年度评估，机构同行评审的一致和严格的监测，科学同行评审在确保 EPA 科技产品质量方面的作用得到广泛的了解和接受。"（Gilman 2003，p. 9） EPA 2000e 《EPA 环境计划质量手册》2~5：EPA 从 2000 年开始，在《EPA 环境计划质量手册》（EPA 2000e）指导下，已经开展了一系列工作来帮助改善和确保数据和信息质量。手册讨论了 EPA 在管理和协调数据质量体系中的作用，包括制订质量管理计划，"对应用于环境数据操作质量系统的有效性进行规划、指导和实施进行评估，并向高层管理者汇报结果"。

主题	NRC 报告：建议 [a]	EPA 响应：政策陈述 [b]	EPA 响应：实施活动 [c]
	NRC 1994 8："EPA 应当继续使用科学咨询委员会和其他专家机构。特别地，机构应继续尽可能地利用同行评审、研讨会和其他方式确保广泛的同行参与，确保风险评估决策能够成为一个允许所有公众讨论和科学界同行参与的过程，从而保证结果的科学性。"		风险评估论坛支持的风险评估指南和所有论坛报告均由《联邦公报》中公布的独立小组进行同行评审，参见 70 FR 17766 中描述 2005 年发布由 EPA 儿童健康保护咨询委员会补充的癌症风险评估指南同行评审过程："1996 年，机构发布 EPA1986 年癌症指南的拟议版本，接收公众意见。自 1996 年提案以来，文件已经进行了广泛的公众意见征求和科学同行评审，包括 EPA 科学咨询委员会三次审查"。 GAO 2006 27："科学顾问委员会（BOSC）向 ORD 副主任提供了关于 ORD 研究项目的客观和独立意见、措施和建议。BOSC 是由来自科学界、行业和环境组织的科学家和工程师组成，他们都是各自领域的专家。1998 年，BOSC 完成了 ORD 实验室和中心的同行评审。2002 年和 2003 年，BOSC 完成了实验室和中心的第二次审查，指出了实验室和中心的主要成就以及未来改进的领域。此外，2004 年，EPA 科学咨询办公室发布《员工手册》之后，要求 BOSC 为 EPA 员工和行业、环境组织和研究者等其他利益相关方举办研讨会，提供反馈意见，改进 EPA 当前实践，并提出风险评估具体方面的替代方法。"

主题	NRC 报告：建议[a]	EPA 响应：政策陈述[b]	EPA 响应：实施活动[c]
	NRC 1983 171："委员会建议国会设立风险评估方法委员会，履行以下职能： • 批判性地评估风险评估中不断发展的科学依据，明确风险评估过程各部分不同推论的基本假设和政策影响。 • 起草并定期修订联邦监管机构采取并使用的推荐风险评估推断指南。 • 学习机构风险评估经验，评估指南的有效性。 • 确定风险评估领域和相关基础学科的研究需求。"	EPA 1984 《风险评估和管理：决策框架》22："我们建立了风险评估论坛，为解决重大风险评估问题提供了机构基础，并确保机构就此类问题达成的共识能够被纳入适当的风险评估指南中。论坛还为机构科学家提供了固定的时间和地点讨论风险评估中产生的问题。同行的建议和评论将有助于提高风险评估的质量，同时节省时间和资源。"	注：虽然国会没有建立推荐的委员会，但是 EPA 开展了类似于推荐委员会功能的特定机构活动，如风险评估论坛和风险评估指南。
优先事项确定和数据需求管理	NRC 1994 10："EPA 应当编制 1990 年《清洁空气法修正案》中识别的 189 种化学物质的化学、毒理学、临床和流行病学文献清单。"［针对空气项目］		GAO 2006 39："一些项目办公室负责维护数据库来加强其风险表征。例如，空气质量规划和标准办公室（OAQPS）维护一个包含多个数据源的剂量–反应数值数据库，其数据源包括 IRIS、ATSDR 和加州环保局，是风险评估人员的重要参考。OAQPS 员工在有更好的数据时会即时更新该数据库。美国正在开展的有害空气污染物的持续综合评估是国家空气有毒物质评估的一部分，EPA 在 1996 年评估了 32 种空气污染物和柴油废气中的颗粒物。国家评估的目的是识别对人体健康存在巨大潜在危害的空气污染物，其结果有助于确定收集额外数据的优先次序。作为评估的一部分，EPA 编制了一份来自室外的有害空气污染物国家排放清单，估计了暴露于污染物的群体情况，表征了呼吸污染物的潜在致癌和非致癌风险。"

主题	NRC 报告：建议 [a]	EPA 响应：政策陈述 [b]	EPA 响应：实施活动 [c]
	NRC 1994 10："EPA 应当筛选 189 种化学物质，确定健康风险评估的优先级、识别数据缺失、并制定奖励措施，以便于加快生产其他公共机构（如国家毒理学项目、有毒物质与疾病登记处和国家机构）和其他组织（行业、学术界等）所需数据。"（针对空气项目）		GAO 2006 36："此外，EPA 已经开始与科学和行业相关研究人员建立了合作关系。例如，EPA 与国际生命科学研究所风险科学研究所（ILSI-RSI）达成了合作协议，该机构研究风险评估中的关键科学问题，例如风险评估方法的开发。这些合作协议专门用于联系科学团体，会集来自不同单位（包括学术界、政府其他部门、包括行业在内的私营部门）的科学家来解决风险评估问题。根据一项协议，ILSI-RSI 将研究累积暴露和聚集暴露的风险评估方法。此外，EPA 还依托于 CIIT 健康研究中心开展研究以提供甲醛的 IRIS 评估信息，该研究中心是 EPA、行业和其他联邦机构资助的化学物质研究实验室。此外，EPA 和行业联合资助健康效应研究所（HEI）——该机构研究各种空气污染物的健康效应，包括空气中的颗粒物和臭氧。HEI 提供了风险评估数据，并召集专家组审查和发布近期关于柴油机废气排放的风险评估报告。"
	NRC 1994 158："EPA 应当将收集排放和暴露数据的工作扩大到个体监测和特定点位监测。"（针对空气项目）		GAO 2006 39："ORD 持有化学物质在个体室内和室外环境中的空气、食物和饮料、水和灰尘中的个体监测数据。例如，1998 年完成的国家人体暴露评估调查（NHEXAS）项目中，ORD 收集了来自国家不同地区数百位受试者的人体暴露数据。NHEXAS 提供了总体暴露于环境污染物的背景水平的数据，可作为暴露和风险评估的基准，估计特定群体是否暴露于高风险水平的环境污染物。"

主题	NRC 报告：建议 [a]	EPA 响应：政策陈述 [b]	EPA 响应：实施活动 [c]
问题描述和生态风险评估	NRC 1996 3："风险表征是分析—审议过程的结果。它的成功很大程度上取决于对问题的系统分析，对利益相关方需求的响应，以容易理解的方式处理对决策问题重要的不确定性。其成功还取决于对所构建决策问题的审议，指导决策参与者以做出更好的分析，寻求分析结果和不确定性的解释，提高利益相关方有效参与风险决策的能力。这一过程必须在每个步骤中都有利益相关方、决策者和风险分析专家的多样化参与或代表。"	EPA 1997a《备忘录：累计风险评估指南》阶段 I 规划和范围界定："国家研究委员会（NRC）的《认识风险：民主社会中的风险决策信息》和风险评估和风险管理委员会报告建议：包括经济学和社会学科学家在内的各种专家及利益相关方必须参与环境风险评估和风险管理整个过程。该指南还建议专家和利益相关方参与风险评估的规划和范围界定阶段。机构正在开展一些涉及与利益相关方合作的活动，这些活动的经验将为利益相关方参与风险评估和风险管理问题提供坚实的基础。" EPA 1998《生态风险评估指南》13："生态风险评估的特点直接取决于风险管理者和风险评估者在规划对话中达成的共识，这些共识是规划的产物，它们包括（1）明确建立和阐述管理目标，（2）在管理目标范围内对决策表征，（3）同意风险评估的范围、复杂性和重点，包括预期产出和可用于完成评估的技术和经济支持。" EPA 1998《生态风险评估指南》3：EPA（1998）还指出在 SAB 审查期间，"尽管一些人强调风险评估者、风险管理者和相关方（或利益相关方）在生态风险评估过程中需要持续互动，并要求指南提供关于这些互动的更多细节，但大多数审查者认为拟议指南和 NRC 报告之间已经存在较好的兼容性。为了更加重视这些互动，生态风险评估框架被进一步修改，在过程最开始的规划方框中包含了'相关方'，在风险评估之后的风险管理方框中包含了'与相关方沟通'。此外还增加了关于风险评估者、风险管理者和相关方之间互动的更多讨论，特别是在第 2 部分（规划）。"	

主题	NRC 报告：建议 [a]	EPA 响应：政策陈述 [b]	EPA 响应：实施活动 [c]
	NRC 1996 6:"风险表征的分析—审议过程应尽早明确问题的构建；且在早期迫切需要利益相关方表达自己的观点。分析—审议过程应当是相辅相成的。分析和审议是互补的，在整个风险表征过程中必须综合运用：审议构建分析框架，分析为审议提供信息，整个流程受利于分析和审议之间的反馈。"	EPA 1998 13:指出"规划期间，风险管理者和风险评估者有责任就风险评估的目标、范围和时间、实现目标所需的可用资源达成一致。他们共同使用区域生态系统、监管要求和公众感知的环境价值信息解释生态风险评估中的目标。" EPA 2003b 63:包括了 1996 年国家研究委员会报告中风险表征建议，并有一个专栏总结了报告中的要点。同时指出，"对风险分析过程中表征步骤早期持续的关注能够保证实现最有效的风险表征（NRC 1996；EPA 2000b)。"	
公众评审和评论；公众参与	NRC 1994 267:"EPA 应当提供公开评审和评论的过程，并且给予回应，从而向外部相关方保证风险评估中使用的方法是科学合理的。" NRC 1996 30:"成功的风险表征取决于三方主体的投入：政府官员……分析专家……和决策的利益相关方。利益相关方有权影响具体的分析问题，且能够生产信息并推进审议过程。"	注：根据联邦《行政程序法》和 EPA 管理的环境法规，这些法规授权与 EPA 的所有行动都需要向公众公开并提供评论的机会。 EPA 1998 《生态风险评估指南》63 FR 11～12:"在某些风险评估中，利益相关方也在规划中发挥了积极作用，特别是目标制定方面……相关方会与风险管理者交流他们对环境、经济、文化或其他价值受环境管理活动风险的担忧……在某些情况下,相关方会向风险评估者提供重要信息。当地知识，特别是农村地区的知识，以及土著居民的传统知识可以为一个地方的生态特征、过去的情况和当前变化提供宝贵的信息。"	GAO 2006 29:"项目办公室以各种方式让利益相关方参与，例如，空气质量规划和标准办公室（OAQPS）中负责设置六种主要污染物空气质量标准的分部在定期更新标准的规划阶段寻求利益相关方的投入。此外，一旦公开发布，公众可以正式对空气质量标准草案提出意见。水办公室追求利益相关方和公众的参与，包括和环境团体、行业、贸易协会、风险评估组织、州、边界国家开展合作。此外，办公室对水质标准和其他非监管行动，如健康咨询的定期审查都是公开的过程，允许公众在分析的各阶段投入。"

主题	NRC 报告：建议 [a]	EPA 响应：政策陈述 [b]	EPA 响应：实施活动 [c]
		EPA 1997a 《备忘录：累计风险评估指南》阶段 I 规划和范围界定：响应 NRC 1996 的建议，机构开展了部分涉及与利益相关方合作的活动，这些活动的经验将为利益相关方参与风险评估和风险管理问题提供坚实的基础。 EPA 1997a 《累积风险评估指南》1，2："指导每个办公室在界定重大风险评估范围和规划时考虑累积风险问题，考虑更广的范围，整合多种源、效应、途径、压力源和群体，以便在所有可获得相关数据的情况下进行累积风险分析……目的是确保公民和其他利益相关方有机会确定环境或公众健康问题评估的方式，理解风险评估中如何使用现有数据，以及数据如何影响风险管理决策。"	"对于涉及农药重新注册的风险评估，农药项目办公室（OPP）制定了为公众参与提供机会的过程。根据农药的潜在健康风险，公众有一到四次不同的机会发表意见。例如，如果风险评估得出产品对人体健康风险很小，则 OPP 决定是否批准农药产品之前，公众将有一次机会发表意见。对于高风险的产品，公众会有四次机会发表意见。在 OPP 完成初步风险评估后，有首次发表意见的机会。该初步评估包含风险评估的所有要素，并进行内部审查，但是尚未最终确定。有机会发表意见的通知发布给已经选择接受此类通知的人并在《联邦公报》上公布'相关通知'。公众还可以通过办公室的科学咨询小组对农药项目办公室编制的风险评估提出意见，科学咨询小组定期举行与农药有关的风险评估问题的公开会议，例如评估暴露与农药的皮肤敏感性方法或用于估计饮食暴露的模型。" GAO 2006 38："EPA 还改变了其确定哪些化学物质需要优先进行新的或更新的 IRIS 评估的方式。每年，EPA 要求其项目办公室、区域和公众确定需要制定或修订 IRIS 评估的污染物。EPA 在《联邦公报》上公布了清单，要求公众和科学团体提供关于需要审查物质的所有相关数据。EPA 正在寻找能够增进和其他开展化学物质评估的政府机构间协调、在开展 IRIS 评估中与利益相关方尽早沟通、并与独立的外部评审人员进行磋商等的有效机制。"

主题	NRC 报告：建议 [a]	EPA 响应：政策陈述 [b]	EPA 响应：实施活动 [c]
风险表征	NRC 1983 20："风险表征是估算在暴露评估中经过各种人体暴露后造成健康效应发生率的过程。该过程结合了暴露和剂量–反应评估两个步骤。本步骤描述了上述步骤中的不确定性的总效应。"	EPA 1984 14，《风险评估和管理：决策框架》："最终评估应展示与当前决策有关的所有信息，包括过程中每一步的证据性质和权重、各部分估计的不确定性、各部分群体间风险分布、估计中包含的假设等因素。" EPA 1992b 《机构范围政策备忘录》："均衡的风险表征能为其他风险评估者、EPA 决策者和公众提供了关于风险评估优点和局限等的信息。"（NRC 1994，附录 B） EPA 1995a《机构范围政策备忘录》："为支持 EPA 决策而准备的每项风险评估工作均应包括风险表征步骤……它清楚，透明，合理，与机构项目中编制的范围类似的其他风险表征相一致……为了确保透明度，风险表征应包括一份关于评估可信度的声明，保证其识别了所有重要的不确定性，概述不确定性对其评估的影响，与［EPA 1995b，《风险表征手册》中的指南]一致。"（转载于《风险表征手册》附录 A） EPA 2000b 《风险表征手册》39："EPA 已经编写了各种风险评估指南来确保采用科学可辩的方法开展风险评估。当编写评估的风险表征部分时，应当指出是否遵循指南，并且描述评估中做出的关键假设及其对评估结果的影响……在过去几年中，不同的 EPA 办公室对如何评估风险有不同的政策（例如，不同的不确定性因子或不同程度的监管关注）。虽然制定各种风险评估指南和科学政策委员会有助于消除这些差异，但是在 EPA 依然存在由于政策选择导致影响风险评估后果的可能性（如不同法律及其实施条例仍然可以规定不同政策）。此外，EPA 和其他机构之间对于风险评估政策选择可能存在巨大差异。在了解这些信息的基础之上，需要在评估的风险表征部分详细描述，并让管理者知道替代政策选择对评估结果的影响。"	

主题	NRC 报告：建议 [a]	EPA 响应：政策陈述 [b]	EPA 响应：实施活动 [c]
	NRC 1994 5："风险表征将各种暴露条件下的暴露和反应评估结合，评估对暴露个体或群体的特定危害的概率。在可行的情况下，表征应当包括群体的风险分布。当知道风险分布时，可以估计最大暴露于物质个体的风险。" NRC 1994 10："EPA 应当继续将终身暴露导致癌症概率的上限效力估计作为其风险特征指标之一。如果可能，还应针对该指标补充其他能更充分反映与估计相关的不确定性的癌症效力描述。"	EPA 1986《致癌物质风险评估指南》51 FR 33999："风险表征部分应总结危害识别、剂量–反应评估、暴露评估和公众健康估计，呈现主要假设、科学判断，并尽可能展现风险评估中出现的不确定性估计。" EPA 1996《拟议致癌物质评估指南》125："在大多数情况下，使用线性外推的结果被认为是人体低剂量效力的上限，但是如主要默认值小节讨论的，事实并不总是如此。在本指南的剂量反应评估和表征部分，需要探讨曲线拟合观测数据模型或使用基于生物学或特定案例模型参数的不确定性。" EPA 2005a《致癌物质风险评估指南》70 FR 17801："线性外推应在两种不同情况下使用：（1）当有数据表明低于 POD（起点）时剂量–反应曲线表现出线性关系，和（2）作为尚不清楚作用模式的肿瘤部位的默认值……这条线的斜率称为斜率因子，是可用于不同暴露水平时每增加单位剂量暴露导致的风险概率上升的上限估计。"	
	NRC 1994 27："风险表征还应包括针对与风险估计相关的不确定性的充分讨论。"	EPA 2005a《致癌物质风险评估指南》70 FR 17808："风险表征体现了危害、剂量–反应和暴露分析等过程之间的综合与平衡。风险分析人员应提供证据和结果的摘要，描述可获得数据的质量及其用于风险评估的可靠程度。重要的内容包括可用数据和知识状况的限制、重要科学问题，以及当存在对数据其他解释方式时可以做出的重要科学和科学政策选择（EPA 1995a，2000b）。在分析过程中明确讨论关于评估中使用数据或默认方案时做出的选择。如果做出的选择事关重大，则在摘要中突出显示。当风险评估的替代方法具有重大生物学基础支持时，可以向决策者介绍这些替代方案及其优点和不确定性。"	

主题	NRC 报告：建议 a	EPA 响应：政策陈述 b	EPA 响应：实施活动 c
与风险管理相关的风险沟通	NRC 1994 15:"当EPA向决策者和公众报告风险估计值时，它不仅应提供风险的点估计，还应提供与这些估计相关的不确定性的来源和大小。" NRC 1994 13:"应当向风险管理者提供定性和定量的风险表征，即既有描述性又有数字性内容。"	EPA 1996　《拟议致癌物质风险评估指南》126:"作为针对这些建议的回应，EPA 局长颁布了风险表征指南并要求EPA所有项目组执行相关计划（EPA 1995a）。这些癌症指南遵循了局长的指导。关于危害、剂量反应、暴露等的评估过程都将包含一系列技术不确定性的表征，包括涉及数据和当前科学认知的优点和局限性、确定面对学科局限时所使用的默认值、讨论有争议的问题、讨论定性和定量层面存在的不确定性等。" EPA 1998　《生态风险指南》109~110:当完成风险表征时，风险评估者应当估计生态风险，指出风险估计的总体可信度，列举支持风险评估的证据，并解释不利的生态效应。通常，这些信息会包含在风险表征的报告中…… EPA 2005a　《致癌物质风险评估指南》71 FR 17807:"风险表征应以尽量减少技术术语的方式向管理人员呈现评估总结。这是为风险管理者提供信息的一种科学评估……它还能满足其他相关读者的需求。该总结是编制风险沟通信息的重要资源，但是……其本身并不是直接和每个受众沟通的工具。"	GAO 2006 64:"专家们还表示，EPA 风险评估应清楚描述数据的充分性和其选择默认值、方法或模型的基础。一些专家指出风险评估应当确定并清楚讨论分析不可用的数据，包括数据需要的形式以及获得所需数据最合适的研究设计或方法。另外，几位专家表示，EPA 需要就风险评估中使用的默值以及为什么选择它们进行更明确的沟通。例如，一位专家说，即使风险评估可能完美，如果公众不了解机构选择背后的理由，那么风险评估可能被认为有缺陷。此外，在个别风险评估中，机构可以更清楚地确定哪些关键研究将有于机构避免依赖于默认值。一些专家还建议，当有充足数据运用模型和其他分析工具时，EPA 应以案例研究形式完成风险评估而使结果更准确，而不再依赖于默认值。最后，一些专家表示，EPA 应该更透明地考虑每个风险评估中的替代方法和模型。例如，EPA 应当采用特定的方法使判断更透明，如基准剂量方法可用于确定不良影响风险增加很小时的剂量。"

主题	NRC 报告：建议 [a]	EPA 响应：政策陈述 [b]	EPA 响应：实施活动 [c]
不确定性和差异性分析和表征(同见风险表征,默认值)	NRC 1994 185："EPA 应明确界定不确定性,并尽可能准确全面地呈现给风险管理决策。EPA 应当尽最大可能呈现定量而不是定性的不确定性表征。但是,EPA 不一定必须(通过主观权重或任何其他技术)量化自身的不确定性,而应当尝试量化选择参数和选择每个科学模型的不确定性。通过这种方式,EPA 可以根据其指南将默认模型作为优先选项,同时提供可用但不同的风险和不确定性的替代估计。在风险表征的定量部分(根据《清洁空气法》,该部分是标准制定和剩余风险决策的重要输入),EPA 风险评估者仅需考虑选择剂量–反应关系、暴露、摄取等的首选模型时的不确定性条件。" NRC 1994 13："EPA 所进行的定量不确定性表征应适当反映不确定性和个体差异性之间的区别。"	EPA 1995a 《机构范围备忘录》5："对于全面风险评估特别重要的是对整体评估和每部分的不确定性的公开讨论。出于以下原因,不确定性讨论很重要。1. 不同来源的信息有不同类型的不确定性,表征风险时需要对这些不确定性进行组合,因而了解这些不确定性的差异很重要。2. 有管理投入的风险评估过程涉及收集额外数据的决策(与伴随的不确定性相对);在风险表征中,对不确定性的讨论将有助于确定哪些额外信息可以大大减少风险评估中的不确定性。3. 清晰明确地陈述风险评估的优点和局限的前提是清晰明确地陈述相关不确定性。" EPA 1996《拟议致癌物质风险评估指南》126："作为对这些建议〔EPA 应考虑科学知识的局限〕的回应,EPA 局长颁布了风险表征指南并要求 EPA 所有项目执行计划(EPA 1995a)。这些癌症指南遵循了局长的指导。针对危害、剂量反应和暴露等的评估都将描述技术不确定性,包括涉及的数据和当前科学认知的优点与局限性、确定面对数据和知识缺失所应使用的默认值、讨论有争议的问题,讨论定性和定量方面存在的不确定性。" EPA 2000b 《风险表征手册》 A-3："应当讨论关键的科学概念、数据和方法(例如,使用动物或人体数据从高剂量到低剂量外推、使用药代动力学数据、暴露途径、采样方法、特定化学物质信息的可获得性、数据质量)。为了确保方法透明,应遵从《风险表征指南》,在风险表征应包括风险评估可信度声明,识别所有主要不确定性,并讨论其对评估的影响。" (见上述"风险表征"EPA 风险评估指南和其他来源的相关政策声明)	GAO 2006 43："EPA 1997 年政策指出,蒙特卡洛分析等是可用的统计技术,在有充分支持的数据和可靠的假设时,可用于分析风险评估中的差异性。指南提出了一般性框架和广泛的原则,确保开展差异性和不确定性概率分析时良好的科学基础。此外,该指南还提出了由 5 个简要描述语组成的新癌症风险表征系统。其与叙述结合使用时,可描述现有数据能在多大程度上支持污染物人体致癌的结论,并解释所选简要描述语的正确性。"

主题	NRC 报告：建议 [a]	EPA 响应：政策陈述 [b]	EPA 响应：实施活动 [c]
	NRC 1994 185："EPA 应当制定不确定性分析指南——针对现有风险评估指南（例如，暴露评估指南）的每一步补充或粗略或具体的内容。指南应该在一定程度上考虑风险评估所有阶段所有类型的不确定性（模型、参数等）。不确定性指南应当要求以书面风险评估文件的形式报告模型、数据集、参数的不确定性以及其对风险报告中总体不确定性的相对贡献。"		
	NRC 1994 12："EPA 应当开展正式的不确定性分析，开展额外的研究工作以显示哪些重要的不确定性问题可以解决，哪些不能解决。" NRC 1994 12："EPA 应在风险评估中考虑科学知识的局限/剩余的不确定性、识别高估或低估误差的必要性。"	EPA 1997c　《蒙特卡洛分析指导原则》1："基于充分支持的数据和可靠的假设，蒙特卡洛分析等概率分析技术是可行的统计分析工具，可用于分析风险评估中的差异性和不确定性，并提供了指导机构使用概率分析工具的一套初步原则。"	

主题	NRC 报告：建议[a]	EPA 响应：政策陈述[b]	EPA 响应：实施活动[c]
	NRC 1994 12："虽然通过使用共同的假设能够帮助保证机构间开展风险评估的一致性（如将表面积替换为 0.75 倍的体重），但 EPA 应尽量明确其他更准确的方法。"	EPA 1996 《拟议致癌物质风险评估指南》125："在前文关于主要默认值的解释中已经讨论了采用口服体重缩放因子指数为 0.75 的理由。《联邦公报》57（109）：24152 [1992] 进一步探讨了实证依据。更准确的方法是在数据可获得时使用毒性动力学模型，或者根据这些指南推荐的可用数据修改默认值。随着 EPA 57 Fed. Reg. 24152 [1992] 讨论的深入，动物对有毒物质反应差异的数据基本上与使用的 1.0、0.75 或 0.66 的指数一致。联邦机构由于之前主要默认值讨论中的科学原因，选择了 0.75 的指数；这些都没有在 NRC 报告中具体说明。作为政策问题，委员会也认为让机构商定一个因子是合适的。同样，吸入暴露的默认值是随着更多特定制剂数据可得后而构建的更好的模型。"	EPA 在 1996 年指南中没有采纳该建议。
	NRC 1994 12："当对风险排序时，EPA 应考虑每个估计值的不确定性，而不是仅仅根据点估计值排序。不应该仅仅向风险管理者提供单一的数值或数字范围，而应当提供可以开展的全面（如完整的、准确的）的风险表征。"	EPA 2004b 16："由于风险评估中存在不确定性和差异性，EPA 通常会纳入'高风险'危害和/或暴露水平以确保对于大多数潜在暴露易感群体或生态系统而言有充分的安全边界。EPA 的高风险水平在 90% 及以上，这与 NRC 的讨论（NRC 1994）相一致，是合理的方法。这一政策选择符合 EPA 的法律要求（如适当的安全边界）。即使有高风险值，仍然会有暴露人群或环境处于较高或较低的风险。除了高风险值，EPA 项目通常还会估计中心趋势值供风险管理者评估。其通常基于实际的风险分布，向管理者提供一个合理的风险范围。"	

主题	NRC 报告：建议 [a]	EPA 响应：政策陈述 [b]	EPA 响应：实施活动 [c]
	NRC 1994 242："在独立的风险评估部分（如环境浓度、摄入和效力）和总和风险表征的水平上都应严格区分不确定性和个体差异性间的差别。"	EPA 2000b 《风险表征手册》40："风险评估者应尽可能区分差异性和不确定性（见 3.2.8 不确定性讨论）。差异性来自特征的真实异质性，例如，群体间剂量–反应的差异，或者环境中污染水平的差异。评估中使用的一些变量的值会随着时间和空间变化，或者随着正在估计的暴露群体变化。评估应解决目标群体接受剂量的差异。个体暴露、剂量和风险可能在较大群体中差异很大。中心趋势和高风险个体风险描述可以获取暴露、生活方式和其他导致群体风险分布的因素的差异性（参见《暴露评估指南》）。"	
可变性和易感性差异	NRC 1994 11："联邦机构应当支持分子、流行病学和其他类型的研究来审查个体对癌症易感性的差异程度以及易感性和年龄、种族、性别等协变量之间的关系。"	EPA 1997d 《暴露因子手册》：风险评估者使用《暴露因子手册》解释暴露的变化。手册旨在"（1）汇总影响暴露于环境污染物的人类行为和特征的数据，（2）推荐使用这些因素的值"（p. 1）。该文件包含 150 多个数据表，其中有暴露情景的信息。其还讨论了差异性的问题，并试图以"（1）具有不同百分位数或数值范围的表格，（2）特定参数的分析分布，（3）定性讨论"等手段表征每个暴露因子的差异性（pp. 1-5）。该手册讨论了风险评估者如何确定差异性的类型以及分析差异性的方法。	GAO 2006 47："EPA 解决差异性的另一个方法即通过研究。ORD 在人体健康研究战略中提出四个战略研究方向之一，旨在深化对于为何某些人或群体比其他人群更加敏感、暴露更多这一问题的理解。根据其策略，ORD 关于亚群的研究集中在生命阶段、遗传因素和先发疾病三个因素上——这是项目办公室和科学团体识别出的风险表征中具有高研究优先级的因素。2000 年，ORD 发布了儿童环境风险研究战略以加强影响儿童风险评估和管理决策的科学依据，指导 EPA 未来 5～10 年的研究需求和优先事项。这项战略大约 75% 的资金将用于 STAR 项目下的研究事项，例如旨在评估儿童对农药暴露的研究。"

主题	NRC 报告：建议 [a]	EPA 响应：政策陈述 [b]	EPA 响应：实施活动 [c]
			GAO 2006 46："为了进一步了解暴露的差异性，EPA 开展了一系列研究项目。例如，ORD 的一个实验室开展了全国人口活动模式调查，提供特定群体的详细人体暴露信息，使 EPA 更好地了解真实情况下人体对污染物的实际暴露。调查结果存储在综合人类活动数据库中，帮助风险评估者来估计暴露群体在各种环境中的暴露时间以及在这些环境中的吸入、摄入和皮肤吸收速率。该实验室还开展研究来确定、量化并减少与暴露和风险评估相关的不确定性，开发改进方法来更精确地测量暴露和剂量，开发技术信息和定量工具来预测人体暴露于环境污染物的性质和程度。最近 EPA 的研究旨在确定家庭或日常使用的化学物质，以及儿童在这些环境中的日常活动过程中是否会暴露于这些化学物质，研究旨在确定儿童接触这些化学物质的主要路径（如呼吸和摄入）和来源（如灰尘、食物、空气、土壤和水）。" "由于人类之间的固有差异，对不良影响的易感性也存在差异。"

主题	NRC 报告：建议 [a]	EPA 响应：政策陈述 [b]	EPA 响应：实施活动 [c]
	NRC 1994 11："在估计个体风险时，EPA 应当对人体易感性差异采用不同的默认值。"	EPA 1996 《拟议致癌物质风险评估指南》125："在第 1.3 节关于暴露分析边界的主要默认值讨论中，已经解决了关于人体易感性差异的默认值的问题。EPA 已经考虑但决定在使用线性外推时，不采用人体易感性差异的定量默认因子。一般来说，EPA 认为线性外推在保护公众健康方面是保守的，根据动物数据的线性方法（LMS 和直线外推）与根据一些物质的人体数据的线性外推方法是一致的（Goodman 和 Wilson 1991；Hoel 和 Portier 1994）。如果有关人体敏感性的差异性数据可以获得，那么当然可以使用。" EPA 2005a 《癌症风险评估指南》 17802："剂量–反应估计致力于为敏感群体和生命阶段提供单独的估计，以便明确地表征这些风险。对于易感群体，生命中任何时期的暴露都可能出现高风险，但是这仅仅适用于一般群体中的一部分……相反，对于易感的生命阶段，虽然只在生命的一部分可能出现高暴露风险，但是每个人却都会经过这些生命阶段。" 同见 17811："作为口服暴露的默认值，成人的等效剂量通过基于体重指数为 3/4 的缩放因子调整动物施用口服剂量的另一物种数据估计。儿童也使用同样的因子，因为这比使用儿童的体重更具保护性（见第 3.1.3 节）。"	

主题	NRC 报告：建议 [a]	EPA 响应：政策陈述 [b]	EPA 响应：实施活动 [c]
	NRC 1994 11："应当在风险评估的每个部分对不确定性和个体差异性严格区分。"	EPA 2000b 《风险表征手册》40："风险评估者应尽可能的区分差异性和不确定性。" EPA 2000b 《风险表征手册》 40："风险评估者应尽可能的区分差异性和不确定性（见 3.2.8 不确定性讨论）。差异性来自于特征的真实异质性，例如，群体间剂量–反应的差异，或者环境中污染水平的差异。评估中使用的一些变量的值会随着时间和空间变化，或者随着正在估计的暴露群体而变化。评估应解决目标群体接受剂量的差异。个体暴露、剂量和风险可能在较大群体中差异很大。中心趋势和高风险个体风险描述可以捕捉到暴露、生活方式和其他导致群体风险分布的因素的差异性（参见《暴露评估指南》）。" EPA 2003b《累计风险评估框架》65："NRC（1994）指出不确定性和差异性之间的明显区别，并建议保持这两者之间的区别：如果所得到的定量风险表征对监管目的最有用，特别是在定量处理风险表征的情况下，通常需要区分不确定性（如潜在的误差的程度）和个体差异性（如群体异质性）。在单独的风险评估部分（如环境浓度、摄入和效力）以及聚集风险表征水平上都应严格保持不确定性和个体差异性的区分。"	GAO 2006 45："所有计划办公室都在风险评估中设法处理暴露的差异性，但是他们以不同方式进行。例如，空气质量规划与标准办公室的风险评估者为六种主要污染物设置了空气质量标准，他们通过在暴露模型中纳入呼吸速率分布的方式考虑儿童或哮喘患者等敏感群体的个体活动模式，以反映群体固有的差异性。此外，他们有信心通过建模保护最敏感或处于风险中的群体以保护其他群体。每种污染物的科学摘要中都定性描述了暴露于六种主要污染物的差异性。水办公室包含了对各种亚群的风险分析，并对用于估计暴露的研究的优缺点进行了叙述性讨论，但通常不包含定量分析。农药项目办公室在暴露估计中考虑了 24 个不同的人群亚种，包括年龄、性别、种族和区域分布的差异。在数据允许的情况下，农药项目办公室将开发暴露和风险分布，以进行更精细的风险评估。"

主题	NRC 报告：建议 [a]	EPA 响应：政策陈述 [b]	EPA 响应：实施活动 [c]
	NRC 1994 220："如果有理由相信单位剂量的不良生物效应的风险取决于年龄，那么 EPA 应对成人和儿童的风险进行单独估计。当要测定过量寿命风险时，EPA 应当计算总体的生命阶段风险，考虑所有与年龄相关的变量。""EPA 在使用或评估各种生理或生物学风险评估模型（或评估一些数据，但在最终公布的文件中没有报道）时，通常不会探索或考虑关键生物参数的个体差异性。在一些其他情况下，EPA 确实收集或审查人体差异性数据，但往往在没有确保它们能代表整个群体时就接受它们的值。作为一般原则，对风险有重要影响的特征的数量越多或者这些特征的变量越多，那么建立这些特征需要的平均值和范围的人群样本数量就越大。"	EPA 2005b《评估致癌物质早期暴露易感性的补充指南》1："国家研究委员会（NRC，1994）建议'只要对婴儿和儿童的风险可能大于成人，就应当评估。'该文件相比于生命后期暴露造成的癌症风险，更加关注早期暴露的癌症风险。评估儿童时期的癌症与评估儿童时期暴露所导致生命后期的癌症两者是相互联系但又独立的。"EPA 2004b 42："考虑人体之间的差异性是风险评估的重要方面。EPA 风险评估的目的是识别所有潜在受影响的群体，包括对毒性效应更敏感、高暴露、不成比例暴露的人群（如性别、营养状况、遗传倾向）和生命阶段（如儿童时期、怀孕、老年）。"同见 43："当数据可用于描述易感群体或生命阶段毒性差异时，应当对这些数据进行总结和分析，并提供基于此信息的决策。最好能有特定群体和特定化学物质数据描述对毒性效应的易感性。"	GAO 2006 46："法律还可以要求 EPA 考虑潜在的易感人群和生命阶段。例如，《安全饮用水法修正案》要求 EPA 考虑群体中受到更大不良健康效应影响的人群的风险，包括儿童、老人和严重疾病患者。此外，《食品质量保护法》特别规定考虑农药对儿童的风险。1995 年，EPA 科学政策委员会要求 EPA 继续明确考虑对婴儿和儿童的风险，并将其作为风险评估的一部分。1997 年，白宫发布了一项行政命令，要求 EPA 和其他联邦机构识别并评估影响儿童的环境健康和安全风险，确保政策、计划、活动和标准能够解决这些风险。"

[a]　NRC 1983、1994 或 1996 的建议示例。

[b]　EPA 基于书面指南、报告或政策备忘录形式中建议提出的问题示例。

[c]　与国家研究委员会和 EPA 相关指南提出问题相关的评论、实践或活动。

[d]　这些指南并不是专门针对国家研究委员会报告，但是反映了与该主题相关的机构政策。

参考文献

[1]   EPA (U.S. Environmental Protection Agency). 1984. Risk Assessment and Management: Framework for Decision Making. EPA 600/9-85-002. Office of the Administrator, U.S. Environmental Protection Agency, Washington, DC.

[2]   EPA (U.S. Environmental Protection Agency). 1986. Guidelines for Carcinogen Risk Assessment. EPA/630/R-00/004. Risk Assessment Forum, U.S. Environmental Protection Agency, Washington, DC [online]. Available: http://cfpub.epa.gov/ncea/cfm/recordisplay.cfm?deid=54933 [accessed June 3, 2007].

[3]   EPA (U.S. Environmental Protection Agency). 1989a. Exposure Factors Handbook. EPA/600/8-89/043. NTIS PB90-106774/AS. Office of Health and Environmental Assessment, Office of Research and Development, U.S. Environmental Protection Agency, Washington, DC.

[4]   EPA (U.S. Environmental Protection Agency). 1989b. Risk Assessment Guidance for Superfund: Volume I—Human Health Evaluation Manual (Part A). Interim Final. EPA-540/1-89/002. Office of Emergency and Remedial Response, U.S. Environmental Protection Agency, Washington, DC [online]. Available: http://www.epa.gov/oswer/riskassessment/ragsa/pdf/rags-vol1-pta_complete.pdf [accessed Oct. 16, 2007].

[5]   EPA (U.S. Environmental Protection Agency). 1992a. Guidelines for Exposure Assessment. EPA/600/Z-92/001. Risk Assessment Forum, U.S. Environmental Protection Agency, Washington, DC. May 1992 [online]. Available: http://cfpub.epa.gov/ncea/cfm/recordisplay.cfm?deid=15263 [accessed Oct. 10, 2007].

[6]   EPA (U.S. Environmental Protection Agency). 1992b. Guidance on Risk Characterization for Risk Managers and Risk Assessors. Memorandum to Assistant Administrators, and Regional Administrators, from F. Henry Habicht, Deputy Administrator, Office of the Administrator, Washington, DC. February 26, 1992 [online]. Available: http://www.epa.gov/oswer/riskassessment/pdf/habicht.pdf [accessed Oct.

10, 2007].

[7]　EPA (U.S. Environmental Protection Agency). 1994a. Model Validation for Predictive Exposure Assessments. U.S. Environmental Protection Agency, Washington, DC. July 4, 1994 [online]. Available: http://www.epa.gov/ord/crem/library/whitepaper_1994.pdf [accessed Oct.15, 2007].

[8]　EPA (U.S. Environmental Protection Agency). 1994b. Report on the Workshop on Cancer Risk Assessment Guidelines Issues. EPA/630/R-94/005a. Office of Research and Development, Risk Assessment Forum, Washington, DC.

[9]　EPA (U.S. Environmental Protection Agency). 1994c. Peer Review and Peer Involvement at the U.S. Environmental Protection Agency. Memorandum to Assistant Administrators, General Counsel, Inspector General, Associate Administrators, Regional Administrators, and Staff Office Directors, from Carol M. Browner, Administrator, U.S. Environmental Protection Agency. June 7, 1994 [online]. Available: http://www.epa.gov/osa/spc/pdfs/perevmem.pdf [accessed Oct. 16, 2007].

[10]　EPA (U.S. Environmental Protection Agency). 1995a. Policy for Risk Characterization at the U.S. Environmental Protection Agency. Memorandum from Carol M. Browner, Office of the Administrator, U.S. Environmental Protection Agency, Washington, DC. March 21, 1995 [online]. Available: http://64.2.134.196/committees/aqph/rcpolicy.pdf [accessed Oct. 10, 2007].

[11]　EPA (U.S. Environmental Protection Agency). 1995b. Guidance for Risk Characterization. Science Policy Council, U.S. Environmental Protection Agency. February 1995 [online]. Available: http://www.epa.gov/osa/spc/pdfs/rcguide.pdf [accessed Oct. 15, 2007].

[12]　EPA (U.S. Environmental Protection Agency). 1996. Proposed Guidelines for Carcinogen Risk Assessment. EPA/600/P-92/003C. Office of Research and Development, U.S. Environmental Protection Agency, Washington, DC. April 1996 [online]. Available: http://www.epa.gov/ncea/raf/pdfs/propcra_1996.pdf [accessed Oct. 15, 2007].

[13]　EPA (U.S. Environmental Protection Agency). 1997a. Cumulative Risk Assessment Guidance—Phase I Planning and Scoping. Memorandum to Assistant Administrators, General Counsel, Inspector General, Associate Administrators, Regional Administrators, and Staff Office Directors, from Carol M. Browner,

Administrator, and Fred Hansen, Deputy Administrator, Office of Administrator, U.S. Environmental Protection Agency, Washington, DC. July 3, 1997 [online]. Available: http://www.epa.gov/swerosps/bf/html-doc/cumulrsk.htm [accessed Oct. 15, 2007].

[14] EPA (U.S. Environmental Protection Agency). 1997b. Guidance on Cumulative Risk Assessment. Part 1. Planning and Scoping. Science Policy Council, U.S. Environmental Protection Agency, Washington, DC. July 3, 1997 [online]. Available: http://www.epa.gov/osa/spc/pdfs/cumrisk2.pdf [accessed Oct. 10, 2007].

[15] EPA (U.S. Environmental Protection Agency). 1997c. Guiding Principles for Monte Carlo Analysis. EPA/630/R- 97/001. Risk Assessment Forum, U.S. Environmental Protection Agency, Washington, DC [online]. Available: http://www.epa.gov/NCEA/pdfs/montcarl.pdf [accessed June 3, 2007].

[16] EPA (U.S. Environmental Protection Agency). 1997d. Exposure Factors Handbook, Vol. 1. General Factors. EPA/600/P-95/002F. Office of Research and Development, National Center for Environmental Assessment, U.S. Environmental Protection Agency, Washington, DC [online]. Available: http://www.epa.gov/ncea/efh/ [accessed June 3, 2007].

[17] EPA (U.S. Environmental Protection Agency). 1998. Guidelines for Ecological Risk Assessment. EPA/630/R-95/002F. Risk Assessment Forum, U.S. Environmental Protection Agency, Washington, DC [online]. Available: http://cfpub.epa.gov/ncea/cfm/recordisplay.cfm?deid=12460 [accessed June 3, 2007].

[18] EPA (U.S. Environmental Protection Agency). 2000a. Supplementary Guidance for Conducting Health Risk Assessment of Chemical Mixtures. EPA/630/R-00/002. Risk Assessment Forum, U.S. Environmental Protection Agency, Washington, DC. August 2000 [online]. Available: http://www.epa.gov/ncea/raf/pdfs/chem_mix/chem_mix_08_2001.pdf [accessed Oct. 15, 2007].

[19] EPA (U.S. Environmental Protection Agency). 2000b. Risk Characterization: Science Policy Council Handbook. EPA 100-B-00-002. Office of Science Policy, Office of Research and Development, U.S. Environmental Protection Agency, Washington, DC [online]. Available: http://www.epa.gov/OSA/spc/pdfs/rchandbk.pdf. [accessed June 3, 2007].

[20]　EPA (U.S. Environmental Protection Agency). 2000c. Benchmark Dose Technical Guidance Document. EPA/630/ R-00/001. Risk Assessment Forum, U.S. Environmental Protection Agency, Washington, DC [online]. Available: http://www.epa.gov/ncea/pdfs/bmds/BMD-External_10_13_2000.pdf [accessed June 3, 2007].

[21]　EPA (U.S. Environmental Protection Agency). 2000d. Per Review Handbook., 2nd Ed. EPA 100-B-00-001. Science Policy Council, Office of Science Policy, Office of Research and Development, U.S. Environmental Protection Agency, Washington, DC. December 2000 [online]. Available: http://www.epa.gov/osa/spc/pdfs/prhandbk.pdf [accessed Oct. 16, 2007].

[22]　EPA (U.S. Environmental Protection Agency). 2000e. EPA Quality Manual for Environmental Programs. 5360A1. Office of Environmental Information, U.S. Environmental Protection Agency, Washington, DC. May 5, 2000 [online]. Available: http://www.epa.gov/quality/qs-docs/5360.pdf [accessed Oct. 15, 2007].

[23]　EPA (U.S. Environmental Protection Agency). 2001. General Principles for Performing Aggregate Exposure and Risk Assessments. Office of Pesticide Programs, U.S. Environmental Protection Agency, Washington, DC. November 28, 2001 [online]. Available: http://www.epa.gov/pesticides/trac/science/ aggregate. pdf [accessed Oct. 15, 2001].

[24]　EPA (U.S. Environmental Protection Agency). 2002a. Guidance on Cumulative Risk Assessment of Pesticide Chemicals That Have a Common Mechanism of Toxicity. Office of Pesticide Programs, U.S. Environmental Protection Agency, Washington, DC. January 14, 2002 [online]. Available: http://www.epa.gov/pesticides/trac/science/cumulative_guidance.pdf [accessed Oct. 16, 2007].

[25]　EPA (U.S. Environmental Protection Agency). 2002b. Lessons Learned on Planning and Scoping for Environmental Risk Assessments. Prepared by the Planning and Scoping Workgroup of the Science Policy Council Steering Committee, U.S. Environmental Protection Agency, Washington, DC. January 2002 [online]. Available: http://www.epa.gov/OSA/spc/pdfs/handbook.pdf [accessed Oct. 16, 2007].

[26]　EPA (U.S. Environmental Protection Agency). 2002c. Guidelines for Ensuring and Maximizing the Quality, Objectivity, Utility and Integrity of Information Disseminated by the Environmental Protection

Agency. EPA/260R- 02-008. Office of Environmental Information, U.S. Environmental Protection Agency, Washington, DC [online]. Available: http://www.epa.gov/QUALITY/informationguidelines/ documents/ EPA_InfoQualityGuidelines.pdf [accessed Oct. 10, 2007].

[27] EPA (U.S. Environmental Protection Agency). 2003a. Human Health Research Strategy. EPA/600/R-02/050. Office of Research and Development, U.S. Environmental Protection Agency, Washington, DC [online]. Available: http://www.epa.gov/nheerl/humanhealth/HHRS_final_web.pdf [accessed June 3, 2007].

[28] EPA (U.S. Environmental Protection Agency). 2003b. Framework for Cumulative Risk Assessment. EPA/630/ P-02/001F. Risk Assessment Forum, U.S. Environmental Protection Agency, Washington, DC [online]. Available: http://cfpub.epa.gov/ncea/cfm/recordisplay.cfm?deid=54944 [accessed June 3, 2007].

[29] EPA (U.S. Environmental Protection Agency). 2003c. A Summary of General Assessment Factors for Evaluating the Quality of Scientific and Technical Information. EPA 100/B-03/001. Science Policy Council, U.S. Environmental Protection Agency, Washington, DC. June 2003 [online]. Available: http://www.epa.gov/osa/spc/pdfs/assess2.pdf [accessed Oct. 12, 2007].

[30] EPA (U.S. Environmental Protection Agency). 2004a. Air Toxics Risk Assessment Reference Library, Vol. 1- Technical Resource Manual, Part III: Human Health Risk Assessment: Multipathway. EPA-453-K-04-001. Office of Air Quality Planning and Standards, U.S. Environmental Protection Agency, Research Triangle Park, NC [online]. Available: http://www.epa.gov/ttn/fera/risk_atra_vol1. html#part_iii [accessed Oct. 12, 2007].

[31] EPA (U.S. Environmental Protection Agency). 2004b. An Examination of EPA Risk Assessment Principles and Practices. EPA/100/B-04/001. Office of the Science Advisor, U.S. Environmental Protection Agency, Washington, DC [online]. Available: http://www.epa.gov/OSA/pdfs/ratf-final.pdf [accessed June 3, 2007].

[32] EPA (U.S. Environmental Protection Agency). 2005a. Guidelines for Carcinogen Risk Assessment (Final). EPA/630/ P-03/001F. Risk Assessment Forum, U.S. Environmental Protection Agency,

Washington, DC. March 2005 [online]. Available: http://cfpub.epa.gov/ncea/cfm/recordisplay. cfm?deid= 116283 [accessed Oct. 16, 2007].

[33] EPA (U.S. Environmental Protection Agency). 2005b. Supplemental Guidance for Assessing Susceptibility from Early-Life Exposure to Carcinogens. EPA/630/R-03/003F. Risk Assessment Forum, U.S. Environmental Protection Agency, Washington, DC [online]. Available: http://www.epa.gov/iris/ children032505.pdf [accessed Oct. 19, 2007].

[34] GAO (U.S. Government Accountability Office). 2006. Human Health Risk Assessment. GAO-06-595. Washington, DC: U.S. Government Printing Office [online]. Available: http://www.gao.gov/new.items/ d06595. pdf [accessed Oct. 11, 2007].

[35] Gilman, P. 2003. Statement of Paul Gilman, Assistant Administrator for Research and Development and EPA Science Advisor, U.S. Environmental Protection Agency, before the Committee on Transportation and Infrastructure, Subcommittee on Water Resources and the Environment, U.S. House of Representatives, March 5, 2003 [online]. Available: http://www.epa.gov/ocir/hearings/testimony/ 108_2003_2004/ 2003_0305_pg.pdf [accessed Feb. 9, 2007].

[36] Goodman, G, R. Wilson. 1991. Predicting the carcinogenicity of chemicals in humans from rodent bioassay data. Environ. Health Perspect. 94:195-218.

[37] Hoel, D.G, C.J. Portier. 1994. Nonlinearity of dose-response functions for carcinogenicity. Environ. Health Perspect. 102(Suppl 1):109-113.

[38] NRC (National Research Council). 1983. Risk Assessment in the Federal Government: Managing the Process. Washington, DC: National Academy Press.

[39] NRC (National Research Council). 1994. Science and Judgment in Risk Assessment. Washington, DC: National Academy Press.

[40] NRC (National Research Council). 1996. Understanding Risk: Informing Decisions in a Democratic Society. Washington, DC: National Academy Press.

附录 E

EPA 各办公室和区域针对委员会所提问题的回应

2007 年 1 月，NRC 委员会向 EPA 提出了一份问题清单（见下文），以收集有关风险评估实践的更多信息。EPA 空气与辐射办公室（OAR），预防、农药及毒物质办公室（OPPTS），第 2 区固体废物与应急响应办公室（OSWER）和水办公室（OW）提供了问题清单的答复。EPA 的回应并不代表委员会对这些问题的看法。

委员会向 EPA 提出的问题

举一个你办公室认为是"最佳实践"的风险评估案例，以及你认为可以改进的风险评估案例（如果有，如何改进）。

你认为在短期（2～5 年）和长期（10～20 年）内哪些改进对 EPA 风险评估实践特别有帮助？如果这些改进措施得以实施，你预测这些变化如何影响你办公室？

请描述你办公室所采用的风险评估范式。这些范式是否能够充分解决国家面临的环境问题？如果不能，如何修改当前的范式或确定新的范式解决这些问题？

请描述在使用风险评估来支持监管决策时存在的问题。在非监管决策中使用风险评估时是否会遇到类似的问题？请提供具体的例子说明你的观点。

你对改进决策的 EPA 风险评估结果的表述有何建议？

如何处理和传达风险评估中的不确定性？

请讨论选择默认值的充分性以及为使用替代值代替默认值而做出的努力。

请描述在你办公室的风险评估如何具体考虑儿童和潜在罕见或易损群体。请提供案例。

机构对这些问题的回应

空气和辐射办公室（OAR）

当前实践

- 风险评估的法定依据/当前方法和范式（具体针对每一个项目办公室）

——案例和最佳实践

——缺失和问题

- 不确定性分析

——案例

——风险和不确定性的交流

- 敏感和易损亚群（如儿童、老年人、部落和濒危物种）

——影响风险的物理属性和风险暴露的特例

——问题和挑战

- 风险评估在监管过程中应用的挑战

——案例

——问题和挑战

一般性评论

2004 年机构文件《EPA 风险评估原则和实践的审查》（EPA 2004a）为理解机构和 OAR 的风险评估方法提供了良好的资源。根据 NAS 委员会要求的重点，该回应并没有涉及生态风险评估。保护生态系统免受空气污染的不利影响是我们办公室的重要使命，如果有需要，我们可以在这一领域提供更多信息。

OAR 内有两个项目能够很好说明风险评估在我们办公室中的应用。首先是为支持制定规定六种"标准"空气污染物的空气污染物国家环境空气质量标准（NAAQS）而开展的风险评估活动，其次是考虑有害空气污染物（HAPs 或空气有毒物质）排放控制措施的风险评估活动。

国家环境空气质量标准（NAAQS）

"标准"空气污染物指臭氧、颗粒物、一氧化碳、二氧化氮、二氧化硫和铅六种，它们在环境空气中有多种不同来源，其中有一些在历史上引发了重大公众健康问题。随着时间的推移，针对这些环境污染物已开展了广泛的研究，并为每种污染物建立了基于健康的国家环境空气质量标准（NAAQS）。在这些标准的定期审查期间开展了人体暴露和/或健康风险评估以及生态风险评估。

对标准污染物开展暴露和/或风险评估的过程主要由法律术语和立法驱动，需要大量的外部同行和公众审查。每个 NAAQS 审查包括对支持定量暴露和/或风险评估的基础科学数据库的全面审查（参见臭氧和其他光化学氧化剂的空气质量标准 [EPA 2008a]）。标准污染物的健康影响数据库通常非常丰富，包括：正常暴露于空气污染物的环境混合物的流行病学研究，受控的人体暴露研究和动物研究（短期暴露和长期暴露）。标准空气污染物的风险评估也受益于监测数据和暴露模型等在内的广泛的与暴露相关的信息。

危害表征涉及证据权重方法，使用所有相关信息，考虑效应的性质和严重性、人体暴露的模式、敏感群体的性质和规模、不确定性的种类和大小以及所有类型可获得证据的一致性或连贯性。剂量–反应评估基于人体研究中现有证据的性质，一般没有明确的阈值（即在当前环境浓度下观察到的效应）。例如，对 PM，采用环境浓度—反应函数；对臭氧，采用暴露—反应和浓度—反应关系；对 CO 和铅，使用内部剂量指标。当使用环境浓度—反应函数时，使用"刚刚满足"替代标准的模型审查风险水平。当使用暴露或内部剂量–反应指标时，暴露模型取决于空气质量监测/模拟和"仅仅满足"替代标准的模型，相关微环境（家、庭院、汽车、办公室）内污染物浓度，在不同微环境中的时间和劳动水平（时间—活动和呼吸率数据），人群统计（人口普查数据，通勤模式），概率评估（包括不确定性和差异性）和敏感性分析。该模型提供了识别和表征敏感群体和/或处于风险中群体的暴露分布的能力。

标准污染物的风险表征包括定性和定量方法。目前已有对标准污染物急性和慢性健康效应证据的整合（包括风险表征的优点、缺点、不确定性）。专家还对效应的不良影响做出了判断（包括其严重性、持续时间、频率等）。对关注的群体暴露和/或公众健康风险有定性和定量评估。风险表征主要基于人体研究和"现实世界"空气质量和暴露分析可获得的数据；不需要传统的"不确定性"或"安全"因子。

在考虑一般群体时，标准污染物的风险评估和表征包括重点关注易感和/或有更大暴露的亚群（例如，哮喘和儿童是目前臭氧 NAAQS 评估中重点关注的群体）。但是，由于立法历史表明标准是为了保护大多数敏感群体而不是最敏感的个体，因此暴露和风险并没有重点关注最大暴露个体或最大风险个体。

通常使用概率评估（包括不确定性和差异性）和敏感性分析解决标准污染物风险评估中的不确定性。NAAQS 审查开展的暴露和风险评估的例子可参见最终版本的 OAQPS《员工手册》中臭氧（EPA 2008b）和人体暴露，健康风险评估，植被暴露、风险和影响评估技术支持文件（EPA 2008c）。

标准污染物的风险评估通常包括如上所述暴露的定量敏感性分析和健康风险估计，同时还包括不确定性的定性讨论。

关键问题和挑战

开展标准污染物定量风险评估的关键问题和挑战有：（1）如何适当反映和表征模型不确定性，特别是浓度—反应关系的形状和位置方面，流行病学研究即使是在接近背景水平的环境水平上也通常无法识别人群阈值；（2）由于许多空气污染间是相互关联的，并在引起各种健康效应方面有共同的来源（如化石燃料燃烧），因此一个难点是如何适当处理和考虑多种污染物的健康效应模型，以解决空气污染物之间可能的相互作用。

在暴露分析领域，挑战在于如何运用包括了 20 000 多个个体日志的人体活动数据库以构建数月或全年人体活动序列。由于纵向数据很少，因此很难知道是否应适当考虑个体参与的重复活动。另外还有少许代表性群体的抽样暴露实地研究，可以评估 EPA 在 NAAQS 评估中使用的监管暴露模型。此外，在确定"仅仅达到"每小时或每天的标准如何影响污染物浓度在所有小时和天数的总体分布方面也存在挑战。对于非阈值的污染物，选择模拟的方法可能会极大影响风险评估结果。

有害空气污染物

有害空气污染物（HAPs 或"空气有毒物质"）包括 CAA 清单中的 187 种物质（如苯、二氯甲烷、镉化合物等），相关数据表明其可能造成严重的不良健康和/或环境效应，并且有针对这些污染物基于源的法规要求。虽然部分 HAPs 有大量的健康和/或生态效应数据库，但大多数其他物质的数据十分有限，不少完全基于动物而非人体的暴露效应。管理 HAPs 的两个路径分别是通过面向源的技术和基于风险的排放标准。

开展 HAP 风险评估的一个目的是针对已应用基于技术控制的源类别进一步制定基于风险排放标准（剩余风险标准）（其中可以找到的支持源类别拟议剩余风险规章的很好案例是"卤化溶剂清洁剂"，见 ICF International 2006）。这些风险评估通常不是将重点放在个别化学物质暴露的风险上，而是审查与特定行业污染物排放综合暴露相关的累积风险。根据法定语言和监管历史，这些风险评估包括最大个体风险（即，个人在一生中暴露于污染物的最高水平）和代表人群的风险表征。

HAP 风险评估也可能出于其他目的开展。例如，根据 1996 年和 1999 年排放清单开展的国家规模的风险评估，作为国家空气有毒物质评估（NATA）活动（EPA 2002a，2003a）的一部分。另一个例子是可能为支持申请在《清洁空气法》监管列表中添加或删除个别 HAPs 或源类别而开展的风险评估。

HAP 风险评估的范围随待评估污染物和污染源的特征而变化。评估吸入和其他合适的暴露途径。同时考虑慢性和急性的时间尺度。剩余风险决策也考虑了生态风险。为了提高效率，通常采用分级的评估方法，在低层级时使用更简单更保守的工具和假设来确定重要的源和污染物，在高层级时使用更精细的工具和特定场地数据来确定应重点控制排放的位置在哪里。低层级的风险评估通常用于支持非监管类型决策，或协助将资源集中在少数压力源和污染源以进行下一轮决策。一般不会单独依靠他们来支持需要额外控制排放的决策，此类有重大经济影响的决策通常需要更精细的评估。

HAPs 的危害和剂量–反应评估通常依赖于经过同行评审和公众审查的现有最新评估结果。所使用的剂量–反应指标包括急性或慢性的参考浓度（RfCs）和癌症吸入单位风险（IUR）估计值。这些数值的来源包括美国 EPA（如 IRIS）、ATSDR、加州环保局等。所采用指标来源的共同特点是：经过确凿的科学研究过程得到，并得到独立的外部同行评审，能够反映进行评估时的知识现状。

HAPs 风险评估通常包括第一步推导保守暴露情景（如持续终身暴露）下的风险估计值。如果第一步表明存在一系列潜在的关注风险，则使用更多可用数据开展精细的风险评估。最精细的风险评估应尝试提供风险（包括不确定性和差异性）的概率分布和敏感性分析。概率评估的使用目前仅限于特定的暴露评估变量（即描述日常活动和长期迁移行为的变量），通常不包括描述排放率、释放条件、气象、归趋和迁移或剂量–反应的变量。

风险评估中对最大暴露受体（个体）的考虑体现在估计普查区块水平的慢性暴露和浓度最高 1 小时区域的急性暴露。OAR 在 HAPs 评估中使用了危害/剂量反应信息（如 IRIS 项目得到的）。因此，风险评估中对敏感亚群的考虑体现在 EPA 评估风险的剂量–反应指标中对不同亚群的不同指标参数设置（即支持不同亚群有不同指标参数）。单位风险估计通常基于统计置信上限限值包含低剂量外推的保护性假设。参考浓度采用不确定性因子以说明物种、人群内部和数据库缺陷（如未能识别无效剂量和没有慢性研究）之间的差异。这些不确定性因子旨在确保参考浓度代表可能没有明显人群（包括敏感亚群在内）不良影响风险的暴露。

HAPs 风险评估包括上述提到的暴露的定量敏感性分析，还包括不确定性的定性讨论，但是，IRIS（或其他剂量反应信息来源）提供的剂量反应信息通常没有适合不确定性和差异性定量分析的信息。

关键问题和挑战

开展有害空气污染物风险评估的关键问题和挑战，包括缺乏数据和如何适当反映和表征评估中的不确定性和差异性。

如上所述，HAP 项目决策的风险评估通常解决多种污染物暴露和多种相似源的风险。当前评估的限制可能导致风险估算结果的不确定性。如下所列示例展现的风险评估方法、工具或输入等的改进有可能帮助降低风险评估不确定性。

- 如上所述，大多数有害空气污染物风险分析中最大的挑战是需要依靠动物或有限的人体数据开展危害和剂量反应评估。对这些数据所表征的潜在风险的解释通常是此类评估中最大的不确定因素之一。

- 风险评估不确定性的重要来源之一是源的表征，包括对排放的估计。尤其是对于大量源且可能不存在代表性数据的源类别，这一不确定性更为严重。建模时的源数据应当包括特定场地的排放参数/表征信息和更好的源排放估计。例如，参数包括地图坐标、释放高度和温度、设施直接测定或估计（并批准）的排放数据、年度和最大小时排放率，以及与每项相关的不确定性的定量估计。

- 分析长期人口流动对特定源暴露影响的方法受到一定限制。尽管有本地规模的迁移行为数据可用，但是尚未开发成易于风险评估方法使用的工具或分析。

- 大气沉积数据有助于改善/增强对非吸入暴露和风险的评估，但数据有限。

- 以决策者易于理解的方式估计和呈现不确定性的方法有限。

- 使用机构传统的暴露–反应评估（如癌症单位风险因子和 RfCs）会导致将定量不确定性和差异性纳入风险估计方面的局限性。

- 空气有毒物质监测网络空间覆盖的局限性影响了用于 HAP 风险评估的局部尺度空气模型的性能评估能力。

- 我们评估混合物及其潜在相互作用（除 EPA 当前混合物指南能提供的内容之外）的能力有限。

- 由于所考虑的许多来源排放的有害空气污染物数量巨大，更新危害和剂量–反应评估所需时间长，这些更新评估的制定跟不上监管决策的需求。因此，OAR 通常面临在没有最终 IRIS 评估结果的前提下而做出决策的情况。

未来方向：解决缺失、局限和需求

标准和有害空气污染物项目都是在 NRC 1983 "红皮书" 开发的风险评估范式下开展的。有害空气污染物项目的总体风险评估方法也受到 1994 年 NRC 报告《科学和判断》的指导，该报告概述了评估受影响源空气有毒物质排放风险的分级方法。我们认为，风险评估的基本范式依然健全。

在制定改进建议时，我们希望委员会能考虑到机构所开展的风险评估工作都是在有限时间内和日益加剧的资源限制下进行的。因此，任何关于建议优先次序或在需要涉及更多资源方法的情景的指导都是有益的。

本段第一部分讨论的 "关键问题和挑战"（针对 NAAQS 过程和有害空气污染物）对委员会未来可能重点关注的发展方向和需求等提供了有益见解。除此以外，我们还补充以下几点意见：

NAAQS 审查过程一定程度上解决了改进 NAAQS 评估所需数据和工具的问题。特别值得注意的是，我们的外部科学审查组织，清洁空气科学咨询委员会（CASAC）发挥了极大作用。它明确了与政策相关的研究需求，提高了我们下一轮审查的能力，使我们的评估能力不断提高。

NAAQS 项目中，其他不确定性分析方法（如专家引导）的应用也有很大潜力。但是，机构仍然在初步考虑如何最好地将这些方法纳入评估，以及如何融入数据驱动的评估等。无论采用何种方法表征不确定性，最重要的是传达其在暴露和/或风险估计分布中的权重，并不仅仅是提供不确定性边界的下限和上限。

预防、农药及有毒物质办公室（OPPTS）

当前实践：EPA 风险评估

风险评估的法定依据/当前方法和范式（针对每个项目办公室）

我们的网站（EPA 2008d，e）上有对于这一问题的回应，以及关于当前的实践和改进风险评估的建议（EPA 2002b，2007a，2008f）。

例如，1996 年《食品质量保护法》要求 EPA 考虑以下最佳可用数据和信息：对农药的聚集暴露（包括对单一农药的食物、水和住宅农药使用的暴露），有共同毒性机制的其他农药的累积暴露（包括对多种农药的食物、水和住宅农药使用的暴露），暴露于农药的婴儿和儿童的易感性是否增加，农药对人体产生的效应是否与天然雌激素产生的效应或其他内分泌效应类似。

和其他 EPA 办公室一样，OPPTS 依赖于"红皮书"/《科学和判断》（NRC 1983，1994）中评估总体和累积风险的 NAS 范式的 4 个基本部分（危害、剂量–反应、暴露评估和风险表征），遵循了机构风险评估指南中描述的 EPA 风险评估方法。为了减少默认值和默认不确定性/外推因子的使用，在动物到人的外推和高剂量到低剂量的外推方面，OPPTS 采用了基于生理学的药代动力学（PBPK）模型、数据推导的不确定性因子和作用模式数据以及风险评估中的人体监测数据。OPPTS 一直是开发和实施概率方法等新的复杂方法和工具以评估食物、水和住宅途径暴露的领导者，这些方法实施的主要案例包括有机磷农药（OP）和 N-甲基氨基甲酸酯的累积风险评估（EPA 2002c，2007b）、PFOA 风险评估草案（EPA 2005a）以及铅风险评估草案（EPA 2007c）。

值得注意的是，并不是所有的评估都需要相同的评估深度和评估范围，我们使用考虑暴露和敏感性分析的迭代分层过程来平衡资源与精细评估并适当减少不确定性的需求。

不确定性分析

OPPTS 在风险评估暴露部分采用敏感性分析,特别是需要为潜在后果提供信息或支持措施的评估（如农药和主要工业化合物）。如下所述,OPPTS 正与 ORD 密切合作,开发更先进的定量不确定性分析方法（如二维蒙特卡洛）。例如,OPPTS 和 ORD 正计划在 2007 年与 FIFRA 科学咨询小组围绕二维蒙特卡洛在 ORD 的 SHEDs（随机人体暴露和剂量模拟模型）模型中实施的科学问题开展讨论。当前危害部分的方法提供了实验数据差异性的一些定量测定,例如,在 OP 和 N-甲基氨基甲酸酯农药的累积风险评估中,OPPTS 量化了每种化学物质效力估计的置信区间上下限。对于采用 PBPK 模型的风险评估,可以开展输入参数的不确定性/敏感性分析。但是,由于缺乏毒理学数据,当前不确定性是定性描述的,缺乏定量不确定性的方法。

易感和易损亚群（如儿童、老人、部落、濒危物种）

从 NCEA 的儿童健康风险评估框架（EPA 2006）和被 OPPTS 用作指南的关于 RfD/RfC 方法的 RAF 文件（EPA 2002b）中可以得到对该问题的回答。然而,对于农药,值得注意的是,FQPA 还规定了保护婴儿和儿童的 10X 的额外安全系数,只有确定危害和暴露分析是保护婴儿和儿童的,才可以减少或不使用 10X 的系数。网站上也可以找到 OPP 关于实施 FQPA 系数的的指南（EPA 2002d）。

OPP 还评估了农药对非目标物种的潜在影响,包括联邦列出的受威胁和濒危物种和对他们生存来说至关重要的栖息地。根据 EPA 概述文件（EPA 2004b）中描述的以及美国鱼类和野生动物管理局和国家海洋局（FWS/NMFS 2004）支持的科学方法开展评估。该评估得出对物种的"确定影响"——确定特定农药的使用对根据特定地理区域列出的物种是"没有影响",还是"不可能有不良影响",或者是"可能有不良影响"。根据内政和商务部与所列物种相关的联邦机构责任规定,EPA 咨询了美国鱼类与野生动物管理局和国家海洋局来确定除"没有影响"以外的决定。咨询以及由此得到的管理局的投入将为 OPP 提供决策信息,以决定是否有必要变更农药登记,以保护联邦规定的受威胁/濒危物种及其重要栖息地。

风险评估监管过程的挑战

风险评估在监管过程中面临许多挑战。一个关键的问题是培训员工使用新工具（如MOA 分析）和编制提供透明证据权重分析的风险表征。另一个问题是通过定量不确定性分析解释缺失的毒理学数据，并将毒性效应评估推广到概率和多终点分析中。最后，OPPTS 重要的整体方向是将所有可用和相关的毒理学、人体研究/流行病学、生物监测和暴露信息整合到均衡资源和风险评估（即可持续）需求的范式中，并加以改进和提高。

未来方向：解决缺失、局限和需求

待解决的问题：需要的改进和建议

短期：2～5 年

OPPTS 和 ORD 密切合作，开发更先进的定量不确定性分析方法（如二维蒙特卡洛），并将这些纳入暴露模型。随着知识的进步，这些方法需要进一步完善和改进，继续推动PBPK 模型和其他方法的发展，从而替代默认值不确定性/外推，并开发方法来量化风险评估危害/效应部分的不确定性和差异性。

长期：10～20 年

替代或减少动物测试，通过改进 QSAR 方法转向"一体化"的风险范式、开发方法、解释和分析"组学"数据、生物信息学等方法并将其纳入风险分析。

解决风险评估特定媒介需求，例如：

当前范式是否能充分解决国家面临的环境问题？

见上文对短期和长期需求的回应。OPPTS 通过引入 PBPK 模型和数据推导的不确定性因子、作用模式数据、概率暴露模型和生物监测数据来继续开发和使用默认值的替代值。例如，作为 RfD 的替代，OPPTS 还使用特定年龄组的风险表征并评估不同暴露持续时间（如一天到终身）的暴露量。

第 2 区固体废物与应急响应办公室

简　介

本报告主要基于第 5 章 EPA 科学顾问办公室《员工手册》的"风险评估原则和实践"一文（EPA 2007a），提供了关于 EPA 固体废物与应急响应办公室（OSWER）对特定场地和化学物质风险评估当前实践的信息。如 OSWER 主页所述（EPA 2008g）：

OSWER 为机构的固体废物与应急响应项目提供了政策、指南和指导。我们制定了针对危险废物场地处置和地下储罐的指南，向各级政府提供了技术帮助，建立废物管理的安全机制。我们管理棕地项目，支持州和地方政府重新开发与再利用潜在污染场地。我们还管理超级基金项目，应对废弃的和使用中的危险废物场地以及事故性的石油和化学物质排放，并鼓励创新技术处理污染的土地和地下水。

该章节提供了超级基金项目中开展的特定场地风险评估的观点。

当前实践

风险评估的法定依据/当前方法和范式（针对每个项目办公室）

超级基金项目

为了了解超级基金项目及其在 OSWER 和各地区的应用，首先有必要了解管理这一监管项目的法律。《综合环境反应、赔偿与责任法》于 1980 年颁布，通常被称为超级基金项目，该法于 1986 年根据《超级基金修正案与再授权法案》进行了修订。这些法律要求所选择的修复危险废物场地方法案应当保护人体健康和环境。国家石油与有害物质污染应急项目或 NCP 建立了在全国超级基金场地确定合适修复措施的总体方法，并要求开展风险评估表征对人体健康和环境的现有和潜在的威胁（40 CFR § 300.430（d）（4）[2004]）。NCP 的序言（55 Fed. Reg. 8709 [1990]）提供了关于超级基金风险评估总体目标和方法的更多细节。

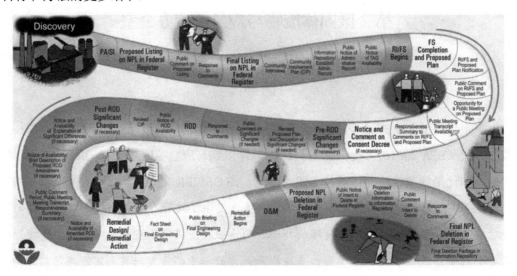

图 E-1　NPL 场地的社会参与活动

来源：EPA 2001a。

图中过程依次为：进行初步评估/现场检查→向联邦公报提交国家优先事项清单→征求公众对提交清单的意见→回应公众意见→向联邦公报上交国家优先事项最终清单→举行公众座谈→制定公众参与计划→在信息库建立管理记录→公示管理记录→公示可用技术援助赠款［Technical Assistance Grant（TAG）］→开始修复调查/可行性研究→完成可行性研究和提出建议计划→公示修复调查/可行性研究和建议计划→征求公众对修复调查/可行性研究和建议计划的意见→确定建议计划相关公众会议时间→公示公众会议会议记录→对修复调查/可行性研究和建议计划意见进行总结性回应→公示协议裁决并征求意见→决策记录定稿前的重大变动→修订建议计划并讨论重大变动→征求公众对重大变动的意见→回应公众意见→确定决策记录→公示决策记录→修订公众参与计划→决策记录定稿后的重大变动→对重大变动的解释与公示→对修订决策记录的简要说明与公示→征求公众意见、举办公众会议、会议记录公示、总结性回应→公示修订决策记录→制定修复计划与修复行动→项目设计终稿的情况说明→召开项目设计终稿的公众发布会→开始修复行动→操作与维修→向联邦公报提交删除国家优先事项清单申请→公示删除意向→向信息库提交删除申请→征求公众对删除清单的意见→回应公众意见→联邦公报删除国家优先事项清单→信息库删除相关文件超级基金过程涉及如图 E-1 所示的多个步骤，从场地发现、列出国家优先事项清单（NPL）、修复调查和可行性研究（RI/FS）、记录决定（ROD）到最终的删除 NPL。在超级基金项目中，针对场地开展的一系列去除行动，在复杂场地的短期和长期修复调查中都是必需的。这一讨论将主要集中于后一类型的调查上，即在 NPL 上的场地调查。目前，NPL 上全国有 1 557 个现有和删除的场地。NPL 是美国及其领土上已知释放或受威胁释放有害物质、污染物的国家优先事项清单，主要目的是指导 EPA 确定哪些场地需要进一步调查。关于超级基金项目的更多详情可参阅超级基金主页（EPA 2008h）。

在 RI/FS 阶段将对每个场地开展风险评估以评估人体健康和生态风险。用风险评估得到的信息确定场地是否需要修复措施。超级基金场地所有决策必须符合表 E-1 中提供的 9 项标准，所有场地必须满足保护公众健康和环境的阈值标准，并且满足适用或相关和适当要求（ARARs）或相关的法定要求。风险评估在确定满足这些标准方面起着至关重要的作用。

表 E-1　超级基金修复替代方案的 9 项评估标准

阈值标准
对人体健康和环境的全面保护决定了替代方案是否通过制度控制、工程控制或处理来消除、减少或控制对公众健康和环境的威胁
遵循 ARARs 评估的替代方案是否满足联邦和州的环境法规、规定和与场地相关的其他要求，或者放弃是否合理
主要平衡标准
长期有效性和操作性考虑了替代方案随时间推移维持保护人体健康和环境的能力
经过处理后，毒性、流动性或污染物体积的减少量评估了替代方案降低主要污染物有害效应处理方法的用途、其在环境中流动的能力以及污染物的量
短期有效性考虑了实施替代方案所需时间长短以及替代方案在实施期间对工人、居民和环境的风险
可实施性考虑了实施替代方案的技术和行政可行性，包括商品和服务的相对可获得性等因素
成本包括估计的资本、年度运营与维护成本以及现有价值的成本。现有价值成本是随着时间推移，就当前美元价值而言，替代方案的总成本。成本估计预计在+50%～30%的范围内是准确的
修改标准
国家接受度考虑了国家是否同意 EPA 如 RI/FS 和拟议规划中所述的分析和建议
社会接受度考虑了当地社区是否同意 EPA 的分析和首选方案，拟议项目收到的意见是社会验收的重要指标

超级基金项目中的风险评估

超级基金项目采用风险评估确定特定场地是否需要修复措施，并确定需要修复地区的修复程度，保护人体健康和环境免于未受控制的有害物质释放带来的当前和潜在的未来威胁。超级基金场地的决策需要考虑癌症风险、非致癌健康危害、与当前和未来场地使用情况相关的特定场地信息。风险评估中应包括未来土地使用和未来风险的考虑，因为 CERCLA 要求长期保护性的修复。

场地开展的人体健康和生态风险评估遵循针对 OSWER 和机构的同行评审政策和指南。关于风险评估的 OSWER 文件可在网上找到（EPA 2008i）。指南提供了在全国各地开展风险评估的总体方法，特定场地风险评估包括在确定污染物性质和程度的修复调查阶段发生的多媒介（空气、地表和地下水、土壤、鱼类等）污染评估。通常，特定场地风险评估需要估计多种化学物质的各种暴露途径（即摄入、吸入、皮肤接触等）的暴露，场地评估的受体包括幼儿、青少年和成人以及当前和未来的土地利用。

在超级基金项目中，我们遵循 1983 年框架文件制定的基本风险评估范式，即危害识别、剂量反应评估、暴露分析和风险表征四个步骤。多年来，这一范式已经扩展，包含了问题构建、与风险管理者沟通以及早期和持续的社会参与。在特定场地基础上，风险评估包含对于暴露和特定场地风险信息（即特定场地的化学物质样本、活动模式和场地调查）可获得性的评估。对于毒性值来说，超级基金主要依靠 EPA 国家环境评估中心（NCEA）和超级基金技术支持中心的评估。

并不存在一个绝对典型的超级基金场地。场地包括地下水和土壤受污染的小地区到覆盖数百英里大量污染的河流系统或湖泊。一般来说，大多数场地包括多种媒介、多种化学物质和多种暴露途径需要评估，以确定对合理最大暴露个体或 RME 个体的风险。RME 个体是指暴露于超级基金场地产生的合理预计最大暴露的个体。如国家应急项目所述，根据超级基金项目法的规定，RME 将会得到保守但是在实际暴露范围内的总体暴露估计。根据这一政策，EPA 认为"合理最大"只是风险评估中可能发生的潜在暴露。超级基金项目一直将其修复设计为保护所有可能受场地暴露的个体和环境受体；因此，

EPA 认为将所有合理的预期暴露纳入风险评估十分重要……

不确定性分析，默认值，替代值使用，概率风险评估和风险沟通，替代修复策略和超级基金后修复调查评估

不确定性分析

通过讨论对合理最大暴露个体和中心趋势或平均暴露个体的风险解决超级基金项目风险评估中的不确定性。如上所述，决策是基于 RME 个体的，呈现 RME 和 CTE 个体的风险提供了风险的边界估计。此外，特定场地风险评估提供了关于数据限制等不确定性的定性讨论，如何处毒性数据缺失、何处基于数据的风险可能被高估（筛选评估），以及讨论这些风险估计的影响。评估得出的风险通常与国家应急项目或 NCP、超级基金规定中确定的风险范围相比较。

默认值

风险评估包括默认值和特定场地的信息。补充指导文件"标准默认暴露因子"（OSWER Directive 9285.6-03，March 25，1991）介绍了超级基金项目计算 RME 暴露评估（EPA 1991a）时采用的默认暴露因子，该指南是为了响应 EPA 要使超级基金风险评估更透明并且其假设更一致的要求而制定的。但是，指南明确指出应当在"考虑到可能性范围很广、缺少特定场地数据或选择参数的共识"的情况下使用默认值。这些默认暴露假设在《暴露因子手册》（EPA 1997a）、《儿童特异性暴露因子手册》（EPA 2002e）中得到数据的补充。这些都是 EPA 为明确风险评估暴露差异的范围而编制和分析的关于暴露的科学文献。

表 E-2（EPA 2004a，表 5-1）列出了默认暴露值和数值代表的群体百分位数以及支持这些假设的同行评审研究。RME 方法使用了用于估计 90 百分位数及以上的高风险个体暴露的默认值（EPA 1992）。根据该指南，各种活动水平和年龄群体的相关默认值被用于饮用水消费率、土壤摄入率、居住时间、体重和呼吸速率。表格列出了百分位数的范围，一些默认值包括 50（如体重）、80、90、95 百分位数。

虽然超级基金项目通常使用默认值评估许多场地对 RME 个体的风险，但场地周边的群体特征各有不同。例如，个体居住时间的分布根据场地是在农村还是城市有所差别，

在农村的个体可能会比城市的个体有更长的居住时间，因此，对于农民，30 年的默认值可能下降到 80 百分位数，而对于城市居民则可能超过 95 百分位数。单一默认值影响最终暴露估计的程度取决于用于估计暴露的所有参数的值和差异，目的是估计实际发生超过 90 百分位数的个体暴露。在某些情况下，使用默认值可能会得到 90 百分位附近的默认值；在其他情况下，估计值可能会更高。

　　一般来说，超级基金默认因子可以保护大多数暴露群体，超级基金风险评估中使用的假设与机构暴露评估指南（EPA 1992）90 百分位数相一致或更高，用于评估 RME 的默认暴露因子是平均估计和高风险估计的混合（表 E-2）。使用这些默认暴露假设并不会自动导致暴露的高估，《原则和实践文件》（EPA 2004a）提供了读者可能感兴趣的其他暴露假设的案例。

表 E-2　百分位数默认暴露值示例

暴露途径	百分位数	数据来源
饮用水消耗：2 L/d	90	大约 90 百分位数值（EPA 2000）
儿童土壤摄入率：200 mg/d	65	由 Stanek 和 Calabrese（1995a，b，2000）的研究成果表明 200mg 摄入率在全年平均日摄入量的 65%。Stanek 和 Calabrese 的分析表明儿童的摄入率的前 10%（高风险）可能超过 1 000 mg/d
居住时间：30 年	90 80 90～95	针对业主、农场和农村人群；30 年超过居民和城市人群 95% 的居住时间
体重：70 kg	50	对于 18～75 岁的男性和女性（NCHS 1987）

来源：EPA 2004a，p. 100，表 5-1。

概率风险评估指南

　　OSWER 概率风险评估指南的制定阐明了超级基金项目被用于制定指南以解决不确定性的过程（EPA 2001b），在这种情况下，超级基金确定了新兴科学、开发了 EPA 工作组来评估现有科学及其在超级基金项目中的应用、发布了指导文件草案、征求了公众意见、在文件完成前开展了外部同行评审。指导文件提供了关于开展概率风险评估和该问题早期政策补充的特定项目信息（EPA 1997b）。此外，EPA 已经就此方法在超级基金项目中的应用开展了培训课程。迄今为止，已经在几个场地使用或正在开发概率风险评估方法以便于评估与癌症风险和非致癌健康危害相关的暴露（TAM Consultants，Inc. 2000）。

例如，在一个区域场地，提供点估计和概率风险评估的结果以供比较。作为社会参与的一部分，将会共享这两个评估的结果，并讨论概率评估中不同暴露假设对决策的影响。该地区提供了点估计在内的数据，表明当使用其他暴露假设时，风险仍然高于上述超级基金描述的风险范围。我们发现在呈现点估计和概率评估最终结果来突出其工具和应用之前，与社区合作十分重要（即使用什么数据，为什么包含这种技术，确定性和概率性风险评估的结果如何比较，在决策过程中如何使用这些信息）。

评估替代修复策略

风险评估是用于为风险管理决策提供信息的几种工具之一。在制定健康和环境保护决策时，风险管理者会衡量一些因素，包括暴露和风险估计中的不确定性。EPA 考虑各种替代方案来保护人体健康和场地环境，并通过考虑表 E-1 中的平衡标准和修改标准（即长期有效性、处理方法的使用、短期有效性、可实施性和成本）进行评估。然后，EPA 建议根据适用或相关和适当要求（ARAR）提出保护性的成本效益修复措施，并根据国家和公众意见进行修改（同见 CERCLA § 121，42 U.S.C. § 9621［1986］，40 CFR § 300.430［e］［9］）。CERCLA 建议优先采取修复措施，其中处理方法可以永久地明显降低有害物质、污染物的体积、毒性或流动性，污染物是主要元素［CERCLA § 121（b）（1）］。本条款要求在修复选择过程中继续考虑永久解决方案和替代处理技术或资源回收技术。CERCLA 还指导超级基金考虑长期维护成本，如果修复失败，还可以在未来采取修复措施。CERCLA § 121（b）（1）还确立了选择"尽可能利用永久解决方案和替代处理技术或资源回收技术"的修复措施作为基本修复措施选择标准之一。对于修复措施的评估和选择，NPC 40 CRF§ 300.430（e）（9）（C）［长期有效性和持久性］和（D）［通过处理方法降低毒性、流动性或体积］需要考虑"剩余风险的大小……""遏制系统和制度控制等控制措施的充分性和可靠性……""采用回收或处理的替代方案减少毒性、流动性或体积的程度……""毁坏、处理或回收有害物质的数量……""考虑持久性、毒性、流动性和生物累积倾向，处理剩余风险的类型和数量……""处理方法降低场地主要威胁造成的固有危害的程度"。

EPA 还提议考虑与 EPA 土地整理办公室之间的跨项目合作，使受污染土地恢复安全有益的用途（EPA 2007d）。

修复调查后的超级基金过程

风险评估的修复调查（RI）完成之后，EPA 制定了可行性研究（FS）来评估场地的修复替代措施（EPA 1988）。其中，FS 评估没有修复措施或制度控制情况下的风险，这为和其他修复替代方案的比较提供了基准。FS 包括制定修复措施目标，包括根据风险评估中使用的 RME 暴露假设制定的初步修复目标（PRGs），PRGs 提供了保护目前暴露或将来会暴露的 RME 个体的浓度水平。EPA 指南"基准风险评估的作用"提供了场地关于风险管理决策的更多信息（EPA 1991b）。

在 FS 期间，通过各种不同的方法制定修复替代方案来实现项目目标，通常包括遏止和处理的替代方案。这些替代方案反映了场地问题的范围和复杂性。超级基金项目通过 NCP（表 E-1）描述了 9 项标准评估这些替代方案，这些标准涉及保护性、有效性、可实施性和可接受性等问题。这些标准来自国会在 SARA 121 中提出的修复措施选择标准。详细分析包括根据 9 项评估指标中的每一项对个别备选方案进行评估以及侧重于每个替代方案对于这些标准的相对性能的全面分析。除了可行的修复替代方案外，EPA 还会评估所有场地没有替代修复措施的情况，没有替代措施的情况提供了适用于所有特定场地各种替代方案比较的基准。与 RI/FS 一同发布的拟议计划提供了所有这些信息供公众审查和评论。

EPA 举行公开会议讨论拟议修复替代方案并且征求意见。为社区参与和公众审查这些信息提供了机会。公众意见在会议和"意见响应"中得以解决，后者是决策记录（ROD）的一部分。ROD 确定了针对场地所选择的修复措施。

在 ROD 之后，EPA 开始修复设计过程和建设的实施，根据修复措施的性质以及完成建设所需的时间，EPA 可能会进行 5 年的审查来确定修复的保护性（EPA 2001c）。在整个过程中，关于修复措施进展的信息将在社会共享。

易感和易损亚群（如儿童、老人、部落、濒危物种）

儿童

EPA 的一个常见问题是为什么超级基金风险评估要涉及"吃土的孩子"：为什么超级基金场地应当清理到儿童能够安全"食用"土壤的程度？事实上，EPA 通常不会假设孩子吃土；而是假设他们通过在地面上玩游戏的正常活动暴露于污染物、暴露于家里的灰尘，并且偶尔通过嘴巴造成暴露（EPA 1996，2005b）。

通常会观察到幼儿吮吸拇指或将玩具和其他物品放到嘴里，这些行为特别是在 1～3 岁的儿童身上经常发生（Charney et al. 1980；Behrman 和 Vaughan 1983），这种"手到口"的暴露对于 6 岁以下儿童，在科学文献中有很好的记录，在 1 岁半到 3 岁儿童中尤为普遍，这是大脑发育的关键时期。这一时期应尤为关注潜在暴露，因为儿童可能处于暴露于特定化学物质，如铅（CDC 1991）的特定风险中。超级基金的经验告诉我们，儿童确实会暴露于污染土壤，这一点可以从铅污染场地附近儿童血铅水平升高中明显看出（EPA 1996，2005b）。

科学家认为，由于这种行为，儿童可能有意或无意的摄入土壤和灰尘（Calabrese et al. 1989；Davis et al. 1990；van Wijnen et al. 1990），在儿童可能暴露于污染土壤（如住宅区）的地方，EPA 应适当评估潜在风险，并且设定清理程度保护儿童免受这一广泛认可路径的暴露，特别是在儿童一生中的敏感发育阶段。

EPA 默认的土壤摄入率的基础通常是一个争论点。EPA 已经制定了土壤摄入率，用作成人和儿童的"默认暴露假设"。对于幼儿（6 岁或以下），超级基金项目的默认值是土壤和灰尘摄入量 200 mg/d（EPA 1991a，1996）。EPA 的风险估计针对儿童将手或玩具放在口中或使用接触灰尘的食物发生的"偶然"摄入，虽然通常认为这一默认值过于保守，但这一数值（200 mg/d）表明土壤摄入量很少，每天不到 1/100 盎司（或者一小包糖的 1/5）。该同行评审数值（EPA 1989a，1991a，1997a）在估计 RME 暴露时得到了使用。

在超级基金风险评估中，幼儿的土壤摄入率和特定场地暴露频率（每年的天数）的假设相结合，评估 6 年暴露时间内的平均摄入量，暴露频率因特定场地现在和未来土地使用情况而异。土壤摄入研究报告每日平均值；摄入的土壤量不能按小时分摊。此外，摄入土壤本质上是偶然的，取决于儿童的活动模式，所以按时间分配不一定恰当，这是风险评估中土壤摄入率的常见误用。

有些儿童故意吃土或其他不可食的物体（称为 Pica，异嗜症），在有 Pica 行为的儿童中鉴定出的摄入量高达 5 000 mg/d（Calabrese et al. 1991；ATSDR 1996，2001）。在计算环境媒介评估指南（用于选择危险废物场地中关注的污染物）时，有毒物质与疾病登记处使用这一 Pica 摄入率（ATSDR 1996）。EPA 本身并不经常处理这种形式的暴露，除非可以获得特定场地的信息。超级基金风险评估中使用的 200mg/d 的默认土壤摄入率旨在确保在儿童可能暴露于与超级基金场地相关的污染土壤和灰尘情况下合理保护儿童。

对于场地，根据土地使用情况还可以考虑对青少年的风险。青少年通常比上述幼儿的年龄大一些（即 10～18 岁），并且具有比幼儿更短的暴露频率和持续时间。

敏感群体

鱼类消费模式评估是一个主要评估幼儿和敏感亚群可能污染物暴露的一个领域。在某些情况下，会开展特定场地调查以评估已有研究尚未揭示的特殊群体消费模式。这些研究发现这些群体的消费率明显高于 1997 年《暴露因子手册》（EPA 1997a）中使用的默认值的标准，例如，一个 3.5 年的特定场地调查（Toy et al. 1996）收集了成人是否从 Puget 海峡捕获鱼类和贝类的信息，调查包括 190 名成年人和 69 名 0～6 岁的儿童。研究发现其海鲜消费率远高于《暴露因子手册》中的数值。在 Squaxin，平均消费率为 72.8 g/d，90 百分位数摄入率为 201.6 g/d。在 Tulalips，平均消费率为 72.7 g/d，90 百分位数摄入率为 192.3 g/d。其他特定场地的调查也发现消费率的差异（Chiang 1998；EPA 2001d；Sechena et al. 2003）。

在 EPA 开展个别研究确定鱼类消费率的情况下，EPA 发现在该过程中社区参与很重要（EPA 1999a）。EPA 和其他机构（私人和政府的）花费了大量的资源和时间规划和开展这些研究，这些研究（Chiang 1998；EPA 2001d；Sechena et al. 2003）都采用一对一访问进行，而不是实地或邮件调查，进行访谈的人员都是经过特定培训的受访地区的民族或社区成员。

风险评估监管过程的挑战

开展风险评估中面临的挑战包括：

复杂科学概念的传播

这是 Bill Farland 在与机构合作时提出的问题。在超级基金项目中，社区之间针对修复调查、风险评估、修复措施和超级基金过程存在广泛的交流，所有场地面临的挑战之一是解释复杂的科学概念，例如流体动力学模型、地下水问题、对化学物质毒性理解的变化以及毒性值范围的应用。

新科学进步中风险评估者/风险管理者的培训

随着基因组学、其他"组学"、纳米技术、诱变作用模式的认知等所有新兴科学领域的发展，在这些新领域培训员工是一项新的挑战，特别是对于那些更习惯于解决工程概念和问题的风险管理者。面临的挑战是如何在这些领域提供充分的背景信息，在当前时间和资源限制的条件下确保风险评估者和风险管理者跟上科学进展。使用危险废物清理信息（CLU-IN）网站向危险废物修复社区提供了创新处理和场地表征技术的相关信息；同时，基于网络的研讨会、年度会议、电话会议等已经被证明可以有效提供信息并将继续使用。这一挑战的另一方面在于如何处理所得到的信息。例如，使用基因组学确定某一场地群体中的某些成员可能特别敏感，但这并不表示对该信息的监管响应是适当的或必需的。在某些情况下，可能没有监管机构采取行动，或为确定生物标志物而进行必要的人群采样。通常，有毒物质与疾病登记处（ATSDR）负责采集临床样品。

缺少毒性数据

在一些场地，由于缺乏同行评审的毒性值，通常在评估中难以对一些化学物质进行定量评估，一般这些化学物质在风险评估中是定性的。开发同行评审的毒性数据，将其纳入癌症风险和非致癌健康危害的量化中显然对风险评估的发展至关重要。

未来方向：解决差距、局限和需求

短期（2～5年）和长期（10～20年）待解决的问题

EPA 包括 OSWER 在内的总体挑战是在用于分析的数据和资源有限的情况下以一种及时和成本有效的方式实现监管结果。此外，EPA 需要制定透明、清晰、一致和合理的陈述与程序来支持和解释其分析结果。这里简要介绍几个关键领域。

规划和范围界定

在过去的几年中，如 EPA《员工手册》所述，EPA 越来越强调通过风险评估者和风险管理者之间的对话，在流程中尽早确定适合规划评估的工作范围和程度的重要性。这一步骤可能需要重复开展。随着评估复杂性及受到的评审和监督数量的不断增加，这种互动似乎将发挥越来越重要的作用。

毒性数据

在超级基金项目中，我们依赖 NCEA，包括综合风险信息系统（IRIS）和超级基金技术支持部分作为毒性值的来源。通常，区域不会开发特定场地的毒性值。OSWER 定义了在毒性值不可用时使用其他毒性值的层级方法（EPA 2003b）。简单来说，这些来源应该是最新的，有透明和公开的科学研究基础，并经过同行评审。这些毒性值的来源包括加州毒性值、ATSDR 最低风险水平等。在没有毒性值的情况下，我们依赖于风险评估中不确定性的定性讨论。

目前信息学、基因序列和相关领域的发展有可能提高我们对定量结构活性关系（QSAR）的理解，从而减少不确定性、帮助限制潜在的毒性值并且减少开展毒性测试支持这些值的需求。

综上所述，对数据缺失和数据需求的早期识别有可能激励生产相关数据以支持风险评估将是另一个领域。

短期暴露

短期和中期暴露需要毒性值和分析，这些毒性值在场地的清理行动中十分重要。

混合物

通常在超级基金场地，我们会评估多路径多种化学物质的暴露。EPA 项目办公室和区域风险评估人员迫切需要评估信息和风险评估方法来评估暴露于化学混合物的人体健康和生态风险。

暴露假设

超级基金意识到表征超级基金场地周边群体潜在暴露的最准确方式是考虑每个场地当前和未来土地使用并对其开展详细的普查。理论上来说，在收集环境样本的同时还应采访所有潜在暴露个体的生活方式、日常模式、用水量、当地鱼类和野味的食用和做法、工作地点和暴露条件。虽然在修复调查期间适当收集了特定场地环境介质（如土壤、地下水、空气等）的数据，但是这些收集有明显的局限性，其中三个无法逾越的困难是时间、费用和隐私侵犯。在没有特定场地信息的情况下，超级基金会依赖来自《标准默认暴露因子》和《暴露因子手册》的暴露信息，并将其用于场地。《暴露因子手册》及其更新版本是各种群体（即儿童、垂钓者和其他人）通过媒介暴露的信息的重要来源。最近补充的《儿童特异性手册》也有助于了解儿童等敏感人群面临的风险。因为我们在评估未来潜在风险，所以我们经常需要一些不能直接测量的信息，例如一个地区修复后人群行为的潜在变化等。

概率风险评估

超级基金制定了同行评审的具体指南，用于开展特定场地的概率风险评估。在所有场地都评估了 RME 和 CTE（或平均暴露），以提供风险范围并为风险管理决策提供信息。但是，在 NCP 的框架下，RME 只是决策的基础。在某些情况下，特定场地的风险评估使用分级的方法，从确定性风险评估开始，然后进一步过渡到如一维和二维分析等更精细的技术。目前，概率风险评估已经在多个场地开展以审查暴露评估结果。

超级基金目前正致力于组织风险评估论坛，以了解概率风险评估在决策中的应用和使用。该项目还致力于寻求更好地与风险管理者沟通这些技术应用的方式，从而确定这些技术更适用的领域。

改善沟通

根据 EPA 超级基金提高流程透明度的目标，在 RAGS D 部分（EPA 2001e）提供了总结风险信息的方法。超级基金会继续更新指导文件，提高风险信息的透明度。

随着上述科学的进步，数据的总结和呈现面临新的挑战。随着地理信息系统的进步，可以展示超出特定风险范围的区域。目前正在使用的样本数字化数据定位有助于推动数据进一步分析。

EPA 指南和教育材料有助于阐述公民参与风险评估过程的方式（EPA 1999a，1999b）。例如：关于捕鱼偏好的特定社区信息有助于确定采样的暴露区域和在污染海湾捕鱼的人们食用的鱼的种类。农民关于农药施用的信息有助于 EPA 确定为什么含水层中存在某些污染物，与农民讨论特定的收获劳作活动有助于 EPA 在另一场地改进暴露模型和假设（EPA 1999b）。

EPA 使用了一系列交流方式使社区参与到超级基金过程，包括报纸、情况说明书、特定场地的主页、公开会议、公开获取的场所和联系 EPA 员工的 1-800-电话号码。EPA 致力于沟通 RI 的信息、风险评估的结果、场地的拟议方案和修复措施拟议以及最终的决策。决策记录（ROD）包括一个回应了来自社会的意见的摘要。在开展修复措施期间需要继续与社区沟通，包括在 5 年审查过程中即时更新进展。

水办公室（OW）

当前实践

风险评估的法定依据/当前方法和范式（针对每个项目办公室）

水办公室（OW）遵循了 1983 年化学物质和辐射的人体健康风险评估范式，这在 EPA 已发布的《风险评估指南》和其他机构指南中进行了阐述。

OW 还对微生物疾病、摄入饮用水、需水娱乐、食用水生生物和接触废水造成的人体健康风险进行了评估。涉及宿主/寄生相互作用的微生物的风险评估范式仍在不断发展。EPA 风险评估小组正在制定基于拟议框架的指南，并与其他机构合作。微生物疾病评估的重要组成部分是风险/风险权衡，例如在制定联合饮用水规定时要考虑限制微生物和消毒副产物。最后，OW 根据《生态风险评估指南》（图 E-2）（EPA 1998）中发布的范式进行生态风险评估。

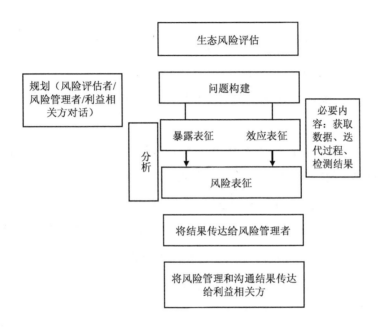

图 E-2　生态风险评估框架（EPA1998 年修改）

风险评估《员工手册》（EPA 2004a）汇编了 OW 使用的许多一般和具体的风险评估实践。

水办公室的工作受到以下几项法律的规范，并承担以下义务：

- 《饮用水安全法》（1996 年修订）
- 《清洁水法》
- 《食品质量保护法》（1996）（FQPA）
- 《海滩环境和沿海健康法》（《BEACH 法》）（2000）
- 《沿海地区管理法》

● 《濒危物种法》

FQPA 于 1996 年修订了《联邦杀虫剂、杀菌剂与杀鼠剂法》（FIFRA）；特别强调农药对儿童的风险。由于在饮用水水源水中发现农药，OW 至少在危害识别和剂量反应方面，采纳了农药项目办公室根据 FQPA 进行的风险评估；考虑到开展风险评估的立法范围，暴露评估将会有所不同。

《BEACH 法》是 2000 年《清洁水法》（CWA）的修正案，这些变化为沿海地区和大湖区的娱乐标准提出了新的要求。

《濒危物种法》要求 EPA 和美国渔业和野生动物管理局就影响濒危动植物物种的所有措施开展合作。

支持水计划的主要法律是 CWA 和 1996 年修订的《饮用水安全法》（SDWA）。SDWA 处理了所有自来水的用途，但只涉及与饮用水相关的自来水（虽然包括了从源头到最后的连接公众等环节）。根据 SDWA，EPA 建立了可以监管的化学物质和微生物污染物清单，EPA 有义务定期修改此清单；此外，EPA 必须每 5 年对清单上的 5 种物质做出监管决策，监管的基准如图 E-3 所示。为了监管饮用水中的污染物，EPA 必须确定以下几点：污染物可能会对公众健康产生不良影响；污染在公共供水系统中发生或可能发生，影响公众健康；监管可能改善公众健康。

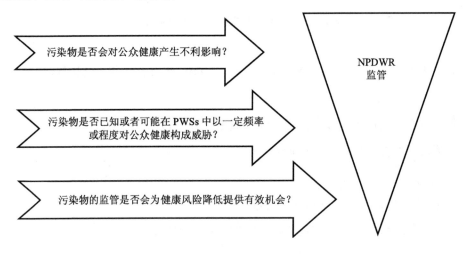

图 E-3　根据 1996 年 SDWA 的监管情况

在回答这些问题时，OW 开展了定量风险评估来确定不可执行的最大污染水平目标（MCLGs），然后在考虑成本后，尽可能在技术可行的情况下设置可执行的最大污染水平（MCLs）。

SDWA 还要求 EPA 针对每个拟议规章开展健康风险降低工作和成本分析（HRCCA），HRCCA 有七个要素：

1. 定量和非定量健康风险降低的效益；

2. 由于共同污染物减少带来的定量和非定量健康风险降低的效益；

3. 定量和非定量的成本；

4. 增加的成本和效益；

5. 污染物对一般群体和婴儿、儿童、孕妇、老人和有严重疾病史或其他处于高风险个体等敏感亚群的影响；

6. 由于合规而增加的健康影响，包括共同污染物等；

7. 信息质量、分析过程和风险程度及其性质等相关因素中的不确定性。

完成 HRCCA、污染控制技术可行性分析、明确合适的监测方案后，OW 提出并颁布国家初级饮用水规章（NPDWR），OW 必须每 6 年审查一次规章，确定是否有充分的理由（如新数据、新风险评估方法）修订规章。

CWA 提供了控制点源污染和扩散源污染（如农田，采矿场的径流等）排放到周围水域的大纲，要求国家和授权的组织制定水体的用途（如饮用水水源水、可捕鱼/游泳的水体），然后要求国家采取具体措施确保实现这些用途，例如设置标准、颁发许可证、定义污染物对水体的总最大日负荷。根据 CWA、OW 发布了针对人体健康和水生生物的环境水质标准（AWQC），这些是国家和组织可能选择使用的风险评估；EPA 决定国家或组织标准是否科学合理。

在颁布国家 AWQC 时，OW 遵循 EPA 发布的方法，包括《保护人体健康的环境水质标准推导方法》（EPA 2000），《保护水生生物及其用途的国家水质数值标准推导指南》（EPA 1985），后一文件正在更新。根据技术支持文件，正在扩展相应的人体健康方法。随着人体健康标准特意将食用污染海鲜作为暴露评估的途径，一系列技术文件都逐步涉及通过水生食物网的生物累积。人体健康方法还描述了相对来源贡献（RSC）的概念，该方法用于分配总体可能暴露途径的"允许风险"，如 RfD。OW 还根据 SDWA 将 RSC 用于计算 MCLGs。例如，在氯仿的风险评估中，制定 MCLG 时考虑了吸入蒸汽和食物中的浓度，最终，在氯仿 RSC 中使用了 EPA 默认过程，因为没有充足的数据确定具体数值。

2005 年长期增强地表水处理规章 2（LT2）和 2006 年《地下水规章》（GWR）等支持 NPDWRs 的经济分析是另一些较好的实践案例，这些规章都是基于原生生物、细菌和病毒等各种微生物污染物的人体健康风险评估。

不确定性分析

关于替代风险评估的介绍，SDWA 指出：

局长须在为支持根据本条所颁布的规例而向公众提供的文件中，在切实可行范围内指明：

1. 公众健康影响评估涉及到的每个群体；

2. 特定群体的预期风险或风险的中心估计；

3. 每个风险估计的适当上限或下限 [OW；SDWA § 300g-1（b）（3）]。

OW 描述了支持监管和其他风险管理决策的风险评估文件中的不确定性和差异性，其中一些分析包括不确定性和差异性的定量估计；这是对暴露数据最常见的做法。最近为支持 SDWA 开展的经济分析包括不确定性或暴露数据（例如，LT2，砷 NPDWR，GWR）的评估，关于剂量-反应评估不确定性的讨论也是在这些规章背景下发表的。此外，OW 讨论了饮用水处理（LT2）的有效性的和风险目标监管策略（LT2 和 GWR）中使用的测量或指标的不确定性。这些分析经过同行评审，并在最终经济分析发布之前征求公众意见。

OW 已经发布了敏感性分析和替代风险估计的介绍；例如在支持砷的 NPDWR 的监管影响分析（RIA）中。值得注意的是，该规章的序言包括对剂量-反应数据和建模中不确定性的广泛讨论。OW 还使用了发布的不确定性分析；例如，AWQC（EPA 2001f）使用的甲基汞的参考剂量被纳入 NRC（2000）提出的药代动力学参数的差异性评估。

OW 使用包括 2005 年《癌症指南和补充指南》（EPA 2005c，2005d）和《员工手册》（EPA 2004a）在内的 EPA 文件中所述的默认程序和假设，还发布了使用分配方法开展暴露评估的分析；例如，对个人对食物摄入的持续研究（CSFII）中关于公共饮水系统、饮料等中水消耗量的数据分析。当不需要分配方法时，该报告还支持使用 21 天的成人暴露评估作为合理默认值（EPA 2004c）。

易感和易损亚群（如儿童、老人、部落、濒危物种）

SDWA 修正案要求 EPA 考虑处于较大不良健康效应风险中的一般群体的风险；包括儿童、老人和严重疾病患者（《安全饮用水法》1996）。为此，OW 考虑支持风险管理的风险评估中包含适当的易感群体，这在规章的序言部分（例如，消毒副产物第 1 阶段）中有所描述，例如，《长期增强地表水处理规章》特别强调要考虑免疫受损人员。

OW 特别建议国家和授权组织在推导标准时使用水体特定群体和暴露数据，并建议只在缺少相关数据时使用默认暴露因子（EPA 2000）。OW 意识到美洲原住民和其他传统生活方式可能导致暴露参数不同于标准值，美洲印第安环境办公室（AEIO/OW）和 EPA 组织科学委员会是探索这些问题的团体之一。

风险评估监管过程的挑战

根据 SDWA，监管的成本与效益是决定是否监管和设置 MCL 限值的一个因素。砷 NPDWR 的 RIA 是理解效益评估方法和挑战的很好的示例。值得注意的是，效益往往是确定的但不是定量的，是定量的但不是货币化的，因此很难对效益进行表征，并与货币化的效益进行比较。鉴于标准的非线性低剂量外推程序，RfD 的计算不能提供风险的估计，这是一个主要挑战。在 GWR 经济分析中，如果细菌性疾病可以更好地量化，OW 使用半定量方法量化的货币化效益是使用成本的 5 倍多。

根据《清洁水法》，OW 为保护人体健康发布了 AWQC；这些风险评估不考虑满足这些标准的成本或技术可行性，但是，在量化方面，货币化效益在接受任何风险管理方案方面越来越重要。生态系统效益的评估仍然是比较重要的问题。

OW 风险评估的主要问题是资源不足，主要的资源缺乏是数据的缺乏，所有支持水计划的立法都没有提供要求获得生态或健康效应数据的方法。OW 可以根据法律制定各种检测要求，但是无法获得健康效应数据。SDWA 还要求数据作为监管的基础应当接受同行评审并可公开获取。OW 风险评估通常由于缺乏关于健康效应和在食物与水中发生污染的可用数据而受到限制。

支持微生物剂量反应评估的数据缺乏，并且可能不会出现。新的具有挑战性的人体研究也几乎不可能开展，即使有，鉴于最近对人体研究的使用限制，EPA 也可能无用使用。出于这些原因，完整的研究可能不适用于普通群体的暴露评估。

- 本研究采用了实验室微生物菌株；这是从特定宿主中生长或提纯的健康传染性生物。环境生物来源更加多样，其感染力可能比实验室菌株强或弱。

- 在健康志愿者中开展具有挑战性的研究，通常这些志愿者只有一种性别，且在一定年龄范围内（通常为 20～50 岁）。

评估微生物病原体的另一个挑战是缺乏二次传播的数据和模型，动态疾病传播模型正在发展成为一种有用的工具。

时间也是有限的资源。SDWA 风险评估必须在监管提议、颁布和审查的最后期限内开展。对于 CWA 和 SDWA 开展的活动，通常需要满足法院规定的期限。OW 不会因为等待数据收集或方法开发而延迟这些行动。

根据 SDWA，为响应 1996 年《安全饮用水法修正案》，OW 关注了饮用水中的污染混合物，包括 DBPs 和污染物候选名单中的化学物质（如有机锡、农药、金属、药品）。正在开发信息和方法以便更好评估毒性作用模式、饮用水混合物造成的风险、混合物通过多种途径估算得出的暴露以及先进处理技术的相对效力（EPA 2003c，2003d）。

整体混合物的研究通常用于生态风险评估。机构已经为所有废水和受污染的环境水体、沉积物和土壤制定了亚慢性毒性试验（EPA 1989b，1991c，1994a）。此外，使用与流行病学等效的生物评估技术来评估水生生态系统中混合物的影响，因为后者更容易使用（Barbour et al. 1999），超级基金场地有时也会使用类似的生物评估方法（EPA 1994b）。这些用于评估混合物生态风险的经验性方法被用于国家污染物排放系统许可和制定总最大日负荷，通常用于超级基金基准生态风险评估。

许多不确定性分析考虑到参数的不确定性，但忽略了模型的不确定性。当只有一个模型可以合理地解释或拟合数据时，只需要考虑特定模型中参数值的不确定性。例如，已知剂量–反应关系是指数型的，数据用于估计和表征指数模型单一参数（r）的不确定性。如果不确定模型是指数型，β 泊松型还是其他形式，则数据要用于表征模型的不确定性和参数的不确定性。在 OW 的 GWR 和 LT2 规章中，在敏感性分析中探索了模型的不确定性；这表明模型的选择并没有显著改变结果。以下情况中，处理模型的不确定性可能是未来分析的一个重大挑战：（a）数据没有明确指向单一的首选模型；或（b）监管后果或估计值对模型的选择敏感。

未来方向：解决差距、局限和需求

1983 年 NRC 的化学物质和辐射人体健康风险评估范式仍然适用，1998 年生态风险评估范式也适用。我们期望开发并发布联邦同行评审的微生物风险评估范式。

水计划需要改进剂量反应方法，特别是导致微生物疾病的物质。

虽然 OW 希望增加"组学"技术数据的使用，但是在这之前，该领域需要完成大量的实际工作，并接受立法机构的考验。有可能"组学"在水环境相关项目的首次应用将是微生物来源跟踪和污染物的快速检测（而非风险评估）。

改进并接受生态效益和人体健康效益（不仅是生命统计价值）量化方法将会有立竿见影的收效。

评估效用的方法和从各种不确定性分析中汲取的经验直接有效，同样，改进向决策者和（诉讼）公众传达不确定性的方法也直接有效。

应用任何新的风险评估方法的主要局限都是数据（特别是健康和生态效应数据）缺乏以及利益相关方对新方法的接受程度。

参考文献

[1]　ATSDR (Agency for Toxic Substances and Disease Registry). 1996. ATSDR Public Health Assessment Guidance Manual. Agency for Toxic Substances and Disease Registry, Atlanta, GA.

[2]   ATSDR (Agency for Toxic Substances and Disease Registry). 2001. Summary Report for the ATSDR Soil-Pica Workshop, June 2000, Atlanta, GA. Prepared by Eastern Research Group, Lexington, MA. Contract No. 205- 95-0901. Task Order No. 29. March 20, 2001 [online]. Available: http://www. atsdr.cdc.gov/NEWS/soilpica.html [accessed Jan. 30, 2008].

[3]   Barbour, M.T., J. Gerritsen, B.D. Snyder, J.B. Stribling. 1999. Rapid Bioassessment Protocols for Use in Streams and Wadeable Rivers: Periphyton, Benthic Macroinvertebrates and Fish, 2nd Ed. EPA 841-B-99-002. Office of Water, U.S. Environmental Protection Agency, Washington, DC [online]. Available: http://www.epa.gov/owow/monitoring/rbp/ [accessed Jan. 31, 2008].

[4]   Behrman, L.E., V.C. Vaughan, III. 1983. Nelson Textbook of Pediatrics, 12 Ed. Philadelphia, PA: W.B. Saunders.

[5]   Calabrese, E.J., R. Barnes, E.J. Stanek, III, H. Pastides, C.E. Gilbert, P. Veneman, X.R. Wang, A. Lasztity, and P.T. Kostecki. 1989. How much soil do young children ingest: An epidemiologic study. Regul. Toxicol. Pharmacol. 10(2):123-137.

[6]   Calabrese, E.J., E.J. Stanek, C.E. Gilbert. 1991. Evidence of soil-pica behavior and quantification of soil ingestion. Hum. Exp. Toxicol. 10(4):245-249.

[7]   CDC (Centers for Disease Control and Prevention). 1991. Preventing Lead Poisoning in Young Children. U.S. Department of Health and Human Services, Public Health Service, Centers for Disease Control and Prevention, Atlanta, GA. October 1, 1991 [online]. Available: http://wonder.cdc.gov/ wonder/prevguid/p0000029/p0000029.asp [accessed Jan. 30, 2008].

[8]   Charney, E., J. Sayre, M. Coulter. 1980. Increased lead absorption in inner city children: Where does the lead come from? Pediatrics 65(2):226-231.

[9]   Chiang, A. 1998. A Seafood Consumption Survey of the Laotian Community of West Contra Costa County, CA. Oakland, CA: Asian Pacific Environmental Network.

[10]   Davis, S., P. Waller, R. Buschbom, J. Ballou, P. White. 1990. Quantitative estimates of soil ingestion in normal children between the ages of 2 and 7 years: Population-based estimates using aluminum, silicon, and titanium as soil tracer elements. Arch. Environ. Health 45(2):112-122.

[11]　EPA (U.S. Environmental Protection Agency). 1985. Guidelines for Deriving Numerical National Water Quality Criteria for the Protection of Aquatic Organisms and Their Uses. EPA 822/R-85-100. U.S. Environmental Protection Agency, Office of Research and Development, Environmental Research Laboratories, Duluth, MN, Narragansett, RI, and Corvallis, OR [online]. Available: http://www.epa. gov/waterscience/criteria/85guidelines.pdf [accessed Jan. 30, 2008].

[12]　EPA (U.S. Environmental Protection Agency). 1988. Guidance for Conducting Remedial Investigations and Feasibility Studies under CERCLA. Interim Final. OSWER Directive 9355.3-01. EPA/540/G-89/004. Office of Emergency and Remedial Response, U.S. Environmental Protection Agency, Washington, DC. October 1988 [online]. Available: http://rais.ornl.gov/homepage/ GUIDANCE. PDF [accessed Jan. 30, 2008].

[13]　EPA (U.S. Environmental Protection Agency). 1989a. Risk Assessment Guidance for Superfund, Vol. 1. Human Health Evaluation Manual (Part A). EPA/540/1-89/02. Office of Emergency and Remedial Response, U.S. Environmental Protection Agency, Washington, DC. December 1989 [online]. Available: http://www.epa.gov/oswer/riskassessment/ragsa/pdf/rags-vol1-pta_complete.pdf [accessed Jan. 30, 2008].

[14]　EPA (U.S. Environmental Protection Agency). 1989b. Short-Term Methods for Estimating the Chronic Toxicity of Effluents and Receiving Waters to Freshwater Organisms, 2nd Ed. EPA 600/4-89/001. Environmental Monitoring Systems Laboratory, U.S. Environmental Protection Agency, Cincinnati, OH.

[15]　EPA (U.S. Environmental Protection Agency). 1991a. Risk Assessment Guidance for Superfund, Vol. I: Human Health Evaluation Manual, Supplemental Guidance, "Standard Default Exposure Factors." Interim Final. OSWER Directive 9285.6-03. PB91-921314. Office of Emergency and Remedial Response, U.S. Environmental Protection Agency, Washington, DC. March 25, 1991 [online]. Available: http://www.epa.gov/oswer/riskassessment/pdf/OSWERdirective9285.6-03.pdf [accessed Jan. 30, 2008].

[16]　EPA (U.S. Environmental Protection Agency). 1991b. Role of the Baseline Risk Assessment in Superfund Remedy Selection Decisions. OSWER Directive 9355.0-30. Memorandum to Directors:

Waste Management Division, Regions I, IV, V, VII, VIII; Emergency and Remedial Response Division, Region II; Hazardous Waste Management Division, Regions III, VI, IX; and Hazardous Waste Division, Region X, from Don R. Clay, Assistant Administrator, Office of Solid Waste and Emergency Response, U.S. Environmental Protection Agency, Washington, DC. April 22, 1991 [online]. Available: http://www.epa.gov/oswer/riskassessment/pdf/baseline.pdf [accessed Jan. 30, 2008].

[17]　EPA (U.S. Environmental Protection Agency). 1991c. Methods for Measuring the Acute Toxicity of Effluents and Receiving Waters to Freshwater and Marine Organisms, 4th Ed. EPA-600/4-90/027. Office of Research and Development, U.S. Environmental Protection Agency, Washington, DC. September 1991.

[18]　EPA (U.S. Environmental Protection Agency). 1992. Guidelines for Exposure Assessment. EPA/600/Z-92/001. Risk Assessment Forum, U.S. Environmental Protection Agency, Washington, DC. May 1992 [online]. Available: http://cfpub.epa.gov/ncea/cfm/recordisplay.cfm?deid=15263 [accessed Oct. 10, 2007].

[19]　EPA (U.S. Environmental Protection Agency). 1994a. ECO Update: Catalog of Standard Toxicity Tests for Ecological Risk Assessment. EPA 540-F-94-013. Pub. 9345.0-051. Office of Solid Waste and Emergency Response, Washington, DC. Intermittent Bulletin 2(2) [online]. Available: http://www.epa.gov/swerrims/riskassessment/ecoup/pdf/v2no2.pdf [accessed Jan. 30, 2008].

[20]　EPA (U.S. Environmental Protection Agency). 1994b. ECO Update: Field Studies for Ecological Risk Assessment. EPA 540-F-94-014. Pub. 9345.0-051. Office of Solid Waste and Emergency Response, Washington, DC. Intermittent Bulletin 2(3) [online]. Available: http://www.epa.gov/swerrims/riskassessment/ ecoup/pdf/v2no3.pdf [accessed Jan. 30, 2008].

[21]　EPA (U.S. Environmental Protection Agency). 1996. Soil Screening Guidance: User's Guide, 2nd Ed. OSWER Pub. 9355.4-23. EPA540/R-96/018. Office of Solid Waste and Emergency Response, Washington, DC. July 1996 [online]. Available: http://www.epa.gov/superfund/health/ conmedia/ soil/pdfs/ssg496.pdf [accessed Jan. 30, 2008].

[22]　EPA (U.S. Environmental Protection Agency). 1997a. Exposure Factors Handbook, Vols. 1-3.

EPA/600/P-95/002F. Office of Research and Development, National Center for Environmental Assessment, U.S. Environmental Protection Agency, Washington, DC [online]. Available: http://www. epa.gov/ncea/efh/ [accessed June 3, 2007].

[23] EPA (U.S. Environmental Protection Agency). 1997b. Policy for Use of Probabilistic Analysis in Risk Assessment at the U.S. Environmental Protection Agency. U.S. Environmental Protection Agency, Washington, DC. May 15, 1997 [online]. Available: http://www.epa.gov/osa/spc/pdfs/probpol.pdf [accessed June 3, 2007].

[24] EPA (U.S. Environmental Protection Agency). 1998. Guidelines for Ecological Risk Assessment. EPA/630/R-95/002F. Risk Assessment Forum, U.S. Environmental Protection Agency, Washington, DC [online]. Available: http://cfpub.epa.gov/ncea/cfm/recordisplay.cfm?deid=12460 [accessed June 3, 2007].

[25] EPA (U.S. Environmental Protection Agency). 1999a. Risk Assessment Guidance for Superfund: Vol. I—Human Health Evaluation Manual (Supplement to Part A): Community Involvement in Superfund Risk Aassessments. EPA 540-R-98-042. Office of Solid Waste and Emergency Response, U.S. Environmental Protection Agency, Washington, DC. March 1999 [online]. Available: http://www. epa.gov/oswer/riskassessment/ragsa/pdf/ci_ra.pdf [accessed Jan. 31, 2008].

[26] EPA (U.S. Environmental Protection Agency). 1999b. Superfund Risk Assessment and How You Can Help [videotape]. EPA-540-V-99-002. Office of Solid Waste and Emergency Response, U.S. Environmental Protection Agency, Washington, DC. September.

[27] EPA (U.S. Environmental Protection Agency). 2000. Methodology for Deriving Ambient Water Quality Criteria for the Protection of Human Health. EPA-822-B-00-004. Office of Water, Office of Science and Technology, Washington, DC. October 2000 [online]. Available: http://www.epa.gov/waterscience/ criteria/humanhealth/method/complete.pdf [accessed Jan. 31, 2008].

[28] EPA (U.S. Environmental Protection Agency). 2001a. Community Involvement Activities Diagram. Superfund, U.S. Environmental Protection Agency. January 2001 [online]. Available: http://www. epa.gov/superfund/community/pdfs/pipeline.pdf [accessed Feb. 1, 2008].

[29] EPA (U.S. Environmental Protection Agency). 2001b. Risk Assessment Guidance for Superfund (RAGS), Volume III, Part A: Process for Conducting Probabilistic Risk Assessment. EPA 540-R-02-002. Office of Emergency and Remedial Response, U.S. Environmental Protection Agency, Washington, DC [online]. Available: http://www.epa.gov/oswer/riskassessment/rags3a/ [accessed Oct 10, 2007].

[30] EPA (U.S. Environmental Protection Agency). 2001c. Comprehensive Five-Year Review Guidance. EPA 540- R-01-007. Office of Emergency and Remedial Response, U.S. Environmental Protection Agency, Washington, DC. June 2001 [online]. Available: http://www.epa.gov/superfund/accomp/ 5year/guidance.pdf [accessed Jan.31, 2008].

[31] EPA (U.S. Environmental Protection Agency). 2001d. Record of Decision: Alcoa (Point Comfort)/Lavaca Bay Site Point Comfort, TX. CERCLIS #TXD008123168. Superfund Division, Region 6, U.S. Environmental Protection Agency. December 2001 [online]. Available: http://www. epa.gov/region6/6sf/pdffiles/alcoa_lavaca_final_rod.pdf [accessed Jan. 31, 2008].

[32] EPA (U.S. Environmental Protection Agency). 2001e. Risk Assessment Guidance for Superfund: Vol. I—Human Health Evaluation Manual (Part D, Standardized Planning, Reporting, and Review of Superfund Risk Assessments). Final. Publication 9285.7-47. Office of Emergency and Remedial Response, U.S. Environmental Protection Agency, Washington, DC [online]. Available: http://www.epa. gov/ oswer/riskassessment/ragsd/tara.htm [accessed Oct. 11, 2007].

[33] EPA (U.S. Environmental Protection Agency). 2001f. Water Quality Criterion for the Protection of Human Health: Methylmercury. Final. EPA-823-R-01-001. Office of Water, Office of Science and Technology, U.S. Environmental Protection Agency, Washington, DC. January 2001 [online]. Available: http://www.epa.gov/waterscience/criteria/methylmercury/merctitl.pdf [accessed Jan. 31, 2008].

[34] EPA (U.S. Environmental Protection Agency). 2002a. Technology Transfer Network: 1996 National-Scale Air Toxics Assessment. U.S. Environmental Protection Agency [online]. Available: http://www.epa.gov/ttn/atw/nata/ [accessed Aug. 19, 2008].

[35] EPA (U.S. Environmental Protection Agency). 2002b. A Review of the Reference Dose and Reference Concentration Processes. EPA/630/P-02/002F. Risk Assessment Forum, U.S. Environmental Protection

Agency, Washington, DC. December 2002 [online]. Available: http://cfpub.epa.gov/ncea/cfm/recordisplay. cfm?deid=55365 [accessed Jan. 4, 2008].

[36] EPA (U.S. Environmental Protection Agency). 2002c. Organophosphate Pesticides: Revised Cumulative Risk Assessment. Office of Pesticide Programs, U.S. Environmental Protection Agency. June 10, 2002 [online]. Available: http://www.epa.gov/pesticides/cumulative/rra-op/ [accessed Feb. 4, 2008].

[37] EPA (U.S. Environmental Protection Agency). 2002d. Determination of the Appropriate FQPA Safety Factor(s) in Tolerance Assessment. Office of Pesticide Programs, U.S. Environmental Protection Agency, Washington, DC. February 28, 2002 [online]. Available: http://www.epa.gov/oppfead1/trac/ science/determ.pdf [accessed Jan. 25, 2008].

[38] EPA (U.S. Environmental Protection Agency). 2002e. Child-Specific Exposure Factors Handbook. Interim Report. EPA-600-P-00-002B. National Center for Environmental Assessment, Office of Research and Development, U.S. Environmental Protection Agency, Washington, DC. September 2002 [online]. Available: http://cfpub.epa.gov/ncea/cfm/recordisplay.cfm?deid=5514 [accessed Feb. 1, 2008].

[39] EPA (U.S. Environmental Protection Agency). 2003a. Technology Transfer Network 1999 National-Scale Air Toxics Assessment: 1999 Assessment Result [online]. Available: http://www.epa. gov/ttn/atw/nata1999/nsata99.html [accessed Aug. 19, 2008].

[40] EPA (U.S. Environmental Protection Agency). 2003b. Human Health Toxicity Values in Superfund Risk Assessments. OSWER Directive 9285.7-53. Memorandum to Superfund National Policy Managers, Regions 1-10, from Michael B. Cook, Director /s/ Office of Superfund Remediation and Technology Innovation, Office of Solid Waste and Emergency Response, U.S. Environmental Protection Agency, Washington, DC. December 5, 2003 [online]. Available: http://www.epa.gov/oswer/riskassessment/ pdf/hhmemo.pdf [accessed Feb. 1, 2008].

[41] EPA (U.S. Environmental Protection Agency). 2003c. Developing Relative Potency Factors for Pesticide Mixtures: Biostatistical Analyses of Joint Dose-Response. EPA/600/R-03/052. National Center for Environmental Assessment, Office of Research and Development, U.S. Environmental Protection Agency, Cincinnati, OH. September 2003.

[42] EPA (U.S. Environmental Protection Agency). 2003d. The Feasibility of Performing Cumulative Risk Assessments for Mixtures of Disinfection By-Products in Drinking Water. EPA/600/R-03/051. National Center for Environmental Assessment, Office of Research and Development, U.S. Environmental Protection Agency, Cincinnati, OH. June 2003 [online]. Available: http://cfpub.epa.gov/ncea/cfm/recordisplay.cfm?deid=56834 [accessed Jan. 31, 2008].

[43] EPA (U.S. Environmental Protection Agency). 2004a. An Examination of EPA Risk Assessment Principles and Practices. EPA/100/B-04/001. Office of the Science Advisor, U.S. Environmental Protection Agency, Washington, DC [online]. Available: http://www.epa.gov/OSA/pdfs/ratf-final.pdf [accessed June 3, 2007].

[44] EPA (U.S. Environmental Protection Agency). 2004b. Overview of the Ecological risk Assessment Process in the Office of Pesticide Programs: Endangered and Threatened Species Effects Determinations. Office of Prevention, Pesticides and Toxic Substances, Office of Pesticides Programs, U.S. Environmental Protection Agency, Washington, DC. September 23, 2004 [online]. Available: http://www.epa.gov/oppfead1/endanger/consultation/ecorisk-overview.pdf [accessed Feb. 1, 2008].

[45] EPA (U.S. Environmental Protection Agency). 2004c. Estimated Per Capita Water Ingestion and Body Weight in the United States—An Update. EPA-822-R-00-001. Office of Water, Office of Science and Technology, U.S. Environmental Protection Agency, Washington, DC. October 2004 [online]. Available: http://www.epa.gov/waterscience/criteria/drinking/percapita/2004.pdf [accessed Jan. 31, 2008].

[46] EPA (U.S. Environmental Protection Agency). 2005a. Draft Risk Assessment of the Potential Human Health Effects Associated with Exposure to Perfluorooctanoic Acid and Its Salts. Office of Pollution Prevention and Toxics, U.S. Environmental Protection Agency. January 4, 2005 [online]. Available: http://www.epa.gov/oppt/pfoa/pubs/pfoarisk.pdf [accessed Feb. 4, 2008].

[47] EPA (U.S. Environmental Protection Agency). 2005b. Integrated Exposure Uptake Biokinetic Model for Lead in Children (IEUBKwin v1.0 build 264). Software and Users' Manuals, U.S. Environmental Protection Agency, Washington, DC. December 2005 [online]. Available: http://www.epa.gov/superfund/lead/products.htm [accessed Jan. 31, 2008].

[48]　EPA (U.S. Environmental Protection Agency). 2005c. Guidelines for Carcinogen Risk Assessment. EPA/630/P- 03/001F. Risk Assessment Forum, U.S. Environmental Protection Agency, Washington, DC. March 2005 [online]. Available: http://cfpub.epa.gov/ncea/cfm/recordisplay.cfm?deid=116283 [accessed Feb. 7, 2007].

[49]　EPA (U.S. Environmental Protection Agency). 2005d. Supplemental Guidance for Assessing Susceptibility for Early-Life Exposures to Carcinogens. EPA/630/R-03/003F. Risk Assessment Forum, U.S. Environmental Protection Agency, Washington, DC. March 2005 [online]. Available: http://cfpub. epa.gov/ncea/cfm/recordisplay.cfm?deid=160003 [accessed Jan. 4, 2008].

[50]　EPA (U.S. Environmental Protection Agency). 2006. A Framework for Assessing Health Risks of Environmental Exposures to Children. EPA/600/R-05/093F. National Center for Environmental Assessment, Office of Research and Development, U.S. Environmental Protection Agency, Washington, DC. September 2006 [online]. Available: http://cfpub.epa.gov/ncea/cfm/recordisplay.cfm?deid=158363 [accessed Feb. 1, 2008].

[51]　EPA (U.S. Environmental Protection Agency). 2007a. Risk Assessment Practice. Office of Science Advisor, U.S. Environmental Protection Agency [online]. Available: http://www.epa.gov/osa/ratf.htm [accessed Aug. 19, 2008].

[52]　EPA (U.S. Environmental Protection Agency). 2007b. Revised N-Methyl Carbamate Cumulative Risk Assessment. Office of Pesticide Programs, U.S. Environmental Protection Agency. September 24, 2007 [online]. Available: http://www.epa.gov/oppsrrd1/REDs/nmc_revised_cra.pdf [accessed Feb. 4, 2008].

[53]　EPA (U.S. Environmental Protection Agency). 2007c. Lead Human Exposure and Health Risk Assessment for Selected Case Studies (Draft Report). EPA-452/D-07-001. Office of Air Quality Planning and Standards, U.S. Environmental Protection Agency, Research Triangle Park, NC. July 2007 [online]. Available: http://yosemite.epa.gov/opa/admpress.nsf/68b5f2d54f3eefd28525701500517fbf/ 14ec9929489233f785257329006645c0!OpenDocument [accessed Feb. 4, 2008].

[54]　EPA (U.S. Environmental Protection Agency). 2007d. Cleaning Up Our Land, Water and Air. Office of Solid Waste and Emergency Response, U.S. Environmental Protection Agency [online]. Available:

http://www.epa.gov/oswer/cleanup/index.html [accessed Feb. 1, 2008].

[55] EPA (U.S. Environmental Protection Agency). 2008a. Ozone (O$_3$) Standards Documents from Review Completed in 2008 Criteria Documents. Technology Transfer Network National Ambient Air Quality Standards, U.S. Environmental Protection Agency [online]. Available: http://www.epa.gov/ttn/ naaqs/ standards/ozone/s_o3_cr_cd.html [accessed Aug. 19, 2008].

[56] EPA (U.S. Environmental Protection Agency). 2008b. Ozone (O$_3$) Standards Documents from Review Completed in 2008–Staff Papers. Technology Transfer Network National Ambient Air Quality Standards, U.S. Environmental Protection Agency [online]. Available: http://www.epa.gov/ttn/naaqs/ standards/ozone/s_o3_cr_sp.html [accessed Aug. 19, 2008].

[57] EPA (U.S. Environmental Protection Agency). 2008c. Ozone (O$_3$) Standards Documents from Review Completed in 2008–Technical Documents. Technology Transfer Network National Ambient Air Quality Standards, U.S. Environmental Protection Agency [online]. Available: http://www.epa.gov/ttn/naaqs/ standards/ozone/s_o3_cr_td.html [accessed Aug. 19, 2008].

[58] EPA (U.S. Environmental Protection Agency). 2008d. Office of Pollution, Prevention and Toxics, U.S. Environmental Protection Agency [online]. Available: http://www.epa.gov/oppt/ [accessed Feb. 1, 2008].

[59] EPA (U.S. Environmental Protection Agency). 2008e. Office of Pesticides, U.S. Environmental Protection Agency [online]. Available: http://www.epa.gov/pesticides/ [accessed Feb. 1, 2008].

[60] EPA (U.S. Environmental Protection Agency). 2008f. Cancer Guidances and Supplemental Guidance Implementation. Science Policy Council, Office of Science Advisor, U.S. Environmental Protection Agency [online]. Available: http://www.epa.gov/osa/spc/cancer.htm [accessed Aug. 21, 2008].

[61] EPA (U.S. Environmental Protection Agency). 2008g. About EPA's Office of Solid Waste and Emergency Response (OSWER). U.S. Environmental Protection Agency [online]. Available: http://www.epa.gov/swerrims/welcome.htm [accessed Aug. 21, 2008].

[62] EPA (U.S. Environmental Protection Agency). 2008h. Superfund. U.S. Environmental Protection Agency [online]. Available: http://www.epa.gov/superfund/index.htm [accessed Feb. 1, 2008].

[63] EPA (U.S. Environmental Protection Agency). 2008i. Superfund Risk Assessment. Office of Solid Waste and Emergency Response, U.S. Environmental Protection Agency [online]. Available: http://www.epa.gov/oswer/riskassessment/risk_superfund.htm [accessed Feb. 1, 2008].

[64] FWS/NMFS (U.S. Fish and Wildlife Service and National Marine Fisheries Service). 2004. Letter to Susan B. Hazen, Principal Deputy Assistant Administrator, Office of Prevention, Pesticides and Toxic Substances, U.S. Environmental Protection Agency, Washington, DC, from Steve Williams, Director, U.S. Fish and Wildlife Service and William Hogarth, Assistant Administrator, National Marine Fisheries Service. January 26, 2004 [online]. Available: http://www.fws.gov/endangered/pdfs/consultations/Pestevaluation.pdf [accessed Feb. 1, 2008].

[65] ICF International. 2006. Risk Assessment for the Halogenated Solvent Cleaning Source Category. Prepared for Office of Air Quality Planning and Standards, U.S. Environmental Protection Agency, Research Triangle Park, NC, by ICF International, Research Triangle Park, NC. EPA Contract Number 68-D-01-052. August 4, 2006 [online]. Available: http://www.regulations.gov/search/index.jsp (EPA Docket Document ID: EPA-HQ-OAR- 2002-0009-0022) [accessed Feb. 1, 2008].

[66] NCHS (National Center for Health Statistics). 1987. Anthropometric Reference Data and Prevalence of Overweight, United States, 1976-1980. Data from the National Health and Nutrition Examination Survey. Series 11, No. 238. DHHS Publication No. (PHS) 87-1688. U.S. Department of Health and Human Services, Public Health Service, National Center for Health Statistics, Hyattsville, MD (as cited in EPA 2004a).

[67] NRC (National Research Council). 1983. Risk Assessment in the Federal Government: Managing the Process. Washington, DC: National Academy Press.

[68] NRC (National Research Council). 1994. Science and Judgment in Risk Assessment. Washington, DC: National Academy Press.

[69] NRC (National Research Council). 2000. Toxicological Effects of Methylmercury. Washington, DC: National Academy Press.

[70] Sechena, R., S. Liao, R. Lorenzana, C. Nakano, N. Polissar, R. Fenske. 2003. Asian American and

Pacific Islander seafood consumption-A community-based study in King County, Washington. J. Expo. Anal. Environ. Epidemiol. 13(4):256-266.

[71] Stanek, E.J. III, E.J. Calabrese. 1995a. Daily estimates of soil ingestion in children. Environ. Health Perspect. 103(3):276-285.

[72] Stanek, E.J., III, E.J. Calabrese. 1995b. Soil ingestion estimates for use in site evaluations based on the best tracer method. Hum. Ecol. Risk Assess. 1(2):133-156.

[73] Stanek, E.J., III, E.J. Calabrese. 2000. Daily soil ingestion estimates for children at a Superfund site. Risk Anal. 20(5):627-635.

[74] TAM Consultants, Inc. 2000. Phase 2 Report: Further Site Characterization and Analysis, Vol. 2F-Revised Human Health Risk Assessment Hudson River PCBs Reassessment RI/FS. Prepared for U.S. Environmental Protection Agency, Region 2, New York, NY, and U.S. Army Corps of Engineers, Kansas City District. November 2000 [online]. Available: http://www.epa.gov/hudson/revisedhhra-text.pdf [accessed Jan. 31, 2008].

[75] Toy, K.A., N.L. Polissar, S. Liao, G.D. Mittelstaedt. 1996. A Fish Consumption Survey of the Tulalip and Squaxin Island Tribes of the Puget Sound Region. Tulalip Tribes, National Resources Department, Marysville, WA [online]. Available: http://www.deq.state.or.us/WQ/standards/docs/toxics/tulalipsquaxin1996.pdf [accessed Jan. 30, 2008].

[76] van Wijnen, J.H., P. Clausing, B. Brunekreef. 1990. Estimated soil ingestion by children. Environ. Res. 51(2):147-162.

附录 F

风险决策框架的案例研究

在第 8 章中，我们提出了一项风险决策框架，其中初始问题构建和范围界定这两个阶段被用来确定风险分析的范围，以在当前情况下比较干预措施、风险和成本。同时评估所提出的干预措施，分析风险管理方案，以及为决策提供信息。在这里，我们提供三个简要的案例说明图 8-1 中的方法如何得到不同于风险评估常规应用的过程和结果。这些案例的目的并不是为了阐述当前监管决策的所有技术细节（可能是当前决策范式的简化表述），而是仅仅为了说明一些类型的问题，以及原则上框架会如何解决这些问题。同样，虽然原则上这些案例在各种监管结构下涉及多个州和联邦机构，但它们是图 8-1 中的方法解决风险管理决策的更为抽象的例子。

电力生产的案例研究

设想在已经包含其他发电设备或相似污染源的低收入地区建设一个新的峰值电厂。在这种情况下，运用传统的风险评估方法时，建设发电厂的支持者可能会开展分析以便于确定设备是否会超出预定的风险阈值。例如，对于最大暴露人群，空气有毒物质的风险超过 10^{-6}，这违反了标准污染物的环境空气质量标准。与替代厂址相关的问题通常在分析的另一部分解决，并讨论为什么所选厂址更好，且不考虑正式评估替代技术及其对成本或效益的影响。通常还会讨论环境公平问题，但是这与风险评估或决策无关。

以这种方式应用的风险评估方法试图确定如果按照拟议的计划建厂是否存在"重大"问题。这使得建厂支持者和当地社区之间形成了对抗关系。社区试图了解风险评估（可能显示在健康风险方面没有"明显的"增加）的复杂性，并且往往假设风险分析是在以社区不理解的方式，或没有适当考虑社区暴露和易感性情况下开展的。无论发电厂最终选址在何处，无论风险评估是否代表最佳实践，这种方法并没有充分利用风险评估提供的信息，而只关注了现状以外的一种替代方案，仅向利益相关方提供了有限的信息。

如图 8-1 所示，另一个方向仍然是使用风险评估方法，但是作为第 I 阶段的一部分，需要用最好的方法满足一定的社会需求，最大限度地减少净影响（包括健康影响、成本和其他方面）。按照这一方向，允许建造设施的监管机构首先要确定设施的社会目标，即能减少高耗电阶段该地区电力供需之间的预期差距。这一目标可以通过多种方式实现，包括电力公司供应商或消费者提高能源效率、增加现有发电厂的使用、不同的存储技术满足电力峰值需求或在不同地点采用不同技术的新发电厂（即替代燃料和控制技术）。还要评估不采取任何策略的影响。风险评估在区分结合了其他方法和信息的各种方案上起到关键作用。

在第 I 阶段，所有利益相关方会一同确认一系列可能的干预措施，为决策提供信息（例如，每千瓦时电力成本影响、群体风险、确定亚群的风险分布、生命周期影响以及停电漏电的可能性）。利益相关方还一同确认一些不重要或者应当比其他有更大权重的影响，这也为选择方法提供信息。

一开始就综合考虑各种备选方案，确保所有利益相关方在场，可以避免在没有参与过程的社区选择替代厂址的 NIMBY 后果。应当围绕拟议干预措施开展风险评估及经济、技术等其他内容的分析，并明确考虑关于决策的解决方案、方法和标准对于决策的不同贡献和前期透明度之间的权衡。例如，明确展示不作为策略和有新设备情况下停电的概率有助于证明新的发电能力的重要性。

这种方法可能受到的批评是利益相关方的参与和多个竞争方案的评估需要大量的工作会导致的决策延误。但是，在没有考虑一些细节问题对方案选择的影响时，当前范式往往导致关于风险评估的争论（如支持者是否使用了正确的扩散模型？排放估计是否恰当？最大暴露群体生活在哪里？）。在前期制定方案和界定问题范围时所投入的时间和精力，应致力于远期上减少辩论和利益相关方的对抗，将重点放在有助于区分方案的影响上以减少分析工作，并且允许更加协调地规划具有同样总体目标的多个项目。同时，也可以认为明确一味寻求成本、风险、停电概率和公平之间的权衡会导致决策难产，因为利益相关方对这些影响的关心有着不同权重，并且这些影响相互间没有明显的区分关系。但是，当前的决策范式在明确考虑一些因素的同时忽略了其他因素，并且没有设定任何优先级，所以深入了解这些影响还是有一定积极意义的。最后的批评可能是利益相关方最终关心的是决策而不是方法。如果方法得出的结论是在低收入地区建立发电厂是最佳方法，当地居民会不满意；如果方法得到的结论是不要建新的设备，那么建设发电厂支持者会不满意（即使过程和分析是透明的，并且得到认可）。这是不可能避免的，但是对范围界定和决策标准的充分考虑至少能够向利益相关方保证各类标准是在决策之前就明确的，且决策的理由也是充分的。

饮用水系统决策支持的案例研究

寻求安全饮用水的决策者和利益相关方在面对一系列微生物、化学、气候、操作、安全和财务危机的情况下开展工作。风险评估支持安全饮用水供应的社会目标是一项重要案例，即重新调整当前风险评估需求，从支持一系列不相关的单一危害标准制定过程，转变为提供分析以促进整合与提供安全饮用水决策相关的复杂健康、生态、工程和经济要素。

针对饮用水安全的风险评估活动主要体现在支持标准制定的工作。制定这些标准并不面向对饮用水有直接物理、生物和化学影响的具体系统设计的风险管理决策，其体现的是与降低风险有模糊相关的远端决策而不是与降低风险有明确因果关系的近端决策。

现在人们普遍了解到，为保护好饮用水，需接受综合的风险管理方法的保护，设置多重屏障防止饮用水暴露于危害。饮用水风险管理的干预措施包括污水处理、水源选择和保护、多阶段的水处理、操作者培训和信息管理系统的投入、实验室和监测实践的进步、配水系统中的用水保护、家庭用水方式以及在其他屏障失效时所需有效应急响应能力等在内的影响系统组成部分的一系列复杂决策。消减受多种约束的多个来源的风险无疑是一项复杂的设计。有关的约束包括减少某些风险可能会增加其他风险（一个经典问题即消毒副产物毒性的问题，发生在旨在减少微生物风险的一些过程中，或在选择具有不同微生物和化学物质风险预测的生水来源时）。其他约束包括在短期和长期可获得的财政资源，发布沸水警告带来的政治和经济影响，以及向高度易感人群提供充足保护的必要性（如 HIV 感染者/AIDS 患者以及有隐孢子虫病的风险的人群）。

鉴于上述风险和约束，社会目标不是为了制定标准，而是将与饮用水供应相关的净风险降至最低。为此，饮用水系统的业主和经营者做出了一系列的决定。一些是独立零散的工程，例如对流域保护、水处理技术或远程管道建设的重大投资；一些是持续的工作，如处理与水的美学特征相关的监测或客户投诉问题。

很明显，这些决策最好在能够合理提供对其影响最全面理解的情况下做出。这些决策很复杂，并且所选择的方案不可避免会平衡竞争的公众目标。在这方面，委员会开展风险评估的目标是汇编和提供信息（定量和定性）来描述一系列干预措施的影响，以风险测量的形式表征影响，并且表征与决策者选择水管理系统中特定变化时相关的预计净风险。在图 8-1 建议的框架中，EPA 在遵守法规所要求的标准制定过程的持续现实情况下，将风险评估定位为向更近端的风险管理者和利益相关方提供风险知情决策。在这种重新定位的风险评估形式的帮助下，地方决策者和利益相关方将会获得 EPA 决策支持工具的授权，在设计和运行饮用水方面做出基于风险信息的决策。

两个部门二氯甲烷的案例研究

第三个案例基于 20 世纪 90 年代对二氯甲烷（$MeCl_2$）造成问题的监管响应，$MeCl_2$ 是一种常用溶剂，是神经毒素和啮齿动物致癌物质，会加速碳氧血红蛋白形成。该案例考虑了减少工作场所和一般环境中 $MeCl_2$ 风险的各种干预措施的可能成本和效益；其重点是表明结果将在很大程度上取决于监管机构如何构建问题和潜在干预措施。它还强调在一开始没有考虑干预措施的情况下，过于狭隘的构建问题可能会加剧或导致识别风险−风险权衡的失败。

风险评估方法的常规应用试图确定在满足确定风险阈值条件下环境空气中允许的 $MeCl_2$ 浓度。在这种情况下，风险评估支持远端的决策，确定特定风险浓度。但是，没有任何方法可以阻止工厂将 $MeCl_2$ 的风险转移到其他化学物质或群体以实现合规的目的。它们可以用不受监管（但是可能毒性更大）的溶剂替代 $MeCl_2$ 或者只是改变生产条件使得较少的 $MeCl_2$ 从堆和逸散点排放，转而让更多的 $MeCl_2$ 从工作场所排放。此外，还有一些其他的权衡策略；例如，航空部门指出如果一项合规战略（减少拆卸和重新涂漆的频率）危害了飞机的适航性，可能会导致安全风险的增加。

一种替代策略是需要找到最有效的技术控制 $MeCl_2$ 的排放。在这种情况下，具体的策略是按照效率对现有的控制技术进行排序，并选择"最佳可用技术"（效率最高）或"足够好的技术"。如《清洁空气法》"最大可实现控制技术"（MACT）项目中所述，要求采用符合所有当前资源中平均表现水平最好的 12% 的技术。与任何纯粹的基于技术的决策一样，仅实现风险的绝对降低并不足以使决策被接受，尤其是当它的成本超过了效益的时候。尽管基于技术的方法听起来简单，但仍可能无法实现理想效果，企业仍然可以通过逆向替代、风险转移、关闭工厂或一些其他措施来应对技术要求。

相反，如果委员会采用风险决策框架（图 8-1），初始的问题构建阶段可以将目标确定为将目前 MeCl2 消费品使用（例如组装的泡沫和重新喷漆的飞机）的总影响降至最低。风险评估（经济和其他分析）可用于比较一组干预措施的剩余风险和经济控制成本。如果询问关于过程或功能而非相关物质的分析问题，那么干预措施可能更广泛，并且可以将风险−风险之间的权衡降至最低（或者至少加以明确）。

假设 EPA 和职业安全和健康管理局都同意泡沫组装，局部通风加碳吸附是控制 $MeCl_2$ 或任何可以替代的相似溶剂的最佳解决方案。同样，对于飞机重新喷漆，最佳方案要求（或鼓励）使用无毒的研磨材料而不是用有挥发性的溶剂去除旧的涂层。

　　图 8-1 中的框架还允许机构进行更广泛的思考，以寻求全局最优而非局部最优。不考虑机构范围的问题，如果将社会功能重新定义为提供航空旅行而非提供频繁喷漆的飞机，那么改变频繁重新喷漆的动机等干预措施可能会出现在讨论中，这可能将分析扩大至包括喷气燃料使用的影响（飞机喷涂而不是喷漆而节省的燃料）。可能会有更广泛的讨论鼓励减少航空旅行的需求；在时间和其他因素限制下，仅有参与者的组成及其他们的喜好决定了范式中所设想的干预措施的范围。